La symbiose mycorhizienne
Une association entre les plantes et les champignons

AF391449

La symbiose mycorhizienne

Une association entre les plantes et les champignons

Jean Garbaye

Éditions Quae

Collection Synthèses

Le virus du Nil occidental
Dominique Bicout, coordinateur
2013, 264 p.

Les milieux rupicoles
Les enjeux de la conservation des sols rocheux
Pierre pech
2013, 168 p.

Flores protectrices pour la conservation des aliments
Monique Zagorec, Souad Christieans
2013, 160 p.

Agricultures à l'épreuve de la modernisation
Estelle Deléage
2013, 104 p.

Cultiver la biodiversité pour transformer l'agriculture
Étienne Hainzelin
2013, 264 p.

Apprendre à innover dans un monde incertain
Concevoir les futurs de l'agriculture et de l'alimentation
Émilie Coudel, Hubert Devautour, Christophe-Toussaint Soulard, Guy Faure,
Bernard Hubert,
Coordinateurs
2012, 248 p.

Editions QUÆ
RD 10, 78026 Versailles cedex

© Éditions Quæ, 2013   ISBN : 978-2-7592-1963-6   ISSN : 1777-4624

Le code de la propriété intellectuelle interdit la photocopie à usage collectif sans autorisation des ayants droit. Le non-respect de cette disposition met en danger l'édition, notamment scientifique, et est sanctionné pénalement. Toute reproduction, même partielle, du présent ouvrage est interdite sans autorisation du Centre français d'exploitation du droit de copie (CFC), 20 rue des Grands-Augustins, Paris 6e.

À Bernard Boullard qui m'a, comme à beaucoup d'autres, ouvert les yeux sur la place essentielle qu'occupe la symbiose mycorhizienne dans la biologie des plantes.

Préface

À la lecture de cet ouvrage presque encyclopédique écrit par Jean Garbaye, il m'est apparu que le temps est venu de reconnaître l'étude de la symbiose mycorhizienne *sensu lato* non plus comme une science secondaire empruntant seulement les voies de la phytologie et de la mycologie, mais plutôt comme une science *per se* sous le vocable de mycorhizologie, pour désigner l'étude d'un phénomène prenant de plus en plus de place dans la connaissance des systèmes vivants.

Il faut dire que cette science relativement récente et encore méconnue des biologistes, agronomes, forestiers et environnementalistes de la planète bouleverse les idées reçues en commençant par le concept d'évolution des espèces, qui met plutôt en avant l'évolution des systèmes vivants. L'étude de l'évolution des symbioses mycorhiziennes contrarie surtout nos collègues zoologistes agissant en quelque sorte comme les détenteurs des canons de l'évolution.

Dans cet ouvrage, l'auteur nous invite à suivre la piste évolutive des symbioses mycorhiziennes. Je me réjouis de découvrir les connaissances qui confortent ma profonde conviction que ce phénomène est fondamental et universel dans l'évolution et le fonctionnement des espèces et des écosystèmes terrestres. Ce qui nous permet de constater que la sélection naturelle favorise les organismes qui s'associent, et pas seulement les plus forts. Il faut donc insister sur la sélection non plus des espèces, mais plutôt des systèmes vivants comme nous le présente Jean Garbaye. L'état mycorhizien constitue un système vivant entraînant l'évolution des espèces de plantes et de champignons, ce que l'ouvrage exprime très bien. Bien sûr il n'y a pas que mutualisme dans les systèmes vivants ; il y a comme toujours des exceptions et des déviations, mais on peut considérer que le mutualisme a joué un rôle aussi puissant sinon plus que la compétition et la prédation dans l'évolution des espèces et des écosystèmes terrestres.

L'intérêt manifesté pour la mycorhizologie est nouveau et Jean Garbaye en relate avec soin le parcours. Même si le terme mycorhize a été créé il y a plus de 125 ans, la mycorhizologie a évolué lentement. Jusqu'aux années 1980, période où Jean est entré comme jeune chercheur, les physiologistes, les écologistes, les agronomes et les forestiers du monde considéraient le phénomène comme marginal, tant du point de vue fondamental qu'appliqué. J'aime à penser que la cinquième conférence nord-américaine sur les mycorhizes qui s'est tenue à Québec en 1981 a constitué un tournant dans cette histoire, avec ses 375 participants venus de plus de 50 pays. Ce fut l'occasion pour Jean, de présenter sa première communication internationale, et aussi d'asseoir ses convictions quant à l'importance du phénomène.

Cesse de considérations historiques et revenons à cette superbe contribution : *La symbiose mycohizienne, une association entre les plantes et les champignons.* Bien qu'il existe des ouvrages tentant de faire la synthèse des connaissances en mycorhizologie, celui-ci s'en démarque par son caractère encyclopédique. Il est vain de chercher un oubli, tout y est, allant des notions les plus fondamentales et universelles jusqu'aux exceptions dans la vie intime d'espèces ayant dévié de multiples façons, par rapport aux modèles de base.

J'apprécie beaucoup la présentation selon une trilogie débutant avec des perceptions tombant facilement sous le sens, utilisant le point de vue du naturaliste. Cette invitation permet de déchiffrer la terminologie de base de la mycorhizologie et en même temps de percevoir le phénomène dans toute sa plénitude.

Vient ensuite le point de vue plus pointu du biologiste qui nous invite à plonger dans les mécanismes biochimiques et physiologiques permettant de comprendre le fonctionnement de l'équilibre symbiotique. Surtout il expose comment ces mécanismes jouent un rôle dans la vraie vie des plantes confrontées aux exigences environnementales des milieux naturels complexes, où elles entrent en interactions avec le sol et ses ressources en eau et en nutriments. Bien sûr il nous conduit beaucoup plus loin comme pionnier de la reconnaissance des bactéries et autres organismes associés aux mycorhizes proprement dites. Sa contribution originale à l'écophysiologie des ectomycorhizes notamment par leurs activités enzymatiques ouvre de nouveaux horizons en mycorhizologie débouchant sur de nombreux aspects appliqués.

Nous avons, dans la dernière partie, le point de vue de l'agronome auquel s'ajoute sûrement celui du forestier. Le temps est venu de parler du rôle et de l'utilisation des connaissances dans les pratiques agricoles et forestières. Cet aspect de la mycorhizologie connaît une expansion accélérée dans le monde entier. L'Inde a reconnu récemment, d'intérêt national la technologie mycorhizienne. L'adaptation des connaissances à des milieux, des espèces et des pratiques les plus variés présente autant de défis à relever ; ces nombreux travaux trouveront une source d'inspiration dans ce travail exemplaire.

L'ouvrage de Jean Garbaye arrive à point nommé, pour les pays émergents où la sécurité de la production alimentaire devient une préoccupation quotidienne. De la même façon dans les pays industrialisés, la pratique d'une agriculture durable passera obligatoirement par une connaissance approfondie et une utilisation raisonnée de la technologie mycorhizienne.

Nombreux sont les pays francophones confrontés à cette problématique qui disposeront dorénavant d'un ouvrage exceptionnel en leur langue pour l'enseignement, la recherche et l'utilisation des mycorhizes. Un livre qui devrait faire beaucoup d'envieux chez nos collègues anglophones.

J. André Fortin

Table des matières

Avant-propos

Ce livre traite d'un aspect fondamental de la vie des plantes, connu des botanistes depuis longtemps et banal par sa généralité dans le règne végétal, mais paradoxalement insuffisamment enseigné et peu connu du grand public : l'association intime et obligatoire des plantes avec des champignons auxquels elles sous-traitent l'exploitation des ressources du sol, l'organe mixte racine-champignon étant appelé mycorhize. Ma principale ambition est qu'un lecteur francophone même non spécialisé y découvre la vraie nature des arbres, des herbes, des fleurs, des céréales, des légumes et des récoltes qui sont le cadre et le support de notre vie : ce sont des entités mixtes constituées d'un végétal et d'un ou plusieurs champignons nécessaires au fonctionnement harmonieux de l'ensemble. Le fait que l'un des deux partenaires domine largement par sa taille, et soit en fait le seul aisément perceptible à nos yeux, ne doit plus masquer la réalité complexe et les conséquences théoriques et pratiques qui en découlent. Comme l'a formulé de façon malicieuse et provocatrice un groupe de chercheurs curateurs d'une collection européenne de champignons mycorhiziens : « Étudier les plantes sans leurs mycorhizes revient à étudier des artéfacts : la majorité des plantes n'ont pas, à proprement parler, de racines ; elles ont des mycorhizes. »

Du fait que je m'adresse à la fois à des lecteurs sans autre bagage biologique que les bases acquises au cours des études secondaires et à des étudiants, des enseignants, des ingénieurs ou des techniciens de l'agriculture ou de l'environnement, mon texte a pour but d'intéresser, d'instruire et de proposer les éléments d'une réflexion orientée vers la pratique. Pour cette raison même, j'ai limité à l'indispensable le recours à des termes très spécialisés ou techniques propres au jargon de la recherche scientifique ; quand néanmoins c'était incontournable, j'ai tenté d'expliquer ces termes de la façon la plus claire possible dès la première occurrence et un glossaire indexé situé en fin d'ouvrage reprend la définition de tous les termes clés et renvoie au contexte.

Afin de rendre la lecture plus facile et plus limpide, j'ai évité d'égrener au fil du texte des renvois à des références bibliographiques ou à des notes de bas de page. Cependant une bibliographie thématique placée à la fin du livre propose une sélection d'articles de revues ou de travaux originaux illustrant de façon pertinente les résultats synthétiques présentés dans le texte. Lorsqu'elles étaient disponibles, les références francophones ont été systématiquement privilégiées et les titres en anglais ou en d'autres langues étrangères ont été traduits en français.

Le livre débute par un bref historique de la découverte des symbioses entre les plantes et les champignons qui précise les objets biologiques et les concepts de base des recherches dans ce domaine.

Les trois parties essentielles considèrent alors successivement la symbiose mycorhizienne depuis trois points de vue différents : d'abord celui du *naturaliste*, qui s'attache avant tout à décrire et ordonner la diversité du monde vivant ; puis celui du *biologiste*, qui cherche à comprendre le fonctionnement même des systèmes vivants, leur dynamique et leur évolution ; et enfin celui de l'*agronome*, dont la vocation est de traduire les connaissances en techniques pour optimiser la production agricole et la gestion de notre environnement vivant. En d'autres termes, il s'agit d'explorer successivement les trois questions : qu'est-ce que c'est ? Comment ça fonctionne ? À quoi ça sert ? Ce parti pris de varier les postes d'observation afin de révéler toutes les facettes d'un sujet a pour conséquence certaines redondances. Afin de les limiter au maximum, de fréquents renvois d'une partie à l'autre permettent au lecteur de faire la liaison entre les différents aspects et traitements d'une même question.

Ces trois parties essentielles ont comme objectif de résumer de façon directe et accessible les connaissances actuelles sur les symbioses mycorhiziennes. Seuls les *faits* et leurs conséquences sont présentés, sans expliquer *comment* ils ont été découverts ni comment certaines des interactions complexes entre les partenaires symbiotiques ont été élucidées. Autrement dit, nous discutons les *résultats* de la recherche sans faire l'analyse critique des *méthodes* utilisées lors de l'enquête scientifique proprement dite (le cœur de métier du chercheur) mise en œuvre pour obtenir ces mêmes résultats, ce qui est pourtant la règle épistémologique et déontologique dans toute communication entre scientifiques. Cela aurait alourdi de façon considérable cette présentation destinée avant tout à un public de non professionnels de la recherche mais utilisateur potentiel de ses retombées.

Afin de corriger cette lacune et de remettre ce qui précède en perspective avec les progrès incessants des connaissances, nous ferons dans une annexe méthodologique (annexe 1) un rapide tour d'horizon de la panoplie d'outils et de techniques qui s'offrent aujourd'hui aux chercheurs pour étudier des interactions biologiques comme la symbiose mycorhizienne.

Ensuite, une annexe pratique (annexe 2) détaille de façon très concrète et sous forme de protocoles de travaux pratiques des méthodes élémentaires d'observation des mycorhizes, afin de permettre aux lecteurs de juger par eux-mêmes ce dont il est question ici ; nous proposerons aussi deux expériences simples pour la démonstration de l'effet de la symbiose sur la croissance des plantes, plus spécialement destinées aux enseignants du secondaire.

Enfin, un glossaire indexé donne la définition de chaque entrée et permet de retrouver dans le texte les passages relatifs à ce sujet précis.

Remerciements

L'auteur tient à exprimer sa gratitude aux nombreux chercheurs de différents pays qui ont aimablement mis à sa disposition leurs meilleures photos de mycorhizes pour constituer les planches en couleur qui illustrent la première partie de ce livre :

Reinhard Agerer (Allemagne), Martin Bidartondo (Royaume-Uni), Paola Bonfante (Italie), Mark Brundrett (Australie), Jean-Louis Churin (France), Yolande Dalpé (Canada), J. André Fortin (Canada), Ottmar Holdenrieder (Suisse), Ari Jumpponen (Finlande et USA), Marty Kranabetter (Canada), Tomasz Leski (Pologne), Dan Luoma (USA), Elena Martino (Italie), Hugues Massicotte (Canada), Lewis Melville (Canada), Veronica Pereda (France), Larry Peterson (Canada), Forrest Phillips (Canada), Reinholt Pöder (Autriche), Maria Rudawska (Pologne), Tamara Tesitelova (République tchèque), Martin Vohnik (République tchèque), Håkan Wallander (Suède), Carla Zelmer (Canada).

Introduction

▶▶ Origine du concept

C'est dans la seconde moitié du XIXe siècle que l'évidence d'une alliance entre les racines des plantes et des champignons s'est imposée, à la suite notamment du recoupement d'observations convergentes de plusieurs naturalistes européens comme Boudier, les frères Tulasne, Gallaud, Van Tiegen et Bernard en France, Kamienski en Pologne, Vittadini, Gibelli et Gasparrini en Italie ou Hartig père et fils, Rees, Bruchmann et Frank en Allemagne. Dès 1840, Theodor Hartig publie les premières descriptions et dessins fidèles de mycorhizes de différentes espèces d'arbres basées sur de minutieuses observations au microscope. Mais il ne reconnaît pas la nature fongique des structures observées. L'année suivante, les frères Tulasne décrivent la prolifération de racines d'arbres autour des fructifications du champignon *Elapho-myces* (la truffe de cerf) et distinguent des filaments fongiques reliant les racines à la surface du champignon. D'un contact aussi intime, ils en concluent que le champignon parasite l'arbre. À partir d'observations similaires sur le feutrage de racines qui entoure les fructifications du même *Elaphomyces,* Vittadini tire en 1842 des conclusions diamétralement opposées à celles des frères Tulasne : selon lui, le champignon nourrit l'arbre. En 1856, Gasparrini remarque que, sur des racines de châtaignier, noisetier, pin et arbousier, les radicelles les plus fines sont le plus souvent recouvertes par des filaments « de moisissure ou autres cryptogames », mais ne mentionne pas de connexion entre ces champignons et les tissus racinaires. Ce n'est qu'en 1874 que Bruchmann renouvelle sur des racines de pin les premières observations de Theodor Hartig, mais il reconnaît la nature fongique du réseau qui enserre toutes les cellules des tissus externes de la racine. Deux ans plus tard, soit trente cinq ans après Tuslane et Vittadini, Boudier revisite le cas exemplaire d'*Elaphomyces.* Il décrit bien les filaments cloisonnés qui connectent le manteau fongique des racines à la fructification du champignon, et admire que la colonisation massive des racines par le champignon n'altère pas leur apparent bon état de santé. Il en infère que le parasitisme exercé par le champignon sur l'arbre est bénin. En 1880, Reess confirme les observations de ses prédécesseurs sur *Elaphomyces* et les généralise aux racines loin de toute fructification de champignon : manteau, filaments irradiant dans le sol et formant un réseau dans les tissus de la racine. Il formule une autre hypothèse quant aux relations nutritionnelles au sein du système : le champignon serait bien partiellement parasite des racines, mais il aurait aussi la capacité de s'alimenter directement à partir du sol. L'année suivante, Kamienski décrit comment des filaments fongiques enrobent à la fois les racines d'arbres et de

Tableau 1. Chronologie des principales étapes de l'évolution des organismes pluricellulaires dans la biosphère terrestre.

Temps avant présent et (*durée*) en millions d'années	Périodes ou systèmes géologiques	Plantes	Champignons	Symbioses plantes-champignons	Autres évènements repères
2 à présent (*2*)	Quaternaire	Développement de l'agriculture par l'homme			**Sixième extinction massive** (en cours actuellement) Homme moderne
65 à 2 (*63*)	Tertiaire	Diversification des Angiospermes (plantes à fleurs)			Principaux genres actuels de lichens Premiers hominidés
140 à 65 (*75*)	Crétacé		Ascomycètes et Basidiomycètes déjà bien diversifiés	Premières ectomycorhizes	**Cinquième extinction massive**, dont la disparition des dinosaures
200 à 140 (*60*)	Jurassique	Apparition des Angiospermes (plantes à fleurs)			Premiers mammifères (marsupiaux) et premiers oiseaux
250 à 200 (*50*)	Trias		Principaux genres actuels de Gloméromycètes		Premiers dinosaures
290 à 250 (*40*)	Permien				**Quatrième extinction massive**
360 à 290 (*30*)	Carbonifère	Premières Gymnospermes (cordaites, cycas, conifères)			Premiers reptiles
410 à 360 (*50*)	Dévonien	Premières Ptéridophytes (fougères et prêles géantes)	Premiers champignons à filaments cloisonnés		Premiers vertébrés terrestres **Troisième extinction massive**
440 à 410 (*30*)	Silurien	Premières Embryophytes (hépatiques, mousses)		Premières mycorhizes arbusculaires	Premiers insectes Premiers lichens
510 à 440 (*70*)	Ordovicien	Premières plantes terrestres	Premiers Gloméromycètes		Explosion de la biodiversité, puis **deuxième extinction massive**
550 à 510 (*40*)	Cambrien		Premiers champignons terrestres		Diversification des formes de vie, puis **première extinction massive**
Avant 550	Précambrien	Algues vertes dans les océans et les eaux douces depuis au moins 500 millions d'années	Champignons aquatiques dans les océans et les eaux douces		La vie évolue dans les océans et les eaux douces depuis déjà deux ou trois milliards d'années

monotrope (une plante du sous-bois sans chlorophylle, apparemment parasite des racines des arbres) étroitement enchevêtrées, mais ne suggère que de façon ambiguë le parasitisme du monotrope sur l'arbre par l'intermédiaire du champignon, sans jamais proposer un quelconque mutualisme entre ces deux derniers. Nous verrons plus loin (voir page 102) la résolution moderne de ce problème.

Les évènements se précipitent alors : en 1883 Gibelli décrit et illustre, avec une spectaculaire précision, des mycorhizes (dont certaines parfaitement reconnaissables au niveau de l'espèce de champignon d'après les connaissances actuelles) sur châtaigniers, chênes, noisetiers et charmes. Il considère que ces structures mixtes sont des associations parasitiques mais bénignes car ubiquistes. En 1886, Robert Hartig approuve et défend la nouvelle théorie et fait définitivement adopter le nom de Réseau de Hartig en l'honneur de son père Theodor Hartig qui avait le premier décrit cette structure dès 1840, mais sans la comprendre.

Mais c'est le Prussien Albert Bernhard Frank (1839-1900) qui intervient et mérite ici une attention toute particulière car il a été le premier à synthétiser toutes ces observations et à en conceptualiser les conséquences. D'abord, prenant acte de la présence systématique de filaments fongiques à la surface et à l'intérieur des racines de quasiment tous les arbres observés, il a soumis ce fait à l'expérience et a démontré de façon causale le caractère obligatoire et bénéfique pour la plante de la présence des champignons. Pour cela, il a cultivé des semis de pin sylvestre (*Pinus sylvestris*) dans des pots contenant de la terre de forêt, la moitié des pots ayant subi un traitement à la chaleur tuant les microorganismes du sol, dont les champignons (figure 1).

Figure 1. Photographie extraite de l'article original de À.B. Frank paru en 1892 dans les comptes-rendus de la Société allemande de botanique et intitulé « La nutrition du pin grâce à ses champignons mycorhiziens » (traduction par l'auteur de ce livre).

On voit les trois lots de pots constituant l'expérience : à droite (trois pots marqués *Unsterilisiert.*), terre non traitée ; au centre (six pots marqués *Sterilisiert.*), terre désinfectée par la chaleur ; à gauche (deux pots marqués *Sterilisiert, spontan inficirt.*), pots incomplètement désinfectés ou contaminés après désinfection. Lire l'interprétation des résultats ci-dessous.

Après quelques mois, il a observé que les pins poussaient normalement dans le sol naturel et présentaient des champignons sur leurs racines, comme en forêt, alors qu'ils dépérissaient dans le sol chauffé, où les racines étaient dépourvues de champignons. Frank en a donc induit que l'association était nécessaire au bon développement des jeunes arbres. De plus, il a remarqué que certains des plants dans le lot de pots chauffés avaient une croissance intermédiaire et présentaient quelques structures fongiques sur leurs racines. Comprenant que ces pots avaient été moins bien désinfectés ou accidentellement contaminés, il conclut que la réintroduction des champignons dans un système qui en était dépourvu restaurait au moins partiellement la croissance des pins, confirmant le caractère obligatoire et bénéfique de l'association. Ensuite, Frank a forgé le terme de *mycorhize* (du grec *mycor*, qui signifie champignon, et *rhiz* qui signifie racine) pour désigner les organes mixtes racine-champignon décrits depuis plusieurs décennies par les auteurs précités. Enfin, il attribua à cette association le statut de *symbiose* (du grec *sym* qui signifie ensemble, et *bio* qui signifie vie) concept nouvellement mis à l'honneur par Schwendener, De Bary et Frank lui-même et jusqu'alors surtout appliqué aux lichens qui sont des associations algues-champignons. En l'espace de moins de dix ans, Frank avait donc affiné et synthétisé les observations de tous ses prédécesseurs et formulé une théorie révolutionnaire : une mycorhize est le siège d'une symbiose mutualiste entre une plante et un champignon. Il avait également décrit les différents stades de la colonisation des racines des arbres par les champignons et du développement des mycorhizes. Frank précisa et étaya sa théorie dans une série d'articles jusqu'à sa mort en 1900.

Par la suite, tout au long du XXe siècle, de nombreux chercheurs décrivirent et étudièrent d'autres types de mycorhizes que celles formées avec les arbres des forêts tempérées : orchidées, herbes des prairies, plantes cultivées, bruyères, arbres des forêts tropicales, etc. Dans chaque cas, le défi était le même : identifier le champignon associé, tenter de l'isoler et de le cultiver en l'absence de la plante, reconstituer expérimentalement la symbiose en conditions contrôlées de façon à évaluer l'effet sur la plante, comprendre les mécanismes physiologiques en jeu dans les interactions entre le champignon et la plante hôte et élucider le rôle fonctionnel de cette symbiose dans les écosystèmes et l'ensemble de la biosphère. Ce n'est que récemment, depuis le développement des techniques de biologie moléculaire à la fin des années 1980, que l'essor des recherches sur la symbiose mycorhizienne s'est réellement concrétisé. Du fait de la pléthore de faits nouveaux concernant tous les aspects du sujet, on est maintenant à même d'en proposer une vue d'ensemble, certes ni exhaustive ni définitive mais cohérente et suffisamment opérationnelle pour orienter les recherches futures et explorer les applications potentielles.

Mais avant d'aborder le vif de notre sujet et d'explorer les différentes facettes du phénomène mycorhize, il est nécessaire de faire le point sur les quatre objets sans cesse récurrents dans ce qui suit : *plante, racine, champignon, symbiose.*

▶▶ Les plantes et les champignons

Dans les classifications modernes qui intègrent les acquis de l'analyse moléculaire des génomes, l'ensemble du monde vivant est distribué en deux grandes divisions, les bactéries au sens large d'une part et tous les autres êtres vivants d'autre part, parmi lesquels on distingue trois grands groupes d'organismes pluricellulaires : les plantes (au sens large, incluant les algues et les végétaux terrestres), les animaux et les champignons. Les plantes sont certes très différentes des animaux, mais les champignons partagent des points communs avec les deux. Par exemple, comme les plantes (figures 2 et 4), leurs cellules sont enveloppées d'une *paroi* rigide, mais cette paroi n'a pas du tout la même composition chimique ; en revanche, les cellules animales sont nues et dépourvues de parois.

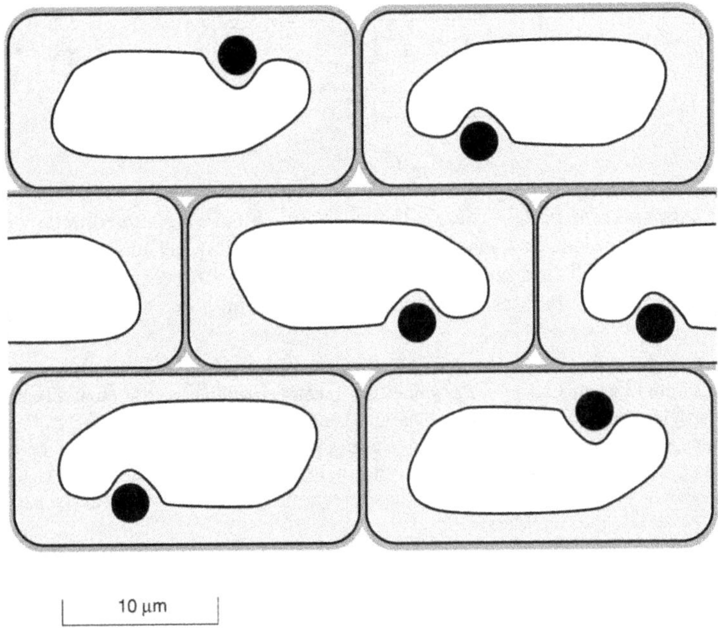

Figure 2. Coupe schématique d'un tissu végétal. Les *parois cellulosiques* des cellules sont représentées en gris sombre, le *cytoplasme* (contenu gélatineux des cellules) en gris clair, les *vacuoles* (inclusions liquides dans le cytoplasme) en blanc, les *membranes* qui délimitent le cytoplasme par un fin trait noir et les *noyaux* (qui contiennent l'essentiel de l'information génétique de chaque cellule) en noir.

L'échelle de dix micromètres, soit un centième de millimètre (le micromètre étant le millième du millimètre), ne donne qu'un ordre de grandeur des dimensions d'une cellule végétale : il en existe de tailles très différentes.

Comme les animaux, les champignons accumulent des réserves sous forme de glycogène et non pas d'amidon comme le font les plantes, et ils sont incapables d'assimiler le carbone de l'atmosphère par photosynthèse, ce qui est la caractéristique principale des plantes et qui confère à ces dernières la position la plus en amont dans les chaînes alimentaires terrestres. Comme les plantes, les champignons sont fixes et absorbent leur nourriture sous forme de molécules en solution dans l'eau, à travers leur surface, alors que les animaux sont le plus souvent mobiles et ingèrent leur nourriture sous forme de particules solides. On pourrait citer de nombreuses autres différences et similitudes entre les trois règnes animal, végétal et fongique, mais le bilan de cette comparaison est résumé dans la figure 3, où l'on voit que les champignons sont en fait beaucoup plus proches, en termes de parenté évolutive, des animaux que des plantes.

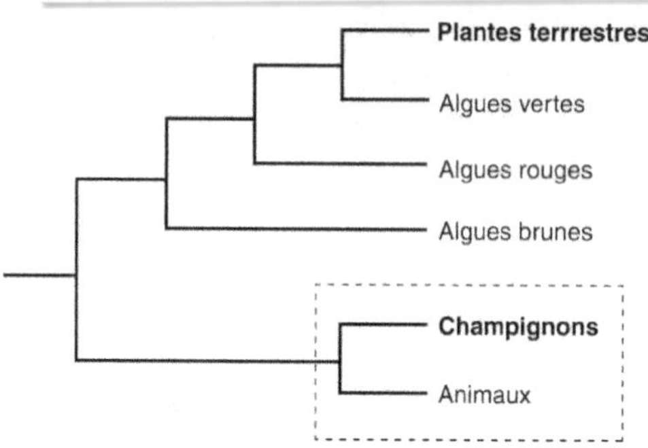

Figure 3. Apparentement des différentes lignées d'organismes vivants contenant des formes pluricellulaires, découlant de l'analyse de la structure génétique d'un échantillon d'espèces par séquençage de l'ADN de certains gènes. Il s'agit d'une sorte d'arbre généalogique avec, à gauche, les évènements passés et les ancêtres inconnus et, à droite, les noms des groupes actuels.

Plus la distance à parcourir le long des branches de l'arbre est grande entre deux groupes, plus ces deux groupes sont différents l'un de l'autre. Les « nœuds », ou embranchements, représentent les évènements évolutifs à l'origine des divergences. Plus ces nœuds sont à gauche, donc vers la base de l'arbre, plus ils correspondent à des évènements anciens. Les deux groupes dont les noms apparaissent en gras (plantes vertes terrestres et champignons) sont ceux qui concernent la symbiose mycorhizienne. On voit qu'ils sont très éloignés l'un de l'autre, mais que les champignons sont très proches des animaux. La partie encadrée en pointillés est développée dans la figure 5.

Ce qui revient à dire que nous (les animaux) avons avec les champignons un ancêtre commun beaucoup plus récent, dans l'échelle des temps géologiques, qu'avec les plantes. Dit autrement, les plantes, en tant que lignée homogène, se sont différenciées et perfectionnées indépendamment depuis plus longtemps que le groupe animaux-champignons, et de ce fait peuvent être qualifiées de plus évoluées. Il n'en reste pas moins que la grande majorité des champignons (à l'exception des levures, retournées au stade unicellulaire) présentent un caractère commun très original, qu'on ne retrouve pratiquement pas dans d'autres groupes (sinon dans certains organismes apparentés aux algues brunes) : la structure filamenteuse, formée de cellules très allongées placées bout à bout et constituant un réseau grâce à de nombreuses ramifications et à des *anastomoses*, c'est-à-dire des soudures entre différentes branches. Le « corps » d'un champignon est donc un réseau complexe (appelé *mycélium*) de filaments appelés *hyphes*, le tout étant très ténu et souvent invisible à l'œil nu (figure 4).

Cette structure confère aux champignons des capacités remarquables de colonisation de substrats poreux, comme le sol ou le bois, et de redistribution des éléments nutritifs d'une partie de l'organisme vers une autre à travers le réseau mycélien pour faire face aux pénuries et aux changements environnementaux. Ce n'est qu'à des périodes particulières du cycle de vie des champignons que les filaments se différencient en organes reproducteurs (*conidies*, *spores*, *sclérotes*), parfois en s'agrégeant en véritables tissus formant des structures massives et charnues comme les « champignons » dans le sens commun du terme (champignons de Paris, truffes, cèpes, amanites, etc.). Cependant, à part ces quelques caractères communs, les champignons présentent une grande diversité d'histoire évolutive (figure 5), de forme, d'habitat et de style de vie. Par exemple, pour ce qui concerne le mode d'acquisition du carbone, constituant de base de tout être vivant, on distingue des espèces *saprotrophes* qui décomposent la matière organique morte, *parasites* qui prélèvent à leur seul profit les composés carbonés d'un autre être vivant ou *symbiotiques* (comme les champignons mycorhiziens qui nous intéressent ici) qui procurent en retour des services à leur hôte.

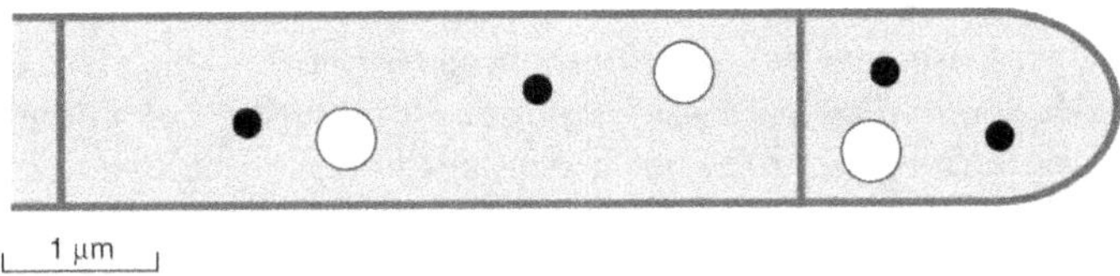

Figure 4. Représentation schématique de l'extrémité en croissance d'un hyphe de champignon, formé de cellules allongées placées bout à bout. Les *parois* des cellules, constituées de chitine et de callose, sont représentées en gris sombre, le *cytoplasme* (contenu gélatineux des cellules) en gris clair, les *vacuoles* (inclusions liquides dans le cytoplasme) en blanc et les *noyaux* (qui contiennent l'essentiel de l'information génétique de chaque cellule) en noir. Le champignon représenté ici comporte deux noyaux par cellule (c'est un *Dikarya*, ascomycète ou basidiomycète), alors que d'autres champignons comme les Gloméromycètes dont nous reparlerons longuement au sujet des endomycorhizes arbusculaires (voir p. 43) comportent un très grand nombre de noyaux répartis dans un mycélium sans cloisons, où toutes les cellules ont fusionné.

L'échelle (un millième de millimètre) donne une idée du diamètre approximatif d'un hyphe fongique.

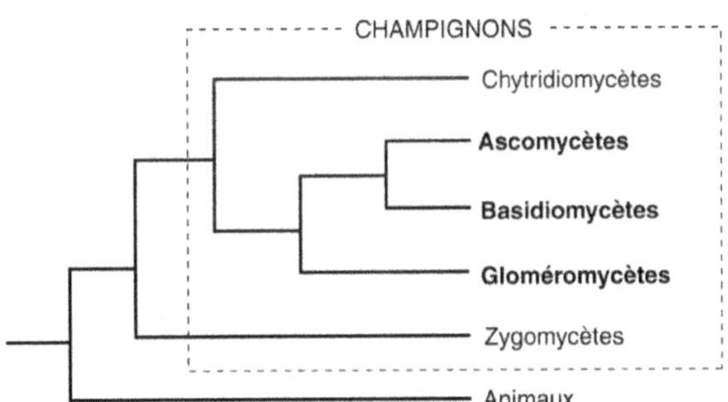

Figure 5. Apparentement des différentes lignées de champignons, découlant de l'analyse de la structure génétique d'un échantillon d'espèces par séquençage de l'ADN de certains gènes (se reporter à la légende de la figure 3).

Les noms des trois groupes de champignons qui forment une symbiose mycorhizienne avec les racines des plantes sont indiqués en caractères gras.

Le monde des champignons est extrêmement diversifié : on estime à 1,5 million le nombre d'espèces fongiques existant actuellement sur la planète mais guère plus de 100 000 (soit à peine 7 %) ont jusqu'alors été décrites et nommées. Cependant, seuls trois groupes de champignons sont concernés par l'association symbiotique avec les plantes et figurent en caractères gras dans la figure 5 : les Basidiomycètes, les Ascomycètes et les Gloméromycètes. Les Basidiomycètes et les Ascomycètes partagent un mycélium cloisonné, formé de cellules très allongées contenant chacune ses propres organites (noyaux, mitochondries, etc.). Ils sont parfois regroupés sous le nom de Dikarya (ce qui signifie avec deux noyaux) car chacune de leurs cellules contiennent deux noyaux lors de certaines phases de leur cycle de vie. Ils diffèrent cependant par le mode de formation des spores contribuant à leur reproduction sexuée : chez les Basidiomycètes, les spores (*basidiospores*) sont produites à l'extérieur des cellules sexuelles appelées *basides* desquelles elles se détachent à maturité, alors que chez les Ascomycètes, les ascospores se forment à l'intérieur d'une grosse cellule appelée *asque* d'où elles sont expulsées à maturité. Les Gloméromycètes, plus anciens en termes évolutifs, ont cependant une morphologie très différente. Leur mycélium n'est pas cloisonné, c'est-à-dire qu'on n'y distingue pas de cellules, il consiste en un réseau de tuyaux communiquant tous entre eux et où circulent librement des organites communs, dont une grande population de noyaux. La reproduction se fait par des spores beaucoup plus grosses que celles des Basidiomycètes et Ascomycètes (de l'ordre du dixième au lieu du centième de millimètre de diamètre) qui naissent à l'extrémité de certains filaments.

Beaucoup de Basidiomycètes et d'Ascomycètes nous sont familiers car produisant des structures macroscopiques visibles à l'œil nu à l'extérieur des substrats qu'ils colonisent ; c'est le cas des moisissures ou d'espèces produisant des grosses fructifications charnues comme les champignons de Paris, les cèpes ou les amadouviers sur le tronc des arbres morts. À l'inverse, les Gloméromycètes sont beaucoup plus discrets et ne se manifestent seulement que sous forme de minuscules structures à l'intérieur des racines avec un mycélium très ténu dans le sol, que nous ne pouvons voir qu'à l'aide d'un microscope.

On ignore presque tout de la reproduction sexuée des Gloméromycètes (à supposer même qu'elle existe) mais les Dikarya partagent la propriété remarquable dans le monde vivant de présenter non seulement deux sexes mais aussi des groupes d'appariement (*mating types*) qui compliquent les schémas de compatibilité reproductrice. En effet, alors que les sexes sont définis par deux types de cellules (grosses cellules femelles et petites cellules mâles) qui peuvent être portées par le même individu ou par deux individus différents et dont la fusion produit l'œuf à l'origine d'un nouvel individu, les groupes d'appariement sont définis à l'intérieur de chaque sexe et définissent la possibilité ou non de deux cellules de sexe opposé de s'unir. Dans le cas le plus simple qui est souvent celui des Ascomycètes, où il n'y a que deux groupes d'appariement A et B, seul un mâle A peut s'unir à une femelle B, ou un mâle B à une femelle A, alors que les combinaisons mâle A-femelle A ou mâle B-femelle B sont incompatibles. La situation peut être beaucoup plus complexe chez les Basidiomycètes, avec jusqu'à plusieurs milliers de groupes d'appariements chez certaines espèces !

▸▸ Les racines

Quels sont les caractères propres des racines, ces organes des plantes qui sont le siège de la symbiose mycorhizienne ? L'étude des fossiles de plantes nous apprend que les tous premiers végétaux terrestres, qui descendaient d'une lignée d'algue verte aquatique et colonisèrent les continents au début de l'ère primaire il y a plus de 500 millions d'années (voir tableau 1), n'avaient pas de racines. Ils étaient en contact avec le substrat rocheux brut, non encore transformé en sol, par des excroissances cellulaires à la face inférieure des lames ou des tiges rampantes qui constituaient l'essentiel de leur masse. Ces excroissances étaient un peu semblables aux poils absorbants des racines actuelles, aux crampons des lichens ou aux filaments qui fixent les mousses et les hépatiques aux surfaces qu'elles colonisent. Par la suite, la diversification des formes et la compétition pour l'eau, la lumière et les éléments nutritifs ont dirigé l'évolution vers une spécialisation de plus en plus poussée des différentes parties des plantes : des tiges dressées portant des feuilles le plus haut possible vers la lumière, des organes souterrains exploitant le sol meuble et l'humus accumulé par les végétaux morts, le tout relié par des tissus conducteurs assurant le transfert de l'eau et des substances dissoutes entre ces parties complémentaires. C'est ainsi que les racines vraies sont apparues avec les premières plantes pourvues de vaisseaux conducteurs de sève un peu plus tard au cours de l'ère primaire, il y a environ 400 millions d'années (voir tableau 1). Elles concernent actuellement les Ptéridophytes (fougères, prêles, lycopodes), les Gymnospermes (conifères, cycas, gnétacées, éphedracées) et les Angiospermes (toutes les plantes à fleurs, herbes, arbres, etc.). Chez ces dernières, la racine apparaît déjà dans l'embryon contenu dans la graine sous la forme de la *radicule*, opposée à la *gemmule* (bourgeon terminal de la future tige). Cette disposition est schématisée sur la figure 6.

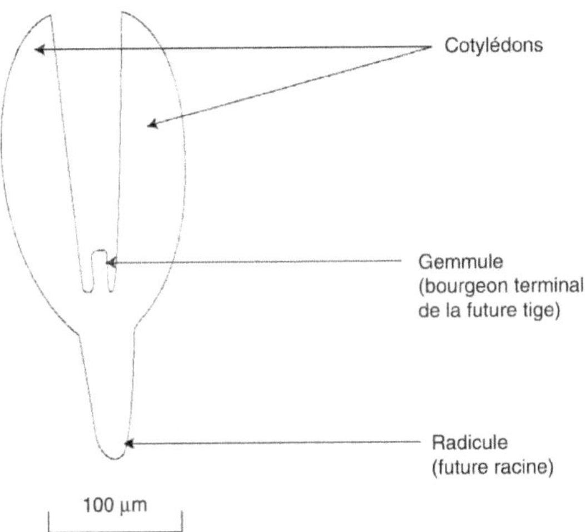

Figure 6. Embryon d'une plante dicotylédone, tel qu'il est contenu dans la graine avant la germination, montrant la *radicule* à l'origine de la racine. Reproduit avec l'aimable autorisation des éditions IDF.
La barre de cent micromètres (soit un dixième de millimètre) donne l'échelle approximative.

La racine diffère de la tige par trois traits fonctionnels propres aux rôles respectifs de ces deux types d'organes dans le fonctionnement de la plante : la cuticule, le géotropisme et le mode de ramification. La *cuticule* est une pellicule cireuse hydrophobe (c'est-à-dire non mouillable et étanche à l'eau) qui recouvre tous les organes aériens des plantes terrestres, elle empêche les pertes d'eau par évaporation dans l'atmosphère desséchante. Les racines sont dépourvues de cuticule, ce qui leur permet d'absorber l'eau du sol. Le *géotropisme* est le comportement d'un organe par rapport au champ de pesanteur terrestre, il est dit négatif pour les tiges, qui poussent vers le haut et positif pour les racines, qui tendent à pousser vers le bas, ce qui assure l'ancrage de la plante et l'accès aux ressources du sol. Quant à la ramification, elle respecte pour la tige une géométrie stricte qui donne le port caractéristique de chaque espèce, à partir de bourgeons disposés de façon régulière et dérivant tous d'un unique *méristème* terminal issu de l'embryon (on appelle méristème un petit massif de cellules indifférenciées qui se divisent activement et produisent différents tissus et organes). À l'inverse, chez la racine, des méristèmes peuvent apparaître n'importe où en fonction des contraintes environnementales, ce qui engendre une géométrie irrégulière mais flexible. Lorsque, dans des conditions artificielles, on laisse un système racinaire se développer librement hors de toute contrainte, on observe un chevelu extrêmement dense et homogène qui résulte de l'expression optimale de toutes les potentialités de ramification, c'est en quelque sorte le plan idéal, totalement réalisé. Les systèmes racinaires réels observés dans la nature ne sont que des versions inachevées du fait d'un environnement adverse.

Le résultat de l'élongation et de la ramification des racines est une très grande longueur dans un volume donné de sol. Mais cette *longueur* n'est pas en elle-même la mesure la plus pertinente de l'efficacité fonctionnelle du système racinaire d'une plante : la *surface* développée est un bien meilleur indicateur car c'est à travers cette interface qu'ont lieu les échanges entre le sol et la plante, en particulier l'absorption de l'eau. Cette surface varie naturellement beaucoup selon l'espèce de la plante, ses dimensions et la nature du sol, mais un exemple suffit à en évoquer l'échelle : si un arbre forestier de taille moyenne présente une surface cumulée de feuilles de 30 ha (soit 300 000 m^2), la surface de ses racines est au moins cinq fois plus grande (150 ha ou 15 000 m^2) ; cet arbre — comme toutes les plantes — augmente ainsi le contact avec le sol et l'accès aux ressources nutritives de ce dernier grâce à une colonisation efficace par les racines.

L'extrémité d'une racine en élongation comporte typiquement un méristème qui se divise en permanence en produisant vers l'arrière les cellules des différents tissus constitutifs de la jeune racine. C'est le grossissement de ces cellules dans la direction axiale qui crée l'élongation de la racine, poussant de force l'extrémité toujours plus loin dans le sol. Le méristème produit aussi des cellules vers l'avant, formant la coiffe qui le protège de l'abrasion pendant sa progression dans le sol ; cette coiffe est sans cesse rabotée à l'extérieur et reformée de l'intérieur (figure 7).

La jeune racine ainsi formée présente une structure dite *primaire*, représentée sur la figure 8 en comparaison avec la structure primaire d'une tige.

Au centre, on trouve le *cylindre central*, délimité par deux couches de cellules spécialisées : le *péricycle* à l'intérieur et l'*endoderme* à l'extérieur. Le cylindre central contient les tissus conducteurs de la racine, formés de vaisseaux : ceux qui constituent le *xylème* et envoient vers les feuilles l'eau et les éléments nutritifs puisés dans le sol, et les vaisseaux du *phloème*, qui, en sens inverse, alimentent la racine en produits de la photosynthèse. Autour du cylindre central se trouve le *cortex*, un tissu constitué de plusieurs couches de cellules peu différenciées. C'est du cortex des racines primaires que nous reparlerons souvent dans ce livre, puisque c'est là le siège unique des échanges symbiotiques entre le champignon et la plante dans tous les types de mycorhizes. Enfin, à l'extérieur, le cortex est recouvert d'une couche de cellules appelée épiderme racinaire ou *rhizoderme*. Dans une zone de quelques millimètres ou quelques centimètres de long en arrière de la coiffe, certaines cellules du rhizoderme peuvent porter des excroissances très allongées radialement (de l'ordre du millimètre) appelées *poils absorbants* qui contribuent, comme leur nom l'indique, à l'absorption de l'eau du sol.

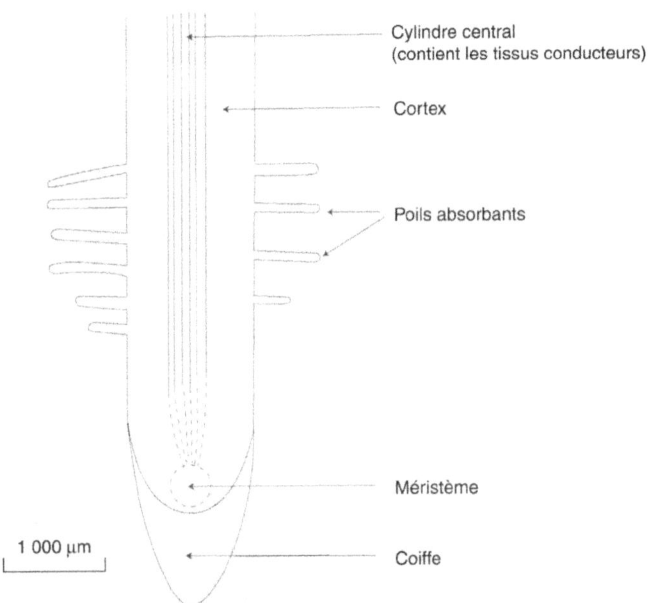

Figure 7. Représentation schématique de la coupe longitudinale d'une racine en élongation. Reproduit avec l'aimable autorisation des éditions IDF.

En bas de la figure on distingue le *méristème*, petit massif de cellules qui se différencient vers l'avant pour former la coiffe (massif cellulaire protecteur, constamment abrasé et sacrifié lors de la progression de la racine dans le sol) et vers l'arrière pour former tous les tissus qui constituent la structure primaire de la jeune racine : le *cylindre central* avec les vaisseaux conducteurs des sèves et le *cortex* (ou *parenchyme cortical*) qui nous intéresse particulièrement ici car il est le siège de la symbiose mycorhizienne.

Chez les plantes *herbacées*, c'est-à-dire qui ne forment pas de bois (herbes, plantes annuelles ou vivaces à rhizome, à tubercules ou à bulbe, etc.) la structure primaire se maintient pendant toute la durée de vie de la racine, qui est ensuite remplacée par ses propres ramifications ou par d'autres racines issues de nouveaux méristèmes ; l'ensemble du système racinaire fonctionnel est donc de structure primaire. Chez les plantes *ligneuses*, c'est-à-dire qui produisent du bois et élaborent des architectures complexes et pérennes avec des troncs et des branches (arbres, arbrisseaux, buissons, certaines lianes), le stade de la structure primaire des racines ne dure que peu de temps et ne concerne qu'une longueur limitée à quelques centimètres ; la structure primaire fait alors place à une structure *secondaire* avec formation de bois et grossissement en diamètre, où le cortex disparaît complètement pour faire place à une écorce liégeuse, supprimant donc toute possibilité de symbiose mycorhizienne. Chez les plantes ligneuses, et en particulier chez les arbres forestiers, les mycorhizes ne concernent par conséquent que les racines les plus jeunes qui n'ont pas encore développé de structure secondaire.

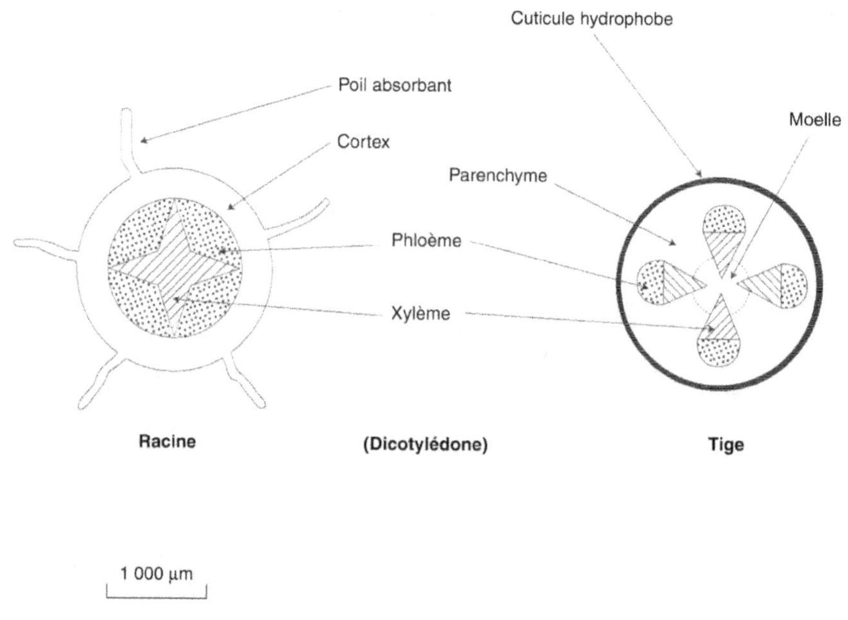

Figure 8. Coupes transversales schématiques d'une jeune racine et d'une jeune tige de plante dicotylédone (structures primaires). Reproduit avec l'aimable autorisation des éditions IDF.

⏩ La symbiose

Que recouvre précisément le concept de symbiose, dont nous avons déjà cité l'émergence au XIXᵉ siècle ? Il s'agit d'une association *intime* (c'est-à-dire avec pénétration des tissus de l'un des deux organismes dans ceux de l'autre, ou à l'intérieur même des cellules), *durable* (c'est-à-dire effective jusqu'à ce que l'un des deux organismes meure) et *mutualiste* (c'est-à-dire à bénéfice réciproque par l'échange de ressources complémentaires). C'est par cette dernière caractéristique que la symbiose diffère du parasitisme : alors que le parasite (comme beaucoup d'autres champignons qui causent des maladies aux plantes) exploite son hôte sans contrepartie et finit par l'épuiser et le faire mourir, le symbiote au contraire participe de façon positive au développement de la plante ; la symbiose est en quelque sorte un double parasitisme équilibré et donc stabilisé.

Concrètement, l'exemple de symbiose le plus classique et le plus anciennement étudié est donné par les lichens, présents dans tous les habitats terrestres avec une grande diversité de formes. Un lichen se présente le plus souvent comme une croûte recouvrant une surface et constituée d'un champignon dont le réseau filamenteux dense enserre les cellules isolées d'une algue verte unicellulaire. Les lichens sont visibles partout autour de nous : sur les murs, les trottoirs, les troncs des arbres, les toits et les rochers. Le partenaire fongique du lichen assure la fixation sur le substrat, son exploration par croissance marginale et son exploitation en mobilisant l'eau et les minéraux, tout en assurant la protection de l'algue contre la dessiccation. En contrepartie, l'algue fournit au champignon une partie des sucres qu'elle fabrique par photosynthèse (puisque c'est une plante verte), ce que le champignon ne peut faire étant dépourvu de chlorophylle.

De la même façon, des algues unicellulaires vivent en symbiose obligatoire avec la plupart des invertébrés marins (coraux, méduses, vers, mollusques, certains crustacés, etc.) qui habitent les couches supérieures de l'océan, là où la lumière du soleil parvient encore ; par photosynthèse, elles fixent le carbone à partir du gaz carbonique atmosphérique en solution dans l'eau et transfèrent aux animaux hôtes une partie des sucres ainsi fabriqués. Les organismes marins contiennent également de nombreuses bactéries symbiotiques. Il en est de même des arthropodes terrestres (insectes, araignées, cloportes, mille-pattes) qui hébergent des bactéries symbiotiques obligatoires qui leur fournissent des vitamines indispensables et déterminent même le développement sexuel de certains groupes comme les cloportes. De nombreuses algues littorales vertes et brunes contiennent des champignons ascomycètes ou basidiomycètes (*mycophycobioses*) qui leur permettent de mieux supporter les périodes d'exposition à l'air lors du battement des marées dans la zone de l'estran. Les plantes dites *légumineuses* appartenant aux familles Fabacées, Césalpiniacées et Mimosacées (pois, haricot, acacias, mimosas) portent sur leurs racines des excroissances appelées *nodosités* qui contiennent des bactéries symbiotiques capables de fixer l'azote de l'air et de le transférer à la plante, ce qui permet aux légumineuses de ne pas dépendre des réserves azotées du sol et leur confère un avantage adaptatif dans les situations de carence de cet élément. Notre propre microflore intestinale, comme celle de la plupart des animaux, joue un rôle central dans le processus digestif, tout en étant abritée, maintenue à bonne température, nourrie et protégée par son animal hôte. On a même découvert depuis déjà plusieurs décennies que le phénomène de la symbiose est généralisé à l'ensemble du monde vivant, à tel point que c'est un des mécanismes majeurs de l'évolution et de la tendance constante vers des organismes de plus en plus complexes, diversifiés et spécialisés. Par exemple, les *chloroplastes* des cellules végétales, ces petits organes (ou *organites*) contenant la chlorophylle qui sont le siège de la photosynthèse, sont dérivés de bactéries photosynthétiques très anciennement intégrées dans leurs cellules hôtes de façon tellement intime que les unes ne peuvent plus vivre sans les autres et qu'elles se multiplient désormais ensemble, de façon synchrone. Il en est de même avec nos propres cellules animales dont la capacité à produire de l'énergie dépend totalement de bactéries tellement intégrées qu'elles sont devenues les organites appelés *mitochondries*, sièges du métabolisme respiratoire. Le tableau 2 présente de façon synthétique différents exemples de symbioses.

Tableau 2. Quelques exemples de symbioses mutualistes dans le monde vivant, classés selon un degré d'intégration décroissant. Les critères d'intégration sont la pénétration du symbiote (ou *microbionte*) dans les cellules de l'organisme hôte, et sa capacité de transmission interne aux descendants de l'hôte.

Type de symbiose mutualiste	Hôte (*macrobionte*)	Symbiote (*microbionte*)	Degré d'intégration	Apport principal du symbionte à l'hôte
Mitochondrie	Cellule animale, végétale ou fongique	Bactérie	Fort : simplification du microbionte intracellulaire, division synchrone avec la cellule hôte	Métabolisme respiratoire
Chloroplaste	Cellule de plante ou d'algue	Bactérie	Fort: simplification du microbionte intracellulaire, division sychrone avec la cellule hôte	Photosynthèse
Nodosités bactériennes	Plante de la famille des Fabacées, et quelques autres	Bactérie	Fort : microbionte intracellulaire	Fixation d'azote atmosphérique
Insectes et cloportes	Animal	Bactérie	Fort : microbionte intracellulaire à transmission maternelle	Déterminisme sexuel, nutrition
Endophytes des graminées	Plante de la famille des Poacées (graminées)	Champignon du genre *Neotyphodium*	Moyen : pas de pénétration mais transmission par les graines	Protection contre l'abroutissement par les herbivores
Corail	Animal (hydre cnidaire)	Algue unicellulaire	Moyen : microbionte intracellulaire	Photosynthèse
Mycorhizes	Plante verte terrestre	Champignon	Moyen : pénétration intracellulaire partielle	Alimentation en eau et en éléments nutritifs
Mollusques lamellibranches	Animal	Bactérie	Faible : le microbionte reste extracellulaire	Apport de vitamines
Mollusques gastéropodes	Animal	Algue unicellulaire	Faible : le microbionte reste extracellulaire	Photosynthèse
Intestins des termites, rongeurs, ruminants	Animal	Bactérie, champignon, protozoaire	Faible : microbonte libre dans l'intestin	Digestion de la cellulose
Lichens	Champignon	Algue unicellulaire et/ou cyanobactérie	Faible : pas de pénétration cellulaire	Photosynthèse, fixation d'azote
Mycothalles	Algue de l'estran	Champignon	Faible : pas de pénétration cellulaire	Résistance à la dessiccation

De tels exemples sont innombrables, et la théorie dite de la « symbiose généralisée » est au centre de la biologie évolutive moderne. Cette théorie considère la symbiose mutualiste comme la résolution ultime des relations initiales de compétition qui affectent obligatoirement deux espèces occupant la même niche écologique, du fait même de la limitation des ressources. Dans le cas des plantes et des microorganismes avec lesquels elles partagent un même environnement, l'enchaînement des situations se ferait selon la séquence suivante sous l'action des simples mécanismes d'évolution adaptative de chacune de deux espèces (que nous appellerons A et B) agissant en interaction. Dans un premier temps, la compétition pure prévaut : il n'y a pas assez de ressources pour un libre développement des deux espèces qui survivent à grand peine ; cet état est cependant instable car symétrique et il finit par basculer lorsque A prend un léger avantage qui lui fait prendre définitivement le dessus sur B. C'est par exemple le cas lorsque la plante A émet des substances toxiques qui empoisonnent le sol dans lequel la bactérie B a de plus en plus de difficulté pour survivre (on parle alors d'*allélopathie* de A contre B) ou lorsque le champignon saprotrophe B colonise si activement le sol qu'il en consomme toute l'eau, entraînant le flétrissement de la plante (*amensalisme* de B contre A). Cependant, dans d'autres circonstances, la compétition peut se stabiliser sous forme de *commensalisme* par partage des ressources dans l'espace ou dans le temps, évitant ainsi la compétition frontale ; c'est le cas lorsque les racines de la plante A exploitent les couches profondes du sol alors que le champignon B ne colonise que la surface, aucun ne nuisant à l'autre ; il y a dissymétrie des moyens mais symétrie des effets. Le commensalisme est cependant rarement stable longtemps et bascule généralement vers une situation moins équilibrée : le champignon B rencontre les racines de A et les colonise, y trouvant non seulement une plus grande quantité d'eau puisée en profondeur mais aussi un abri et des sucres simples provenant des feuilles de la plante, beaucoup plus faciles à utiliser comme aliments carbonés que l'humus du sol ; la situation est tellement favorable à B qu'elle dégénère vite en *parasitisme* vis-à-vis de A. Mais le parasitisme est une voie évolutive sans issue : poussé à l'extrême, il entraîne la mort de l'organisme A, privant du même coup B de ses seules ressources et provoquant sa disparition. À terme, le parasitisme est donc typiquement une relation de « perdant-perdant ». C'est alors qu'il peut évoluer vers la symbiose, interaction plus stable dans laquelle deux parasitismes atténués se compensent et s'équilibrent : le champignon B profite bien des sucres photosynthétisés par la plante, mais en contrepartie il transfère à cette dernière les éléments nutritifs qu'il extrait plus facilement du sol grâce à sa masse de filaments très ténus qui en explorent le moindre pore. C'est ainsi que les relations symbiotiques (relation de « gagnant-gagnant »), sous des formes très diverses, ont fini par concerner l'ensemble du monde vivant.

L'étude des symbioses est désormais une branche importante des sciences du vivant, et il existe une société internationale qui organise périodiquement d'importants congrès regroupant des chercheurs de toutes les disciplines biologiques : l'International Symbiosis Society ou ISS (http://iss-symbiosis.org/).

Avec leurs mycorhizes et leurs champignons associés, les végétaux ne font donc pas exception. Ainsi, bien que cachée, la liaison des plantes avec les champignons n'a rien de honteux ni de dangereux, bien au contraire, et mérite toute notre attention, que l'on soit naturaliste contemplant la diversité du monde vivant, biologiste tentant d'élucider son fonctionnement ou agronome avide de le manipuler au service de l'homme. Une société internationale — l'International Mycorrhiza Society (IMS, http://www.mycorrhizas.org/) — créée en 2003 pour rassembler et structurer la communauté des chercheurs travaillant dans ce domaine organise tous les deux ans un congrès mondial qui regroupe de 500 à 600 participants de tous les continents.

Partie 1

Le point de vue du naturaliste : morphologie, diversité et distribution des différents types de mycorhizes dans le règne végétal

▸▸ Les plus faciles à observer et à étudier : les ectomycorhizes

Origine du nom

Les ectomycorhizes (du grec *ecto* qui signifie à l'extérieur) sont ainsi nommées du fait de deux traits morphologiques caractéristiques qui les classent à part des autres types de symbioses mycorhiziennes. D'une part, les filaments du champignon forment un manchon feutré plus ou moins dense mais continu, appelé *manteau*, qui recouvre la surface de la racine ; d'autre part, s'il est vrai que le champignon s'établit à l'intérieur de la racine, entre les cellules du cortex, il ne franchit pas les parois des cellules et ne les pénètre pas. Le symbiote fongique est donc bien développé à l'extérieur de la racine — ce qui rend les ectomycorhizes visibles à l'œil nu ou à la loupe (voir annexe 2 p. 197) — et reste extérieur aux cellules de la plante hôte. C'est la facilité d'observation due à la présence du manteau qui a fait que les ectomycorhizes ont été les plus étudiées depuis les descriptions et les dessins très fidèles de Gibelli (1879) et les travaux expérimentaux fondateurs de Frank (1885) déjà cités dans l'introduction. C'est aussi du fait de leur caractère spectaculaire et de leur relative facilité d'approche que nous commençons par elles.

Les plantes à ectomycorhizes (aussi qualifiées d'ectotrophes)

Cependant, les ectomycorhizes sont loin d'être représentatives de l'ensemble du monde végétal ; elles n'en concernent même qu'une toute petite partie, estimée à environ 5 % des espèces. Il s'agit pour l'essentiel de plantes ligneuses, c'est-à-dire à longue durée de vie et formant du bois, autrement dit des arbres et des arbustes. Les espèces concernées appartiennent à un petit nombre de familles botaniques : les Pinacées (pins, mélèzes, épicéas, sapins, cèdres, tsugas, pseudotsugas), les Fagacées (hêtres, chênes, châtaigniers), les Bétulacées (bouleaux, aulnes, charmes, noisetiers), les Salicacées (saules, peupliers), les Tiliacées (tilleuls), les Juglanda-cées (noyers, caryas, pterocaryas), les Cistacées (arbrisseaux méditerranéens), les Myrtacées (eucalyptus, melaleucas), les Casuarinacées (casuarinas, filaos), et certains genres tropicaux dans les Césalpiniacées, Mimosacées (acacias australiens), Diptérocarpacées, Polygonacées, Euphorbiacées et Gnétacées. Cette énuméra-tion montre clairement que les ectomycorhizes concernent avant tout les arbres des régions boréales (taïgas canadienne, scandinave et sibérienne à pins, épicéas et mélèzes), des forêts de montagne (sapins, pins, sapins, épicéas, mélèzes, hêtres) et des forêts des plaines de la zone tempérée de l'hémisphère nord (chênes, hêtres, peupliers, tilleuls, charmes, noisetiers, etc.). Quant aux eucalyptus, mélaleucas et casuarinas, ils forment l'essentiel des forêts australiennes. On remarque aussi que presque toutes ces espèces sont ce que les forestiers appellent des *essences sociales*, c'est-à-dire qu'elles ont naturellement tendance à former des peuplements presque purs ; c'est pourquoi on parle couramment dans nos régions tempérées de pinèdes, de sapinières, de chênaies ou de hêtraies, tous types de forêts dominés par une seule espèce d'arbre d'où dérive leur nom. L'essence dominante est certes accompagnée d'un grand nombre d'autres espèces ; dans les forêts européennes de plaine, ce sont par exemple les érables (famille des Acéracées), les frênes (famille des Oléacées) ou les « fruitiers » tels que les sorbiers, alisiers, merisiers, poiriers et pommiers sauvages (famille des Rosacées). Mais ces espèces dites *essences disséminées*, aussi appelées *essences précieuses* par les forestiers du fait de la grande valeur du bois de certaines d'entre elles pour l'ébénisterie, ne se trouvent qu'à l'état dispersé et ne présentent pas d'ectomycorhizes comme l'essence sociale qui les entoure. À la place, ils forment avec les champignons une symbiose du type endomycorhize arbusculaire, que nous verrons plus loin.

Les essences forestières à ectomycorhizes fournissent la quasi totalité du bois d'œuvre et d'industrie dans les pays industrialisés ; c'est une raison de plus qui fait que les ectomycorhizes ont été particulièrement étudiées, dans une proportion bien supérieure à leur relative importance dans la diversité végétale mondiale (voir p. 148).

Les observations concernant les ectomycorhizes dans les forêts tropicales sont encore loin d'être aussi approfondies que dans les zones boréales et tempérées. Bien qu'elles y soient relativement rares et localisées, elles concernent des familles comme les Dipterocarpacées, Césalpiniacées, Euphorbiacées et certaines Mimo-sacées qui tendent à former des peuplements presque purs, comme les essences forestières à ectomycorhizes des régions du Nord. Ces forêts tropicales à ectomy-corhizes sont typiquement intrazonales et cantonnées sur des sols particuliers. Le déterminisme écologique de la prédominance des ectomycorhizes sera discuté dans la deuxième partie (p. 119).

Une morphologie racinaire particulière

Les arbres à ectomycorhizes présentent une morphologie racinaire très particulière qui les distingue de toutes les plantes, y compris des autres espèces d'arbres, en nombre infiniment plus grand, qui n'ont pas d'ectomycorhizes mais d'autres types de symbioses avec des champignons. En schématisant un peu — la réalité est toujours plus complexe que les représentations qui la décrivent — on peut dire que les racines fines de la majorité des plantes ont une structure *fractale*, c'est-à-dire qu'elle se reproduit semblable à elle-même à toutes les échelles et à tous les niveaux de ramification : à partir d'un axe donné, une ramification d'ordre 1 a sensiblement la même morphologie qu'une ramification d'ordre 2 ou 3. À l'inverse, les racines des arbres à ectomycorhizes ont une structure *hiérarchisée* : des *racines longues* s'allongent en permanence par leur extrémité en se ramifiant et portent latéralement des petites branches qu'on appelle *racines courtes* qui sont le siège de la symbiose ectomycorhizienne (voir planche couleur 1). Ces racines courtes ont des caractéristiques très particulières : elles ne présentent pas de coiffe à leur extrémité (voir p. 19) ; leur développement est très limité : même si elles se ramifient parfois avant de cesser définitivement de croître, leur taille ne dépasse guère quelques millimètres ; enfin, leur durée de vie est également limitée : si elles ne sont pas rapidement colonisées par un champignon qui les transforme en ectomycorhizes, elles meurent et sont remplacées par d'autres racines courtes émises par la racine longue au fur et à mesure de son allongement. En revanche, si elles sont colonisées par un champignon compatible, elles survivent sous forme d'ectomycorhizes actives pendant au moins une saison et parfois même pendant plusieurs années pour certains types ramifiés et à reprise saisonnière de croissance comme ceux formés par des lactaires ou des tomentelles. En effet, l'architecture générale de la racine courte transformée en ectomycorhize (longueur, ramification éventuelle, forme de cette ramification) est sous la dépendance du champignon associé et non pas de celle de l'arbre hôte. La seule exception notable est le genre *Pinus* (les pins) chez lequel les racines courtes, qu'elles soient mycorhizées ou non, adoptent spontanément une forme en Y en se divisant en deux à leur extrémité. Sous l'influence de certains symbiotes fongiques qui favorisent la ramification, cette division des extrémités en deux peut se répéter plusieurs fois et conduire à une morphologie dite *coralloïde*, c'est-à-dire en touffe dense imitant un corail.

Les champignons ectomycorhiziens

De leur côté, les espèces de champignons qui forment des ectomycorhizes sont extrêmement diverses. On les estime actuellement à plus de 6 000 et on en découvre sans cesse de nouvelles. Ils sont tous ce qu'il est convenu d'appeler des « champignons supérieurs », c'est-à-dire des Ascomycètes et des Basidiomycètes, qui forment des *sporophores* (ou *sporocarpes,* fructifications portant des spores) complexes et généralement de grande taille. Cette diversité des symbiotes fongiques s'oppose au petit nombre d'espèces de plantes portant des ectomycorhizes.

Les Basidiomycètes et les Ascomycètes qui forment les ectomycorhizes présentent un double jeu de chromosomes pendant une partie de leur cycle de vie. Rappelons que, à l'intérieur des noyaux des cellules vivantes, les chromosomes sont les organites porteurs de l'information génétique ; ils se dupliquent lors de chaque division cellulaire et sont au nombre de *n* variable selon l'espèce. Pendant une partie du cycle de vie appelée *phase haploïde* ou *phase n*, chaque cellule ne contient qu'un jeu de chromosomes ; pendant l'autre partie du cycle (*phase diploïde* ou *phase 2n*), elle en contient deux. Cependant, alors que chez les plantes et les animaux les deux jeux de chromosomes de la phase diploïde sont contenus dans un seul noyau par cellule, ils sont séparés dans deux noyaux chez les Basidiomycètes et Ascomycètes, d'où le nom collectif de Dikaryomycètes ou Dikarya qui leur a été donné. Il y a donc chez ces champignons une phase *monocaryotique* (à un seul noyau et n chromosomes) qui alterne avec une phase *dicaryotique* (deux noyaux et 2 n chromosomes), cette dernière se terminant dans le sporocarpe par la reproduction sexuée avec la fusion temporaire des deux noyaux et la production des spores haploïdes. Chez les Ascomycètes, c'est la phase monocaryotique qui occupe l'essentiel du cycle de vie, alors que c'est l'inverse chez les Basidiomycètes.

Il résulte de tout cela que les ectomycorhizes sont formées par un mycélium haploïde et monocaryotique dans le cas des Ascomycètes, et par un mycélium secondaire diploïde et dicaryotique dans le cas des Basidiomycètes, ce mycélium secondaire résultant de la fusion de deux mycéliums primaires haploïdes et monocaryotiques. Par conséquent, alors que la germination d'une seule spore à proximité d'une racine réceptive peut immédiatement conduire à la formation d'une ectomycorhize dans le cas des Ascomycètes, il en faut deux et la rencontre de deux mycéliums primaires dans le cas des Basidiomycètes, avec une moindre probabilité de succès et un délai plus long. On constate que les ectomycorhizes dues à des Ascomycètes sont particulièrement fréquentes dans les tous premiers stades de développement des semis d'arbres dans les sols nus fraîchement décapés ou dans les pépinières forestières, toutes situations dans lesquelles le rôle des spores prend une importance particulière dans la recolonisation.

Parmi les genres de champignons ectomycorhiziens les plus communs dans nos forêts résineuses ou feuillues d'Europe, citons les russules (*Russula*), les lactaires (*Lactarius*), les bolets (*Boletus, Leccinum, Suillus, Xerocomus*), les cortinaires (*Cortinarius*), les hébélomes (*Hebeloma*), les amanites (*Amanita*), les sclérodermes (*Scleroderma*), les chanterelles (*Cantharellus, Craterellus*), les truffes (*Tuber*), etc. On reconnaît d'ailleurs à certains (bolets, chanterelles ou truffes) une grande valeur commerciale, ce qui explique que les connaissances sur la symbiose ectomycorhizienne ont été approfondies afin d'augmenter la production, comme nous le verrons dans la troisième partie de ce livre (p. 174). La propagation des espèces de champignons ectomycorhiziens s'accomplit en deux phases complémentaires. D'une part, à l'échelle du peuplement forestier installé, la multiplication végétative domine, c'est-à-dire la reproduction à l'identique d'un individu sans modification de son patrimoine génétique ; cela se fait de proche en proche dans le sol par le fractionnement du mycélium ou des racines mycorhizées, ou pour certaines espèces par des organes spécialisés appelés *sclérotes* (petits amas de mycélium supportant la dessiccation), toutes ces propagules étant transportées par des animaux. D'autre part, à une plus grande échelle géographique, c'est la dissémination de spores contribuant à la reproduction sexuée et portées par le vent sur de grandes distances qui est la plus importante pour toutes les espèces qui produisent des sporocarpes au-dessus du sol. Ces spores (basidiospores et ascospores) propagent l'espèce et non les individus, puisqu'elles ont subi une réduction chromosomique lors de la méiose et devront se recombiner avec d'autres pour former de nouveaux individus complets mais différents. Les spores peuvent voyager d'un continent à l'autre grâce aux courants atmosphériques d'altitude (*jet streams*), ce qui explique que beaucoup d'espèces de champignons ectomycorhiziens se trouvent à l'identique en Amérique du Nord et en Eurasie.

Mais de nombreuses variantes compliquent ce schéma général. Par exemple, les champignons ectomycorhiziens dits *hypogées*, c'est-à-dire fructifiant sous terre, sont incapables d'injecter leurs spores dans l'atmosphère. Un autre système de dissémination s'est donc mis en place, qui fait intervenir des animaux. Les sporocarpes de ces champignons sont très nombreux et peuvent représenter, en masse, plus de la moitié des fructifications de champignons ectomycorhiziens dans un peuplement forestier donné : vraies truffes (genre *Tuber*), truffes des cerfs (genre *Elaphomyces*), rhizopogons, etc. Ils émettent des substances volatiles analogues aux phéromones sexuelles des mammifères de façon à attirer les rongeurs, les sangliers, les cerfs et les chevreuils qui les déterrent et les mangent — c'est sans doute pourquoi nous trouvons le parfum des truffes si délectable ! — Mais les spores contenues dans les sporocarpes résistent au processus de digestion et sont libérées avec les fèces à distance de leur lieu d'origine, contribuant ainsi de proche en proche à propager l'espèce.

D'autres espèces de champignons ectomycorhiziens ne peuvent se disséminer que par voie végétative et à courte distance car elles sont dépourvues — au moins au stade de nos connaissances actuelles — de toute forme de reproduction sexuée et dépendent donc entièrement de la multiplication végétative. Un exemple très représentatif de ce statut est donné par l'espèce *Cenococcum geophilum*, qui sera citée plusieurs fois dans la deuxième partie de ce livre pour sa contribution écologique particulière dans les communautés d'ectomycorhizes. *C. geophilum* est une espèce ascomycète ubiquiste, c'est-à-dire qu'on la retrouve partout dans le monde où il y a des arbres à ectomycorhizes. Ne produisant pas de spores, *C. geophilum* présente cependant un système de dissémination végétative extrêmement performant sous la forme de sclérotes, petites pelotes de mycélium d'un diamètre de l'ordre du millimètre et pourvues d'une écorce dure, très résistantes à la dessiccation et pouvant survivre longtemps dans le sol où les animaux les déplacent.

Pour une espèce donnée, l'importance relative des modes de dissémination végétative ou par spores conditionne la structure génétique des populations de champignons ectomycorhiziens. Certains fructifient abondamment tous les ans et dépendent exclusivement de spores dispersées par le vent en très grand nombre germant avec facilité. Il en résulte des populations composées de nombreux individus de petite taille (un mycélium et quelques ectomycorhizes dans un volume de sol de l'ordre du décimètre cube), à durée de vie courte et qui se renouvellent annuellement, C'est le cas des laccaires (genre *Laccaria*) ou des hébélomes (*Hebeloma*). Au contraire, les individus d'autres espèces vivent aussi longtemps que les arbres et se propagent localement par voie végétative jusqu'à atteindre des dimensions telles qu'ils couvrent plusieurs hectares de forêt, formant des ectomycorhizes avec tous les arbres dans cette surface ; lorsqu'elles existent, leurs spores servent essentiellement à fonder de nouvelles colonies à grande distance. C'est le cas de beaucoup d'espèces caractéristiques des peuplements forestiers matures comme les russules (genre *Russula*) et certains bolets (*Boletus, Suillus, Xerocomus, Leccinum*).

Du point de vue fonctionnel, nous verrons dans la deuxième partie de l'ouvrage (voir p. 82) que les champignons mycorhiziens en général contribuent plus ou moins à la décomposition des molécules complexes de la matière organique du sol, ce qui a pour résultat de rendre soluble les éléments nutritifs tels que l'azote et le phosphore qui y sont séquestrés et donc de faciliter la nutrition des plantes. Les champignons responsables des ectomycorhizes sont particulièrement performants dans ce sens grâce à une large panoplie d'enzymes secrétées (protéines catalytiques facilitant des réactions chimiques précises) ciblant une large gamme de macromolécules organiques du sol. Certains, appelés « champignon à protéines », sont en particulier très efficaces pour produire des protéases et mobiliser, sous forme d'acides aminés absorbables, l'azote contenu dans les protéines du sol ; ce sont par exemple *Cenococcum geophilum, Paxillus involutus* et divers *Suillus, Xerocomus, Rhizopogon* ou *Hebeloma* spp.

Morphologie des ectomycorhizes

L'aspect général des ectomycorhizes observées de l'extérieur est extrêmement divers, tant du point de vue de la forme (simple ou ramifiée) que de la couleur, de l'état de surface du manteau (lisse, velouté, cotonneux, lâche ou dense, etc.) ou de la morphologie des structures fongiques qui en émanent vers l'extérieur pour explorer et exploiter le sol (filaments isolés ou agrégés, faisceaux, mèches, cordons, etc.). Les planches couleur 2 et 3 montrent un échantillon de cette diversité morphologique des ectomycorhizes, qui correspond à la diversité des espèces de champignons associées. Des observations microscopiques fines de la structure du manteau permettent même d'attribuer un nom de genre fongique, voire d'espèce, à chaque type morphologique d'ectomycorhize.

Une coupe transversale à travers une racine courte ectomycorhizée (voir planche couleur 4) révèle la structure du manteau, véritable tissu fongique formé d'hyphes plus ou moins différenciés et enchevêtrés selon l'espèce de champignon. Très schématiquement, on distingue des organisations de type *plectenchyme* (les hyphes forment un feutrage lâche et gardent leur morphologie propre) ou *pseudo-parenchyme* (le tissu est plus dense, avec des hyphes à articles raccourcis et étroitement soudés les uns aux autres, et finit par ressembler à un vrai parenchyme végétal avec des cellules isodiamétriques). Mais il existe une infinité de formes cellulaires et d'arrangements possibles, ce qui fait que l'observation détaillée du manteau au microscope est à la base des clés de détermination morphologique des ectomycorhizes et d'identification des champignons associés (voir annexe 2, la section consacrée à l'observation et l'identification des types de mycorhizes présentant un manteau fongique). Parmi les traits les plus saillants de certains manteaux qui ont une valeur décisive dans ces clés de détermination, il y a notamment la forme des cellules (hyphes enchevêtrées type spaghetti, pavage régulier, puzzle, arrangement en étoiles, etc.), la présence d'ornementations à la surface du manteau (pointes, ampoules, poils simples ou ramifiés, crochets, etc.) ou encore la forme et la couleur d'éventuels *laticifères* inclus dans l'épaisseur du manteau, c'est-à-dire de gros hyphes spécialisés qui contiennent un *latex*, liquide laiteux blanc ou diversement coloré. Les laticifères sont en particulier caractéristiques des ectomycorhizes formées par les champignons du genre *Lactarius* (les lactaires) : les mêmes formes de laticifères et les mêmes couleurs de latex se retrouvent dans les ectomycorhizes et dans les sporocarpes ; par exemple, des laticifères contenant un latex orange sont caractéristiques de l'espèce *L. deliciosus,* le lactaire délicieux.

Immédiatement au-dessous du manteau, les cellules de la première assise du parenchyme cortical (qui constituaient l'épiderme (ou rhizoderme) de la racine avant la formation de l'ectomycorhize) sont mortes et remplies de substances polyphénoliques brunes de type tanin ; c'est pour cela que l'on parle de la *couche de cellules à tanin*. Le sacrifice de ces cellules barrière (l'analogie avec la tactique de la terre brûlée est souvent évoquée) et l'accumulation de tanin sont typiques des réactions de défense d'une plante face à l'agression par un champignon pathogène ; cela traduit le fait que la symbiose mycorhizienne n'est en fait qu'une association parasitaire stabilisée et maîtrisée dans l'intérêt des deux partenaires ; mais cela n'empêche pas que la relation conserve des aspects conflictuels (voir p. 70).

Le mycélium qui émane de l'intérieur du manteau s'insinue entre les cellules à tanin et colonise une seule (chez les Angiospermes) ou plusieurs (chez les Gymnospermes) assises de cellules saines du parenchyme cortical. Chez les Angiospermes, les cellules de l'assise colonisée réagissent en s'allongeant radialement, ce qui entraîne une augmentation du diamètre de la racine courte en plus de l'épaisseur du manteau lui-même, d'où la forme classique en massue de beaucoup d'ectomycorhizes.

Dans la zone de la racine courte ainsi colonisée, le mycélium ne pénètre pas dans les cellules de la plante mais les enveloppe sur toutes leurs faces grâce à des ramifications serrées, semblables aux doigts de deux mains entrelacés autour d'une petite boîte.

La coupe, purement bidimensionnelle, ne montre que les sections transversales des hyphes (comme des petits cercles) et ne rend pas compte de la structure tridimensionnelle de l'ensemble. Il est cependant facile d'imaginer cette étroite imbrication du champignon et des cellules du parenchyme cortical, qui évoque un peu un filet et porte pour cela le nom de réseau de Hartig à la mémoire du naturaliste allemand Theodor Hartig (1805-1880) qui l'avait parfaitement décrite — mais sans en deviner la nature fongique — dès 1840. Dans le détail de sa morphologie, le réseau de Hartig peut naturellement légèrement varier selon l'espèce de la plante hôte et l'espèce du champignon symbiotique, mais la différence la plus marquée est entre les Pinacées (qui sont des Gymnospermes, c'est-à-dire des conifères, ou des *résineux* en termes forestiers) et toutes les autres essences à ectomycorhizes (qui sont des Angiospermes, c'est-à-dire des *feuillus* en termes forestiers) : chez les Pinacées, le réseau de Hartig s'établit dans toute l'épaisseur du cortex, jusqu'à l'endoderme qui délimite le cylindre central (voir introduction et figures 7 et 8), alors que chez les Angiospermes il reste cantonné dans la couche de cellules la plus externe du parenchyme, immédiatement sous le rhizoderme ou épiderme ; mais ces cellules subissent alors une élongation radiale qui augmente le diamètre de la racine courte et accroît l'épaisseur de la zone d'imbrication entre les tissus de la plante hôte et ceux du champignon. Du fait de la grande surface de contact développée par l'hyper-ramification des hyphes fongiques autour des cellules végétales, le réseau de Hartig est une structure clé de la symbiose puisque c'est là qu'ont lieu tous les échanges entre les deux partenaires. Il est très difficile de quantifier avec précision, et même de mesurer, cette interface du fait de l'irrégularité des formes et de la complexité de l'arrangement des cellules végétales et fongiques (voir planche couleur 4). Cependant, grâce à des techniques d'analyse d'image tridimensionnelle et de modélisation numérique, des estimations ont pu être effectuées. Dans un peuplement d'épicéa commun (*Picea abies*) dans les Alpes, les 5 premiers centimètres du sol (où sont concentrées la plus grande partie des racines fines et des ectomycorhizes) contiennent une masse de champignon cumulée au niveau des réseaux de Hartig de toutes les ectomycorhizes (sans compter le manteau) de 1,7 tonne/ha de forêt, alors que la surface cumulée de toutes les interfaces hyphes-cellules corticales au niveau de ce réseau est de 32 ha, ce qui confirme bien l'importance quantitative de ce carrefour d'échanges symbiotiques.

La partie externe du champignon, c'est-à-dire toutes les structures fongiques qui assurent le contact entre le sol et la racine et développent la grande surface requise pour une absorption efficace, est beaucoup plus diverse et souvent plus différenciée chez les ectomycorhizes que chez les autres types de mycorhizes que nous verrons par la suite. Selon l'espèce du champignon associé, il peut s'agir d'hyphes isolés ou le plus souvent agrégés entre eux de façon à former des mèches ou des cordons. Certains de ces cordons appelés *rhizomorphes* (ce qui signifie en forme de racine) peuvent présenter une structure interne complexe, être ramifiés et atteindre une longueur de plusieurs dizaines de centimètres, voire plusieurs mètres dans des sols sableux très meubles, explorant ainsi le sol à grande distance de l'ectomycorhize (voir planche couleur 4). Nous verrons dans la deuxième partie (p. 75), comment ces cordons et ces rhizomorphes jouent un rôle important dans le transfert de l'eau et des éléments nutritifs du sol vers la plante.

La formation d'une ectomycorhize, c'est-à-dire la mise en place coordonnée de toutes les structures que nous venons de décrire, commence par le contact d'un hyphe compatible avec la surface d'une racine courte à un stade de développement réceptif à la symbiose. Cet hyphe peut provenir de la germination d'une spore, de la reprise de croissance de fragments de champignon en survie dans de vieilles racines ou dans des fragments de matière organique colonisés (voir p. 82), ou tout simplement appartenir au réseau mycélien émanant de racines voisines déjà mycorhizées. Dans tous les cas, l'hyphe a dû croître en direction de la racine, attiré par certains signaux moléculaires qu'elle émet et dont nous parlerons plus en détail page 65. La phase suivante est la ramification et la colonisation de la surface de la racine. Selon les espèces végétales et fongiques en présence et selon les conditions environnementales, la formation du manteau peut précéder la différenciation du réseau de Hartig, ou inversement. La durée de l'ensemble du processus est de l'ordre de quelques jours, après quoi la racine courte ectomycorhizée peut rester fonctionnelle toute une saison ou même plusieurs années dans le cas de types pérennes à reprise de croissance saisonnière.

De nombreuses mesures ont été réalisées pour déterminer la masse de champignon dans les racines fines des arbres à ectomycorhizes. Cela peut se faire soit par des dosages de composés spécifiques des champignons qui ne se trouvent pas dans les tissus de la plante, comme la chitine (composant des parois fongiques) ou l'ergostérol (lipide spécifique de la membrane cellulaire des champignons), ou bien par des méthodes numériques d'analyse d'images sur des coupes sériées. Dans tous les cas, les estimations montrent que le manteau fongique seul contribue pour 20 à 40 % à la masse totale des racines fines selon l'espèce de l'arbre hôte et du champignon associé. Si l'on ajoute à cela le réseau de Hartig et le mycélium externe — ce dernier pouvant représenter une masse considérable dans le cas des mycorhizes à cordons ou à rhizomorphes — on voit que les symbiotes fongiques participent pour près de la moitié à l'appareil absorbant des arbres. Cette proportion est la plus forte de tous les types de symbiose mycorhizienne que nous verrons par la suite, essentiellement du fait du manteau qui est caractéristique des ectomycorhizes, mais on comprend déjà à quel point le fonctionnement des racines des plantes est lié à leurs associés fongiques.

▸▸ Une forme de transition : les ectendomycorhizes

Certains arbres Gymnospermes (conifères) typiquement à ectomycorhizes comme les épicéas (*Picea* spp.), le Douglas (*Pseudotsuga menziesii*) mais surtout les pins et les mélèzes (genres *Pinus* et *Larix* spp.), portent aussi un autre type de mycorhizes lors de leur stade juvénile, c'est-à-dire les jeunes semis de quelques années dans les régénérations naturelles en forêt mais surtout, où cela a été le plus étudié, dans les pépinières où sont produits à très grande échelle les plants destinés aux boisements (voir p. 153). Cet autre type de mycorhize est appelé ectendomycorhize, ce qui signifie que le champignon est à la fois à l'extérieur et à l'intérieur des cellules de la racine.

Comme dans le cas des ectomycorhizes typiques, le champignon colonise la surface des racines courtes (rappelons que ce type de racine est caractéristique des ectomycorhizes : voir p. 26), forme un manteau, pénètre entre les cellules du cortex et constitue un réseau de Hartig ; cependant, l'analogie s'arrête là car le manteau n'existe pas toujours et est de toute façon lâche et peu différencié, et surtout un fait nouveau survient : les hyphes du réseau de Hartig émettent des branches qui perforent les parois des cellules végétales grâce à la sécrétion d'enzymes détruisant les constituants de cette paroi que sont la cellulose, les hémicelluloses et les pectines. Une fois à l'intérieur de la cellule, les hyphes se ramifient et prennent une forme contournée jusqu'à occuper toute la cellule, mais en repoussant la membrane cellulaire sans la traverser, finissant par être entièrement et étroitement engainés par cette membrane, représentant ainsi une grande surface de contact propice aux échanges symbiotiques (voir planche couleur 5).

Les ectendomycorhizes peuvent occuper la quasi totalité du système racinaire des jeunes plants de pins ou de mélèzes en pépinière ; elles sont cependant un peu moins dominantes chez les semis naturels des mêmes essences en forêt et chez les plants d'épicéa. Elles cohabitent avec des ectomycorhizes typiques, ont à peu près la même durée de vie moyenne (une saison ou une année complète) et disparaissent complètement dès que les arbres ont plusieurs années d'âge, pour laisser la place à une grande diversité d'ectomycorhizes.

Les champignons responsables des ectendomycorhizes sont tous des Ascomycètes au mycélium pigmenté brun, cultivables sur des milieux synthétiques au laboratoire tout comme les Ascomycètes et les Basidiomycètes qui forment les ectomycorhizes. Mais ils présentent une caractéristique originale que ces derniers n'ont pas : deux types d'hyphes, selon leur stade de développement vis-à-vis de la racine : de gros hyphes (de l'ordre de 10 à 12 millièmes de millimètres de diamètre) de couleur très sombre avec une paroi extérieure verruqueuse, lorsque le champignon vit librement dans le sol ou commence à coloniser la surface de la racine, et des hyphes beaucoup plus fins (deux millièmes de millimètres seulement) lorsqu'il commence à s'incruster à la surface de l'épiderme, forme le réseau de Hartig et pénètre dans les cellules corticales.

La systématique de ces Ascomycètes est encore confuse. On admet cependant actuellement, sur la foi de données moléculaires, qu'ils appartiennent presque tous à l'unique genre *Wilcoxina* avec deux espèces inféodées à des habitats différents : *W. mikolae* dans les sols minéraux riches et perturbés comme les pépinières forestières, et *W. rehmii* dans les sols tourbeux et acides en forêt. Un autre genre, *Tricharina*, reste litigieux. Il apparaît donc que c'est un groupe très délimité de champignons qui forment les ectendomycorhizes, type de symbiose lui-même circonscrit à seulement deux ou trois genres d'arbres Gymnospermes. Quelques expériences ont cependant montré que leur inoculation à des semis d'arbres autres que des pins ou des mélèzes, Gymnospermes ou Angiospermes (en l'occurrence, des bouleaux, *Betula* spp.) conduisait à la formation d'ectomycorhizes typiques. Même les épicéas, qui présentent souvent des ectendomycorhizes en pépinière, répondent à l'inoculation avec certaines souches de *Wilcoxina* en formant seulement des ectomycorhizes. Il semble que la pénétration intracellulaire de ces champignons soit sous le contrôle de la plante, mais que les Ascomycètes responsables des ectendomycorhizes ne soient en fait que des champignons ectomycorhiziens assez généralistes qui réagissent de façon spécifique à l'association avec certaines essences forestières résineuses dans leur stade juvénile.

▸▸ Les mycorhizes arbutoïdes

Ce type de symbiose mycorhizienne ne se rencontre que chez deux sous-familles de plantes de la famille des Éricacées dans l'ordre des Éricales : les Éricoïdées (et encore seulement les deux genres *Arbutus*, les arbousiers, et *Arctostaphylos*, les busseroles ou raisins d'ours) et les Pyroloïdées (tous les genres, par exemple *Pyrola* et *Orthilia,* les pyroles ou piroles) ; les Pyroloïdées sont d'ailleurs phylogénétiquement très proches des Éricoïdées (voir figure 17). Les espèces concernées peuvent être herbacées (comme les piroles), ligneuses buissonnantes (comme les raisins d'ours) ou arborescentes (comme certains arbousiers), mais elles ont en commun des habitats de type forêt ou maquis où elles cohabitent avec des arbres à ectomycorhizes. Nous verrons après les implications de ce voisinage.

Extérieurement, rien ne distingue une mycorhize arbutoïde d'une ectomycorhize typique, si ce n'est que le manteau peut parfois être extrêmement ténu. Le siège de cette symbiose est une racine courte, et la diversité de forme générale, de ramification, de couleur et de texture du manteau est la même que chez les ectomycorhizes. L'observation au microscope de coupes de mycorhizes arbutoïdes montre aussi un réseau de Hartig semblable à celui des ectomycorhizes mais, comme chez les ectendomycorhizes, les hyphes de ce réseau émettent des branches latérales qui perforent la paroi de certaines cellules du cortex racinaire à l'intérieur desquelles elles prolifèrent en repoussant la membrane jusqu'à former un amas dense de mycélium. Des observations répétées de la structure fine des mycorhizes arbutoïdes ont été faites surtout chez les piroles ; elles ont permis de voir que, lors de la phase la plus active de la symbiose, les cellules fongiques et les cellules végétales qu'elles envahissent présentaient tous les signes d'une grande activité métabolique traduisant l'intensité des échanges : densité du cytoplasme, multiplication des organites cellulaires tels que les mitochondries, ribosomes, dictyosomes et plastes, épaisseur de la matrice interfaciale, etc.

Lors de la phase de sénescence, la dégénérescence puis la mort de la cellule végétale précède celle de la cellule fongique, rapprochant ainsi les mycorhizes arbutoïdes des mycorhizes éricoïdes mais les distinguant des mycorhizes orchidoïdes, deux autres types décrits par la suite.

Alors que les vraies ectendomycorhizes sont dues à des Ascomycètes très spécialisés (voir p. 34), les mycorhizes arbutoïdes sont formées par une large gamme de Basidiomycètes qui sont par ailleurs associés avec des arbres forestiers sous forme d'ectomycorhizes, comme par exemple pour les genres les plus fréquemment rencontrés : *Tricholoma, Hebeloma, Laccaria, Lactarius, Poria, Rhizopogon, Pisolithus, Thelephora, Piloderma,* et bien d'autres encore, et même un Ascomycète cosmopolite et très résistant à la sécheresse dont nous avons déjà parlé au sujet des ectomycorhizes, *Cenococcum geophilum.*

Les plantes ligneuses des genres *Arbutus, Arctostaphylos* et *Pyrola* spp. forment donc des mycorhizes arbutoïdes avec les mêmes champignons qui créent des ectomycorhizes typiques avec les arbres forestiers qui les entourent. Des recherches mettant en œuvre des méthodes de traçage isotopique (voir annexe 2) ont montré que le partage des mêmes symbiotes fongiques avec les voisins ectomycorhiziens, et donc l'existence de connexions mycéliennes entre les deux espèces de plantes, favorisaient la *mycohétérotrophie,* c'est-à-dire un mode de vie particulier chez certains végétaux qui consiste à obtenir au moins une partie du carbone nécessaire au métabolisme non pas par photosynthèse mais par l'intermédiaire de champignons symbiotiques qui l'extraient de la matière organique morte du sol ou le prélèvent directement à la source, dans les racines d'une autre plante. Nous verrons ci-après (p. 36) mais aussi dans la deuxième partie (p. 102) comment la mycohétérotrophie est devenue le mode de vie normal et exclusif de certains groupes de plantes, avec des types de symbiose mycorhizienne très spécialisés. Certains traits des *Pyrolae,* notamment l'extrême réduction de la taille de leurs graines (voir p. 105) et l'existence dans ce genre de quelques espèces complètement dépourvues de chlorophylle, préfigurent les plantes purement mycohétérotrophes, et en particulier les monotropes dont il va être question dans la section suivante et qui sont par ailleurs étroitement apparentés aux piroles.

▸▸ Les mycorhizes monotropoïdes

Les monotropes constituent la sous-famille des Monotropoïdées à l'intérieur de la grande famille des Éricacées, à laquelle appartiennent aussi les arbousiers, les piroles et les raisins d'ours dont nous avons décrit précédemment les mycorhizes arbutoïdes. On compte une dizaine de genres de monotropes, tous dans les forêts de conifères de la zone tempérée de l'hémisphère nord, mais seul le genre *Monotropa*, représenté plus particulièrement par l'espèce *M. hypopitys*, est relativement commun en Europe.

Les monotropes sont de curieuses plantes qui depuis longtemps fascinent les botanistes. En effet, ils sont réduits au-dessus du sol à une hampe florale charnue, avec des fleurs de couleur variée (blanc jaunâtre ou rosâtre chez *M. hypopitys*), des feuilles réduites à quelques petites écailles, et surtout une absence totale de chlorophylle et de toute couleur verte. Dans le sol, les racines forment une masse très compacte et sphérique aux grosses racines charnues qui contiennent aussi de nombreuses racines fines appartenant aux arbres voisins (pins ou autres conifères). En fait, un monotrope est essentiellement constitué d'une pelote souterraine de racines d'où émergent saisonnièrement des tiges réduites portant des fleurs. Chez une espèce américaine (*Sarcodes sanguinea*), la pelote de racines peut peser plusieurs kilos, ce qui est vraiment une masse considérable pour une plante sans chlorophylle et vivant dans un environnement très sombre. Ce paradoxe a longtemps été expliqué par un statut de parasite vis-à-vis des arbres, sans toutefois préciser comment le monotrope pouvait se procurer le carbone nécessaire à sa croissance et à son entretien.

Dès 1882, le botaniste polonais Franciszek Kamienski décrivait de façon très précise comment du mycelium enrobait à la fois les racines d'arbres et de *M. hypopitys* étroitement enchevêtrées, et suggérait que le monotrope, incapable de photosynthèse puisque dépourvu de chlorophylle, se comportait en parasite vis-à-vis des arbres par l'intermédiaire de champignons connectés aux deux types de racines ; il ne précisait cependant pas la nature de ces connexions.

Or on sait maintenant que les monotropes sont strictement mycohétérotrophes et qu'ils partagent des champignons symbiotiques mycorhiziens avec les arbres. Ces champignons forment des ectomycorhizes sur les racines des arbres et des mycorhizes particulières, appelées *monotropoïdes*, avec les racines des monotropes, conduisant ainsi les produits de la photosynthèse des arbres vers le monotrope. Il est d'ailleurs amusant que le nom vulgaire français de *M. hypopitys* soit « sucepin », ce qui traduit parfaitement le fait que le monotrope soutire littéralement les sucres des arbres, leur permettant ainsi de vivre dans des sous-bois très sombres.

La morphologie des mycorhizes monotropoïdes est à première vue très proche de celle des trois types que nous avons décrit précédemment : comme chez les ectomycorhizes, les ectendomycorhizes et les mycorhizes arbutoïdes, un manteau fongique recouvre les extrémités très ramifiées des racines, la seule différence étant que les racines des monotropes sont beaucoup plus grosses que celles des plantes ligneuses concernées ici. Cependant, sous ce manteau, il n'y a pas de réseau de Hartig proprement dit, seulement des hyphes du manteau qui s'insinuent entre les cellules les plus externes du parenchyme cortical. Mais c'est au niveau de ces hyphes qu'on observe les structures spécifiques caractéristiques des mycorhizes monotropoïdes : des protubérances en forme de doigt qui s'enfoncent dans la paroi des cellules végétales, mais sans la traverser et sans s'allonger, se ramifier ou s'enrouler comme chez les ectendomycorhizes ou les mycorhizes arbutoïdes. Ces *doigts* (en anglais *pegs*, qui peut se traduire par cheville, patère ou fiche) ont été très étudiés car ils présentent des caractéristiques uniques dans toute la gamme des structures symbiotiques mycorhiziennes. Contrairement à ce que l'on observe dans tous les autres types de mycorhizes où le champignon pénètre les cellules du cortex racinaire (c'est-à-dire dans tous, sauf les ectomycorhizes : voir tableau 3), les doigts des mycorhizes monotropoïdes ne perforent pas la paroi cellulosique de la cellule végétale mais ne font que l'enfoncer et restent gainés par elle. Une nouvelle paroi composite plante-champignon se forme et constitue l'interface d'échange symbiotique. La multiplication des doigts pendant la phase de floraison de la plante assure l'intensité des flux. Ensuite, lors de la maturation des graines, chaque doigt éclate à son extrémité et transfère à la cellule végétale une partie de son contenu, puis meurt et disparaît. Contrairement aux autres types de mycorhizes dont la fonction principale est de transférer à la plante l'eau et les éléments minéraux du sol, toute l'organisation des mycorhizes monotropoïdes semble orientée vers un flux en sens inverse (le carbone circulant du champignon vers la plante), ce qui est cohérent avec le statut purement mycohétérotrophe des plantes concernées.

Les champignons connus pour être responsables des mycorhizes monotropoïdes sont tous des Basidiomycètes qui forment également des ectomycorhizes avec les arbres forestiers de la famille des Pinacées (conifères) comme les pins, les sapins, les mélèzes ou les épicéas. Le schéma général des compatibilités symbiotiques est encore très mal connu, mais les recherches les plus récentes commencent à révéler des structures très contraignantes. L'espèce de monotrope nord-américaine *Monotropa uniflora* semble ne s'associer qu'avec des Russulacées, notamment *Russula brevipes* sur la côte Ouest, *R. nitida* et *R. paludosa* sur la côte Est, alors que l'espèce européenne *Monotropa hypopitys* est strictement dépendante des tricholomes (genre *Tricholoma*). Il a été montré que la germination des graines de monotrope, qui sont très petites et dépourvues de réserves (voir p. 105) ne peut aller jusqu'à son terme, c'est-à-dire le développement d'une plantule viable, qu'en présence du champignon spécifique.

▸▸ Les mycorhizes orchidoïdes

Ce type de symbiose mycorhizienne est nommé *orchidoïde* du fait qu'il est parfaitement circonscrit aux plantes monocotylédones de la famille des Orchidacées, communément appelées orchidées. Cette famille proche des Liliacées (tulipes, lys, fritillaires, etc.) dans l'ordre des Asparagales est l'une des plus grandes du règne végétal avec un nombre d'espèces estimé à plus de 30 000 et une extension dans pratiquement tous les types d'écosystèmes terrestres et sous tous les climats. Malgré une grande diversité de formes et d'adaptations écologiques, les orchidées présentent toutes quelques points communs qui servent à les définir (par exemple la structure de la fleur) et dont l'un n'est pas sans rapport avec leur statut mycorhizien, comme nous le découvrirons bientôt : il s'agit de leurs graines minuscules dont la germination est impossible sans l'aide d'un champignon (voir p. 105). Ces « graines poussière » ne contiennent pas de réserves nutritives mais seulement un embryon très petit (quelques centièmes de millimètre) et rudimentaire, sans organes différenciés, dont la première phase de développement donne naissance à une masse ovoïde de cellules, appelée *protocorme* (du grec qui signifie bulbe primordial), qui doit grossir avant de se développer en une vraie plantule avec une tige, une racine et une première feuille verte. Mais, dans la nature, le réveil de l'embryon et le développement du protocorme ne peuvent avoir lieu que si deux conditions sont remplies : d'une part la présence d'un champignon d'une espèce compatible (voir ci-après) et d'autre part un substrat organique ligno-cellulosique utilisable par ce dernier pour assurer sa propre nutrition et transférer une partie du carbone ainsi assimilé vers les tissus de la plante. Toutefois, des expériences réalisées dans des conditions artificielles en laboratoire ont montré que le développement complet de l'embryon, puis du protocorme et enfin de la plantule d'orchidée était possible en conditions stériles à condition d'apporter dans le milieu de culture une forte concentration en sucre afin de satisfaire les besoins de la plante en carbone ; ces concentrations en sucre n'existant pas dans les sols ou sur les supports naturels sur lesquels poussent les orchidées sauvages, le partenaire fongique y est indispensable. Ce rôle obligatoire d'un champignon dès les premières phases du développement des orchidées a été brillamment compris, décrit et démontré expérimentalement par le naturaliste français Noël Bernard au tout début du XXe siècle.

Dès le stade protocorme la symbiose s'installe, et les structures formées par le champignon symbiotique dans le protocorme et celles formées dans les racines ou même les rhizomes (tiges souterraines rampantes) de la plante développée sont considérées comme mycorhize orchidoïde. Ces structures sont typiquement endomycorhiziennes, c'est-à-dire qu'aucun mycélium ne recouvre les tissus de la plante, mais que les filaments fongiques entrent directement dans le protocorme ou dans la racine à partir d'un réseau établi dans le sol et progressent entre les cellules ; ils pénètrent alors dans les cellules elles-mêmes et y forment une structure tridimensionnelle complexe appelée peloton, constituée d'un enchevêtrement serré de boucles parfois reliées entre elles par des ponts (voir planche couleur 8).

Cependant, si le champignon est entré dans les cellules en traversant leurs parois — notamment en secrétant des protéines enzymatiques dégradant la cellulose —, il ne perfore pas la membrane cellulaire et ne fait que la repousser ; celle-ci augmente sa surface en proportion du développement du peloton et finit par gainer entièrement les hyphes. Comme chez les autres types d'endomycorhizes, c'est au niveau de cette énorme surface de contact que s'effectuent les échanges symbiotiques. La durée de vie d'un peloton est limitée à quelques jours, après quoi il dégénère en moins de 24 heures, subissant une lyse qui le réduit en un amas informe de résidus fongiques qui finissent par disparaître complètement, ce qui fait dire que la cellule végétale a « digéré » le peloton. Le phénomène peut se répéter plusieurs fois dans la même cellule, assurant ainsi la continuité de la symbiose.

Les champignons responsables des mycorhizes orchidoïdes ont pendant longtemps été désignés par le terme générique du grec *Rhizoctonia* (qui signifie tueur de racines) du fait que d'autres espèces apparentées sont de redoutables pathogènes des cultures, comme le très répandu *R. solani* qui provoque des pourritures sur les salades, les pommes de terre et les légumes racines. Les Rhizoctones au sens large sont relativement faciles à isoler et à cultiver en conditions aseptiques en laboratoire, mais ce n'est que depuis l'utilisation massive des techniques d'identification moléculaire (voir annexe 1) qu'il a été démontré qu'ils sont tous des Basidiomycètes appartenant aux trois familles proches : Cératobasidiacées, Tulasnellacées et Sébacinacées. La diversité spécifique de ces champignons est grande, ainsi que la diversité de l'issue de la confrontation de ces nombreuses espèces avec les non moins nombreuses espèces d'orchidées : il peut y avoir soit l'établissement de la symbiose harmonieuse et durable que nous venons de décrire, soit la mort rapide du protocorme, soit au contraire l'élimination totale du champignon par la plante. Le schéma général de la compatibilité spécifique entre les orchidées et leurs symbiotes potentiels commence juste à être étudié et s'avère déjà d'une grande complexité. De plus, il semble qu'il soit très différent selon le groupe écologique auquel appartiennent les espèces d'orchidées.

Tout cela concerne la majorité des espèces d'orchidées, dont les feuilles vertes contiennent de la chlorophylle et sont donc normalement capables d'assimiler le carbone atmosphérique par photosynthèse. Or il existe également des espèces d'orchidées non chlorophylliennes, qui sont particulièrement nombreuses dans les sous-bois sombres dans la zone tempérée. Ces dernières forment des mycorhizes orchidoïdes typiques non seulement avec les champignons caractéristiques des orchidées vertes déjà cités mais aussi avec d'autres Basidiomycètes connus pour former des ectomycorhizes avec les arbres voisins, comme des inocybes, des cortinaires, des russules, des téléphores et des tomentelles (voir p. 28). Ces symbiotes communs forment dans le sol un réseau partagé par les arbres et les orchidées non chlorophylliennes ; ils assurent le transfert d'une partie du carbone assimilé par photosynthèse au niveau des feuilles des arbres, exposées à la lumière du soleil, vers les orchidées qui sont à la fois privées de lumière et de chlorophylle et sont pour cela appelées *mycohétérotrophes*, c'est-à-dire littéralement « qui se nourrissent grâce aux champignons ». Cependant, les orchidées mycohétérotrophes tropicales ne s'alimentent pas en carbone à partir de champignons ectomycorhiziens des arbres (qui sont d'ailleurs presque tous à endomycorhizes arbusculaires), mais sont associés à des champignons *saprotrophes* (c'est-à-dire qui dérivent leur carbone de la décomposition active de la matière organique morte) comme des mycènes, des coprins, des marasmes, des tramètes ou des lycoperdons. On a même trouvé des armillaires (*Armillaria* spp.) parasitant des arbres vivants et transférant à des orchidées du carbone ainsi prélevé par l'intermédiaire de mycorhizes orchidoïdes. Nous verrons dans la deuxième partie de ce livre entièrement consacrée aux plantes mycohétérotrophes, que d'autres végétaux que les orchidées partagent ce type de nutrition.

Enfin, il apparaît de plus en plus que des Ascomycètes peuvent aussi former des ectomycorrhizes orchidoïdes. C'est ainsi que des *Wilcoxina* (par ailleurs responsables d'ectendomycorhizes, voir p. 34) et des *Tuber* (truffes, par ailleurs ectomycorhiziennes) ont été identifiés comme symbiotes dans des racines de diverses espèces d'épipactis (*Epipactis* spp.), un genre fréquent en forêt. Chez les orchidées épiphytes tropicales, on trouve aussi des Ascomycètes intracellulaires dans certaines grosses racines, mais la preuve du caractère symbiotique de cette association n'a pas encore été apportée.

Pour conclure, les mycorhizes orchidoïdes, bien que cantonnées à une seule famille de plantes et remarquablement homogènes du point de vue morphologique et structurel, présentent une grande diversité fonctionnelle (symbiose mycorhizienne classique, mycohétérotrophie, saprotrophie partagée, parasitisme combiné à la symbiose) et sont dues à des champignons appartenant à des groupes systématiques variés et jouant des rôles différents dans les processus environnementaux : Ascomycètes et Basidiomycètes par ailleurs ectomycorhiziens, saprotrophes ou parasites. Il est d'ailleurs remarquable que des champignons aussi divers forment tous avec les orchidées (et seulement avec celles-ci) des mycorhizes orchidoïdes similaires et typiques, ce qui montre que le développement des structures symbiotiques est ici essentiellement déterminé par la plante hôte.

▸▸ Les mycorhizes éricoïdes

Les mycorhizes éricoïdes se trouvent chez les 3 500 espèces environ de plantes de trois sous-familles étroitement apparentées à l'intérieur de la grande famille des Éricacées (d'où le nom de ce type de mycorhize) : les Éricoïdées, les Empetroïdées et les Épacridoïdées. Les Pyroloïdées et les Monotropoïdées, dont nous avons parlé précédemment (voir p. 34 et 35), appartiennent aussi à la famille des Éricacées. Les espèces de ces sous-familles sont presque toutes de petits arbustes et arbrisseaux qui colonisent les sols les plus pauvres, surtout pour ce qui concerne la disponibilité de l'azote : toundras, tourbières, landes dans les zones boréales et tempérées, et constituent des formations végétales de type maquis dans les régions à climat méditerranéen chaud. Les Éricoïdées comprennent en Europe, en Afrique, en Asie et en Amérique la callune (*Calluna vulgaris*), les bruyères (genre *Erica*), les rhododendrons (genre *Rhododendron*), la myrtille (*Vaccinium myrtillus*) ou la Canneberge (*Oxycoccos vulgaris*), alors que les Empetroïdées sont représentées par la camarine noire (*Empetrum nigrum*). Quant aux Épacridoïdées, elles ne se trouvent que dans les régions au climat de type méditerranéen de l'Australasie (Australie et Nouvelle-Zélande).

Les plantes de ces trois sous-familles sont toutes caractérisées par des racines qui présentent une morphologie très particulière : elles sont extrêmement fines (moins de 1/10e de millimètre de diamètre, à peine plus grosses qu'un cheveu) et avec une seule couche de cellules épidermiques autour du cylindre central contenant le faisceau conducteur (voir planche couleur 9). Cette grande finesse explique le nom de « racines cheveux » (en anglais *hair roots*) que l'on donne aux racines des Éricacées qui sont affectées par la symbiose éricoïde.

Les champignons responsables des mycorhizes éricoïdes sont pour l'essentiel des Ascomycètes appartenant aux genres *Hymenoscyphus, Rhizoscyphus, Phialophora* ou *Oidiodendron,* dont certaines espèces se manifestent par des minuscules fructifications (sporocarpes) en forme de coupe ou de petites pézizes de quelques millimètres seulement de diamètre. L'ancien nom collectif de tous ces champignons, avant que les techniques moléculaires ne permettent d'en élucider la diversité, était d'ailleurs *Pezizella ericae,* ce qui signifie littéralement « petite pézize de la bruyère ». Plus rarement, on trouve aussi des Basidiomycètes du genre *Sebacina,* qui semblent capables de former également des ectomycorhizes avec les arbres forestiers et des mycorhizes éricoïdes avec les orchidées.

Lors du processus de formation d'une mycorhize éricoïde, le champignon symbiotique se présente d'abord sous forme d'un réseau lâche de filaments qui colonisent la surface de la racine et le sol proche ; certains de ces filaments produisent ensuite une seule branche latérale qui pénètre une cellule de l'épiderme en traversant la paroi ; le filament fongique se ramifie alors et s'enroule sur lui-même de façon à former comme une petite pelote (d'où le nom de peloton donné à cette structure, comme chez les mycorhizes orchidoïdes) qui finit par occuper presque entièrement le volume de la cellule, repoussant et invaginant la membrane cellulaire. La symbiose est pleinement fonctionnelle dans la jeune racine lorsque toutes les cellules de l'épiderme sont colonisées. Mais après quelques semaines de fonctionnement, la membrane et le cytoplasme des cellules hôte se désagrègent, les cellules meurent, et le mycélium externe continue de cheminer à la surface de la racine en croissance et colonise de plus jeunes cellules. L'ensemble de ce processus est illustré par les photos de la planche couleur 10.

La symbiose mycorhizienne éricoïde fait l'objet de recherches particulièrement actives du fait de l'importance du rôle des Éricacées dans les processus écosystémiques au sein de certains biomes terrestres (voir p. 118 pour plus de détails). En effet, les champignons responsables de ce type de mycorhizes possèdent au plus haut point, encore plus que les champignons ectomycorhiziens déjà présentés, la capacité de mobiliser les éléments nutritifs séquestrés dans la matière organique du sol grâce à un large éventail d'enzymes secrétées (voir p. 82). Ils sont particulièrement efficaces pour exploiter de très faibles quantités d'azote et en transférer une partie à leurs plantes hôtes. Du fait que les Éricacées poussent généralement dans des sols très pauvres en azote, leur association symbiotique avec de tels champignons apparaît comme une adaptation à cette situation de carence, comme pour d'autres plantes la fixation de l'azote atmosphérique grâce à des bactéries ou la capture et la digestion d'insectes (plantes dites carnivores, qui cohabitent d'ailleurs souvent avec des Éricacées, dans les tourbières par exemple).

▸ Une énigme : les pseudomycorhizes à endophytes bruns cloisonnés

Lors de l'observation des racines affectées par les six types de symbioses mycorhiziennes que nous venons de passer en revue, et même chez des espèces de plantes considérées comme non symbiotiques (voir p. 96), il est fréquent de rencontrer d'autres types de structures qui partagent les caractères suivants : mycélium cloisonné stérile (c'est-à-dire sans trace apparente d'organes sexués tels que des spores, des asques ou des basides), de couleur brune plus ou moins sombre due à la présence de mélanine, courant à la surface de la racine puis s'insinuant entre les cellules et enfin pénétrant et traversant ces cellules à l'intérieur desquelles le mycélium se différencie en masse de petites sphères à paroi épaissie dont on ignore la fonction (voir planche couleur 11). Faute d'une réelle compréhension de sa signification biologique, ce type de colonisation des racines par un champignon a été provisoirement et prudemment nommé pseudomycorhizes à endophytes bruns cloisonnés (en anglais *dark septate endophytes*, endophyte signifiant à l'intérieur d'un végétal), ou plus simplement pseudomycorhizes.

Nos connaissances actuelles sur les pseudomycorhizes concernent davantage les plantes herbacées et ligneuses des zones alpines, tempérées et boréales que les plantes des régions tropicales ; elles sont particulièrement représentées sous les climats froids extrêmes, à la limite de la végétation, comme en Antarctique, au Spitzberg ou en très haute montagne ; dans ces conditions, ce sont pratiquement les seules symbioses racinaires que l'on rencontre. Des études moléculaires récentes ont permis de déterminer que les champignons associés aux pseudomycorhizes appartenaient tous aux Ascomycètes, et plus particulièrement aux genres *Phialophora*, *Phialocephala*, *Sphaerosporella*, *Chloridium* et *Leptodontidum* dans les ordres des Pezizales et des Leotiales. Ces champignons peuvent être isolés et cultivés sur des milieux synthétiques en laboratoire ; ils ne sont donc pas des endophytes obligatoires qui nécessiteraient absolument l'association avec une plante, comme les Gloméromycètes responsables des endomycorhizes arbusculaires que nous étudierons plus précisément par la suite. De plus, ils ne semblent pas être spécifiques et chaque espèce peut coloniser une grande diversité de plantes.

Mais ce qui justifie le mieux l'appellation de « pseudomycorhize » est le fait que ce type d'association, s'il est relativement homogène du point de vue de la morphologie et de la structure, ne l'est pas du tout du point de vue de la fonction : bien que les résultats expérimentaux soient encore rares, le champignon se comporte parfois comme un pathogène affaiblissant la plante et d'autres fois comme un symbiote procurant un bénéfice net en termes de vigueur. Ce continuum mutualisme-parasitisme semble dépendre des conditions environnementales : les pseudomycorhizes seraient soit une symbiose (donc une association positive pour la plante) dans des sols pauvres où la coopération pour la mobilisation de ressources nutritives rares est un atout, soit une maladie des racines dans les sols riches où il est plus avantageux pour le champignon de tirer toutes ses ressources de la plante, au détriment de cette dernière ; une situation intermédiaire existerait, dans laquelle règnerait un équilibre précaire avec le champignon se comportant en simple commensal, partageant avec son hôte les ressources offertes par le milieu sans que la compétition ni la coopération soient un avantage adaptatif décisif. Il convient de noter que tout ceci reste hypothétique tant qu'il n'a pas été démontré expérimentalement, comme fait dans le passé pour tous les types de vraies mycorhizes, qu'il existe un flux de carbone dans le sens plante-champignon pour justifier pleinement les statuts de symbiote ou de parasite. Il reste beaucoup à faire pour comprendre le rôle exact de ces associations pseudomycorhiziennes dans l'évolution des plantes et dans la structuration actuelle de leurs communautés et beaucoup à apprendre des champignons endophytes au sens large, c'est-à-dire des nombreuses structures fongiques qui colonisent différents tissus et organes des plantes. On en trouve dans les feuilles, dans le bois, dans les racines et pour certains jusque dans les fleurs et les graines, ce qui assure ainsi la propagation directe du champignon de génération en génération de plante hôte, sans avoir à repasser par une phase de vie extérieure et de recolonisation. Ce dernier type d'association est donc beaucoup plus abouti et intégré que les différents types de mycorhizes que nous venons d'étudier. Cependant, pour la plupart des endophytes, on ignore le plus souvent s'il s'agit d'une relation parasitaire sournoise, d'un simple commensalisme neutre ou au contraire d'une vraie symbiose mutualiste. Pour rester au niveau des racines, un exemple de cette dernière configuration est donné par la découverte récente (au début des années 2000) de *Piriformospora indica*, un champignon basidiomycète de la famille des Sébacinacées qui se dissémine sous forme de grosses spores en forme de poire (d'où son nom latin) et peut coloniser le cortex racinaire d'une très large gamme d'espèces végétales. Il suscite beaucoup d'intérêt dans les milieux de l'agronomie car il a été démontré expérimentalement que *P. indica* pouvait stimuler la croissance de céréales telles que le blé ou l'orge en renforçant la résistance de ces cultures à la sécheresse ou à la salinité des sols, mais surtout en renforçant leur résistance systémique (c'est-à-dire au niveau de la plante entière) aux maladies foliaires causées par des champignons parasites. Il est néanmoins difficile de qualifier *P. indica* de vrai symbiote mycorhizien, car les structures qu'il forme dans les racines se limitent à des hyphes et des spores intercellulaires. Elles sont de plus associées à la mort des cellules du cortex et le champignon secrète une grande diversité d'enzymes cellulolytiques capables de détruire les parois végétales. Ce type d'association est donc provisoirement classé dans la catégorie des endophytes pseudomycorhiziens, tout comme les Ascomycètes bruns dont nous avons parlé.

➡ Un type largement dominant : les endomycorhizes arbusculaires

Importance et premières descriptions

Les endomycorhizes arbusculaires constituent le type de symbiose entre les plantes et les champignons de loin le plus répandu et le plus ancien, puisqu'il est apparu avec les toutes premières plantes terrestres qui ont commencé à coloniser la terre ferme il y a 400 à 500 millions d'années et qu'il concerne environ 80 % des plantes actuelles connues, soit au moins 400 000 espèces ; des endomycorhizes arbusculaires peuvent d'ailleurs être trouvées dans les racines de pratiquement toutes les espèces végétales, en accompagnement des types de mycorhizes plus spécialisés que nous venons de décrire. De la même façon, les champignons partenaires de ce type de symbiose appartiennent tous à un groupe très ancestral, les Gloméromycètes, qui existait déjà il y a plus d'un demi-milliard d'années, soit bien avant que la vie n'émerge des océans pour se répandre à la surface des continents.

Les endomycorhizes arbusculaires sont en quelque sorte l'archétype de la symbiose — c'est même le plus ancien type de symbiose connu et avéré, avant même les lichens —, indissociable de toute l'histoire évolutive des plantes et des champignons et de l'écologie actuelle de la couverture végétale de la terre. Il peut sembler paradoxal de ne les considérer ici qu'après avoir décrit et discuté sept autres types de symbiose mycorhizienne, tous plus récents en termes d'évolution et davantage circonscrits à des groupes de plantes ou de champignons restreints. La raison de ce choix dans l'ordre d'exposition est pragmatique et historique : c'est l'ordre même dans lequel, du fait des difficultés croissantes d'observation, les différentes formes de mycorhizes ont été découvertes et décrites : d'abord les ectomycorhizes par Frank dès 1885, faciles à voir même à l'œil nu ou à faible grossissement grâce au manteau fongique, puis des formes nécessitant le recours au microscope mais concernant des groupes précis de plantes (orchidoïdes avec Noël Bernard en France, arbutoïdes, éricoïdes, etc), et enfin les premières descriptions d'endomycorhizes arbusculaires dans les racines d'une très grande diversité d'espèces végétales et les dessins remarquables de précision d'Isidore Gallaud en France en 1904. Puis, après une longue période pendant laquelle la symbiose mycorhizienne était encore considérée comme une curiosité pour naturalistes, il fallut attendre plus d'un demi-siècle, jusque dans les années 1960, pour que la généralité de cette symbiose, les bases de son fonctionnement et l'évidence de son rôle central dans les productions agricoles s'imposent, entre autres avec les travaux de Barbara Mosse au Royaume-Uni.

Mais avant de présenter en détail cette symbiose fondamentale dans le fonctionnement de toute la biosphère, il est nécessaire d'expliquer pourquoi on lui a donné le nom compliqué — et peu justifié, comme nous allons le voir — d'endomycorhizes arbusculaires. Gallaud ne parlait que de *mycorhizes endotrophes* (ce qui signifie qui se nourrit à l'intérieur), traduisant bien le caractère essentiellement intracellulaire des structures fongiques qu'il observait dans les racines (voir planche couleur 12).

Gallaud avait aussi remarqué, bien que l'aspect du champignon fût toujours assez similaire à l'extérieur de la racine (spores, structure du mycélium, etc.), que la forme qu'il prenait à l'intérieur des cellules du cortex variait selon les espèces de plantes (on a découvert depuis que l'espèce du champignon contribuait aussi à définir la morphologie des organes symbiotiques). Gallaud voyait tantôt uniquement des hyphes intracellulaires enroulés en spires ou en pelotons lâches, tantôt des hyphes cheminant entre les cellules et émettant des branches latérales traversant la paroi cellulosique et se ramifiant finement à l'intérieur d'une cellule en prenant la forme d'un petit arbre, d'où le nom d'*arbuscule* donné à ce type de structure. Gallaud a qualifié le premier cas de type *Paris*, d'après la plante *Paris quadrifolia* (la parisette à quatre feuilles) où il l'observa pour la première fois, et le second cas de type *Arum*, d'après *Arum maculatum* (le gouet tacheté). Or il se trouve que le type *Arum*, avec des arbuscules, est dominant chez les espèces de plantes cultivées qui ont fait l'objet de pratiquement tous les travaux sur les endomycorhizes depuis l'impulsion donnée par B. Mosse dans les années 1960, ce qui explique que le nom d'*endomycorhizes arbusculaires* a été tacitement adopté. Cependant, du fait de la multiplication des observations réalisées depuis dans des types de végétation variés, il est apparu que le type *Paris* était en fait beaucoup plus fréquent, ce qui enlève beaucoup de pertinence à la dénomination admise.

Les plantes à endomycorhizes arbusculaires

Les endomycorhizes arbusculaires concernent l'immense majorité des espèces végétales terrestres, non seulement actuelles mais dès la colonisation des continents par les végétaux il y a plus de 400 millions d'années (voir tableau 1). En effet, des endomycorhizes arbusculaires typiques, ainsi que des spores de Gloméromycètes représentant presque toute la gamme de diversité morphologique actuelle, ont été trouvées dès le Dévonien dans des fossiles d'ancêtres de prêles et de fougères, puis de Cordaïtes qui étaient des Gymnospermes ancestrales. Parmi les fossiles les plus significatifs et les plus récemment décrits il y a *Radiculites reticulatus* (une Cordaïte) trouvé dans le carbonifère du bassin houiller de Saint-Étienne, dans les racines duquel on voit des hyphes inter- et intracellulaires, des arbuscules et des spires, toutes structures typiques des endomycorhizes arbusculaires que nous allons détailler dans ce qui suit.

Pour les plantes actuelles, plutôt que d'établir la liste des familles ou des genres concernés, il est plus facile dans une première approximation de considérer que toutes les plantes possèdent ce type de mycorhize, sauf celles qui ont des mycorhizes d'un autre type ou celles, rares, qui n'en ont pas du tout (voir p. 96). Cela n'est pas exact, car certains groupes de plantes possèdent à la fois des endomycorhizes arbusculaires et un autre type de mycorhize, certes en général dominant. C'est en particulier le cas de beaucoup d'arbres à ectomycorhizes comme les aulnes, les peupliers, les saules ou les eucalyptus. Les deux types de symbiose sont alors différemment distribués dans le temps et dans l'espace au sein du système racinaire de l'arbre : les champignons endomycorhiziens arbusculaires occupent les racines longues en croissance continue, alors que les champignons ectomycorhiziens ne colonisent que les racines courtes (voir p. 26) ; de plus, alors que les endomycorhizes arbusculaires dominent aux stades juvéniles du développement de l'arbre (quelques années au maximum), la proportion s'inverse ensuite et les ectomycorhizes finissent par représenter la quasi-totalité du système absorbant de l'arbre adulte. De la même façon, la coexistence des endomycorhizes arbusculaires avec les mycorhizes orchidoïdes est fréquente chez certaines orchidées ; mais c'est alors au niveau de l'adaptation de la plante à son environnement que se fait la partition entre les deux types de symbiose, essentiellement en fonction de la disponibilité en carbone et des mouvements de cet élément dans le système atmosphère-sol-plante-champignon (voir p. 102).

En résumé, il n'existe guère à la surface des continents de formation végétale qui ne comporte des plantes à endomycorhizes arbusculaires. Même dans les communautés les plus spécialisées comme les forêts d'arbres à ectomycorhizes ou dans les tourbières à Éricacées et à mycorhizes éricoïdes, il existe presque toujours des espèces secondaires plus généralistes et « normales », pourrait-on presque dire, qui dépendent de la symbiose endomycorhizienne arbusculaire. Nous verrons plus loin (voir p. 55 et 114) les aspects évolutifs de cet état de fait et les conséquences sur l'écologie générale des écosystèmes continentaux.

Les champignons impliqués dans les endomycorhizes arbusculaires

Les champignons responsables des endomycorhizes arbusculaires appartiennent tous à la classe des Gloméromycètes, dans laquelle on a actuellement décrit environ 250 espèces distribuées dans quatre ordres, onze familles et dix-sept genres. Ce nombre d'espèces peut paraître extrêmement pauvre comparé aux milliers, sinon aux dizaines de milliers, d'espèces de Basidiomycètes et d'Ascomycètes impliqués dans les autres types de symbiose mycorhiziennes que nous avons vues précédemment. Cependant il est probable que ce constat ne soit que provisoire car, jusqu'à une date très récente, la classification des Gloméromycètes était entièrement basée sur des critères morphologiques concernant les spores, organes microscopiques, dispersées dans le sol à l'extérieur des racines, parfois rares et de structure très peu différenciée offrant donc peu de prise à l'analyse de diversité. Mais les études moléculaires basées sur la structure de l'ADN se multiplient — le génome entier de l'espèce *Rhizophagus irregularis,* anciennement *Glomus intraradices,* a déjà été séquencé — et il est vraisemblable que la classification des Gloméromycètes sera profondément reconsidérée dans les années à venir et que l'on en distinguera un plus grand nombre d'espèces.

Tous ces champignons partagent un caractère commun très particulier qui les différencie de la plupart des autres lignées de ce règne et en particulier des Ascomycètes et Basidiomycètes qui concernent les autres types de mycorhizes : l'absence de cloisons divisant les hyphes en cellules distinctes ; on qualifie un tel mycélium de *siphonné* (c'est-à-dire en forme de tuyau) ou de *cœnocytique* (c'est-à-dire formé de plusieurs cellules fusionnées). Un Gloméromycète est donc fondamentalement un réseau de filaments constituant une cellule géante unique, réseau dans lequel circulent librement les ressources nutritives et des noyaux haploïdes (c'est-à-dire ne contenant qu'un jeu complet de l'information génétique de l'espèce) mais différents les uns des autres et contenant donc des informations génétiques diverses.

Du fait de cette extrême diversité interne et de leur plasticité génétique et fonctionnelle, les champignons endomycorhiziens arbusculaires sont capables de transporter rapidement des éléments nutritifs dans l'ensemble du réseau, entre le sol et la plante hôte ou entre différentes plantes hôtes, puisqu'il n'y a pas les barrières des cloisons, et de s'adapter à des situations variées du fait de la diversité de leur matériel génétique reconfigurable en permanence. On pense que cette dernière propriété explique en partie comment ce groupe de champignons a pu rester si stable et depuis si longtemps, changer si peu.

On ne connaît aucune forme de sexualité chez les Gloméromycètes. Ils se propagent donc végétativement (c'est-à-dire de façon asexuée) principalement par de grosses spores, de l'ordre de grandeur du dixième de millimètre, jusqu'à un demi-millimètre pour certaines espèces, pourvues d'une paroi chitineuse épaisse à plusieurs couches, et contiennent des réserves nutritives lipidiques sous forme de gouttes huileuses et un grand nombre de noyaux (de 800 à 35 000 noyaux haploïdes par spore), comme le mycélium siphonné lui-même. La forme des spores est généralement sphérique, mais chez certaines espèces elles peuvent présenter une ampoule basale ou être accompagnées d'une sorte de sac annexe, dont le contenu initial a contribué à la formation de la spore proprement dite (voir la planche couleur 13 qui illustre la diversité de formes des spores de Gloméromycètes). La classification conventionnelle des Gloméromycètes repose presque entièrement sur les caractères morphologiques des spores et la structure de leurs parois.

Chez la plupart des espèces étudiées, les spores contiennent en outre de nombreux organites appelés BLO (en anglais *bacteria-like organels* : organites ressemblant à des bactéries) qui sont des bactéries peu modifiées proches du genre libre *Burkholderia.* Ces bactéries se multiplient dans l'ensemble du mycélium issu de la germination de la spore, à l'intérieur comme à l'extérieur de la racine, et se retrouvent dans la génération suivante de spores, accompagnant ainsi le champignon tout au long de son cycle de développement. On ignore tout de la signification et du rôle de ces bactéries, mais leur degré d'intégration suggère fortement un état symbiotique ; il reste indéniablement beaucoup à apprendre à ce sujet.

Les spores sont produites dans le sol sur le mycélium externe des endomycorhizes arbusculaires, à l'extrémité des hyphes, et sont dispersées par les mouvements de particules de terre dus au vent et au ruissellement, mais elles sont aussi activement transportées par les petits animaux du sol (surtout des invertébrés comme les vers de terre ou les larves d'insectes), parfois même en étant ingérées et excrétées plus loin après transit sans digestion par l'animal. Les spores des Gloméromycètes sont en nombre variable dans le sol, de seulement une à deux par gramme de terre dans les forêts denses à ectomycorhizes, où les plantes herbacées à endomycorhizes arbusculaires sont rares dans le sous-bois, jusqu'à plus de 100 spores par gramme dans les prairies, ce qui peut correspondre à une masse de l'ordre de la tonne à l'hectare. La richesse spécifique des spores peut quant à elle atteindre une cinquantaine d'espèces de Gloméromycètes dans un site donné, mais elle est plus fréquemment de l'ordre de la dizaine.

Les Gloméromycètes présentent une autre propriété originale : leur mycélium extraracinaire, qui colonise le sol, secrète en abondance une *glycoprotéine* (c'est-à-dire une molécule composite sucre-protéine) appelée *glomaline*. Du fait de son caractère à la fois hydrophobe, stable, collant et complexant les métaux, la glomaline joue un rôle essentiel dans la stabilité et la fertilité des sols, rôle dont les différents aspects seront détaillés dans la deuxième partie de l'ouvrage (voir p. 70 et suivantes).

Mais les Gloméromycètes sont surtout très spécialisés et adaptés à la vie en symbiose avec les plantes, et tellement dépendants de ces dernières pour tous leurs besoins nutritionnels, qu'à l'exception des spores, qui sont leurs organes de dispersion et de conservation dans le sol, on ne les trouve jamais sous forme libre dans la nature. Et, contrairement aux Ascomycètes et aux Basidiomycètes, aucun d'entre eux n'a jamais pu être cultivé seul en laboratoire. Toute expérimentation sur les symbioses mycorhiziennes qui nécessiterait d'étudier le comportement du champignon entièrement dissocié de la plante hôte est donc impossible pour les recherches sur les endomycorhizes arbusculaires, ce qui explique en partie le retard relatif des connaissances dans ce domaine par rapport aux autres types de mycorhizes.

Enfin, du point de vue fonctionnel, les Gloméromycètes endomycorhiziens contribuent très peu à la décomposition de la matière organique du sol ; en effet, contrairement à la plupart des Ascomycètes et des Basidiomycètes responsables de tous les types de mycorhizes que nous avons étudiés précédemment, ils ne secrètent pratiquement pas d'enzymes spécialisées et ne participent donc pas à la mobilisation des éléments nutritifs. Cependant, ils sont extrêmement efficaces pour absorber et transporter le phosphore, à tel point qu'ils jouent un rôle absolument déterminant dans l'économie de cet élément par la plupart des plantes. Les mécanismes en question seront détaillés dans la deuxième partie (voir p. 78 et 83).

Morphologie des endomycorhizes arbusculaires

Nous avons déjà évoqué Gallaud dont les premières observations de 1905 révélaient deux types extrêmes d'organisation des endomycorhizes arbusculaires nommés *Paris* et *Arum* en référence aux genres de plantes chez lesquels ils avaient été vus en premier. On a appris depuis que les premiers stades de colonisation de la racine étaient similaires et que ce n'était que plus tard, lorsque le champignon avait déjà pénétré le cortex, que la mycorhize se différenciait en type *Paris* ou *Arum*. La germination d'une spore est déclenchée par la proximité d'une racine en activité qui émet des molécules signal (pour le dialogue moléculaire et la reconnaissance entre les deux partenaires symbiotiques, voir p. 65). Si une spore germe en l'absence de racine, l'hyphe qu'elle émet n'a qu'une croissance limitée à quelques millimètres et son arrêt est programmé et définitif, ce qui confirme le caractère strictement symbiotique des Gloméromycètes. Sinon, le filament mycélien qui sort de la spore se dirige vers la racine et se ramifie près de sa surface, puis les extrémités des hyphes qui entrent en contact avec la surface des cellules de l'épiderme racinaire ou avec les poils absorbants forment un renflement en forme de ventouse appelé *appressorium* puis perfore la paroi de la cellule, traverse celle-ci de part en part en direction de l'intérieur de la racine et forme une boucle ou une spire dans une cellule de la deuxième assise du cortex (voir la figure 9).

Le filament ressort alors de cette deuxième cellule, toujours vers le centre de la racine, et ce n'est qu'à partir de la troisième assise de cellules corticales que le champignon différencie des structures symbiotiques fonctionnelles et que le type morphologique se révèle. Dans le type *Arum*, le filament mycélien se ramifie et s'étend rapidement dans la direction longitudinale de la racine en progressant entre les assises cellulaires (figure 9, au milieu). Il émet des branches latérales qui pénètrent dans les cellules en traversant la paroi cellulosique et s'y ramifient très densément, en repoussant et invaginant la membrane (voir plus loin la figure 11). C'est le résultat de cette hyper-ramification, qui ressemble à un petit arbre (*arbuscule*), qui donne son nom à cette forme de symbiose mycorhizienne. Dans le type *Paris* (que l'on sait maintenant être le plus fréquent), le filament mycélien ne chemine pas entre les cellules : il passe de l'une à l'autre en traversant les parois et s'enroule sur lui-même en faisant plusieurs spires à l'intérieur de chaque cellule (figure 9, en haut).

On sait maintenant que la distinction stricte des types *Paris* et *Arum* est artificielle et qu'il existe tout un continuum de formes intermédiaires ; celle qui semble dominer chez des groupes de plantes très différents, à la fois chez des espèces ligneuses et herbacées et sous des climats très différents, présente la forme de progression du champignon de cellule en cellule comme dans le type *Paris*, sans hyphes intercellulaires et avec des spires intracellulaires, mais certaines de ces spires portent de petits arbuscules (figure 9, en bas). En plus des spires et des arbuscules, la plupart des Gloméromycètes forment aussi des vésicules à l'intérieur du cortex racinaire. Ce sont de petits sacs à paroi épaisse, intra- ou intercellulaires, de forme variable (sphériques, allongées, lobées ou épousant la forme interne d'une cellule) et contenant un grand nombre de noyaux et des gouttes de lipides. Les vésicules sont d'autant plus nombreuses que les spires/et ou les arbuscules sont abondants et que la plante hôte est vigoureuse. La fonction de ces vésicules n'est pas connue, mais l'accumulation de réserves en carbone sous forme de lipides suggère fortement un rôle de conservation et de dissémination du champignon après la mort de la racine. Aucune germination de vésicule n'a cependant été observée directement, bien que l'on sache empiriquement que des racines sèches contenant des vésicules peuvent être utilisées comme inoculant endomycorhizien (voir p. 139). Cependant, les espèces de Gloméromycètes appartenant aux genres *Gigaspora* et *Scutellospora* ne forment jamais de vésicules, elles portent à la place des *cellules auxiliaires* sur le mycélium extraracinaire.

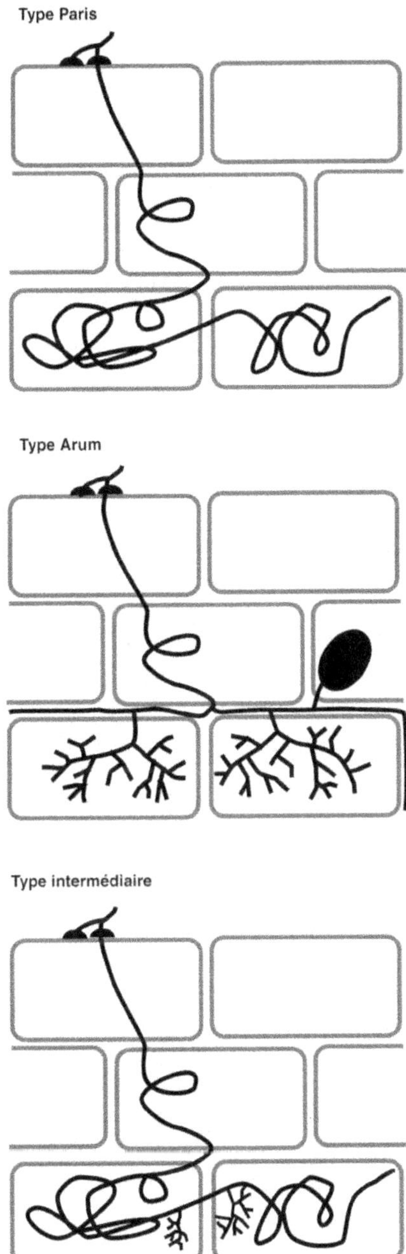

Figure 9. Représentation schématique des trois principaux types de colonisation du cortex racinaire par les Gloméromycètes formant des endomycorhizes arbusculaires. Les parois de trois assises de cellules corticales sont représentées en gris, la surface de la racine se trouvant vers le haut de la figure. Le champignon est représenté par un trait gras noir.

En haut : type *Paris* typique, avec un mycélium continu et non ramifié progressant de cellule en cellule dans lesquelles il forme des spires. Au milieu : type *Arum* typique, le mycélium progressant entre les cellules et formant des branches latérales portant des arbuscules. En bas, type mixte.

Les planches en couleur 14 et 15 illustrent les différentes structures que nous venons de décrire.

Les étapes de la formation des endomycorhizes arbusculaires ont été étudiées de façon très détaillée en mettant en œuvre des lignées de plantes mutantes (issues de mutations provoquées ou spontanées, voir annexe 1) manifestant diverses anomalies dans l'accueil du symbiote. Ces recherches ont révélé qu'on pouvait décomposer l'ensemble du processus en quatre étapes indépendantes, chacune contrôlée par des gènes particuliers de la plante hôte potentielle : l'attraction du mycélium émergeant de la spore, la pénétration dans les cellules de l'épiderme, la colonisation intercellulaire du cortex, et la formation de spires et/ou d'arbuscules. Bien que peu exploités, ces résultats seront certainement décisifs pour une meilleure compréhension des schémas de compatibilité plante-champignon (voir p. 52).

Lorsque la symbiose est bien installée et que les conditions pour le développement de la plante sont favorables, la colonisation mycorhizienne concerne de 60 à 80 % de la longueur des racines vivantes. En parallèle avec l'extension des structures symbiotiques (spires et/ou arbuscules) à l'intérieur du cortex racinaire, le champignon développe alors un système mycélien dense qui occupe le sol autour de la racine. Ce mycélium extraracinaire est très finement ramifié, avec les extrémités les plus petites de seulement quelques millièmes de millimètre de diamètre. De plus, il est *anastomosé*, c'est-à-dire que des soudures entre les ramifications forment ainsi un véritable réseau. Il peut s'étendre à plus de 10 cm de la racine et atteindre une longueur cumulée de plusieurs dizaines de mètres par gramme de sol. Enfin, les hyphes secrètent de la glomaline (voir p. 95) qui recouvre toute leur surface et assure l'adhérence des particules de sol. On conçoit qu'un réseau aussi dense et étendu soit particulièrement performant à la fois pour assurer les échanges entre le sol et la plante et pour porter la colonisation de nouvelles racines à distance du premier foyer d'infection ; la germination d'une seule spore peut ainsi assurer de proche en proche l'établissement de la symbiose sur plusieurs plantes.

Le mycélium extraracinaire des espèces de Gloméromycètes appartenant aux genres *Gigaspora* et *Scutellospora* (qui ne forment pas de vésicules intraracinaires) produisent dans le sol des cellules auxiliaires sphériques et plus ou moins ornementées, plus petites que les spores, à la paroi fine et dépourvues d'inclusions lipidiques. Le rôle de ces cellules auxiliaires n'est pas connu.

▶▶ Les symbioses fongiques avec les plantes terrestres primitives

Parmi les plantes vertes terrestres, certaines formes primitives qui ont été les premières colonisatrices des continents il y a plus de 400 millions d'années (voir tableau 1) ne présentaient pas encore de racines mais leurs fossiles montrent dans leurs tiges rampantes ou souterraines des structures fongiques morphologiquement analogues aux endomycorhizes arbusculaires actuelles. Le plus ancien fossile actuellement connu (*Aglaeophyton major,* dans le Dévonien inférieur de Rhynie, en Écosse) montre des arbuscules typiques. De la même façon, les plantes actuelles dites

« primitives », c'est-à-dire les plus proches phylogénétiquement de ces formes ancestrales comme les mousses, les hépatiques ou les prothalles des lycopodes, des sélagi-
nelles, des fougères et des prêles, n'ont pas de vraies racines, c'est-à-dire d'organes
souterrains différenciés pourvus d'un épiderme absorbant et de tissus conducteurs.
Ces plantes ne peuvent donc pas avoir de mycorhizes à proprement parler, puisque
ces dernières ont été définies comme l'association de champignons avec des racines.
Elles présentent cependant, à leur surface inférieure en contact avec le support, des
organes simples mais spécialisés dans l'absorption de l'eau et des éléments nutritifs ;
se sont des tissus lamellaires ou des excroissances cellulaires en forme de poils appelées *rhizoïdes*. Or, ces organes contiennent des structures fongiques intracellulaires
similaires à celles des mycorhizes des plantes supérieures, avec des arbuscules, des
spires, des pelotons ou des vésicules. Les champignons associés sont en très grande
majorité des Gloméromycètes, et les symbioses ainsi formées sont donc analogues
aux endomycorhizes arbusculaires qui concernent aussi la majeure partie des plantes
supérieures (voir section précédente). Ces organes mixtes plante-champignon ont
été appelés *mycothalles*. Une illustration de l'ancienneté de telles associations est
la découverte récente, dans un fossile de plus de 200 millions d'années dans des
terrains du Carbonifère en Grande-Bretagne de structures très similaires à celles
des endomycorhizes arbusculaires actuelles. Les organes concernés n'étaient pas
des racines mais de simples appendices écailleux dérivant de feuilles portées par un
rhizome (c'est-à-dire une tige souterraine rampante) d'un *Lepidodendron*, ancêtre
géant des lycopodes actuels. Cet exemple montre bien que, depuis très longtemps, le
siège de l'association plante-champignon n'est pas nécessairement une vraie racine
mais un organe en contact avec le sol et pouvant donc jouer un rôle dans l'absorption
des éléments nutritifs. En quelque sorte, la fonction appelle la symbiose.

Cependant, une image un peu plus complexe ressort de l'étude détaillée du grand
groupe des *Bryophytes* qui contient les mousses (comme les sphaignes des tourbières
ou les mousses des sous-bois), les anthocérotes et les hépatiques (simples lames
vertes couvrant le sol, les troncs d'arbres ou les rochers humides). Il apparaît en effet
que les symbioses fongiques ne sont la règle que chez les anthocères et les hépatiques, les mousses semblent en être dépourvues. Cependant, chez les anthocères
seules, à côté des colonisations typiques à Gloméromycètes du type endomycorhize
arbusculaire, on trouve également des symbioses à champignons cloisonnés Ascomycètes et Basidiomycètes, alors que les hépatiques n'ont jusqu'à présent révélé que
des endomycorhizes arbusculaires.

La situation est loin d'être simple et c'est un vaste domaine de recherche du plus
grand intérêt qui s'ouvre. En effet, l'enjeu scientifique est gigantesque, puisqu'il
s'agit de tenter de reconstituer les évènements ayant conduit à la colonisation de
la terre ferme par les premières plantes proches des algues vertes qui ont émergé
du milieu aquatique, il y a 500 millions d'années. Les symbioses plante-champignon
étant apparues de nombreuses fois depuis cette époque (voir p. 55 et suivantes), il est
intéressant de se pencher sur l'histoire de la coévolution de ces deux grands groupes
d'êtres vivants et des causes qui ont conduit de façon répétée à leur association
obligatoire.

▸▸ La spécificité des associations mycorhiziennes

On appelle *spécificité* d'une interaction entre deux organismes, la possibilité ou non qu'ont deux espèces données de contracter cette interaction. Dans le cas de la symbiose mycorhizienne, nous venons de voir que toutes les plantes ne s'associent pas avec n'importe quel champignon. Dans certains cas, des groupes bien délimités de plantes ne forment des mycorhizes qu'avec un groupe également bien délimité de champignons, comme par exemple les Éricales avec quelques genres seulement d'Ascomycètes. À l'inverse, la plupart des espèces de champignons endomycorhiziens arbusculaires semblent pouvoir coloniser les racines de pratiquement toutes les plantes susceptibles d'héberger des Gloméromycètes, c'est-à-dire plus de 80 % des espèces connues. Le schéma d'ensemble de la spécificité mycorhizienne, c'est-à-dire la matrice virtuelle de toutes les correspondances possibles entre toutes les plantes et tous les champignons, est donc extrêmement complexe et jusqu'à présent très incomplètement documenté. Mais cette vision générale mérite d'être nuancée et il existe deux domaines où la recherche a accumulé suffisamment de preuves pour permettre de formuler des conclusions plus précises.

D'abord, chez les ectomycorhizes des arbres forestiers, où les données sont les plus nombreuses car il est possible de compléter les essais de compatibilité en conditions expérimentales contrôlées par des relevés de terrain décrivant à grande échelle la répartition conjointe des essences d'arbres et des sporocarpes de certaines espèces fongiques. On s'aperçoit ainsi que la majorité des espèces de champignons ecto-mycorhiziens sont peu ou pas du tout spécifiques (on dit aussi qu'ils ont une large gamme d'hôtes potentiels), c'est-à-dire qu'ils forment des ectomycorhizes — à condition toutefois que les conditions de sol et de climat ne soient pas défavorables — avec la plupart des essences forestières à ectomycorhizes (chênes, hêtres, pins, sapins, épicéas, etc.). Dans nos régions de l'Europe moyenne, c'est le cas de champignons très abondants et bien connus car recherchés pour leur qualité gastronomique comme le cèpe (*Boletus edulis*), la chanterelle ou girolle (*Cantharellus cibarius*), ou du très ubiquiste (mais pas comestible) scléroderme commun (*Scleroderma citrinum*). Mais il existe aussi des cas de spécificité très étroite. Un exemple particulièrement intéressant est donné par un autre groupe de champignons comestibles recherchés en Europe pour leur grande valeur commerciale : les lactaires à lait rouge ou orange. Les lactaires (genre *Lactarius*) sont des champignons basidiomycètes de la famille des Russulacées dont les sporocarpes ont la particularité de laisser écouler, lorsqu'on les casse, un abondant liquide laiteux appelé *latex*. Ce latex est le plus souvent blanc, mais il est un groupe particulier de lactaires chez lesquels il est vivement coloré en orange, rouge, violet ou même bleu. Ils sont commercialement regroupés sous la dénomination française « lactaire délicieux » et peuvent, pour certains d'entre eux, atteindre des prix très élevés sur les marchés du sud de la France et du nord de l'Espagne. Il s'agit en fait d'un complexe d'espèces toutes inféodées aux conifères de la famille des Pinacées. Cependant, chaque espèce est strictement associée à un seul genre d'arbre : *Lactarius salmonicolor* avec les sapins (genre Abies), *L. deterrimus* avec les épicéas (*Picea*), *L. deliciosus*, *L. semi-sanguifluus* ou *L. vinosus* avec les pins à deux aiguilles (*Pinus*). Un autre exemple de stricte spécificité d'hôte vis-à-vis des conifères, toujours au niveau du genre de l'arbre, est donné par les bolets du genre *Suillus* : alors que *Suillus bovinus* (le bolet des bouviers), *S. granulatus* (le bolet granuleux) *ou S. luteus* (la nonette voilée) ne forment des ectomycorhizes qu'avec les pins à deux aiguilles comme le pin maritime (*Pinus pinaster*) ou le pin sylvestre (*P. sylvestris*), *Suillus sibiricus* (le bolet de Sibérie) et *S. plorans* (le bolet pleureur) ne s'associent qu'aux pins à cinq aiguilles comme l'arolle des Alpes ou pin cembro (*Pinus cembra*) et *Suillus grevillei* (le bolet élégant) qu'aux mélèzes (genre *Larix*). Cette tendance qu'ont les *Suillus* à être très sélectifs dans leurs associations semble même s'étendre à leur interaction avec d'autres champignons ectomycorhiziens également sélectifs des conifères, en particulier avec les gomphides (genre *Gomphidius*, très proche systématiquement des *Suillus* : on trouve leurs sporocarpes ensemble sous les mêmes arbres et le mycélium des gomphides pénètre et suit les rhizomorphes qui émanent des ectomycorhizes des Suillus, comme si les deux champignons s'associaient pour exploiter les ressources du sol. Ce phénomène s'observe très souvent sous les pins avec *Suillus bovinus* (le bolet des bouviers) et *Gomphidius roseus* (le gomphide rose).

Mais les cas de spécificités d'hôte ne sont pas limités aux champignons symbiotes des conifères ; chez les arbres feuillus (Angiospermes), de nombreux lactaires, russules, bolets ou cortinaires ne sont associés qu'à certaines essences. Les bolets du genre *Leccinum*, *L. aurantiacum* (le bolet orangé) et *L. duriusculum* (le bolet des peupliers) sont spécifiques des peupliers, *L. carpini* (synonyme : *L. pseudoscabrum*) du charme, *L. quercinum* des chênes et *L. crocipodium* (le bolet à pied jaune) des chênes à feuilles caduques, *L. lepidum* du chêne vert, et *L. versipele* (le bolet orange terne), *L. scabrum* (le bolet rude) et *L. molle* (le bolet mou) des bouleaux. De telles associations exclusives sont aussi nombreuses avec les cortinaires, dont un très grand nombre d'espèces ne peuvent établir de symbiose qu'avec certaines espèces d'arbres ; pour n'en citer qu'un, *Cortinarius olivaceofuscus* (le cortinaire du charme) ne s'associe qu'au charme (*Carpinus betulus*). Enfin, le cas le plus remarquable de spécificité d'hôte chez les champignons ectomycorhiziens est celui des lignées entières d'espèces exclusivement associées symbiotiquement aux arbres du genre *Alnus* (famille des Bétulacées), c'est-à-dire aux aulnes, qui sont représentés en France par *A. glutinosa* (l'aulne glutineux ou aulne noir, en forêt ou sur les rives des cours d'eau), *A. viridis* et *A. incana* (les aulnes verts et blancs, en montagne) et *A. cordata* (l'aulne de Corse) ; l'aulne rouge américain (*A. rubra*) a également été largement introduit en Europe. C'est ainsi que les genres de champignons *Alnicola* et *Alpova* ne forment des ectomycorhizes qu'avec les aulnes et sont généralement dominants dans les communautés fongiques associées à ces essences. De plus, cette dominance est d'autant plus marquée que les conditions écologiques tendent vers des extrêmes : tourbières acides, haute altitude, sites très rocailleux.

Enfin, parmi les cas extrêmes de spécificité figurent deux espèces de plantes tropicales : *Pisonia grandis*, une Nyctaginacée arborescente des îles de l'océan Pacifique et de l'océan Indien pour laquelle on ne connaît que cinq espèces de champignons associés (toutes du genre *Tomentella*, et jamais trouvées ailleurs), et *Gnetum africanum*, une liane africaine de la famille des Gnétacées (qui appartient aux Gymnospermes : voir figure 12) qui ne forme des ectomycorhizes qu'avec quelques espèces de sclérodermes (*Scleroderma* spp.), lesquels ne s'associent avec aucune autre plante.

Tous ces exemples de spécificité d'hôte stricte, lorsqu'ils sont étudiés sous l'angle de la génétique et de l'histoire évolutive de chacun des deux organismes associés, révèlent que les combinaisons que nous observons actuellement résultent de la *coévolution* des arbres et de leurs symbiotes fongiques, c'est-à-dire dans des conditions ou chaque changement de l'un des deux organismes retentit sur la trajectoire évolutive de l'autre, et inversement.

Les fondements biologiques de la compatibilité ou de l'incompatibilité symbiotique entre un champignon et une plante feront l'objet d'une discussion propre au début de la deuxième partie de ce livre (voir p. 65). Remarquons ici que le résultat, c'est-à-dire en définitive l'adéquation, en un lieu et à un moment donné, entre la présence d'une plante et d'un symbiote compatible, détermine le succès adaptatif de l'ensemble et le type de végétation qui s'ensuivra. Il en est donc de la symbiose mycorhizienne comme des épidémies de parasites ou d'agents pathogènes : si la spécificité vient à changer du fait d'une mutation chez l'un des organismes, la répartition de l'autre est bouleversée.

À côté des cas de spécificité au sens strict que nous venons de voir, c'est-à-dire où l'association avec tout autre partenaire est biologiquement impossible, ce qu'il est convenu d'appeler la *spécificité écologique* détermine aussi pour une grande part l'occurrence et la répartition des associations symbiotiques entre les plantes et les champignons. On entend par spécificité écologique le fait que l'association symbiotique entre deux espèces, bien que biologiquement possible et alors que les deux partenaires potentiels sont simultanément présents, ne se rencontre en fait que dans des conditions particulières, lorsque les contraintes écologiques propres à chaque espèce le permettent. Pour rester dans le domaine des ectomycorhizes et tenir compte de considérations pratiques, un exemple frappant de spécificité écologique est donné par les truffes, champignons ascomycètes du genre *Tuber* très recherchés (et même cultivés ; voir p. 176) pour leur exceptionnelle qualité gustative. Il a été démontré expérimentalement que les quelques espèces de truffes noires récoltées et commercialisées en France (*T. aestivum, T. Melanosporum,* etc.) étaient capables de former des ectomycorhizes avec une très large gamme d'essences forestières feuillues et résineuses : chênes (à feuilles caduques ou persistantes), hêtres, charmes, tilleuls, noisetiers, pins, cèdres, épicéas, sapins, etc. Cependant, dans la nature, les mycorhizes de truffe ne s'établissent en fait qu'avec certaines espèces des genres cités. La raison en est que le champignon est très dépendant du pH du sol : il fuit les sols acides et nécessite la neutralité ou même l'alcalinité ; de plus, pour former des mycorhizes, les truffes ont besoin d'un sol particulièrement bien aéré, ensoleillé et peu humifère. Le résultat est que les truffes ne s'établissent que dans des sols caillouteux, bien structurés, développés sur des roches calcaires et occupés par des couvertures végétales peu denses, ce qui a pour résultat de limiter l'accumulation de matière organique. Ces exigences définissent naturellement des conditions restreintes dans l'espace et, comme elles sont partagées par certaines espèces d'arbres (en tête desquelles le chêne vert (*Quercus ilex*) et le chêne pubescent (*Q. pubescens*), on ne trouve pratiquement des truffes que sous ces essences et on pourrait hâtivement en conclure une relation de vraie spécificité, alors que ce n'est qu'une spécificité écologique.

Dans le cas des endomycorhizes arbusculaires, on observe un autre genre de spécificité, dite *quantitative,* c'est-à-dire qui n'est pas du type « tout ou rien » comme nous l'avons vu plus haut avec les lactaires ou les bolets dans le cas des ectomycorhizes.

On a longtemps pensé qu'il n'existait qu'un très petit nombre d'espèces de Gloméro-mycètes responsables de ce type très dominant de mycorhize, d'après la morphologie des spores et sur des échantillons très biaisés car provenant surtout d'écosystèmes agricoles. Cependant, les travaux plus récents utilisant des marqueurs moléculaires (voir annexe 1), appliqués à de nombreux échantillons provenant de sites naturels variés et confrontés aux résultats de cultures en pots, ont révélé une toute autre image ; la diversité spécifique des symbiotes fongiques est en fait relativement grande — quelques centaines d'espèces, même si cela peut sembler pauvre à côté des champignons ectomycorhiziens qui se comptent par milliers — et leur répartition entre les diverses espèces de plantes d'un écosystème donné est loin d'être uniforme. Dans une communauté végétale riche en espèces, comme une prairie ou une forêt tropicale, même si toutes les espèces de plantes partagent de fait un petit nombre d'espèces de champignons endomycorhiziens, les intensités relatives de colonisation des racines sont extrêmement variables selon la combinaison d'espèces.

Enfin, nous avons aussi vu quelques autres cas de stricte spécificité, comme les plantes sans chlorophylle de la sous-famille des Monotropoïdées qui ne recrutent leurs symbiotes fongiques, pourvoyeurs de carbone et par ailleurs ectomycorhiziens des arbres voisins, qu'avec une grande exclusivité.

En définitive, le statut symbiotique d'un individu végétal donné est toujours le résultat de la combinaison de quatre catégories de facteurs : la diversité des champignons potentiellement symbiotiques présents localement, leur compatibilité éventuelle avec la plante (c'est-à-dire le profil de spécificité symbiotique, absolue ou quantitative, de celle-ci), leurs avantages respectifs dans la concurrence qu'ils se livrent ou les affinités qu'ils ont entre eux, et les facteurs environnementaux favorables ou non à l'établissement de telle ou telle association particulière ; et tout cela change naturellement sans cesse dans le temps en fonction des fluctuations des conditions environnementales. Le déterminisme de l'état mycorhizien réalisé est vraiment très complexe et difficile à prévoir.

▸▸ La symbiose mycorhizienne ; l'unité dans la diversité

Le passage en revue des huit types connus de mycorhizes laisse incontestablement une impression de confusion : les morphologies et les structures sont très diverses ; les groupes de plantes concernés sont hétérogènes : tantôt des familles bien délimi-tées, tantôt des grandes catégories aux contours flous ; les groupes de champignons responsables (Gloméromycètes, Ascomycètes, Basidiomycètes) sont variables et sans relation apparente avec les structures qu'ils forment ; certains types de myco-rhizes ne concernent que très peu d'espèces de plantes et peuvent être qualifiées de rares, alors que d'autres, comme les endomycorhizes arbusculaires, se rencontrent chez une écrasante majorité de plantes ; enfin, les connaissances et les résultats expérimentaux abondent pour certains types — c'est le cas des endomycorhizes arbusculaires et des ectomycorhizes — mais sont rares ou encore controversés pour d'autres — c'est le cas des pseudomycorhizes à endophytes bruns cloisonnés, dont l'appellation même trahit l'ambiguïté du statut comme objet de connaissance.

Il est temps, à cette étape de notre exploration de l'univers mycorhizien, de tenter d'y voir plus clair et de tirer les conclusions synthétiques de toutes ces observations. Le tableau 3 récapitule les caractères principaux des huit types de mycorhizes dans l'ordre où nous les avons présentés au long de cette première partie, et la figure 10 représente schématiquement leurs morphologies sur une même coupe transversale de racine.

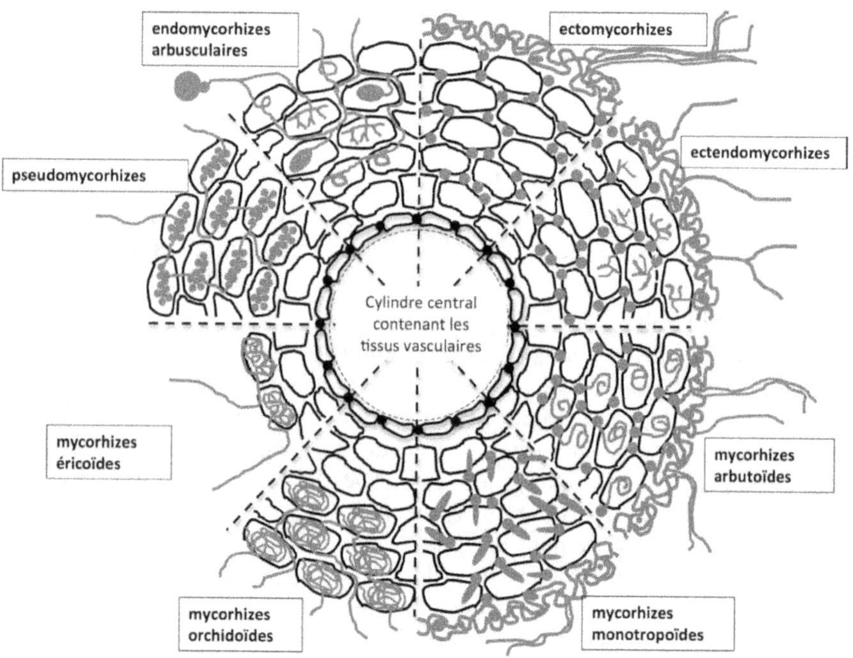

Figure 10. Représentation schématique des sections transversales des huit types de mycorhizes décrits dans le texte.

Mais avant d'aller plus loin, il est important de bien réaliser que la division en huit grands types sur des bases morphologiques, qui est actuellement presque unanimement adoptée par tous les chercheurs qui étudient la symbiose mycorhizienne, est en grande partie artificielle. Cette typologie est indispensable pour la commodité de la présentation mais elle ne correspond à aucune réalité biologique. En effet, il s'agit souvent de coupures arbitraires au sein d'un continuum plutôt que de véritables contours d'entités homogènes, et les difficultés que cela soulève sont nombreuses. Au fur et à mesure que les connaissances s'étendent, apparaissent de plus en plus de cas particuliers, d'exceptions et de contradictions internes. On remarque que des Gloméromycètes forment des mycorhizes avec certaines Burmanniacées et Gentianacées achlorophylliennes tropicales, qu'un même champignon peut former des types de mycorhizes différents selon la plante hôte, qu'au contraire les orchidées n'ont pas que des mycorhizes orchidoïdes, que certains Ascomycètes du genre *Terfezia* forment avec des cistes ou des hélianthèmes des structures semblables aux

Tableau 3. Tableau récapitulatif des caractéristiques morphologiques des huit types de symbiose mycorhizienne décrits dans le texte.

Types de symbiose mycorhizienne	Groupes de plantes concernés	Groupes de champignons dominants	Présence d'un manteau fongique	Morphologie du mycélium externe	Présence d'un réseau de Hartig	Colonisation intracellulaire
Ectomycorhizes	Certaines Gymnospermes et Angiospermes	Ascomycètes et Basidiomycètes	Oui	Très diverse : filaments isolés, mèches, cordons, rhizomorphes	Oui	Non
Ectendomycorhizes	Certaines Pinacées (Gymnospermes)	Ascomycètes	Facultatif	Filaments isolés	Oui	Oui (filaments ramifiés)
Mycorhizes arbutoïdes	Éricacées (tribus des *Arbutoideae* et *Pyroloideae*)	Basidiomycètes	Facultatif	Filaments isolés ou mèches	Oui	Oui (spires)
Mycorhizes monotropoïdes	Éricacées (tribu des *Monotropoideae*)	Basidiomycètes	Oui	Filaments isolés ou mèches	Oui	Oui (doigts)
Mycorhizes orchidoïdes	Toutes les orchidées	Basidiomycètes	Non	Filaments isolés	Non	Oui (pelotons)
Mycorhizes éricoïdes	Autres Éricacées et certaines Bryophytes	Ascomycètes	Non	Filaments isolés	Non	Oui (pelotons)
Pseudomycorhizes à endophyte brun cloisonné	Tous les groupes de plantes terrestres	Ascomycètes	Non	Filaments isolés	Non	Oui
Endomycorhizes arbusculaires	Presque tous les groupes de plantes terrestres	Gloméromycètes	Non	Filaments isolés	Non	Oui (arbuscules, spires, vésicules)

ectomycorhizes à cela près qu'il y a des pénétrations intracellulaires rappelant les mycorhizes monotropoïdes, etc. Cette typologie est donc loin d'être parfaite mais doit être considérée comme un outil permettant d'avancer dans la vaste diversité et la complexité des relations plante-champignon.

Dans le tableau 3, on constate néanmoins que les structures symbiotiques vont en se simplifiant (disparition du manteau, du réseau de Hartig et des formes complexes de mycélium externe comme les rhizomorphes) mais aussi dans le sens d'une intégration (d'une *internalisation*, dit-on aussi) de plus en plus poussée. Chez les ectomycorhizes, par lesquelles nous avons commencé, il y a un abondant manteau fongique qui recouvre toute la racine mycorhizée, donc situé à l'extérieur de celle-ci, avec des structures très complexes et très diversifiées qui en émanent en direction du sol (mèches cordons, rhizomorphes, sporocarpes volumineux et avec différents tissus bien différenciés) ; mais, vers l'intérieur de la racine, le champignon ne fait que se ramifier autour des cellules du cortex pour constituer le réseau de Hartig, mais sans les pénétrer. Dans les trois types suivants (ectendomycorhizes, mycorhizes arbutoïdes et mycorhizes monotropoïdes), il y a encore le manteau et le réseau de Hartig, mais celui-ci émet en plus des excroissances qui pénètrent les cellules végétales. Le fait que manteau et réseau de Hartig aillent de pair suggère que l'hyper-ramification du mycélium, qui conduit à ces deux types de structure, est sous la dépendance d'un même facteur, qu'il soit intrinsèque au champignon ou contrôlé par les tissus de la racine.

On remarque que ces quatre premiers types de mycorhizes sont caractérisés non seulement par des structures fongiques volumineuses et compactes (manteau et réseau de Hartig, qui peuvent jouer un rôle d'accumulation et de réserves nutritives), mais aussi, comme nous l'avons décrit dans le cas des ectomycorhizes, par la localisation sur des parties bien précises des racines fines : les racines courtes latérales (voir p. 26). Comme la fonction d'absorption est par ailleurs concentrée sur ces racines courtes et que ces dernières sont complètement recouvertes d'un manteau fongique, il en résulte que le champignon isole la racine du sol et contrôle tous les échanges éventuels au niveau de cette interface, que ce soit dans le sens plante-sol (exsudats racinaires carbonés) ou dans le sens sol-plante (eau et éléments minéraux en solution). Cependant, si cela est toujours très marqué dans le cas des ectomycorhizes et des mycorhizes monotropoïdes, cela est un peu moins constant pour les ectendomycorhizes et les mycorhizes arbutoïdes où le manteau est facultatif.

Ensuite, chez tous les autres types de mycorhizes, il n'y a plus ni manteau ni réseau de Hartig mais seulement des structures fongiques intracellulaires, certes connectées, pour assurer le rôle d'interface sol-plante propre à tout symbiote mycorhizien, à des filaments extérieurs à la racine qui explorent le sol et portent les organes reproducteurs du champignon.

Un fait constant ressort clairement de la figure 10 : malgré la diversité des partenaires et des structures, le résultat est toujours le même : une grande surface d'échange entre le champignon et le sol, et une autre grande surface d'échange entre le champignon et les cellules de la plante hôte. Les conditions sont toujours réunies pour que le champignon joue son rôle d'intermédiaire entre ces deux compartiments de façon favorable à la plante. Cependant, l'interface symbiotique proprement dit, constitué par la surface de contact entre la plante et le champignon, ne présente pas la même structure selon qu'il y a ou non pénétration intracellulaire. Dans le premier cas, le champignon ayant perforé et traversé la paroi cellulosique de la cellule du cortex racinaire, il repousse la membrane de cette dernière et s'en enveloppe étroitement lorsqu'il se ramifie pour prendre la forme d'un arbuscule ou lorsqu'il s'enroule sur lui-même pour former des spires ou des pelotons ; les matières échangées par les deux partenaires doivent ainsi franchir trois barrières qui sont, dans le sens champignon plante : la membrane fongique, la paroi fongique, la membrane végétale. Il y a en revanche quatre barrières dans le cas des réseaux de Hartig ou au niveau des doigts des mycorhizes monotropoïdes : membrane fongique, paroi fongique, paroi végétale et membrane végétale. La figure 11 précise ces deux types de structure.

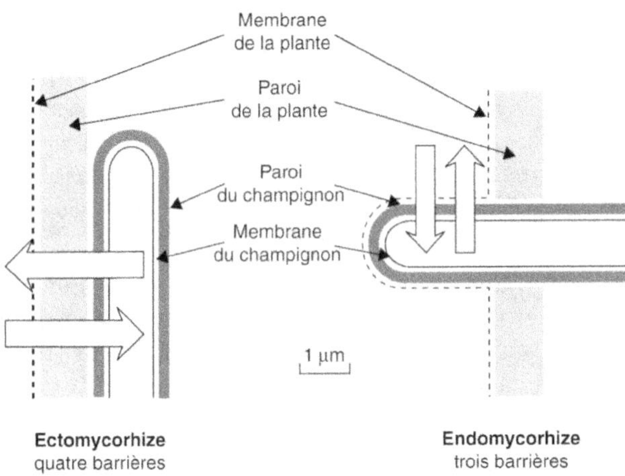

Figure 11. Représentation schématique des deux types d'interface plante-champignon dans la symbiose mycorhizienne.

Afin de comprendre comment une telle unité de fonction a pu résulter d'histoires évolutives différentes, il est nécessaire maintenant d'explorer la distribution de cette diversité de moyen à travers l'ensemble du monde végétal. Les figures 12 à 17 montrent bien la répartition des différents types de mycorhizes dans la classification des plantes.

Le système de classification des plantes utilisé ici est APG III de 2009, qui est la version la plus récente et actuellement la plus suivie de la classification botanique des plantes à fleurs établie par le groupe de recherche international *Angiosperm Phylogeny Group* (groupe de phylogénie des Angiospermes). C'est une classification *phylogénétique*, c'est-à-dire qu'elle est construite à partir de la variabilité de la structure de l'ADN de plusieurs gènes, ce qui permet d'en inférer des relations de parenté entre groupes. Le système APG III remplace depuis peu les anciennes classifications dites *linnéennes* (d'après le naturaliste suédois Carl von Linné, 1707-1778) basées uniquement sur des critères morphologiques. Les schémas présentés ici sont des sortes d'arbres généalogiques, avec les évènements passés et les ancêtres inconnus à gauche et les noms des groupes actuels à droite. Plus la distance à parcourir le long des branches de l'arbre est grande entre deux groupes actuels, plus ces deux groupes sont différents l'un de l'autre et ont divergé depuis longtemps. Les « nœuds », ou embranchements, représentent les évènements évolutifs à l'origine des divergences. Plus ces nœuds sont à gauche, donc vers la base de l'arbre, plus ils correspondent à des évènements anciens. Afin de faciliter la lecture de ces figures, il est nécessaire de rappeler les bases de la nomenclature botanique : les noms des grandes divisions ou embranchements se terminent par le suffixe *–phytes* (exemple : Magnoliophytes = Angiospermes). Ces divisions contiennent des classes portant le suffixe *–psidées*, puis des sous-classes en *–idées* (exemple : Campanulidées), des ordres en *–ales* (exemple : Asterales), et enfin des familles en *–acées* (exemple : Asteracées) qui regroupent des genres, eux-même constitués d'espèces portant un nom latin binomial genre-espèce en italiques (exemple : *Aster amellus*, l'aster amelle ou marguerite de la saint-Michel).

On voit tout d'abord la dominance des endomycorhizes arbusculaires dans tous les groupes et à tous les niveaux de la classification. Cette distribution généralisée traduit la très grande ancienneté de ce type de symbiose avec les Glomales (– 440 à 410 millions d'années ; voir tableau 1) ; ce caractère est réellement ancestral pour les plantes vertes terrestres puisqu'il est déjà partagé par les plus anciennes des Gymnospermes comme les Cycadophytes et les plus anciennes des Angiospermes comme les Amborellales et les Nympheales.

On voit aussi que les groupes de plantes qui se sont ensuite affranchis de la nécessité de la symbiose (plantes non mycorhizées, voir p. 96) sont répartis dans l'ensemble des Angiospermes, Cypéracées et Joncacées dans les Poales (monocotylédones), partie des Protéacées dans les Protéales, Polygonacées, Chenopodiacées et partie des Caryophyllacées dans les Caryophyllales, Brassicacées dans les Brassicales (Rosidées) et partie des Asteracées dans les Asterales (Asteridées). Mais on remarque surtout que ces quatre groupes sont portés par des branches récemment différenciées dans chacun des arbres phylogénétiques correspondants ; ceci confirme que le statut non mycorhizien est bien un caractère dérivé apparu plusieurs fois indépendamment et tardivement à partir d'un état symbiotique ancestral dans des groupes déjà très éloignés phylogénétiquement.

Ensuite, les ectomycorhizes sont présentes à la fois chez les Gymnospermes (Gnétophytes et famille des Pinacées dans les Pinophytes) et chez les Angiospermes, mais seulement dans la sous-classe des Rosidées (familles des Myrtacées, Tiliacées, Cistacées, Dipterocarpacées, Salicacées, Euphorbiacées, Césalpiniacées, Fagacées, Betulacées, Juglandacées et Casuarinacées). Certaines de ces familles étant évolutivement très éloignées les unes des autres, ce type de symbiose est donc apparu de nombreuses fois de façon indépendante au Crétacée (– 140 à 65 millions d'années, voir tableau 1), période d'intense diversification chez les Angiospermes et les Pinacées.

Enfin, les autres types plus rares de mycorhizes sont davantage groupés dans la classification des plantes. Les mycorhizes orchidoïdes ne se trouvent que dans une seule famille de monocotylédones (les Orchidacées, dans l'ordre des Asparagales), et les mycorhizes éricoïdes, arbutoïdes et monotropoïdes sont cantonnées à cinq sous-familles très voisines dans la famille des Éricacées (ordre des Éricales, sous-classe des Asteridées), Éricoïdées, Styphelioïdées, Empetroïdées, Pyroloïdées et Monotropoïdées).

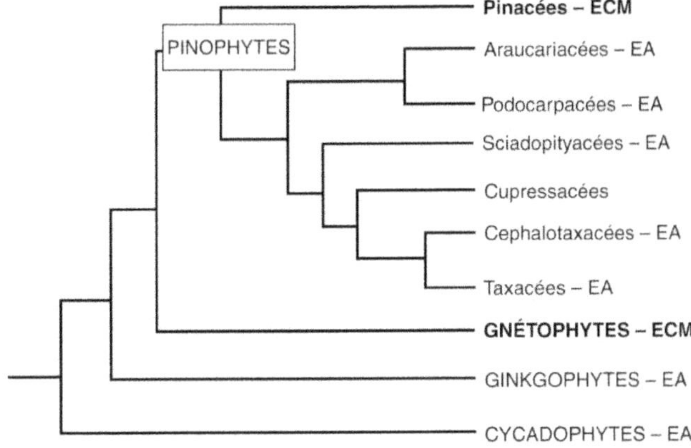

Figure 12

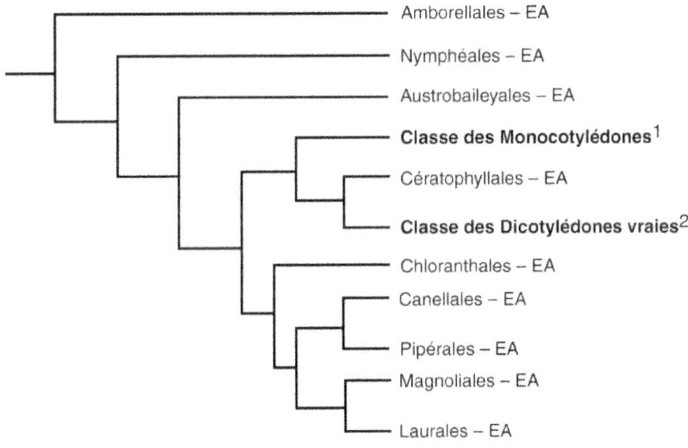

Figure 13

Figures 12 à 17. Arbres phylogénétiques des grands groupes de plantes supérieures avec indication de leur statut symbiotique.

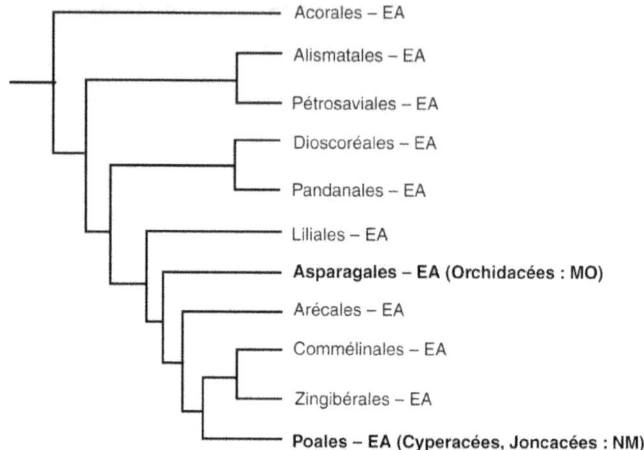

EA : endomycorhizes arbusculaires ; ECM : ectomycorhizes ;
MO : mycorhizes orchidoïdes ; NM : non mycorhizées

Figure 14

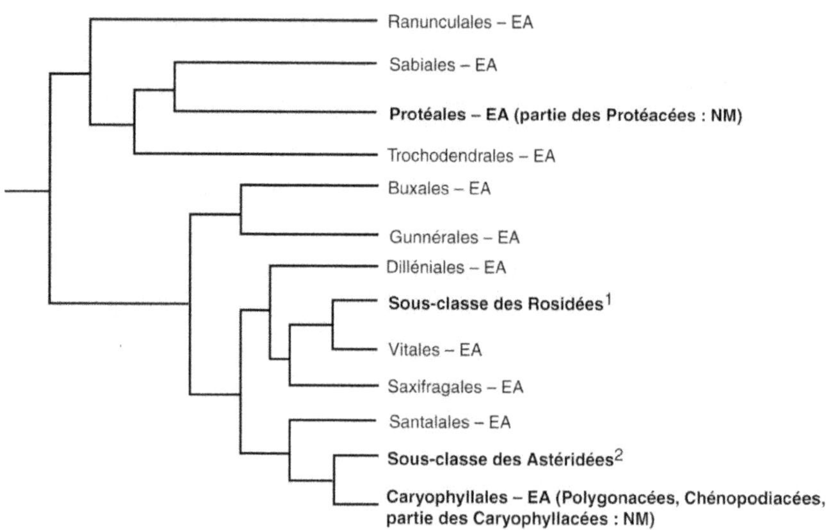

EA : endomycorhizes arbusculaires ; NM : non mycorhizées

[1] : schéma détaillé fig. 16

[2] : schéma détaillé fig. 17

Figure 15

Figures 12 à 17 (suite). Arbres phylogénétiques des grands groupes de plantes supérieures ▶ avec indication de leur statut symbiotique.

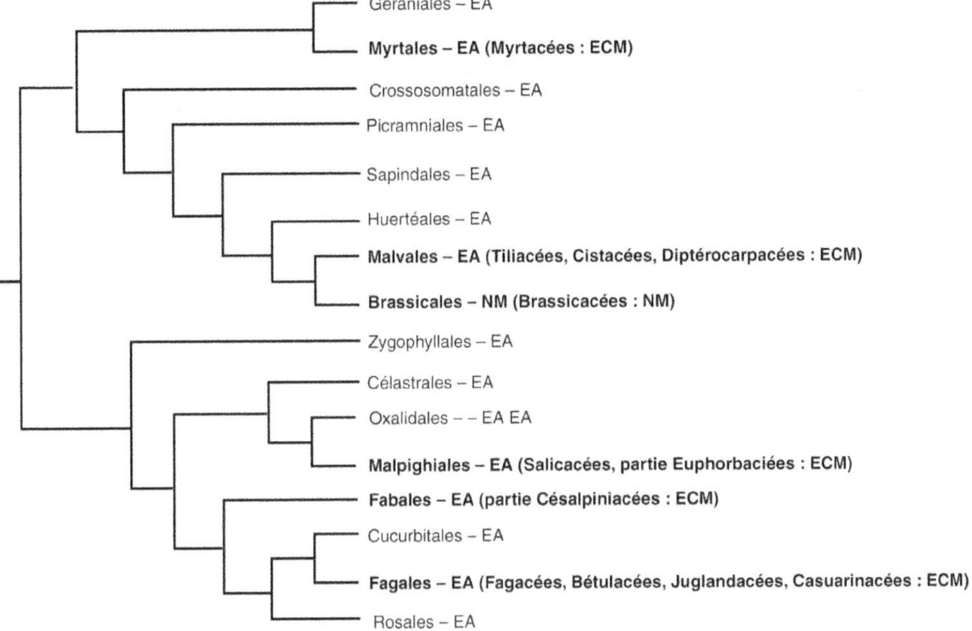

EA : endomycorhizes arbusculaires ; ECM : ectomycorhizes ; NM : non mycorhizées

Figure 16

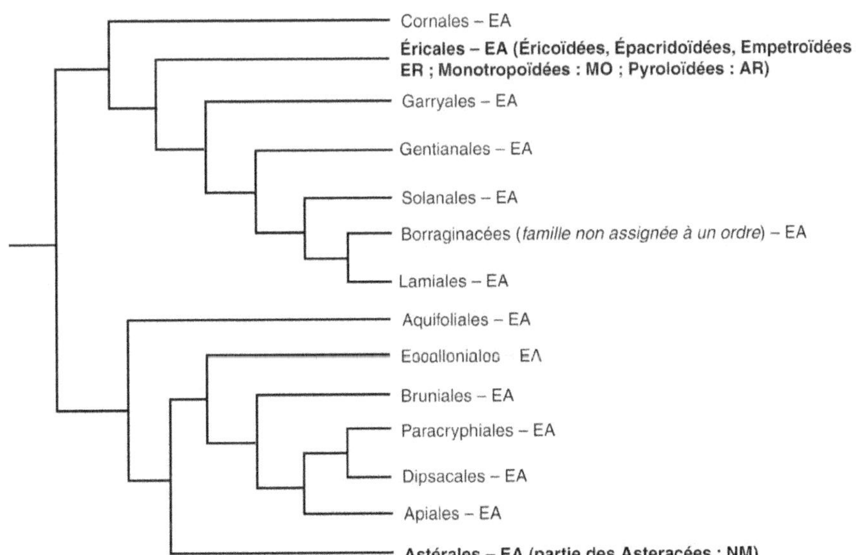

AR : mycorhizes arbutoïdes ; EA : endomycorhizes arbusculaires ;
ER : mycorhizes éricoïdes ; MO : mycorhizes orchidoïdes ; NM : non mycorhizées

Figure 17

Quant aux groupes d'espèces capables de former plus d'un type de mycorhize, leurs contours restent très mal définis faute d'un nombre suffisant d'observations systématiques. On sait cependant que les ectomycorhizes coexistent souvent avec les endomycorhizes arbusculaires, surtout chez les essences forestières appartenant aux familles Bétulacées, Salicacées et Myrtacées. Durant toute la vie de ces arbres, alors que les ectomycorhizes sont largement majoritaires dans l'ensemble du système racinaire, les endomycorhizes arbusculaires le plus souvent ne se rencontrent au stade juvénile que les premières années. Il semble donc que le type ancestral de symbiose ne soit pas encore entièrement supplanté par le type plus récent mais qu'il ne subsiste que lors des premières phases du développement de la plante.

Après ce tour d'horizon sur l'ensemble des types connus de symbioses mycorhiziennes, nous pouvons conclure que la variété des « solutions » apportées par les mécanismes évolutifs au « problème » de l'acquisition des éléments nutritifs du sol par les plantes traduit un réel avantage de l'intervention des champignons, puisque des associations fonctionnellement homologues mais structurellement différentes ont été contractées de nombreuses fois à de grandes distances dans le temps et dans la diversité des champignons et des végétaux. Cette constatation renforce l'intérêt des mycorhizes comme objet d'étude central au fonctionnement de la biosphère.

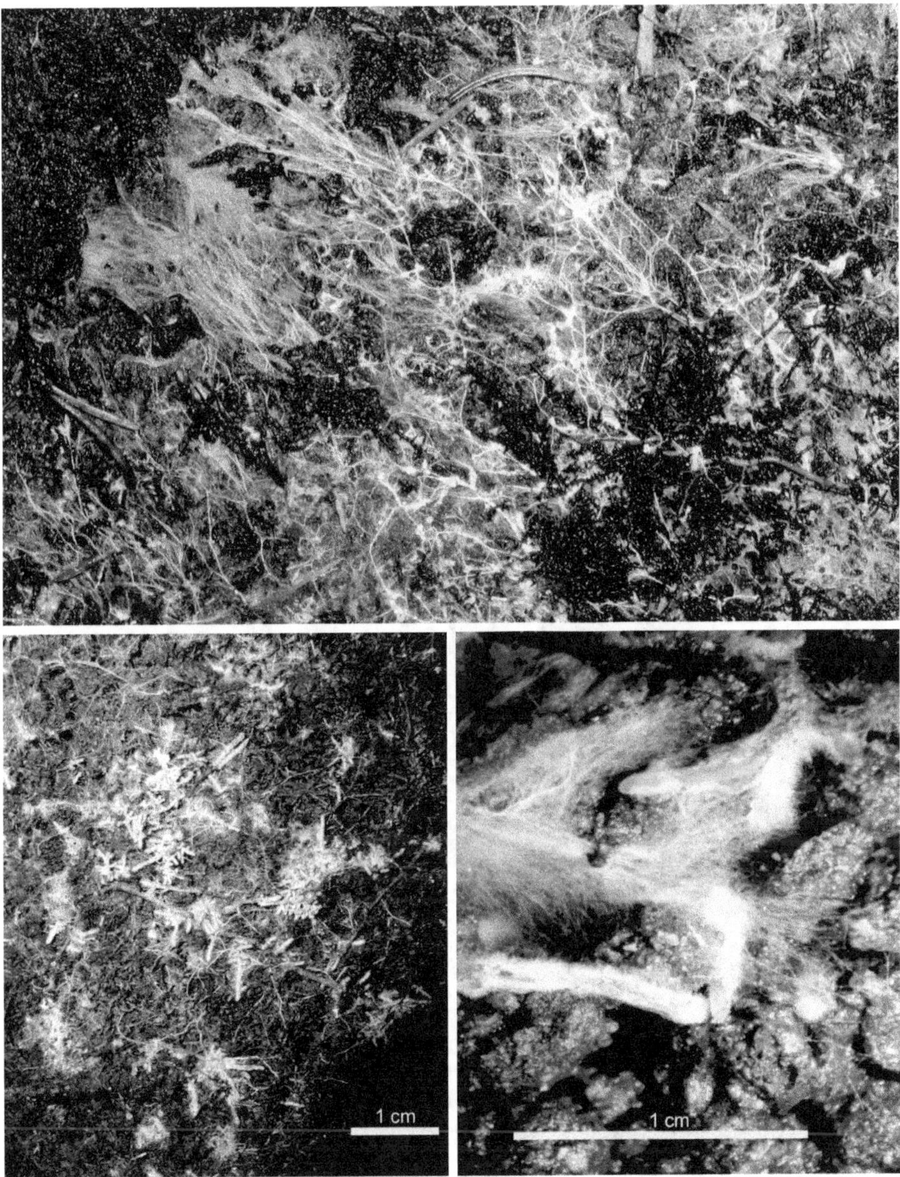

Vue d'ensemble.

En haut : front de colonisation du sol par un système racinaire de pin (les racines fines, brunes, proviennent du coin inférieur droit de l'image) ; on voit de nombreuses ectomycorhizes jaunes, ramifiées, qui émettent de longs cordons mycéliens blancs et des éventails d'hyphes en avant du front de colonisation (photo Håkan Wallander).

En bas à gauche : diversité de forme et de couleur des ectomycorhizes sur une même racine (photo Håkan Wallander).

En bas à droite : ectomycorhizes blanches formées par *Hebeloma crustuliniforme* (l'hébélome échaudé) vues à fort grossissement, montrant comment le mycélium externe qui émane du manteau explore le sol et relie les racines aux particules de terre (photo Jean-Louis Churin).

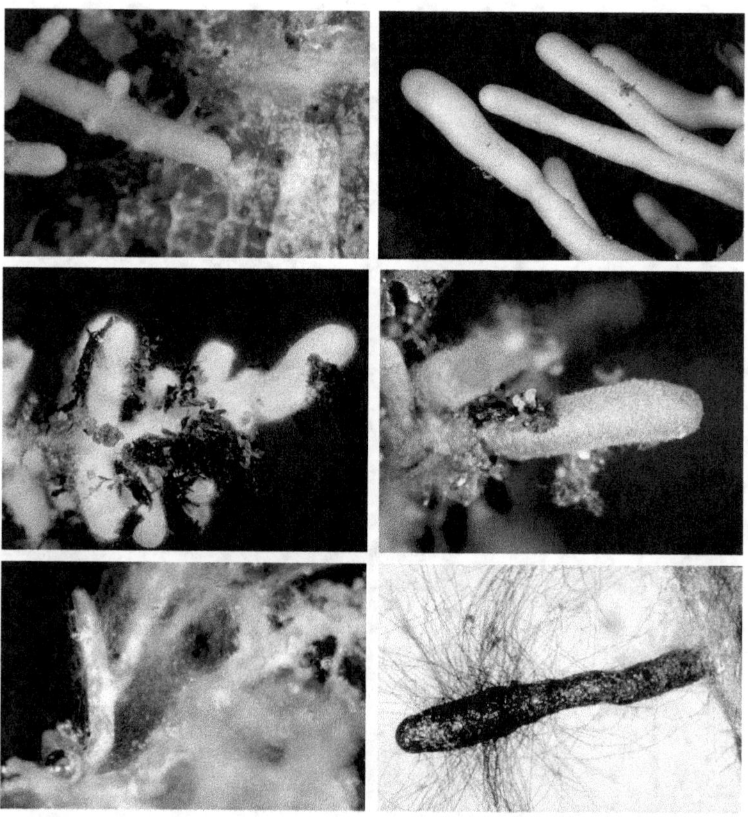

Types d'exploration « contact » et « courte distance ».

En haut à gauche : ectomycorhize de *Lactarius blennius* (manteau lisse, type d'exploration par contact) attachée à son substrat (une feuille morte) par de courtes mèches de mycélium (photo Reinhard Agerer).

En haut à droite : mycorhize lisse (type contact) de *Lactarius subdulcis* (photo Reinhard Agerer).

Au milieu : deux ectomycorhizes de type contact mais avec de petites excroissances sur le manteau ; **à gauche** : *Fagirhiza globulifera* ; **à droite** : *Russula ochroleuca* (photos Reinhard Agerer).

En bas à gauche : mycorhize à feutrage mycélien (type courte distance) formée par *Hebeloma sacchariolens* (photo Reinhard Agerer).

En bas à droite : mycorhize noire à gros hyphes externes (type courte distance) due à *Cenococcum geophilum* (photo Reinhard Agerer).

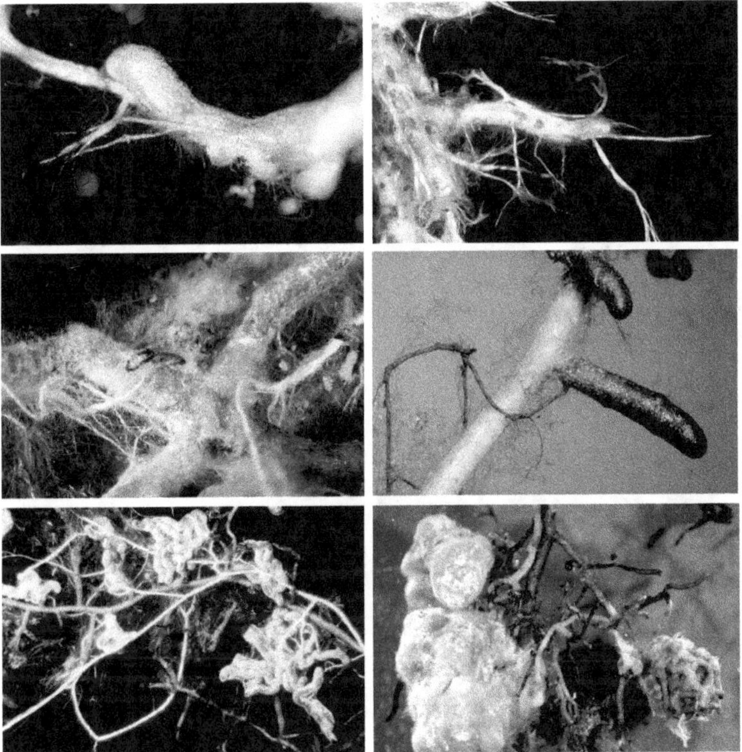

Types d'exploration « moyenne distance » et « longue distance ».

En haut, deux ectomycorhizes du type moyenne distance, avec des cordons mycéliens en forme de mèches irrégulières : **à gauche** : *Cortinarius variecolor* ; **à droite** : *Dermocybe cinnamomea* (photos Reinhard Agerer).

Au milieu à gauche : *Amphinema byssoides* (photo Reinhard Agerer).

Au milieu à droite : *Tomentella ferruginea* (type longue distance), avec un gros rhizomorphe brun (photo Reinhard Agerer).

En bas à gauche : *Leccinum scabrum* (longue distance, photo Reinhard Agerer).

En bas à droite : racine de pin portant des ectomycorhizes longue distance de type tuberculé ; on voit de gros rhizomorphes blancs ; le revêtement mycélien du tubercule de droite a été enlevé, révélant un amas coralloïde d'ectomycorhizes (photo in Peterson *et al.*, 2006).

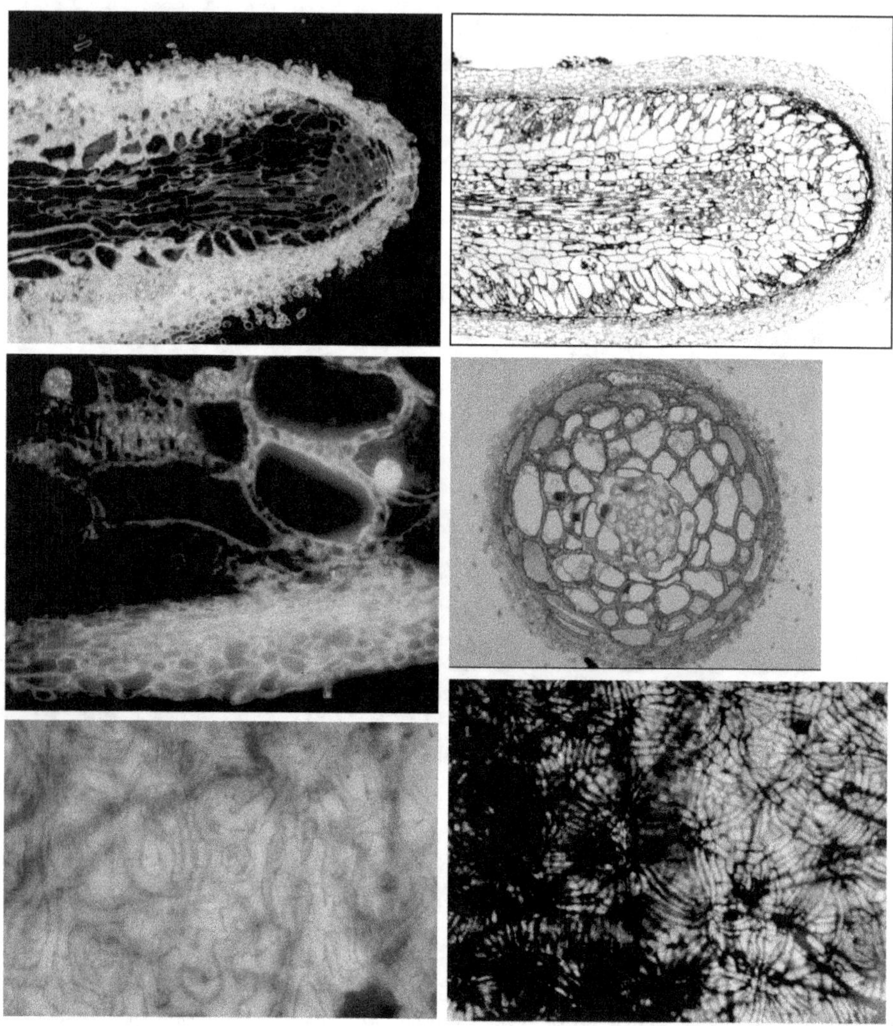

Anatomie et structure interne.

En haut : deux coupes longitudinales d'ectomycorhizes d'arbres feuillus (Angiospermes), montrant le manteau et le réseau de Hartig qui commence à se former en arrière de l'extrémité de la racine courte ; le champignon apparaît sous la forme de très petites cellules (sections des hyphes), en orange sur l'image de **gauche** et en rose et violet sur l'image de **droite** (photos in Peterson *et al.*, 2006).

Au milieu à gauche : manteau (en bas de l'image) et réseau de Hartig vus à plus fort grossissement (photo Reinholt Pöder).

Au milieu à droite : coupe transversale d'une ectomycorhize de conifère (Gymnosperme) avec un réseau de Hartig affectant plusieurs couches de cellules corticales (photo Inra).

En bas : deux types d'arrangement des cellules fongiques dans le manteau ; à **gauche** : le Basidiomycète *Leccinum aurantiacum* (photo reproduite avec l'aimable autorisation de Marty Kranabetter, in Peterson *et al.*, 2006) ; à **droite** : l'Ascomycète *Cenococcum geophilum* (photos in Peterson *et al.*, 2006).

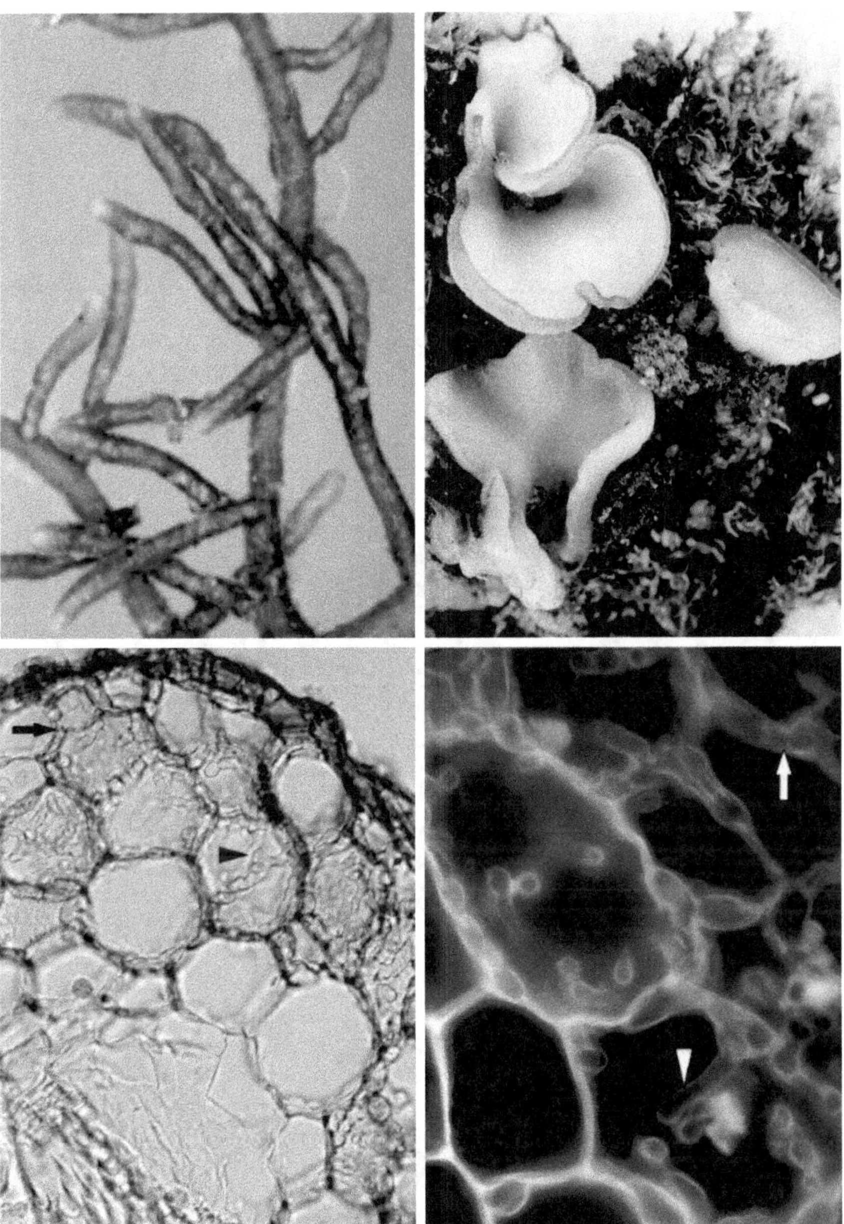

En haut à gauche : ectendomycorhizes sur racines de semis de mélèze en pépinière forestière (photo Maria Rudawska et Tomasz Leski). **En haut à droite** : sporocarpes (petites pézizes) du champignon ectendomycorhizien *Wilcoxina mikolae* (photo reproduite avec l'aimable autorisation de Dan Luoma, in Peterson *et al.*, 2006). **En bas à gauche** : coupe transversale d'une ectendomycorhize ; la flèche montre les hyphes intercellulaires du réseau de Hartig et la pointe de flèche les hyphes ayant pénétré à l'intérieur des cellules du cortex racinaire (photo Maria Rudawska et Tomasz Leski). **En bas à droite** : détail, à plus fort grossissement, de la coupe transversale d'une ectendomycorhize ; on voit à la fois les hyphes du réseau de Hartig, dont les sections sont alignées et serrées les unes contre les autres entre les cellules (flèche), et de nombreuses sections d'hyphes intracellulaires (pointe de flèche) ; photo Maria Rudawska et Tomasz Leski.

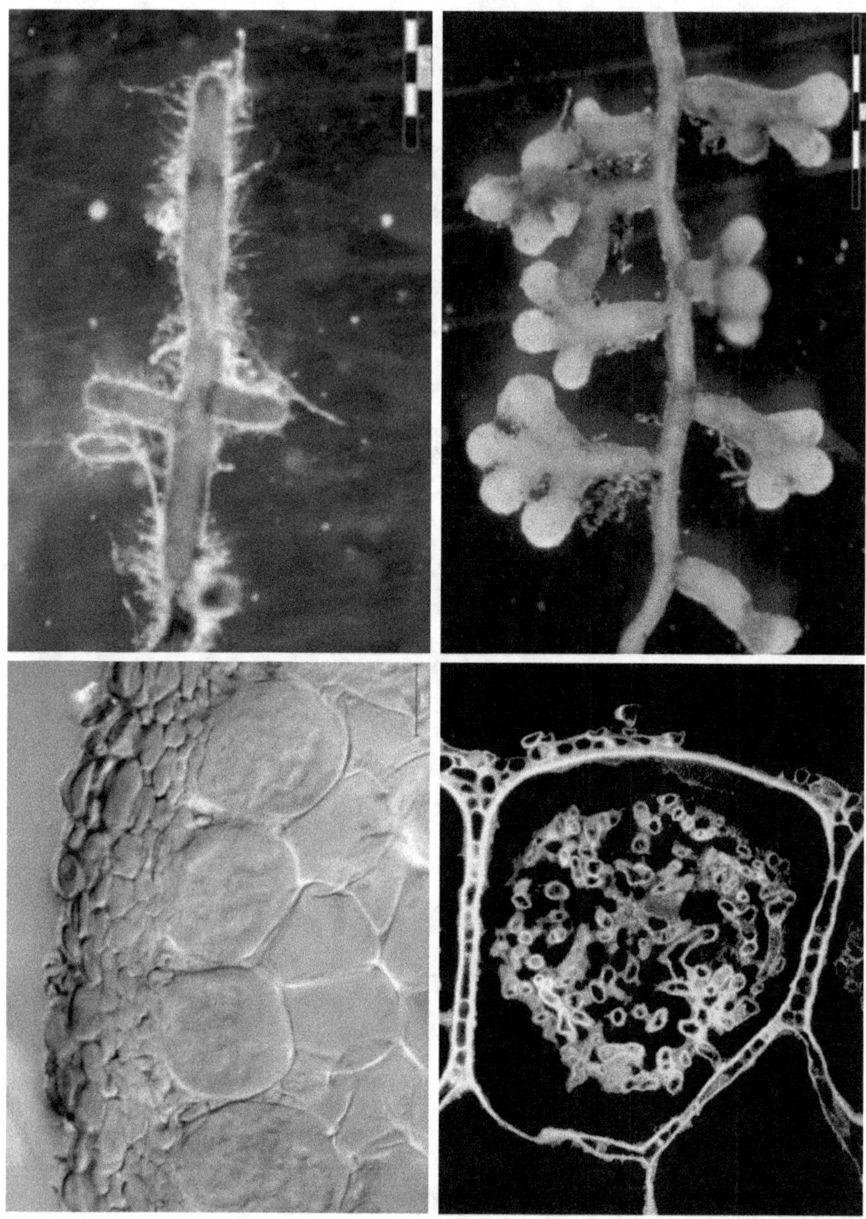

En haut, de gauche à droite : mycorhizes respectivement sur racines d'arbousier (*Arbutus* sp.) et de busserolle ou raisin d'ours (*Arctostaphylos* sp.) montrant la grande similitude de morphologie externe avec les ectomycorhizes : racines courtes plus ou moins ramifiées, manteau, mycélium externe pouvant former des cordons, etc. (photos Martin Vohnik). **En bas à gauche** : coupe transversale d'une mycorhize arbutoïde d'*Arctostaphylos uva-ursi* ; on voit qu'il y a à la fois un manteau, avec des extensions formant un réseau de Hartig entre les cellules du cortex, et des enchevêtrements de mycélium à l'intérieur des cellules (photo Martin Vohnik). **En bas à droite** : coupe fine à plus fort grossissement montrant les sections des hyphes fongiques à l'intérieur et à l'extérieur des cellules (photo in Peterson *et al.*, 2006).

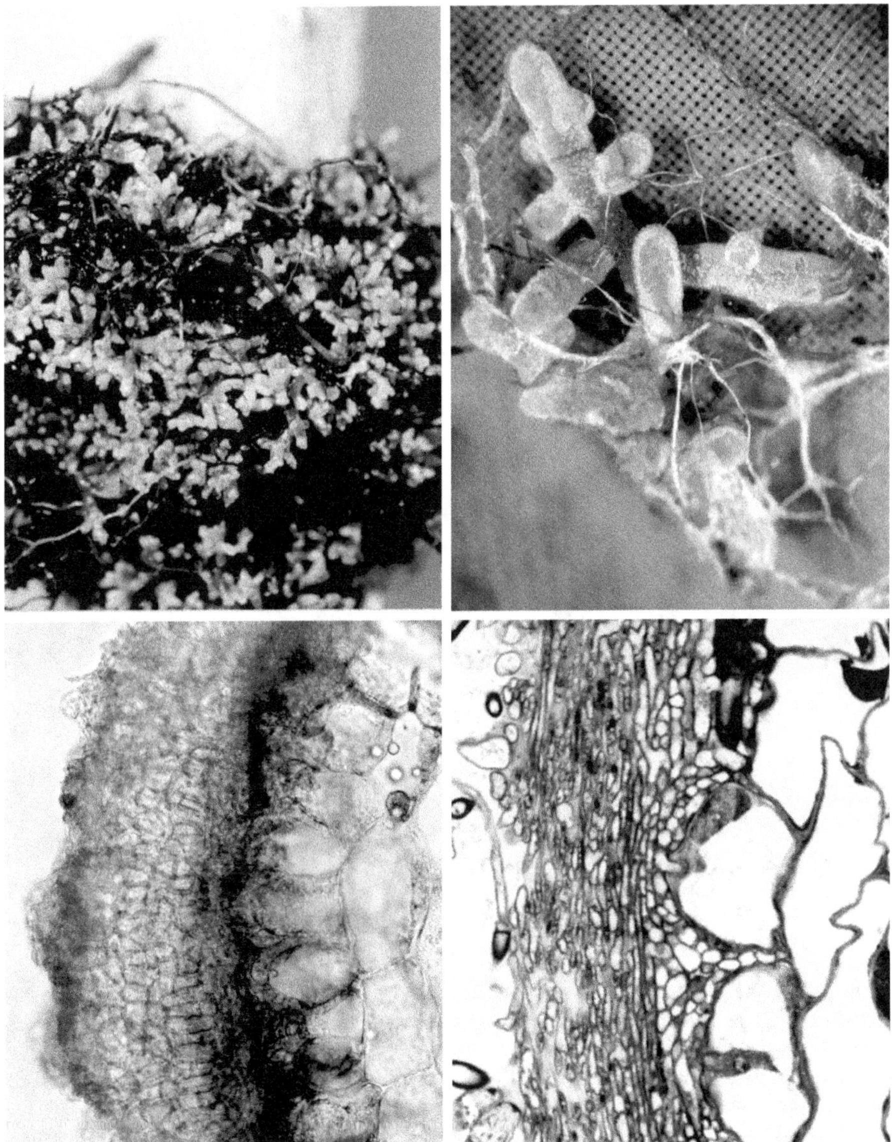

En haut à gauche : pelote dense (de la grosseur d'un poing) des racines charnues et de couleur claire (mycorhizes monotropoïdes) d'un monotrope, entrelacées avec des racines d'arbres plus fines et brunes (photo in Peterson *et al.*, 2006).

En haut à droite : mycorhizes à cordons mycéliens blancs formées par *Russula brevipes* avec un monotrope (photo reproduite avec l'aimable autorisation de Martin Bidartondo, in Peterson *et al.*, 2006).

En bas à gauche : coupe transversale épaisse d'une mycorhize monotropoïde ; le manteau épais (à gauche sur l'image) émet, entre les cellules corticales, un réseau de Hartig d'où émanent des petites excroissances en forme de doigts qui pénètrent dans les cellules (photo in Peterson *et al.*, 2006).

En bas à droite : coupe plus fine montrant les sections des hyphes du manteau et du réseau de Hartig, ainsi que deux pénétrations digitées (photo in Peterson *et al.*, 2006).

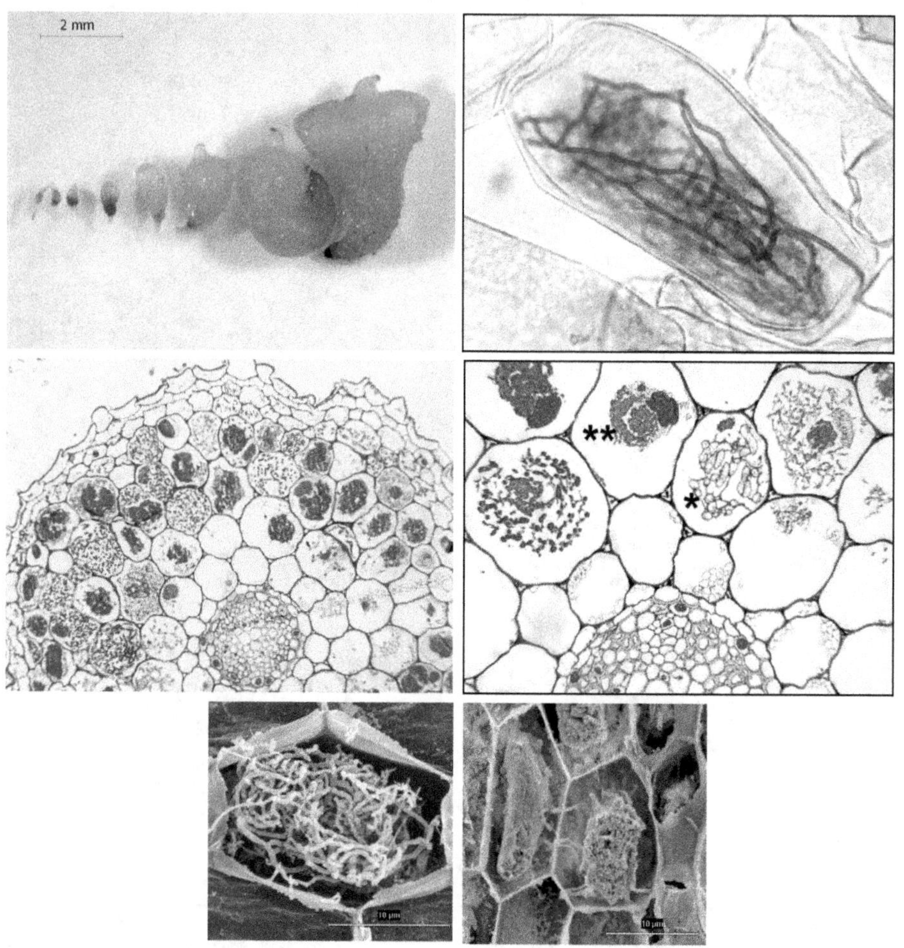

En haut à gauche : différents stades du développement d'un embryon d'orchidée, depuis la graine-poussière jusqu'au protocorme présentant l'ébauche de la première feuille en forme de petite protubérance sommitale en crochet (photo Tamara Tesitelova).

En haut à droite : peloton mycélien à l'intérieur d'une cellule corticale de racine d'orchidée (photo reproduite avec l'aimable autorisation de Carla Zelmer, in Peterson *et al.*, 2006).

Au milieu à gauche : coupe transversale d'une racine d'orchidée montrant des pelotons mycéliens à divers stades de digestion dans les cellules corticales (photo reproduite avec l'aimable autorisation de Carla Zelmer, in Peterson *et al.*, 2006).

Au milieu à droite : à plus fort grossissement, on distingue un peloton actif avec des hyphes turgescents (*) et des pelotons morts en voie de digestion (**) ; le demi-cercle en bas de l'image est le cylindre central contenant les tissus conducteurs (photo reproduite avec l'aimable autorisation de Carla Zelmer, in Peterson *et al.*, 2006).

En bas à gauche : vue en microscopie électronique à balayage d'une cellule corticale éclatée révélant le peloton mycélien qu'elle contient (photo Tamara Tesitelova).

En bas à droite : deux pelotons à différents stades de leur évolution ; on voit aussi des hyphes traversant les parois cellulaires (photo Tamara Tesitelova).

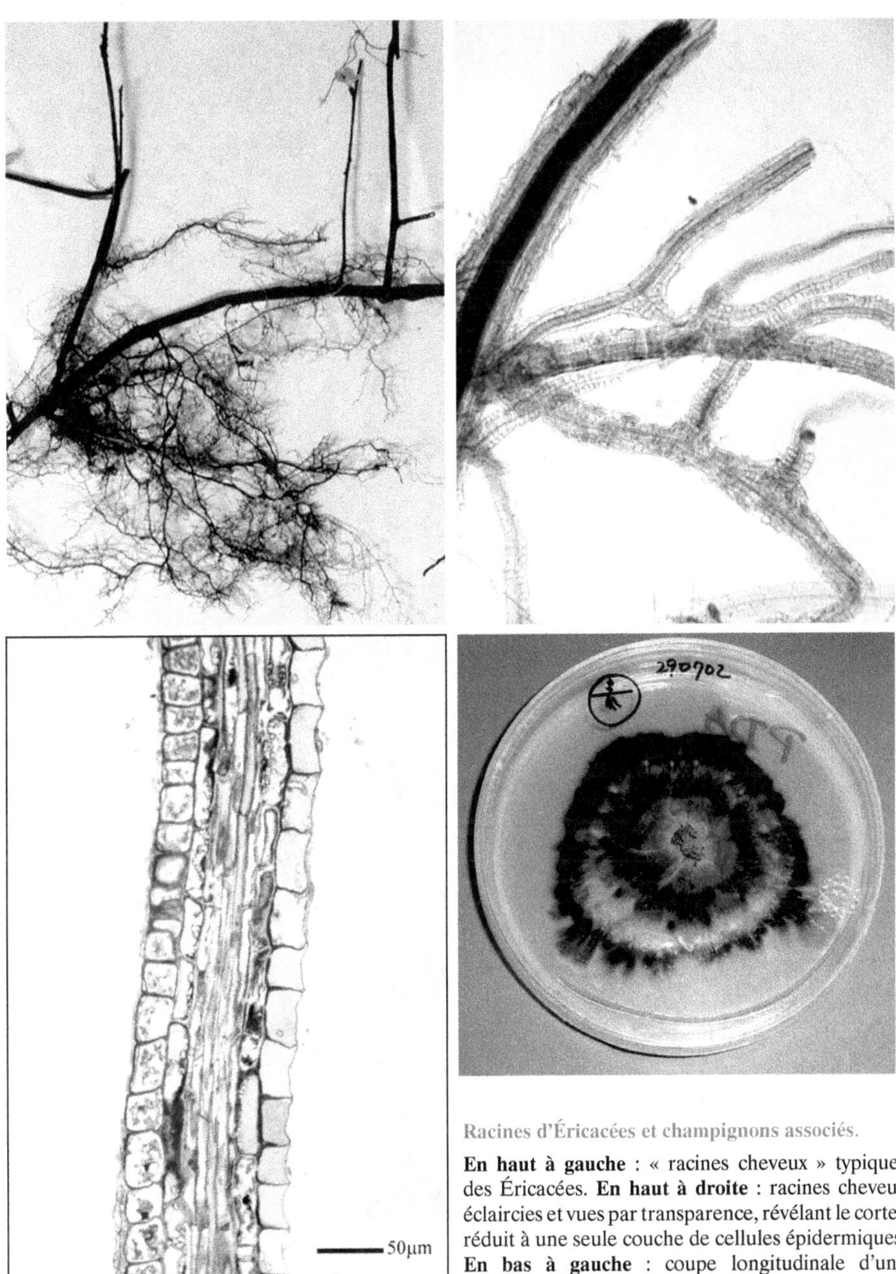

Racines d'Éricacées et champignons associés.

En haut à gauche : « racines cheveux » typiques des Éricacées. **En haut à droite** : racines cheveux éclaircies et vues par transparence, révélant le cortex réduit à une seule couche de cellules épidermiques. **En bas à gauche** : coupe longitudinale d'une racine cheveu ; on voit des structures fongiques à l'intérieur des cellules de l'épiderme situé sur le côté gauche de la racine. **En bas à droite** : boîte de Petri contenant une colonie de *Rhizoscyphus ericae*, champignon ascomycète formant des mycorhizes éricoïdes, cultivé sur un milieu gélosé (photos in Peterson *et al.*, 2006).

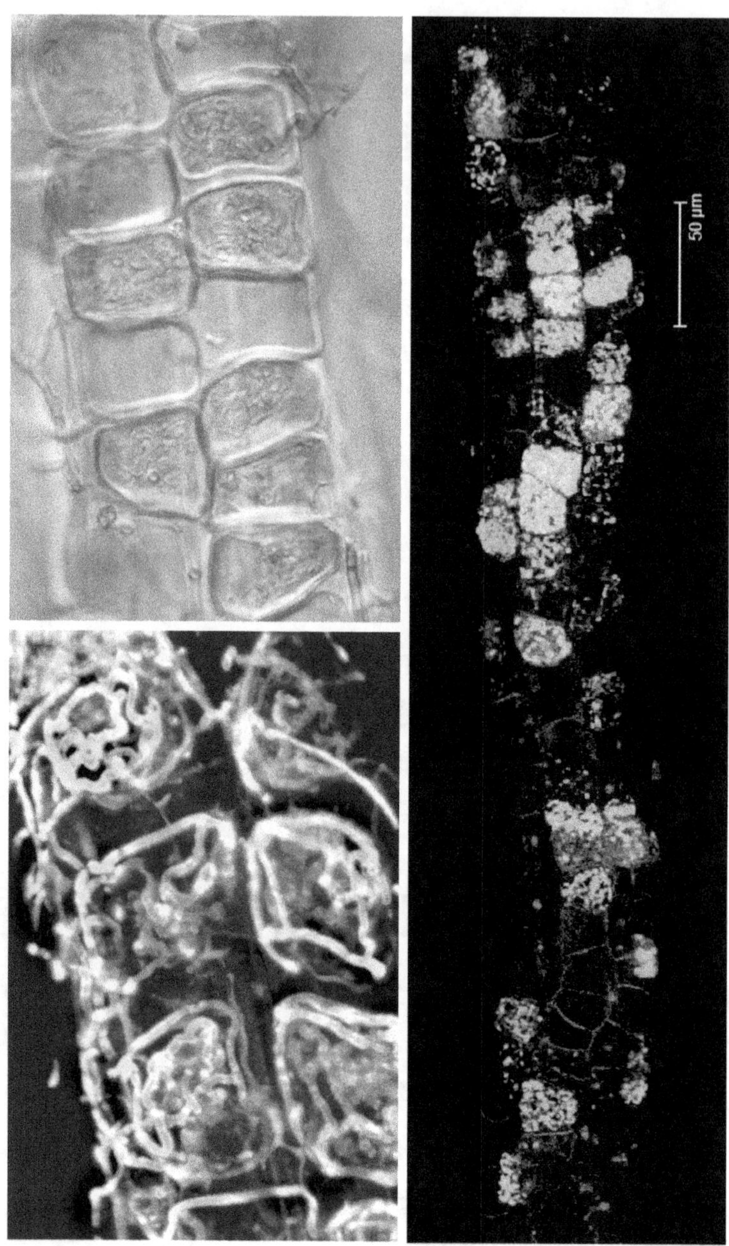

Structures intracellulaires.

En haut à gauche : pelotons fongiques à l'intérieur des cellules de l'épiderme racinaire ; on voit aussi du mycélium externe (in Peterson *et al.*, 2006). **En bas à gauche** : détail de l'enroulement du mycélium intracellulaire ; on ne voit pas les parois qui séparent les cellules (photo in Peterson *et al.*, 2006). **À droite** : racine cheveu d'éricacée observée en fluorescence au microscope confocal à balayage laser après un traitement révélant le champignon en vert sur le fond des cellules végétales en rouge ; la mosaïque de couleurs montre des cellules à différentes étapes de colonisation fongique (photo Elena Martino).

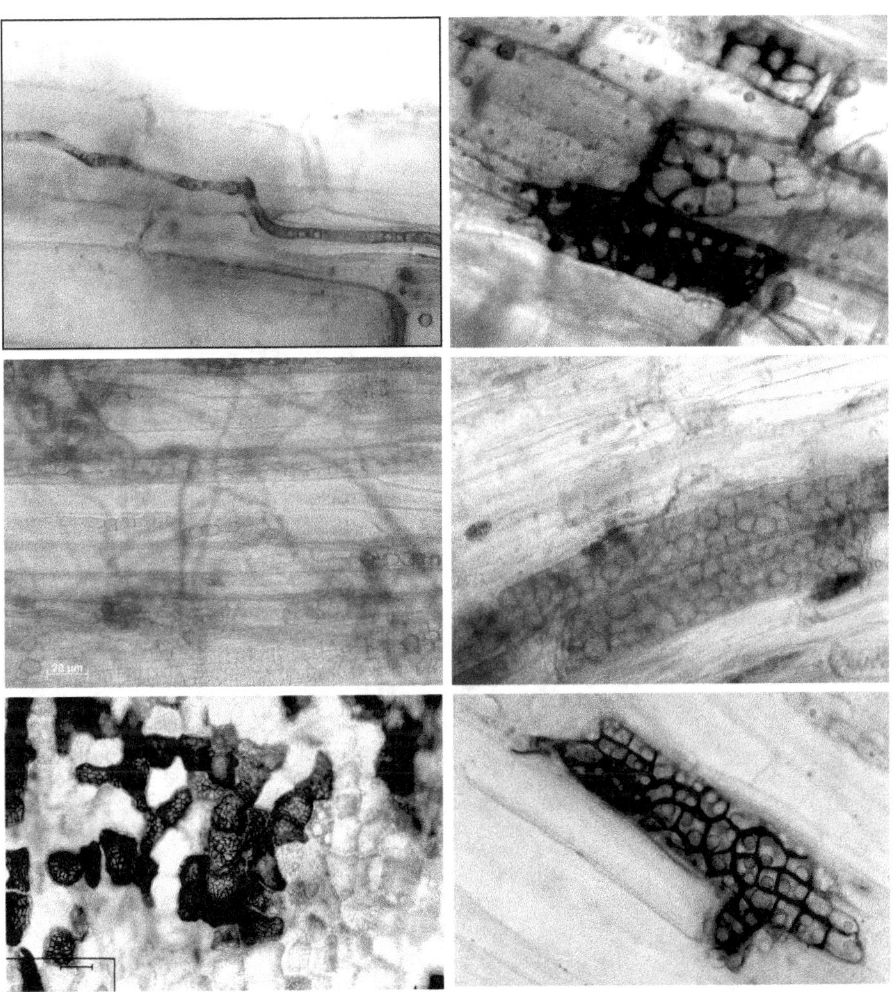

Pseudomycorhizes à endophytes bruns cloisonnés.

En haut à gauche : hyphe brun cloisonné dans le cortex d'une racine (photo Ari Jumpponen).

Au milieu à gauche : vue de cellules corticales très allongées contenant des chapelets de cellules fongiques ; on voit aussi un réseau mycélien en arrière-plan (photo Ottmar Holdenrieder).

En bas à gauche : épiderme racinaire dont certaines cellules sont bourrées de petits sclérotes fongiques bruns arrangés de façon très compacte (photo Ottmar Holdenrieder).

Colonne de droite : trois types de sclérotes fongiques remplissant des cellules corticales racinaires ; la couleur bleue dans l'image du milieu est due à une coloration artificielle (photos Ari Jumpponen).

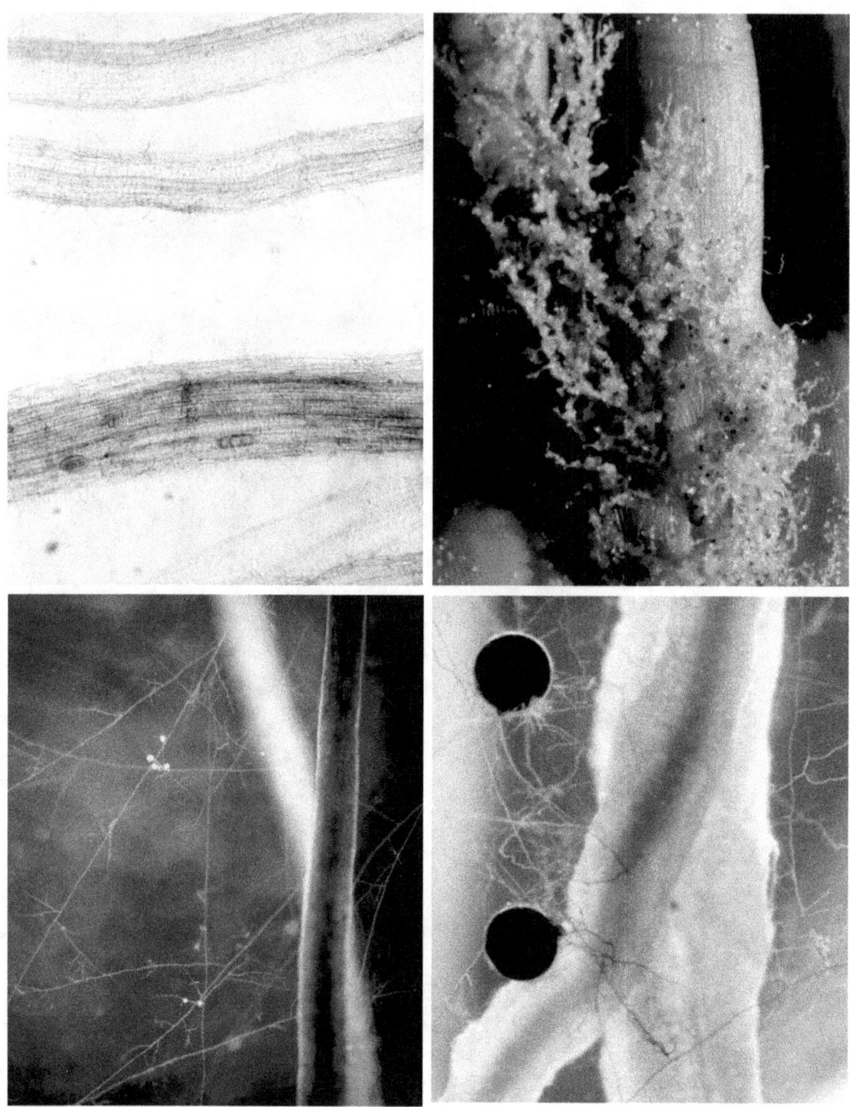

Vue d'ensemble.

En haut à gauche : racines d'oignon traitées et colorées afin de révéler (en rouge) la présence de champignons internes (voir annexe 2) ; les deux racines du haut de la photo se sont développées dans un sol désinfecté et ne contiennent pas de structures fongiques ; la racine du bas s'est développée dans un sol naturel et contient des vésicules et des arbuscules fongiques caractéristiques des endomycorhizes arbusculaires (photo Jean Garbaye).

En haut à droite : feutrage de fines racines d'herbe et de sable dont la cohésion est assurée par le mycélium externe des Gloméromycètes symbiotiques, dont on voit des spores sombres parmi les grains de sable clair ; les doigts de la main donnent l'échelle (photo Yolande Dalpé).

Photos du bas : racines endomycorhizées environnées de mycélium portant des spores ; les très grosses spores brunes (plusieurs dixièmes de mm, avec une attache en ampoule) de la photo de droite sont caractéristiques de *Gigaspora* sp. (photos Yolande Dalpé).

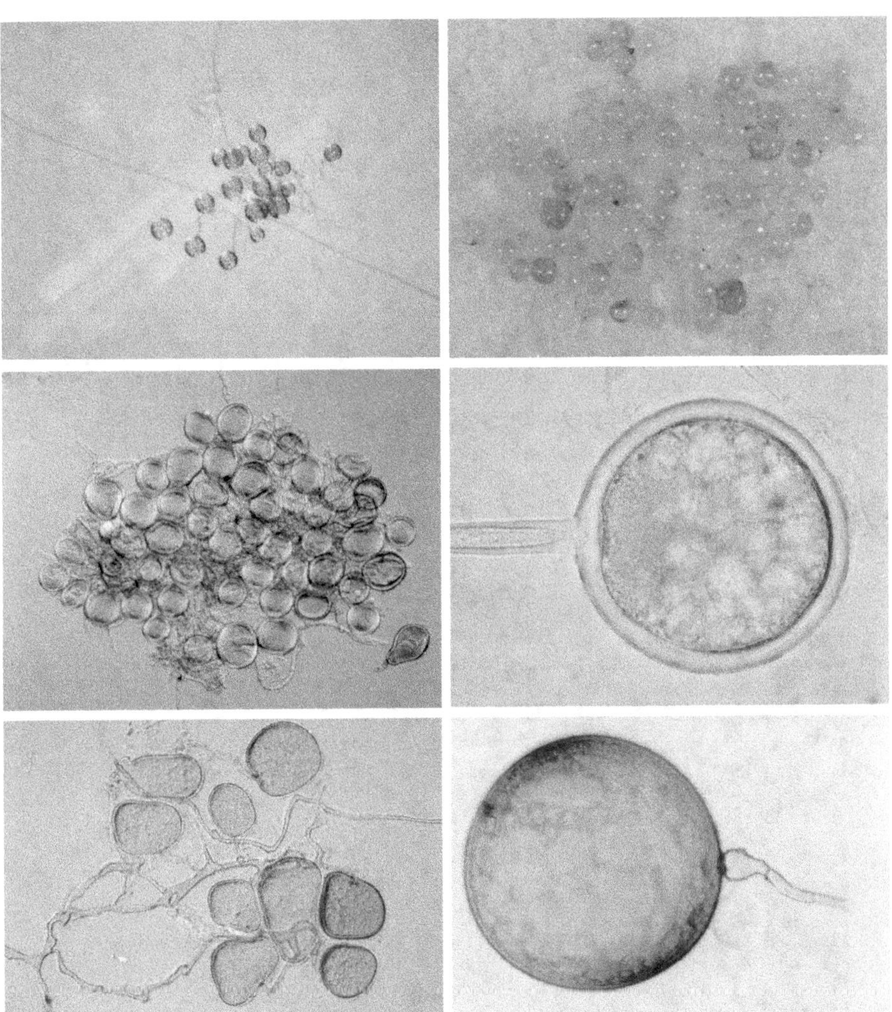

Spores de Gloméromycètes.

Colonne de gauche : différents types de spores attachées à du mycélium externe (photos Yolande Dalpé).

En haut à droite : spores libres extraites du sol (photo Yolande Dalpé).

Au milieu à droite : spore de *Glomus* sp. contenant des globules lipidiques (photo Yolande Dalpé).

En bas à droite : grosse spore (plusieurs dixièmes de mm) présentant l'attache de l'hyphe en ampoule caractéristique du genre *Gigaspora* (photo Yolande Dalpé).

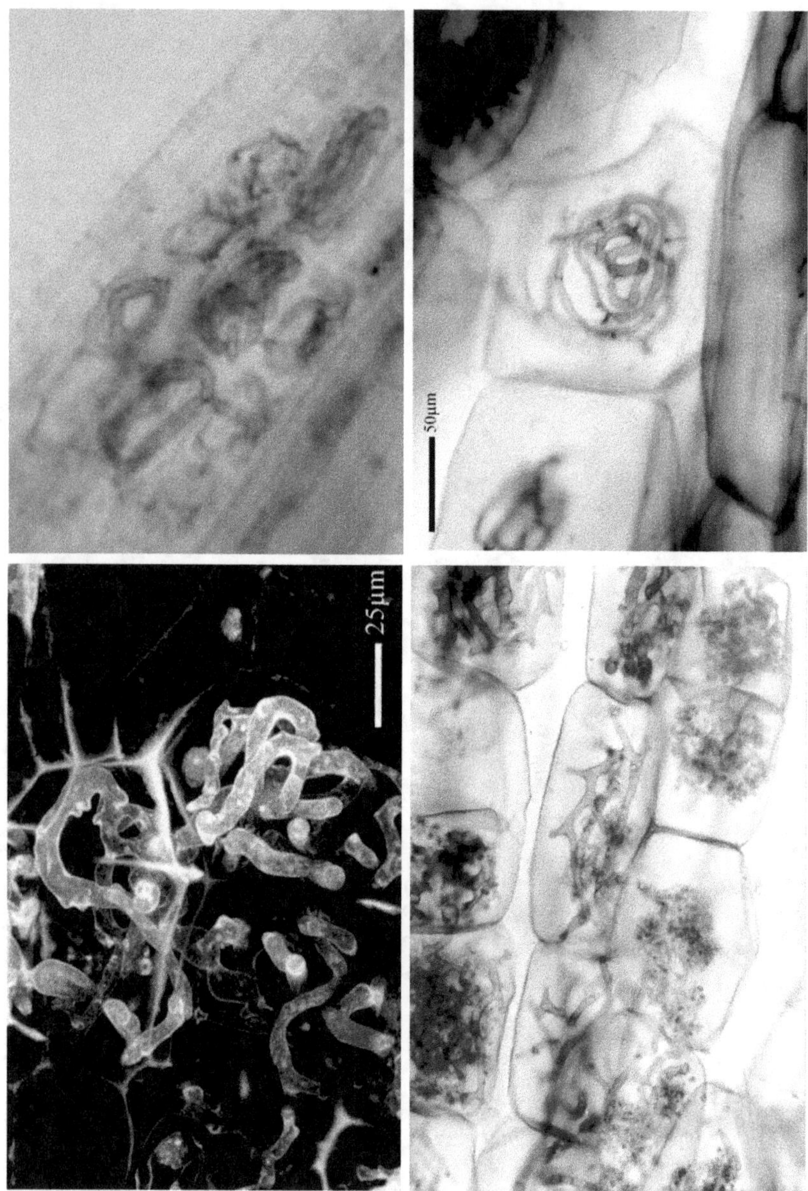

Type *Paris*.
En haut à gauche : spires de mycélium intracellulaire typiques des endomycorhizes arbusculaires de type *Paris* ; chaque spire (ou boucle) résulte de l'enroulement du mycélium à l'intérieur d'une cellule du cortex racinaire ; le cylindre central, avec le faisceau des tissus conducteurs, est visible en bas à droite de l'image (photo Veronica Pereda). **En haut à droite** : amas spiralé de mycélium occupant le milieu d'une cellule corticale (photo in Peterson *et al.*, 2006). **En bas à gauche** : détail du mycélium spiralé à l'intérieur des cellules, montrant la forme irrégulière des hyphes (photo in Peterson *et al.*, 2006). **En bas à droite** : type de colonisation intermédiaire entre les types *Paris* et *Arum*, avec le mycélium passant directement d'une cellule à l'autre comme dans le type *Paris* mais portant de petits arbuscules en plus des spires (photo in Peterson *et al.*, 2006).

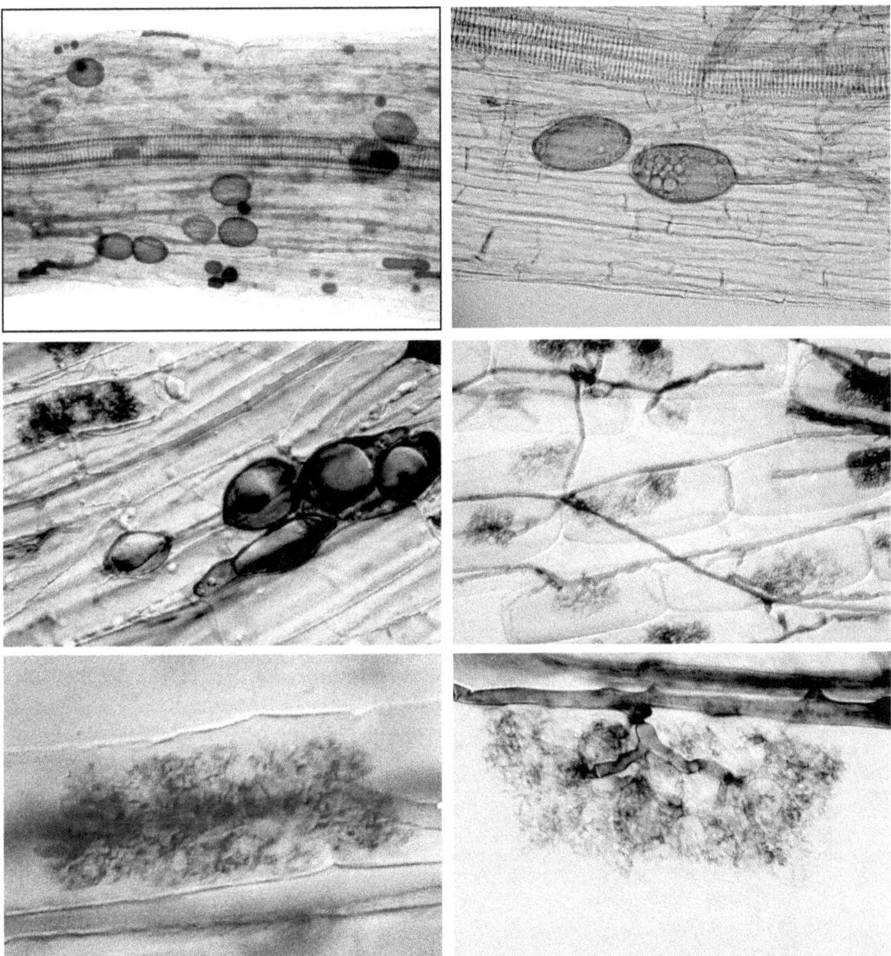

Type *Arum*.

En haut à gauche : racine endomycorhizée dans laquelle les structures fongiques symbiotiques ont été colorées en bleu (voir annexe 2) ; on voit des vésicules, de gros hyphes longitudinaux (surtout en bas de la photo) et des arbuscules sous forme de petits nuages flous ; la bande striée au centre de la racine est le faisceau des vaisseaux qui conduisent la sève (photo Yolande Dalpé).

En haut à droite : mycélium de Gloméromycète (coloré en rouge) portant des vésicules terminales qui contiennent des globules lipidiques (photo in Peterson *et al.*, 2006).

Au milieu à gauche : vésicules (en bas à droite de la photo) et un arbuscule (en haut à gauche) ; on voit aussi des hyphes longitidinaux (photo reproduite avec l'aimable autorisation de Mark Brundrett).

Au milieu à droite : hyphes portant des arbuscules ; chaque arbuscule occupe une cellule du cortex racinaire (photo Mark Brundrett).

Photos du bas : vue à fort grossissement de deux arbuscules de forme différente (photo à gauche : Paola Bonfante, in Bonfante, Perroto, 1995, à droite : photo reproduite avec l'aimable autorisation de Mark Brundrett).

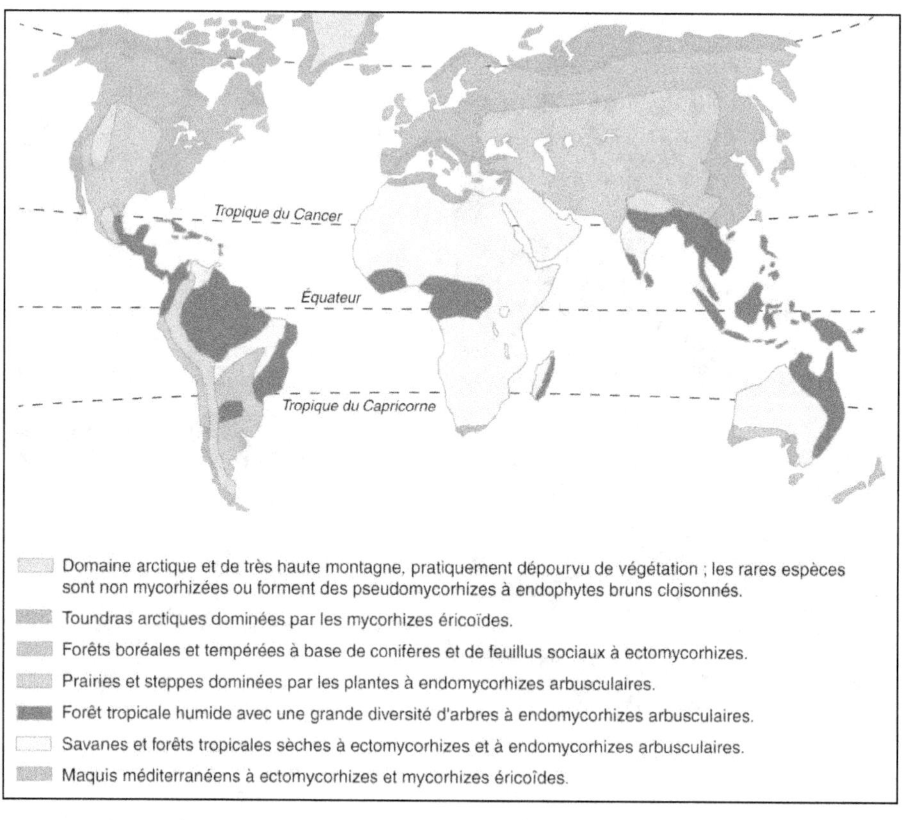

Différents types de mycorhizes dans les grands biomes terrestres.

Le point de vue du biologiste : physiologie et écologie de la symbiose mycorhizienne

▶▶ Établissement de la symbiose mycorhizienne

Parmi tous les moyens dont disposent les organismes vivants pour survivre et résister à la compétition exercée par des individus appartenant à d'autres espèces, les mécanismes de reconnaissance identitaire et d'exclusion de l'autre jouent un rôle fondamental à l'échelle cellulaire. Les végétaux possèdent un système immunitaire *inné* (c'est-à-dire constitutif et d'effet immédiat) : toute plante menacée par un champignon pathogène dispose de toute une panoplie de réponses pour l'empêcher de pénétrer ses tissus ou bien, si déjà fait, de s'y développer et de les coloniser : sécrétion de substances toxiques plus ou moins spécifiques telles que des tanins ou des *phytoalexines* (petites molécules de classes chimiques diverses), mort programmée de cellules bloquant l'avancée de l'envahisseur (tactique de la terre brûlée par suicide cellulaire), mise en place de voies métaboliques alternatives affamant le parasite, etc. Naturellement, toutes ces réponses à un intrus présupposent que celui-ci a d'abord été détecté et identifié comme tel. En termes d'analogies anthropomorphiques, on parle de « reconnaissance », de « signaux » et de « dialogue moléculaire » : des molécules émises par un organisme sont perçues par l'autre et déclenchent une cascade de réactions qui produisent d'autres molécules qui sont à leur tour détectées par le premier et déclenchent, ainsi de suite...

La symbiose mycorhizienne constitue une situation très paradoxale à cet égard : dans la première partie de ce livre, nous avons souvent décrit comment des champignons pénétraient facilement les racines des plantes et, non contents d'en coloniser le cortex en s'insinuant entre les cellules, perforait même les parois cellulosique pour entrer à l'intérieur des cellules et y établir des structures complexes, actives et durables, ce qui est la condition nécessaire à un fonctionnement symbiotique. Comment les partenaires se reconnaissent-ils et comment se choisissent-t-ils ? Comment se forment les structures symbiotiques ? Qu'est-ce qui fait que la symbiose ne dégénère pas en parasitisme ? Toutes ces questions commencent seulement à recevoir des débuts de réponse chez les deux types de mycorhizes les plus répandus et les plus étudiés : les ectomycorhizes et les endomycorhizes arbusculaires ; il apparaît en effet que les mécanismes sont pour une grande part du même type et impliquent les mêmes familles de molécules dans les deux cas, malgré la grande différence phylogénétique entre les Dikarya et les Gloméromycètes dans le règne fongique.

La toute première phase de la formation des mycorhizes, dite phase présymbiotique, est la reconnaissance et la rencontre entre un champignon et une racine compatibles, c'est-à-dire susceptibles de contracter l'association. C'est le champignon qui réagit le premier de façon visible au niveau de son développement : germination de spores jusque-là dormantes, croissance du mycélium en direction de la racine, intense ramification et colonisation à la surface de la racine grâce à l'adhérence des hyphes aux parois externes des cellules végétales. Cette réaction du champignon est déclenchée par la perception d'un signal émis en permanence par la racine sous la forme de molécules spécifiques à la plante comme des *strigolactones*, des hormones végétales et leurs précurseurs, des *bétaïnes* ou encore et surtout des *flavonoïdes*. Les flavonoïdes, polyphénols de faible masse moléculaire, sont des métabolites secondaires qui présentent une très grande diversité chez les végétaux ; ils jouent un rôle important dans la spécificité de la reconnaissance dans toutes les interactions entre les plantes et les champignons et les bactéries pathogènes ou symbiotiques. Toutes ces substances activent chez le champignon des gènes à l'origine de certaines des protéines spécifiquement exprimées lors de la phase de reconnaissance et sont responsables des changements observés.

Il est remarquable que cet enchaînement d'évènements, ainsi que la nature des molécules signal impliquées, sont très similaires à ce que l'on observe dans un autre type de symbiose entre un microorganisme et les racines des plantes : la formation des nodosités bactériennes responsables de la fixation de l'azote atmosphérique chez les plantes de la grande famille des légumineuses (haricots, pois, genêts, acacias, mimosas, etc.). Le symbiote microbien est une bactérie de la famille des Rhizobiacées et non pas un champignon, mais, là aussi, ce sont des flavonoïdes spécifiques émis par la plante qui constituent le premier signal activant la bactérie, laquelle réagit en synthétisant en réponse des molécules spécifiques appelées *facteurs Nod* qui déclenchent la production par les tissus de la racine des protéines (les *nodulines*) qui amorcent le processus permettant la pénétration de la bactérie dans le cortex racinaire, sa prolifération, l'hypertrophie des tissus végétaux et la formation des nodosités fonctionnelles. Or, on a trouvé des protéines très semblables aux nodulines dans les tissus de racines aux premiers stades de la colonisation mycorhizienne, à la fois chez des ectomycorhizes à Dikarya (Basidiomycètes et Ascomycètes) et chez des endomycorhizes arbusculaires à Gloméromycètes. Du fait de la grande antériorité de la symbiose mycorhizienne dans l'ensemble des plantes par rapport à l'apparition de la symbiose à Rhizobiacées chez les légumineuses (au moins 450 contre seulement 65 millions d'années), il semblerait que les rhizobiacées aient recruté la voie de signalisation des mycorhizes et que la formation de la nodosité soit dérivée du programme génétique de la formation des racines secondaires, siège de la symbiose mycorhizienne. On a montré chez une plante légumineuse de la famille des Fabacées (*Medicago truncatula*, la luzerne tronquée) que ce sont les mêmes gènes et les mêmes protéines qui sont impliqués dans la construction d'une part de la membrane qui entoure les arbuscules et les vésicules des champignons gloméromycètes qui forment les endomycorhizes, et d'autre part la membrane qui entoure les bactéries fixatrices d'azote atmosphérique du genre *Rhizobium* qui forment les nodosités caractéristiques des légumineuses. Faute d'observations du même type chez d'autres espèces de plantes, il serait certes prématuré d'en généraliser la portée ; cela suggère néanmoins que la capacité, très anciennement et universellement développée par la plante, de confiner et de stabiliser fonctionnellement un symbiote fongique intracellulaire, a été utilisée plus tardivement avec les mêmes moyens dans le cas de bactéries symbiotiques. Nous reviendrons plus loin et à plusieurs reprises sur ce genre d'analogie qui dénote la tendance forte qu'ont les plantes de contracter des associations stables et non pathogènes avec des microorganismes d'origines diverses.

Il a aussi été démontré que des interactions faisant intervenir des *lectines* (protéines végétales spécialisées dans l'adhérence spécifique à certaines molécules) pouvaient déterminer l'adhérence spécifique entre les deux organismes. Les lectines de la paroi des cellules de la racine s'attachent sélectivement à des sucres particuliers présents à la surface des hyphes fongiques. Le rôle des lectines a en particulier été mis en évidence dans le cas des ectomycorhizes formées par les lactaires à lait rouge ou orange dont la spécificité étroite avec certaines Pinacées a déjà été discutée (voir p. 52). Une fois que la reconnaissance entre deux partenaires compatibles a été suivie de l'attachement des deux premières surfaces cellulaires en contact, la colonisation des tissus racinaires par le champignon qui s'ensuit (croissance du champignon dans l'espace intercellulaire et éventuellement pénétration à l'intérieur même des cellules de la plante) est rendue possible par un échange constant de signaux sous forme de petites protéines secrétées par les deux organismes. Ce dialogue moléculaire est très complexe et commence seulement d'être exploré expérimentalement, grâce à la connaissance récente de la structure du génome entier d'un petit nombre d'organismes modèles tels que le peuplier baumier (*Populus trichocarpa*) pour les plantes, *Glomus intraradices* pour les champignons endomycorhiziens arbusculaires et *Laccaria bicolor, Tuber melanosporum, Hebeloma cylindrosporum* ou *Paxillus involutus* pour les champignons ectomycorhiziens ; déjà certains faits apparaissent. Tout d'abord, beaucoup de protéines « signal » émises par les champignons mycorhiziens présentent de nombreuses analogies avec celles impliquées dans l'infection des plantes par les champignons pathogènes, trahissant la parenté entre les deux types d'interaction, parasitique et symbiotique. Ensuite, il apparaît que la sécrétion par le champignon d'enzymes capables de dégrader la cellulose des parois végétales est décisive pour lui permettre de progresser entre les cellules de la racine et de les pénétrer. Enfin, lorsque les structures caractéristiques du type de symbiose mycorhizienne considéré sont établies (réseau de Hartig, arbuscules, pelotons, etc.), elles se maintiennent et ne peuvent fonctionner harmonieusement que grâce à un subtil équilibre dans l'activité des deux organismes qui est contrôlé par l'échange des médiateurs protéiques déjà évoqué : le champignon s'est comporté comme un parasite en violant les barrières de la plante, mais cette dernière contient l'invasion dans les limites d'une association symbiotique stable. La fragilité de cet équilibre sur le *continuum* symbiose-parastisme explique pourquoi la réponse de la plante à l'association avec le champignon peut varier en fonction des conditions environnementales. Les cellules à tanin typiques des ectomycorhizes (voir p. 31) sont d'ailleurs une magnifique illustration du fait que la plante, bien que permettant l'entrée du champignon dans ses tissus racinaires, manifeste malgré tout certaines réactions de défense. Toutefois, il ne suffit pas que le couple plante-champignon soit génétiquement compatible, la rapidité d'établissement de la symbiose et l'ampleur de la colonisation des racines par le champignon qui en résultent sont fortement modulées par les conditions extérieures, en particulier par les quantités d'éléments nutritifs disponibles dans le sol. Des concentrations élevées en azote ou en phosphore soluble à proximité immédiate des racines facilitent l'absorption de ces éléments. Mais ceux-ci sont souvent, davantage que l'activité photosynthétique, les facteurs qui limitent la synthèse de molécules essentielles au métabolisme de la plante comme les protéines et divers composés phosphorylés. Il y a donc compétition entre cette affectation des sucres et leur utilisation par les champignons associés, ce qui réduit la formation de mycorhizes. C'est pourquoi la symbiose mycorhizienne est à la fois moins nécessaire (puisque son rôle facilitateur de la nutrition minérale perd son utilité pour la plante) et moins présente dans les conditions de grande fertilité chimique des sols ; ce mécanisme de régulation contribue donc à optimiser l'efficacité de l'utilisation du carbone. Nous reviendrons sur ce point dans la troisième partie lorsque nous considèrerons la gestion des mycorhizes dans le but de maximiser les rendements agricoles.

▸▸ Dépendance des plantes vis-à-vis de la symbiose mycorhizienne

Une fois établies, les mycorhizes participent au fonctionnement du système racinaire et la symbiose peut exprimer ses effets sur le développement et la croissance de la plante hôte. Les divers mécanismes en cause seront étudiés ci-après, mais il convient au préalable de bien identifier et caractériser les effets observables et mesurables de la symbiose mycorhizienne.

Le cycle de vie d'une plante se caractérise d'abord qualitativement par ses différents stades de développement, qui peuvent être plus ou moins précoces et de durée variable : apparition de la première feuille après la germination, degré de ramification de la tige ou des racines qui conditionnent la forme et l'architecture générale de la plante, floraison, maturation des fruits, débourrement et chute des feuilles pour les plantes ligneuses, etc. Ces différents caractères ont été étudiés dans de nombreuses expériences comparant, dans des conditions par ailleurs strictement identiques, des plantes mycorhizées avec des plantes de la même espèce non mycorhizées, ou bien mycorhizées par des champignons différents. La synthèse de ces observations révèle que le développement est très souvent affecté par la symbiose, mais d'une façon qui peut être très différente selon l'espèce végétale et selon l'espèce fongique. On note, en réponse à l'association avec un champignon, une plus grande précocité de feuillaison des arbres à feuilles caduques et à ectomycorhizes des régions tempérées comme les chênes, les hêtres ou les tilleuls, ou bien un système racinaire plus densément ramifié chez beaucoup de plantes herbacées à endomycorhizes arbusculaires. ou encore une floraison et une fructification plus abondantes chez certaines plantes cultivées ; ce dernier effet est naturellement d'une grande importance pratique en agriculture, comme nous le verrons dans la troisième partie de ce livre. De façon plus générale, certains des mécanismes physiologiques impliqués dans les effets des mycorhizes sur le développement des plantes ont été élucidés expérimentalement : ils mettent en jeu la modification par le champignon de l'équilibre interne de la plante en *régulateurs de croissance* (aussi appelés *hormones végétales*) dont nous reparlerons ci-après. Les champignons ectomycorhiziens *Laccaria bicolor* et *Hebeloma cylindrosporum* produisent des régulateurs de croissance et se sont avérés particulièrement actifs pour favoriser la ramification des racines de jeunes semis de conifères.

Cependant, outre ces effets qualitatifs concernant le développement, la symbiose affecte aussi la croissance de la plante, c'est-à-dire toutes les manifestations quantitatives de la fabrication et de l'accumulation de matière végétale par photosynthèse : masse de matière sèche, hauteur, diamètre de la tige, poids des fruits ou des graines, etc. La vitesse de croissance, définie comme la masse de matière sèche accumulée pendant un intervalle de temps donné, sert à calculer un *indice de dépendance mycorhizienne* qui permet de comparer les espèces végétales entre elles. Cet indice est déterminé expérimentalement en mesurant la vitesse de croissance avec et sans mycorhizes et en rapportant la différence à la valeur sans mycorhizes. On s'aperçoit ainsi que certaines espèces répondent en moyenne peu à la symbiose, comme le blé, alors que d'autres sont si dépendantes que leur développement complet n'est possible qu'en association avec des champignons, comme les arbres forestiers avec les ectomycorhizes ou la carotte avec les endomycorhizes arbusculaires. Dans le cas de la carotte, c'est même dès le stade très précoce de la jeune plantule, dès la germination de la graine, que la mort survient lorsqu'on tente expérimentalement de faire pousser cette plante dans un substrat débarrassé de toute spore de Gloméromycètes.

Cependant, ce schéma général peut cacher de grandes disparités de réponse d'une même espèce de plante selon le champignon associé, ou selon les conditions de sol, ou même selon l'origine géographique à l'intérieur de cette espèce. De plus, les effets constatés ne sont pas toujours positifs, et la « symbiose » peut aussi dans certaines conditions réduire la croissance du végétal. Cette dernière observation relève de la notion de *continuum* symbiose-parasitisme que nous avons déjà introduite au sujet de la reconnaissance plante-champignon et que nous rencontrerons de nouveau lorsque nous traiterons du fonctionnement des associations mycorhiziennes : la symbiose au sens large embrasse tous les types de réponse, depuis la véritable symbiose mutualiste, où le bénéfice est réciproque, jusqu'au parasitisme strict en passant par toutes les situations intermédiaires. Dans le cas le plus étudié des endomycorhizes arbusculaires avec des plantes herbacées, des travaux récents basés sur la répétition d'expériences en pots comparant la croissance de nombreuses espèces de plantes dans différentes combinaisons de statut mycorhizien et de fertilité du sol ont montré que, parmi la soixantaine d'espèces qui composent une communauté prairiale, la moitié seulement peuvent voir leur croissance améliorée par la symbiose avec un champignon donné, alors que l'effet est négatif ou nul pour l'autre moitié. Ce schéma est cependant bouleversé avec un autre champignon ou dans un autre sol, et le schéma général qui ressort de la synthèse de ces observations avec les résultats d'autres travaux est que, dans une communauté végétale, chaque espèce s'associe préférentiellement aux champignons qui lui sont le plus favorables en termes de stimulation de croissance. L'efficience des symbiotes à transmettre le phosphore du sol à la plante semble jouer un rôle dans ce processus, puisque les espèces ou les variétés végétales qui répondent le plus à la fertilisation phosphatée sont souvent aussi très dépendantes de la symbiose. On est très loin de pouvoir se faire une idée claire des facteurs et des mécanismes qui déterminent les différences de dépendance mycorhizienne entre plantes, en partie du fait des grandes difficultés expérimentales rencontrées pour faire la part de l'extension du système racinaire, de son degré de colonisation fongique et de l'importance du mycélium extra-racinaire dans l'amélioration de la nutrition minérale de la plante. Des tentatives ont été faites en vain pour relier l'indice de dépendance au type biologique de la plante, c'est-à-dire si elle est annuelle, bisannuelle ou pérenne, ligneuse ou herbacée, en rosette, grimpante ou rampante, à rhizome, à bulbe, à racine accumulatrice de réserves ou à tubercule, d'ombre ou de lumière, tolérante au froid, à la chaleur ou à la sécheresse, etc. Même un caractère aussi fondamental que le type de photosynthèse, pourtant central dans l'économie du carbone d'une plante, ne semble pas décisif pour la dépendance mycorhizienne. Les graminées tropicales cultivées comme le maïs, le sorgho ou le mil se distinguent de la plupart des plantes par une photosynthèse dite « en C4 » car le premier sucre formé à partir du dioxyde de carbone de l'atmosphère comporte quatre atomes de carbone au lieu de trois comme chez les autres végétaux « en C3 ». Or, si le sorgho répond très fortement à la symbiose endomycorhizienne arbusculaire, le maïs ne se situe que dans la moyenne des plantes cultivées pour son indice de dépendance.

►► Fonctionnement de la symbiose mycorhizienne

Symétrie de la symbiose

S'agissant d'une association mutualiste, c'est-à-dire caractérisée par des flux croisés de matière entre deux partenaires, la symbiose mycorhizienne présente une certaine symétrie et l'étude de son fonctionnement devrait en principe accorder autant d'attention aux services rendus au champignon par la plante qu'à ceux rendus en retour à la plante par le champignon. Nous adopterons pourtant ici un point de vue subjectif car résolument centré sur le partenaire végétal, en traitant d'abord et plus rapidement de l'effet de la plante sur le champignon. Il y a deux raisons à ce parti pris : d'abord, au plan de l'écologie, la composante végétale de la biosphère terrestre est quantitativement beaucoup plus importante que la composante fongique en termes de biomasse ou d'échelle de taille des organismes ; le résultat de la symbiose sur la couverture végétale et sur les flux de matière qu'elle contrôle est donc de loin le plus significatif. Ensuite, au plan des applications pratiques des connaissances sur la symbiose mycorhizienne, et à l'exception de quelques cas de production de champignons comestibles (voir p. 174), des secteurs économiques aussi importants que l'agriculture ou la sylviculture s'intéressent avant tout à la production végétale. C'est pour ces deux raisons que la grande majorité des recherches sur les mycorhizes et des connaissances qui en découlent concernent de fait essentiellement les effets sur la plante.

Stabilité des structures symbiotiques et durée de la phase fonctionnelle

Parmi les critères définissant l'état symbiotique entre deux organismes, celui de *stabilité* de l'association est particulièrement important, signifiant que l'interaction à bénéfice mutuel n'est pas fortuite et accidentelle, mais qu'elle s'exerce pendant une durée significative pour la vie des deux partenaires. Toutes les fonctions assurées par les mycorhizes, que nous allons passer en revue par la suite, ne sont effectives que pendant la période de stabilité de l'association et d'activité symbiotique proprement dite, c'est-à-dire entre la fin de la phase de reconnaissance et d'installation et le début de la phase de sénescence d'au moins l'un des deux partenaires et d'inactivation définitive de l'ensemble. Ce processus ne se déroule pas de la même façon selon le type de symbiose mycorhizienne considéré, comme on peut le constater en comparant les quatre types pour lesquels on dispose du plus grand nombre d'observations approfondies : ectomycorhizes, orchidoïdes, éricoïdes et endomycorhizes arbusculaires (voir le tableau 3 et la figure 10).

De plus, la notion de durée de la symbiose dépend de l'échelle considérée. En effet, du fait que les racines sont en croissance quasi continue, que ce soit par allongement ou par ramification, la durée de colonisation symbiotique par un champignon est limitée par celle de la structure primaire de la racine, spécialisée ou non selon le type de mycorhize, cette durée est généralement de l'ordre de quelques semaines à quelques mois.

Chez les ectomycorhizes, où le champignon n'est que juxtaposé aux cellules de la racine au niveau du réseau de Hartig, les deux partenaires vieillissent et meurent ensemble et c'est l'organe symbiotique tout entier, c'est-à-dire la racine courte transformée en ectomycorhize, qui meure et se détache de la racine mère. La durée de la période stable et active peut s'étendre d'une saison, dans la majorité des cas, à plusieurs années pour certaines ectomycorhizes pérennes à reprise de croissance annuelle comme celles dues à des lactaires ou des tomentelles.

Dans le cas des mycorhizes orchidoïdes, éricoïdes et arbusculaires, c'est au niveau de la cellule plutôt qu'au niveau de la racine entière que se déroulent les évènements, avec des durées d'association stable qui ne semblent pas excéder quelques jours à quelques semaines, autant qu'on puisse en juger d'après des critères morphologiques. Les choses se passent cependant de façon très différente dans les trois cas. Chez les orchidées, une certaine stabilité dynamique s'instaure dans le protocorme ou dans le cortex externe de la racine : le peloton mycélien qui occupe une cellule donnée meurt assez rapidement et se détache du filament qui lui avait donné naissance et les débris se fractionnent, s'amenuisent et se résorbent progressivement ; la cellule végétale reprend alors un aspect normal, ce qui ne l'empêche pas d'être à nouveau colonisée par la suite. Cette pseudo digestion du champignon par la plante a été interprétée, tout au moins au stade protocorme ou dans le cas des orchidées non photosynthétiques (voir p. 102) comme contribuant au transfert de carbone en plus de la diffusion lors de la vraie phase d'activité symbiotique. La situation n'est pas très différente avec les endomycorhizes arbusculaires : les spires, les vésicules ou les arbuscules intracellulaires ont une durée de vie limitée et sont aussi « digérés », puis éventuellement remplacés par d'autres. La relation est cependant toute autre chez les mycorhizes éricoïdes où ce sont les cellules végétales qui meurent, et donc une section entière de la racine cheveu puisque celle-ci ne comporte qu'une couche de cellules corticales autour du cylindre central contenant les tissus conducteurs.

Ainsi, la symbiose mycorhizienne n'est stable que d'un point de vue statistique, à l'échelle d'un grand nombre de cellules ou de racines courtes ; à l'échelle individuelle de chacun de ces sièges élémentaires de la symbiose, la situation est instable et pas très différente d'une relation parasitique, avec comme issue programmée la mort d'un des deux protagonistes. C'est seulement le fait que le processus se répète un très grand nombre de fois, tant que des partenaires compatibles sont disponibles et que les conditions environnementales le permettent, que le statut mycorhizien affecte toute la vie d'une plante. De plus, chez les plantes pérennes, le système racinaire se renouvelle en partie ou en totalité d'une année à l'autre, et la recolonisation mycorhizienne peut être due à des cortèges de champignons différents qui se remplacent les uns les autres à différents endroits des racines. On voit donc que la stabilité de la symbiose mycorhizienne, si elle est bien réelle à l'échelle de la vie d'une plante, n'est que le résultat de la combinaison d'une multitude de situations instables.

Ce que la plante hôte procure au champignon

La diversité morphologique et structurale des différents types de mycorhizes décrites dans la première partie de ce livre montre un point commun propre à toute association symbiotique : le champignon est en grande partie à l'intérieur même des tissus de la racine, et le plus souvent avec des pénétrations intracellulaires plus ou moins développées (arbuscules, spires, pelotons, etc.). L'intérêt premier que la plante procure au champignon est un abri et une protection physique contre les aléas du milieu sol qui environne l'ensemble (brusques variations de température, d'humidité, de paramètres chimiques, agression par des organismes parasites ou mycophages, etc.) ; s'il est vrai qu'une partie de la composante fongique de la mycorhize colonise le sol sous forme de mycélium externe, l'autre partie bénéficie de l'effet tampon des tissus racinaires vis-à-vis des fluctuations environnementales. La vraie niche écologique d'un champignon mycorhizien n'est pas uniquement le sol, elle est mixte : la racine **et** le sol ; ce concept est important pour comprendre l'écologie de ces champignons : ils réagissent autant aux contraintes imposées par la plante hôte (stade de développement, activité photosynthétique, état hydrique) qu'à celles imposées par le sol.

Mais le bénéfice élémentaire que le champignon retire d'une telle association intime avec une plante, et qui est le fondement de la symbiose, est naturellement l'obtention de composés carbonés directement assimilables ; il faut en effet rappeler que les champignons sont *hétérotrophes* pour le carbone, c'est-à-dire qu'ils doivent se procurer cet élément dans leur environnement immédiat sous la forme de molécules organiques déjà synthétisées par d'autres êtres vivants. Au niveau des feuilles de la plante hôte, le résultat final de la photosynthèse est la production de saccharose, un sucre double composé de deux sucres simples à six atomes de carbone chacun, le glucose et le fructose ; le saccharose n'est autre que le sucre commun que nous mettons dans notre café, qu'il soit extrait de la betterave ou de la canne. Ce saccharose est conduit vers les racines sous forme dissoute dans la sève élaborée (aussi qualifiée de descendante) par un tissu vasculaire spécialisé appelé *phloème*. Lorsque ce saccharose arrive à proximité immédiate du champignon symbiotique, au niveau du réseau de Hartig, de l'arbuscule, de la spire ou du peloton selon le type de mycorhize, il est scindé en ses deux sucres simples par une *invertase*, enzyme secrétée par la plante elle-même mais pas par le champignon. Le glucose et le fructose sont alors absorbés par le champignon ; il semble d'ailleurs que, dans la plupart des cas étudiés, le glucose soit absorbé en priorité. Des protéines spécialisées, les *transporteurs d'hexoses*, sont incrustées dans la membrane cellulaire du champignon et réalisent l'absorption en conduisant activement le glucose et le fructose de l'extérieur vers l'intérieur de l'hyphe.

Le carbone ainsi obtenu est ensuite transporté ou stocké dans le mycélium sous la forme d'autres sucres typiques des règnes fongiques et animaux mais qu'on ne trouve pas chez les plantes, comme le tréhalose ou le glycogène ; chez les Gloméromycètes responsables des endomycorhizes arbusculaires, des lipides sont aussi synthétisés et accumulés sous forme de réserves huileuses dans les vésicules et les spores.

Cette façon d'assimiler le carbone par les champignons mycorhiziens est particulièrement intéressante car il a été expérimentalement démontré qu'ils étaient incapables à la fois d'absorber le saccharose et de secréter l'invertase indispensable pour libérer ses deux constituants qui eux sont assimilables. Ils sont totalement dépendants pour leur survie de la fourniture simultanée par la plante hôte du saccharose et de l'enzyme clé de son utilisation. D'un point de vue réciproque, cela veut dire que les plantes ont évolué dans un sens qui optimise la fourniture en carbone aux champignons avec lesquels elles s'associent, puisqu'elles mettent à sa disposition à la fois la matière première et l'outil nécessaire pour l'utiliser. Il est également remarquable de constater que le même mécanisme se retrouve chez tous les types de symbiose mycorhizienne étudiés pour cet aspect, malgré les appartenances systématiques plus ou moins éloignées des partenaires et la diversité de structures (contact intra- ou intercellulaire, présence d'une seule ou de deux parois cellulaires entre les deux membranes, nature de la matrice de remplissage de l'interstice, etc., voir p. 59). Le caractère très poussé de cette intégration fonctionnelle illustre bien l'importance du bénéfice que la plante retire de la relation symbiotique et la longue coévolution nécessaire pour aboutir à cette situation.

Ce mécanisme de transfert du carbone de la plante-hôte vers le champignon est régulé de façon complexe au niveau de l'interface entre les deux organismes, mais le facteur déterminant principal, tout au moins lorsque la plante n'est pas en situation de photosynthèse limitée par des conditions environnementales défavorables (manque de lumière, manque d'eau), pourrait être la demande exercée par le champignon pour satisfaire ses propres besoins de croissance, de reproduction et de respiration (processus fournissant l'énergie nécessaire au métabolisme et restituant une partie du carbone à l'atmosphère sous forme de dioxyde de carbone). En terme de bilan, la part du carbone fixé photosynthétiquement par la plante, et qui est consommée par le champignon, est très variable. Cependant, la plupart des résultats obtenus par des mesures directes ou par des estimations indirectes donnent des valeurs comprises entre 5 % et 30 %. On voit donc que cela est loin d'être négligeable, et que la plante consacre une partie importante du carbone assimilé pour entretenir le symbiote fongique. Ces valeurs sont à rapprocher de la proportion de la masse de champignon dans les racines fines absorbantes, estimée à 3 % à 20 % pour les endomycorhizes arbusculaires et à 20 % à 40 % pour les ectomycorhizes, chez lesquelles le manteau fongique accroît cette contribution (voir p. 30). Pour ce dernier type de symbiose, la formation de grosses fructifications charnues (truffes, bolets, russules, etc.) peut ponctionner des doses de carbone très importantes à certaines périodes de l'année. Ce qui est la contrepartie des avantages procurés à la plante par la symbiose.

En plus des grandes quantités de sucres primaires provenant directement de l'activité photosynthétique, la plante fournit au champignon certaines molécules indispensables en petite quantité mais qu'il est incapable de synthétiser, comme des acides aminés ou des vitamines, en particulier la thiamine ou vitamine B_1.

Exploitation de l'eau du sol

L'eau est le premier facteur qui contraint la croissance des plantes dans les écosystèmes continentaux non aquatiques. En effet, son apport par les précipitations est épisodique et irrégulier, réparti de façon très hétérogène au plan géographique, et les plantes doivent l'extraire du sol où elle réside temporairement avant d'être drainée ou évaporée. Or le sol, du fait de sa composante en grande partie colloïdale (minéraux argileux et substances organiques humiques) et de sa structure microporeuse, retient considérablement l'eau et limite fortement sa disponibilité pour les organismes qui y vivent, y compris les racines des plantes. On dit en termes de physique que l'eau ainsi fixée par le sol est à un potentiel négatif, le potentiel zéro étant celui de l'eau libre, comme dans un verre d'eau.

Il est important de rappeler brièvement les bases physiques du fonctionnement hydraulique des plantes. L'eau est puisée dans le sol par les racines. Une très petite partie seulement est distribuée dans tous les organes de la plante où elle contribue à maintenir la turgescence et les processus vitaux des cellules. Le reste monte vers les feuilles à travers les vaisseaux d'un tissu conducteur spécialisé, le *xylème*, sous forme de sève brute qui véhicule les éléments nutritifs solubles absorbés par les racines. Au niveau des feuilles, l'eau liquide passe en phase gazeuse et s'évapore dans l'atmosphère à travers de petits orifices appelés *stomates*, après qu'une petite partie ait été intégrée dans des sucres formés au cours du processus de photosynthèse avec le carbone du gaz carbonique (CO_2) de l'atmosphère qui avait pénétré par les mêmes stomates. La force motrice qui assure le « pompage » de ce flux d'eau du sol vers l'atmosphère n'est autre que la différence de potentiel hydrique entre le sol (potentiel négatif) et l'atmosphère (potentiel encore plus négatif, donc plus bas). Comme elle coulerait du haut d'une colline (potentiel gravitationnel élevé) vers le bas de la colline (potentiel gravitationnel plus faible), l'eau se déplace dans la plante dans le sens du potentiel hydrique décroissant, donc de la racine vers la feuille. En effet, à l'échelle d'une plante (même des dimensions d'un arbre) le potentiel gravitationnel est négligeable à côté des forces capillaires qui retiennent l'eau dans les pores du sol.

Du fait même qu'ils constituent une grande partie de l'interface sol-plante, puisqu'une partie de leur mycélium est dans le sol et l'autre à l'intérieur de la racine, les champignons mycorhiziens interviennent de plusieurs façons dans l'utilisation de l'eau par les végétaux.

Deux conséquences purement géométriques de cette disposition sont d'une part qu'une racine mycorhizée explore un volume de sol beaucoup plus grand qu'une racine seule, grâce aux longs filaments ramifiés du champignon qui en émanent — on estime à 1 000 l'ordre de grandeur du rapport longueur de mycélium / longueur de racine —, et d'autre part que les filaments fongiques, de diamètre beaucoup plus faible que celui des racines (de l'ordre du centième de millimètre contre celui du dixième ou du millimètre) peuvent pénétrer dans des pores beaucoup plus fins et y trouver l'eau qui y persiste lors des épisodes de dessèchement du sol. Cependant, dans un matériau poreux comme le sol, les forces capillaires exercées par la tension superficielle ont une grande importance, et plus les pores sont petits plus l'eau y est fortement retenue avec un potentiel très négatif (la force qui retient l'eau est inversement proportionnelle au diamètre des pores). Or il se trouve que les champignons en général, y compris la plupart des champignons mycorhiziens, sont mieux armés que les cellules végétales pour résister à de tels environnements très desséchants et même pour y prélever de l'eau — ce qui explique leurs performances évolutives sous la forme de lichens capables de coloniser des surfaces souvent très sèches comme les rochers nus ou l'écorce des arbres — . Cette adaptation aux bas potentiels hydriques est due à l'accumulation dans les cellules des hyphes fongiques de substances solubles qui abaissent la composante osmotique du potentiel hydrique interne, facilitant ainsi la pénétration de l'eau. De tels composés dits *osmoprotectants* sont par exemple des acides organiques ou des acides aminés, mais aussi des sucres quasiment spécifiques du règne fongique comme le mannitol ou le tréhalose.

Une fois qu'elle a été extraite dans la porosité fine du sol à distance des racines et qu'elle a pénétré dans les cellules du champignon, l'eau est disponible pour être en partie transférée à la racine au niveau des structures spécialisées de l'interface symbiotique que sont le réseau de Hartig, les spires, les pelotons ou les arbuscules, selon le type de mycorhize.

Cependant, pour que l'ensemble du processus soit pleinement efficace, le mycélium doit permettre la conduction passive de l'eau depuis ses extrémités les plus lointaines jusqu'à la racine par le jeu du gradient de potentiel hydrique entre le sol et la plante. Cela est réalisé de façon différente selon le type de mycorhize et l'espèce de champignon, mais on peut distinguer deux grandes catégories en fonction des propriétés de surface des hyphes externes et de la façon dont elles sont organisées au sein du sol. Dans le cas le plus général, des hyphes isolés, ou faiblement agrégés en faisceaux lâches, à surface *hydrophile* (c'est-à-dire mouillable), sont capables d'absorber l'eau sur toute leur longueur et sont revêtus d'un film d'eau capillaire lorsque le sol est humide. La conduction se fait alors par ce film à l'extérieur des hyphes, comme dans une mèche. Les hyphes forment un réseau dense, et sont en contact en de nombreux points avec les particules du sol entre lesquelles ils créent des ponts ; c'est donc la conductivité du sol tout entier au voisinage de la mycorhize qui est ainsi augmentée. Ce type de conduction externe par des filaments fongiques hydrophiles est surtout efficace lorsque le sol est relativement humide. Il est la règle chez les endomycorhizes arbusculaires mais concerne aussi la plupart des champignons dans les autres types de mycorhizes. Chez les ectomycorhizes, cependant, il semble jusqu'à présent — mais les observations sont rares dans ce domaine — ne concerner qu'un assez petit nombre de genres comme *Russula, Lactarius, Hebeloma, Laccaria, Thelephora, Tuber* ou *Cenococcum*.

Les autres champignons ectomycorhiziens usent d'un système différent qui repose sur les structures complexes que sont les cordons et les rhizomorphes (voir p. 32). Ce sont des faisceaux d'hyphes solidement collés les uns aux autres, qui se ramifient dans le sol à des distances de la racine qui peuvent atteindre plusieurs mètres, et dont une caractéristique importante est la propriété *hydrophobe* (c'est-à-dire non mouillable, comme les plumes d'un canard) de la surface externe des parois fongiques sur toute la longueur des cordons sauf à leur extrémité. Il résulte de cette hydrophobie qu'aucun film d'eau ne peut se former à leur surface externe et que la conduction doit se faire par l'intérieur. Cela se fait de deux façons selon le degré de différenciation de la structure. Dans les cordons simples, formés par l'agrégation d'hyphes vivants tous semblables, l'eau est conduite lentement, par diffusion, d'une cellule à l'autre. Dans les rhizomorphes (ainsi appelés pour leur plus gros diamètre qui les fait ressembler à des racines), une écorce compacte d'hyphes vivants entoure un petit nombre d'hyphes centraux de plus gros diamètre, morts et aux cloisons résorbées, qui jouent le rôle de vaisseaux conducteurs, comme de véritables tuyaux où l'eau circule librement. Les champignons ectomycorhiziens qui présentent ce mode sophistiqué de conduction de l'eau sont très nombreux ; parmi les plus typiques et les plus communs dans les forêts françaises, citons les genres *Boletus, Suillus, Xerocomus, Leccinum, Paxillus, Scleroderma, Rhizopogon*. Le rôle décisif de ce type de structure dans l'approvisionnement hydrique des arbres en période de sécheresse a été démontré expérimentalement : les cordons et les rhizomorphes explorent les microsites du sol encore humides, en extraient l'eau par leurs extrémités hydrophiles et la transfèrent efficacement aux mycorhizes, en limitant les pertes en ligne grâce à l'étanchéité et à l'hydrophobicité de leur couche externe.

Indépendamment de leur rôle de facilitation de l'utilisation de l'eau du sol, le manteau fongique dense qui recouvre les parties absorbantes des racines fines dans certaines mycorhizes (types ectomycorhize, arbutoïde, monotropoïde et ectendomycorhize) peut protéger ces organes fragiles contre le dessèchement, soit en ralentissant la diffusion de l'eau sortant de la mycorhize, soit en constituant une réserve d'eau comme dans les lichens. Mais il semble que les performances dans ce sens des différentes espèces de champignons sont très variables. Les seuls résultats expérimentaux obtenus à ce jour concernent le champignon ascomycète *Cenococcum geophilum*. Il est très cosmopolite et forme des ectomycorhizes noires très caractéristiques (planche couleur 2) avec de nombreuses essences forestières dans toutes les zones boréales, tempérées et méditerranéennes du globe. Il est particulièrement fréquent dans les sols sujets à des périodes de dessèchement, et son abondance augmente lors de ces périodes. Il a été démontré que les racines courtes mycorhizées par *C. geophilum* survivaient à des conditions de stress hydrique suffisamment sévères pour entraîner le flétrissement et la mort des mycorhizes formées par d'autres champignons, en particulier par certains lactaires comme *Lactarius subdulcis*. Pourtant, *C. geophilum* n'est pas particulièrement efficace pour extraire l'eau du sol à bas potentiel : il ne forme pas de cordons et son mycélium externe est hydrophile et peu développé. Sa fonction principale au sein du cortège ectomycorhizien d'un arbre est de maintenir vivante une proportion significative de racines fines pendant les périodes sèches, permettant ainsi à l'arbre de profiter immédiatement du retour de l'humidité lors des premières pluies, sans attendre la régénération de nouvelles racines courtes absorbantes et la formation de mycorhizes par les autres champignons. Il a en outre la capacité de coloniser les racines même en condition de sécheresse, ce qui renforce son rôle protecteur.

Une conséquence importante de la forte densité de mycélium dans le sol à proximité des racines fines mycorhizées est son impact positif sur la stabilité structurale du sol. On appelle *structure* le résultat de l'agrégation et de l'organisation des particules du sol qui forment des mottes de taille et de solidité variable, et *stabilité* de cette structure sa résistance à la destruction par l'eau ou par des perturbations mécaniques : un sable pur, meuble, a une structure inexistante, alors qu'une argile qui prend en masse sous forme de gros blocs présente un très grande stabilité structurale. La stabilité structurale est un paramètre agronomique important et elle est quantifiée en routine par des mesures de laboratoire ; en effet, elle conditionne directement l'importance de la porosité du sol qui est le réservoir de l'air et de l'eau indispensables au bon fonctionnement des racines des végétaux. De plus, les sols agricoles étant soumis à d'importantes perturbations mécaniques (labour, passage d'engins, piétinement de gros animaux), la restauration rapide de la structure est indispensable au maintien de la fertilité. Or les filaments des champignons du sol, et en particulier des champignons mycorhiziens, contribuent à agglomérer les particules entre elles et à renforcer la cohésion de l'ensemble, donc à favoriser la formation des mottes et à augmenter leur stabilité. Cet effet structurant est dû à la fois au réseau mycélien qui immobilise les particules et à l'exsudation de mucilage agissant comme une colle. Cet effet est particulièrement important dans le cas des endomycorhizes arbusculaires. En effet, les hyphes externes des Gloméromycètes secrètent abondamment de la glomaline, une glycoprotéine (protéine contenant des sucres, en partie du glucose), qui contribue à faire adhérer les constituants du sol entre eux et à consolider la structure. L'abondance des mycorhizes favorise ainsi indirectement l'alimentation hydrique des plantes en augmentant la stabilité structurale du sol, et en améliorant ses propriétés de rétention et de conduction de l'eau.

Enfin, l'eau qui a été acheminée par le mycélium jusqu'au cortex racinaire doit franchir une ultime barrière avant de pénétrer dans le cylindre central où le xylème (tissus conduisant la sève brute ascendante) lui permettra de monter irriguer les parties aériennes de la plante. Cette barrière est formée par l'endoderme, dont les cellules disposées sur une seule couche sont soudées entre elles par des épaississements imperméables de leurs parois radiales (les *bandes de Caspary*, figure 18).

Cette configuration a deux conséquences. D'abord, le champignon ne peut pas s'insinuer entre les cellules de l'endoderme ; comme il est également incapable de pénétrer dans ces cellules et d'y former des structures symbiotiques, l'accès aux tissus conducteurs lui est complètement barré. C'est ce qui différencie les champignons mycorhiziens des champignons pathogènes vasculaires comme certains *Fusarium*, qui eux peuvent traverser l'endoderme et envahir la plante de l'intérieur. Ensuite, l'eau passe obligatoirement à travers des cellules de l'endoderme (voie *symplasmique*, qui implique le franchissement de deux parois et la diffusion à l'intérieur de la cellule), alors que dans le cortex elle pouvait aussi emprunter la voie *apoplasmique* entre les cellules (figure 18). Le champignon symbiotique, qui délivre l'eau dans le cortex de la racine fine soit dans l'espace apoplasmique (cas des types de mycorhizes qui présentent un réseau de Hartig) soit à l'intérieur même de certaines cellules (cas des mycorhizes à pénétration intracellulaire) modifie donc peu les voies de transport de l'eau dans la racine : il lui en apporte plus qu'elle ne pourrait en absorber seule.

Pour résumer, l'avantage le plus évident que la symbiose mycorhizienne procure aux plantes pour le prélèvement de l'eau du sol est la capacité des champignons d'explorer des ressources inaccessibles aux racines seules, soit du fait de la localisation de cette eau, soit de son potentiel très négatif.

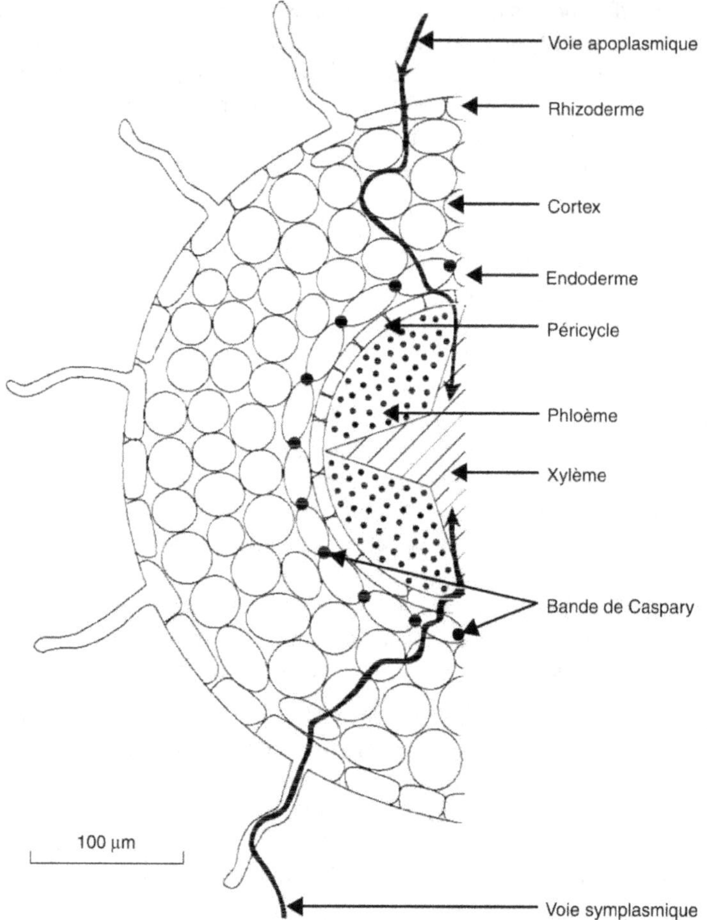

Figure 18. Coupe schématique transversale d'une racine (en l'occurrence, non mycorhizée mais pourvue de quelques poils absorbants) montrant les deux voies possibles de passage de l'eau depuis le sol jusqu'aux vaisseaux du xylème : la voie *symplasmique* (traversant toutes les cellules et leurs parois, de proche en proche) et la voie *apoplasmique* (diffusant entre les cellules, sauf au niveau de l'endoderme où les bandes de Caspary contraignent à la traversée des parois tangentielles). Reproduit avec l'aimable autorisation des éditions IDF.

Échelle : la barre de 100 micromètres (soit un dixième de millimètre) donne une idée approximative des dimensions.

Absorption des éléments nutritifs en solution

L'eau contenue dans le sol, dont une partie est absorbée par les plantes avec l'aide des champignons mycorhiziens, de la façon expliquée ci-dessus, contient une grande variété d'éléments chimiques provenant de la dissolution de la matière organique et des minéraux du sol. C'est en fait la seule source d'éléments nutritifs dont disposent les plantes, à l'exception du carbone qu'elles prélèvent dans l'atmosphère et, pour certaines d'entre elles seulement — principalement les légumineuses — de l'azote gazeux fixé par des bactéries symbiotiques. Cependant, le fait même que ces éléments soient absorbés provoque leur disparition à proximité immédiate des racines et des filaments des champignons associés, créant ainsi ce qu'on appelle une *zone de déplétion*. Si l'absorption est plus rapide que l'approvisionnement de la zone de déplétion par diffusion des substances dissoutes ou par mouvement de solution depuis des régions plus éloignées du sol, ce mécanisme conduit rapidement à limiter la nutrition de la plante, même dans un sol pourtant riche.

Ce phénomène est naturellement plus marqué pour les éléments les moins solubles, parmi lesquels le phosphore est le plus important en termes d'écologie des plantes et d'agronomie. Avec l'eau (dont nous venons de discuter plus haut) et de l'azote dont nous parlerons plus loin, le phosphore est l'un des principaux facteurs qui limite la distribution et la croissance des plantes. Il n'est pas très abondant dans les tissus végétaux (de l'ordre de 1g par kg de poids sec) mais il joue un rôle central dans de nombreux processus clé du fonctionnement de toute cellule vivante : stockage, multiplication et transfert de l'information génétique dans les nucléotides, structure des membranes, métabolisme énergétique, etc. Cependant, le phosphore n'est assimilable que sous forme soluble orthophosphate (PO_4^{3-}) ; or cet ion est fortement retenu par les argiles ou fixé sous forme combinée dans des oxydes de fer et d'aluminium, ce qui le rend insoluble. L'orthophosphate est présent à très faible concentration dans la solution du sol, et la plupart du temps, les plantes sont carencées en phosphore.

L'isotope radioactif du phosphore ^{32}P (voir annexe 1 : les méthodes isotopiques) a été utilisé dès les années 1950 comme traceur pour démontrer que la plus grande partie du phosphore absorbé par les plantes transitait par les champignons symbiotiques ecto- et endomycorhiziens, et que ceux-ci accumulaient de façon temporaire, et remobilisaient en cas de besoin, des grandes quantités de phosphore sous forme de polyphosphates (polymères d'orthophosphate) dans les vacuoles des cellules de leurs filaments. Grâce à un jeu d'enzymes intracellulaires, le phosphore passe ainsi de formes solubles à des formes insolubles et inversement, ce qui permet tour à tour son immobilisation ou son passage d'une cellule fongique à l'autre et finalement son transfert aux cellules végétales de la racine sous forme d'orthophosphate, au niveau du réseau de Hartig ou des structures fongiques intracellulaires.

Cette capacité de réguler le flux de phosphore allant du sol à la plante, alliée à l'augmentation considérable du volume de sol exploré déjà discutée dans le cas de l'exploitation de l'eau, est reconnue comme étant la principale fonction du champignon dans les échanges symbiotiques, sinon pratiquement la seule dans le cas des endomycorhizes arbusculaires. Il faut cependant noter que des mécanismes analogues régissent l'absorption d'autres éléments très peu mobiles dans le sol comme le zinc ou le cuivre, qui ne sont utilisés qu'en petite quantité par les plantes (ils sont pour cela qualifiés de *microéléments* ou *oligoéléments*) mais indispensables à leur métabolisme.

L'azote est environ dix fois plus abondant que le phosphore dans les tissus végétaux (de l'ordre de 10 g par kg de poids sec) ; c'est un composant essentiel des protéines qui jouent un très grand rôle, à la fois structurel et fonctionnel, dans tous les tissus. Les formes combinées solubles de l'azote qui sont facilement assimilables par les racines et par les champignons sont plus diverses et plus mobiles que celles du phosphore. Les racines seules absorbent l'azote principalement sous forme d'ions minéraux, ammonium (NH_4^+) et surtout nitrate (NO_3^-). Outre ces deux formes, les champignons utilisent aussi, beaucoup plus facilement que les racines seules, des acides aminés libres issus de la dégradation enzymatique des protéines du sol (voir p. 82)

La meilleure nutrition azotée des plantes mycorhizées est en partie due à la capacité des symbiotes fongiques d'absorber dans un grand volume de sol et de transférer à leurs hôtes des formes d'azote organique difficilement utilisables par les racines seules. Toutefois, si cela a été expérimentalement démontré dans de nombreux cas avec les ectomycorhizes et les mycorhizes éricoïdes, aucune preuve convaincante de la contribution significative de ce phénomène n'a encore été fournie pour ce qui concerne les endomycorhizes arbusculaires, pourtant autant étudiées du fait de leur intérêt en agriculture.

Il semble donc que les Gloméromycètes, groupe ancien de champignons responsables de ces dernières, aient depuis longtemps coévolué avec les plantes dans le sens d'une spécialisation fonctionnelle centrée sur l'exploitation optimale du phosphore. De leur côté les Ascomycètes et Basidiomycètes, groupes plus récents formant les ectomycorhizes et les mycorhizes éricoïdes, assureraient une plus grande diversité fonctionnelle en facilitant la nutrition azotée en plus de la nutrition en phosphore. Nous allons voir après que cette facilitation ne se limite pas à l'utilisation des formes solubles de l'azote, mais aussi à la production de ces formes solubles à la source, en décomposant des molécules complexes insolubles.

Solubilisation des éléments nutritifs contenus dans les minéraux

Les éléments nutritifs dits inorganiques, c'est-à-dire autres que le carbone et l'azote, sont soit des éléments majeurs (ou macroéléments) tels que le calcium, le potassium, le magnésium, le soufre ou le phosphore, soit des éléments mineurs (ou microéléments, ou encore oligoéléments), nécessaires en moindre quantité, tels que le fer, le cuivre, le zinc ou le molybdène. Ils sont présents dans le sol principalement sous forme de minéraux, c'est-à-dire de cristaux de structure chimique complexe qui proviennent des roches sur lesquelles se sont formés les sols (minéraux dits primaires) ou qui ont précipité lors des processus physico-chimiques de formation des sols (minéraux secondaires). Ce sont par exemple les feldspaths, les micas, le quartz, la calcite ou l'apatite pour les minéraux primaires, et les argiles ou les oxydes et hydroxydes de fer et d'aluminium pour les minéraux secondaires. Dans les deux cas, ces minéraux ne sont pas solubles dans l'eau, ou le sont si lentement que la libération des éléments nutritifs est trop infime pour pourvoir à la nutrition des plantes. Leur mobilisation, pourtant réelle, dépend donc de mécanismes chimiques ou biologiques plus efficaces et plus complexes que la seule solubilisation dans l'eau. L'ensemble du processus, que l'on appelle altération, conduit à la désagrégation du réseau cristallin, à la fragmentation du minéral et à terme à sa réduction complète en éléments solubles emportés par l'eau du sol puis absorbés par les végétaux et en minéraux secondaires précipités sur place ou transportés à faible distance à l'intérieur du sol. Les mécanismes d'altération sont multiples et font intervenir à la fois le fractionnement mécanique par le gel ou les animaux, qui augmente la surface de contact avec les agents extérieurs, et des molécules en solution, surtout des composés organiques.

De façon générale, les racines des plantes participent assez peu de façon directe à l'altération des minéraux. Ce sont les microorganismes qui les accompagnent (voir p. 106) qui jouent le plus grand rôle, et surtout les champignons mycorhiziens qui sont dans la situation avantageuse de disposer d'une ressource abondante en carbone provenant de leurs plantes hôtes. Les champignons mycorhiziens et les bactéries qui les accompagnent peuvent contribuer à l'altération des minéraux grâce à deux principaux types de mécanismes, agissant seuls ou en combinaison selon les espèces fongiques et végétales en cause et les conditions de sol : *l'acidolyse*, par l'action des protons (ions H^+, responsables de l'acidité et des basses valeurs de pH) émis par le champignon et qui déstabilisent la structure des cristaux, et la *complexolyse*, qui fait intervenir des acides organiques secrétés, parmi lesquels les acides oxalique, citrique et malique sont les plus actifs. Ces molécules ont la propriété de former des complexes solubles avec les éléments qui le sont peu à l'état isolé comme le calcium, le magnésium, le fer ou le manganèse, ce qui a pour résultat de les extraire des réseaux cristallins attaqués par les protons. Un cas particulièrement abouti de complexolyse ciblée repose sur les *sidérophores*, molécules organiques produites par certains microorganismes pour assurer leur alimentation en fer. En effet, s'il est très abondant dans le sol auquel il confère les couleurs jaune, ocre er rouge, cet élément est sous forme d'oxydes insolubles et de ce fait extrêmement rare dans la solution du sol. C'est pour cela que certaines lignées de microorganismes ayant évolué depuis longtemps en étant soumises à une telle contrainte ont développé des stratégies d'acquisition du fer plus ou moins spécifiques, c'est-à-dire profitant en priorité à leurs propres espèces. Elles secrètent des sidérophores qui complexent le fer des oxydes et le transportent sous forme soluble jusqu'à l'organisme émetteur, où le complexe est désassemblé par des enzymes spécifiques et le fer ainsi libéré est absorbé. Chez les champignons ectomycorhiziens, tous les sidérophores connus appartiennent à la famille chimique des hydroxamates (comme la ferricrocine ou le ferrichrome), alors que d'autres types existent chez les bactéries.

L'altération des minéraux par les champignons mycorhiziens est naturellement facilitée lorsque le mycélium est en contact direct avec la surface du minéral. On a souvent observé, dans les sols très pauvres, que les filaments fongiques tendaient à se coller aux fragments de roche, et même à y laisser l'empreinte de leur forme et à y creuser de petites cavités, ce qui est la preuve directe de leur action dissolvante.

La mise en évidence de cette contribution des champignons mycorhiziens à l'altération des minéraux, et à la mobilisation d'un grand nombre d'éléments nutritifs nécessaires à la croissance des plantes, concerne surtout les ectomycorhizes des arbres forestiers. Il serait cependant hâtif de conclure que les autres types de mycorhizes n'en sont pas capables, car les recherches dans ce domaine ont jusqu'a ce jour, presque exclusivement porté sur les ectomycorhizes.

Solubilisation des éléments nutritifs contenus dans la matière organique

En plus des éléments nutritifs inorganiques qui proviennent de l'altération des minéraux du sol, les plantes ont besoin de carbone (qu'elles acquièrent par photosynthèse au niveau des feuilles, sauf dans des cas très particuliers abordés ci-après) et d'azote. Ce dernier élément provient de l'azote moléculaire (N_2) de l'atmosphère, et il est continuellement incorporé au sol sous des formes combinées non gazeuses (nitrate et ammonium, essentiellement) par des mécanismes variés comme la fixation biologique par des bactéries, le lessivage par les précipitations de formes combinées synthétisées dans l'atmosphère lors les décharges électriques des orages, ou les retombées des pollutions industrielles ; cette dernière forme d'apport a d'ailleurs tendance à augmenter du fait de l'accroissement des activités humaines.

L'azote ne peut être absorbé par les racines que sous les formes solubles que sont le nitrate ou l'ammonium (formes dites *minérales* de l'azote combiné) et à un très moindre degré les acides aminés (de petites molécules organiques qui sont les constituants des protéines). Il en est de même pour les champignons, avec une beaucoup plus grande facilité à utiliser les acides aminés et même des amines que dans le cas des racines. Cependant, ces molécules azotées transportées par l'eau et facilement assimilables sont rares dans le sol, où l'azote est principalement sous forme de molécules complexes et insolubles constitutives des tissus animaux et végétaux morts et des substances humiques résultant de leur transformation microbienne : protéines, peptides, acides nucléiques, chitine des parois fongiques et de la cuticule des insectes, etc.

Or, les champignons symbiotiques ascomycètes et basidiomycètes, responsables de tous les types de mycorhizes à l'exception des endomycorhizes arbusculaires (exception de taille, certes, puisque concernant la majorité des espèces végétales), possèdent tous, à des degrés divers, la capacité de dégrader les molécules complexes contenant de l'azote et à mobiliser ce dernier sous forme de petites molécules solubles et assimilables comme les acides aminés. Ils le font grâce à la sécrétion d'enzymes (protéines catalytiques des réactions biochimiques) spécialisées, comme par exemple des protéases (qui dégradent les protéines et les peptides en acides aminés) ou des chitinases (qui dégradent la chitine et libèrent de la glucosamine).

Une fois sécrétées, ces enzymes peuvent ou bien rester attachées à l'extérieur de la paroi fongique et n'agir que par contact avec les matières organiques dégradables, ou bien diffuser sous forme soluble dans la solution du sol et avoir une action à distance (voir p. 111).

Les champignons peuvent alors absorber et transférer cet azote soluble assimilable à leurs plantes hôtes, ou bien les racines de celles-ci peuvent les utiliser directement. La symbiose mycorhizienne permet ainsi aux végétaux d'avoir accès à des sources d'azote sinon autrement inaccessibles. Il n'est donc pas étonnant que les groupes de plantes concernés par la symbiose avec des champignons basidiomycètes ou ascomycètes (arbres forestiers des régions boréales et tempérées, éricacées des maquis, des landes, des toundras et des tourbières) dominent sur les sols très acides et très riches en matières organiques dans lesquels la totalité de l'azote et une grande partie des autres éléments nutritifs est séquestrée à l'intérieur de macromolécules complexes comme les composés humiques, la chitine ou les complexes polyphénols-protéines. Dans ces conditions, la possibilité d'accéder à cette ressource confère aux plantes spécialisées associées aux Ascomycètes et Basidiomycètes un avantage adaptatif certain dans la compétition avec d'autres espèces, en particulier avec celles associées à des Gloméromycètes incapables des mêmes performances.

Un autre élément nutritif majeur, le phosphore, dépend en grande partie de l'activité enzymatique des symbiotes fongiques pour son absorption par les plantes. En effet, si le phosphore dérive bien de minéraux primaires issus de la roche-mère du sol, comme l'apatite, il se trouve rapidement séquestré sous forme de molécules organiques complexes et insolubles comme le phosphate d'inositol, les phytates, les acides nucléiques ou les phospholipides. Les plantes comme les champignons ne peuvent cependant absorber le phosphore que sous la forme inorganique orthophosphate (PO_4^{3-}). Une grande variété d'enzymes appelées phosphatases sont secrétées par les champignons symbiotiques et libèrent l'orthophosphate qui est ensuite absorbé par le champignon et transféré à la plante. La production et l'activité de ces phosphatases sont régulées de façon à adapter la capacité de mobilisation à la ressource : elles sont induites par la carence et réprimées par l'abondance.

Mais les mêmes champignons symbiotiques sécrètent aussi des enzymes capables de dégrader d'autres types de macromolécules organiques que celles qui contiennent de l'azote ou du phosphore. Elles jouent un rôle essentiel en amont des processus décrits précédemment et qui conduisent à la mobilisation de ces deux éléments, car ce sont ces enzymes qui dégradent des molécules complexes généralement associées aux composés azotés et phosphatés et en empêchent l'accès par les protéases ou les phosphatases. Deux catégories sont particulièrement importantes : les cellulases et hémicellulases au sens large, qui dégradent les constituants principaux des parois végétales que sont respectivement la cellulose et les hémicelluloses, et les polyphénol oxydases et peroxydases, qui détruisent par oxydation les substances brunes qui incrustent beaucoup de tissus végétaux et empêchent l'action d'autres enzymes, comme la lignine, les tanins et autres composés phénoliques. Les types de mycorhizes les plus performants dans cette fonction de dépolymérisation de la matière organique du sol sont les ectomycorhizes des arbres forestiers et les mycorhizes éricoïdes des plantes de landes et de maquis acides. Nous verrons que les champignons mycorhiziens ne sont pas les seuls acteurs de l'altération des matières ligno-cellulosiques et qu'ils sont concurrencés par des décomposeurs spécialisés beaucoup plus performants à cet égard.

Transfert des éléments nutritifs du champignon vers la plante

L'eau et les éléments nutritifs en solution absorbés par le champignon doivent être ensuite transférés à la plante. Ils traversent les barrières qui constituent l'interface entre les deux organismes (parois et membranes cellulaires) décrite dans la première partie. Ce transfert a lieu principalement au niveau des structures symbiotiques spécialisées que sont le réseau de Hartig, les arbuscules, les spires ou les pelotons. Il ne se fait pas seulement passivement par simple diffusion sous l'effet du gradient de potentiel hydrique (voir p. 74), mais il est pour une grande part sous le contrôle de canaux appelés *transporteurs*. Ce sont des protéines de grande taille, insérées dans les membranes cellulaires de la plante et du champignon qui composent l'interface, qui forment des sortes de pores. Les transporteurs ont la propriété de laisser passer spécifiquement certains types de molécules tout en en régulant le débit en réponse à des signaux provenant d'autres éléments de la cellule. Ils sont comparables à des tuyaux munis de vannes qui s'ouvriraient plus ou moins selon les conditions extérieures. Le flux d'eau transite principalement par des transporteurs spéciaux, les *aquaporines*. Le passage de l'azote est régulé sous forme d'ammonium et d'acides aminés à travers des transporteurs dédiés, mais aussi à travers certaines aquaporines. Le phosphore, sous forme d'ions orthophosphates, passe par des transporteurs spécialisés. De la même façon, il existe des transporteurs de potassium, de calcium, de magnésium, etc. Et dans le même temps, les sucres provenant de la plante sont conduits en sens opposé par d'autres canaux spécialisés que sont les transporteurs d'hexoses (voir p. 73).

Mais, pour un élément nutritif donné, la totalité de la quantité prélevée dans le sol n'est pas immédiatement transférée à la plante : une partie est utilisée par le champignon pour son métabolisme propre, et le reste est mis en réserve sous forme temporairement insoluble destinée à être remobilisé plus tard, grâce à des enzymes spécialisées, en fonction des besoins de l'un ou l'autre des deux partenaires de la symbiose. L'azote est stocké sous forme de diverses protéines et de la chitine constitutive de la paroi cellulaire fongique. Pour l'acquisition en phosphore, élément rare, la plante est particulièrement dépendante du champignon, d'autant que le mode de gestion des réserves en phosphore est bien plus sophistiqué. L'insolubilisation a lieu sous forme de polyphosphates, longues chaînes formées de molécules d'orthophosphate attachées bout à bout. Condensés en association avec du calcium, du magnésium, du potassium et parfois l'acide aminé arginine (ce dernier jouant par la même occasion un rôle de stockage d'azote), ces polyphosphates sont localisés dans les *vacuoles*, qui sont des inclusions liquides à l'intérieur de la cellule fongique. Ils peuvent être rendus à l'état d'orthophosphate soluble par l'action d'enzymes de la classe des *phosphatases alcalines*, ainsi nommées car elles agissent à pH élevé contrairement aux phosphatases acides (actives à bas pH) vues précédemment au sujet de la mobilisation du phosphore du sol. Il est intéressant de remarquer que des phosphatases alcalines se trouvent aussi à l'interface champignon-plante au niveau des spires et des arbuscules des endomycorhizes arbusculaires, et qu'elles sont localement accompagnées d'une forte activité de la *succinate déshydrogénase*, une enzyme du cycle respiratoire qui dénote une activité métabolique intense à l'interface, de façon à générer l'énergie nécessaire aux transferts actifs d'éléments nutritifs, dont le phosphore.

Le stockage et le déstockage du phosphore sont étroitement régulés par les concentrations en orthophosphate dans les deux milieux simultanément occupés par le champignon (le sol d'un côté et les tissus racinaires de l'autre) de façon à optimiser la fourniture à la plante. Chez les champignons ectomycorhiziens, les réserves de phosphore sous forme de polyphosphate sont particulièrement importantes dans le manteau des ectomycorhizes, à un point tel qu'à certaines saisons, la plus grande partie de la quantité totale de cet élément dans les racines fines d'un arbre, peut être contenue dans les mycorhizes elles-mêmes.

Enfin, l'efficacité du système pour alimenter la plante hôte en éléments nutritifs puisés dans le sol dépend de la capacité du champignon à déplacer rapidement les réserves d'un bout à l'autre de son réseau mycélien au gré des besoins de chacun (développement de la plante au printemps, formation des sporocarpes en automne, etc.) et des fluctuations des conditions environnementales (pénuries temporaires). Rappelons en effet que les distances peuvent être grandes, parfois de l'ordre du mètre pour un seul mycélium (individu champignon) et beaucoup plus si l'on considère l'ensemble d'un réseau interconnecté comme nous le verrons plus loin (p. 92). Ces translocations ont généralement lieu sous forme soluble, après mobilisation des réserves, mais certaines observations suggèrent que même les polyphosphates insolubles pourraient être transportés le long des hyphes. Ceci est particulièrement vraisemblable chez les Gloméromycètes dont les hyphes dits *siphonnés*, c'est-à-dire en forme de tuyaux, ne sont pas cloisonnés et dans lesquelles les vacuoles circulent librement en accompagnant les mouvements de cyclose de l'ensemble du contenu cellulaire. L'hypothèse est moins sûre dans le cas des Ascomycètes et des Basidiomycètes en raison des cloisons qui séparent les cellules : il faudrait admettre que les chaînes de polyphosphate sont dépolymérisées et repolymérisées par des phosphatases alcalines lors du passage de chaque cloison, alors que les vitesses de translocation mesurées sont du même ordre de grandeur que chez les Gloméromycètes. Des recherches additionnelles sont nécessaires pour élucider ce point.

Protection des racines contre les substances toxiques

Les racines des plantes sont fréquemment en contact, dans le sol, avec des substances toxiques, qui sont susceptibles de perturber leur développement et leur fonctionnement normal jusqu'à entraîner leur mort et celle de la plante entière. Dans les milieux naturels, il peut s'agir d'ions aluminium solubles (dans les sols les plus acides), de métaux lourds comme le nickel dans certains sols développés sur des roches métallifères, de certains composés organiques de l'humus ou de molécules spécifiquement émises par d'autres plantes dans le cadre d'interactions *allélopathiques* (on appelle ainsi la façon qu'ont certaines plantes de nuire à leurs compétitrices à l'aide de composés toxiques qu'elles émettent au niveau des racines). Dans les milieux fortement anthropisés, c'est-à-dire pollués par les résidus des activités industrielles humaines, on distingue d'une part les contaminations par les métaux lourds toxiques (principalement le plomb, le mercure et le cadmium, concentrés autour des installations minières et métallurgiques) et d'autre part l'accumulation de composés organiques naturels mais artificiellement concentrés localement, comme les hydrocarbures pétroliers, ou *xénobiotiques* (qui n'existent pas dans la nature et sont des résidus spécifiques de l'activité industrielle) tels que les hydrocarbures aromatiques polycycliques (HAP), les biphényls, les dioxines, les hydrocarbures chlorés ou les résidus de pesticides utilisés en agriculture, qui sont désormais les polluants des sols de loin les plus abondants. Tous ces contaminants xénobiotiques sont non seulement toxiques pour les plantes et constituent un problème pour l'agriculture, mais sont aussi nocifs pour la santé humaine par le biais de la filière agroalimentaire ; de plus, leur dangerosité est renforcée par le fait qu'ils ne se dégradent que très lentement ou pas du tout, et ont donc tendance à s'accumuler dans les écosystèmes. Les HAP sont hautement cancérigènes et persistent dans les sols. Il n'est donc pas étonnant qu'un énorme travail de recherche soit actuellement consacré à comprendre les mécanismes physiologiques par lesquels les plantes peuvent se défendre contre les substances toxiques présentes dans le sol. Cela fait partie du développement rapide des technologies dites de *phytoremédiation* qui consistent à utiliser des plantes pour réhabiliter des sites pollués et que nous traiterons de manière approfondie dans la troisième partie de ce livre.

Les microorganismes de la rhizosphère contribuent fortement à la détoxication de l'environnement immédiat des racines, et parmi eux les champignons mycorhiziens jouent naturellement un rôle central puisqu'ils occupent les deux compartiments de l'interface sol-plante. La plupart des recherches dans ce domaine ont porté sur les ectomycorhizes des arbres forestiers. Cela semble paradoxal car ne concernant ni l'agriculture ni l'alimentation, mais s'explique par le fait que ce type de symbiose mycorhizienne constitue un meilleur modèle expérimental que les endomycorhizes arbusculaires, pourtant beaucoup plus répandues et concernant la quasi totalité des plantes cultivées ; en effet, il est possible en laboratoire de cultiver les champignons ectomycorhiziens indépendamment de leurs plantes hôtes, et ils disposent d'une gamme d'activités métaboliques très étendue qui permettent d'explorer un plus grand nombre d'hypothèses.

En ce qui concerne la détoxication des polluants organiques, de nombreux champignons ectomycorhiziens (plus de la moitié des espèces étudiées en laboratoire) sont capables de dégrader les HAP ou les résidus de pesticides grâce aux mêmes enzymes secrétées (principalement des enzymes oxydatives telles que des peroxydases et des polyphénol oxydases) qui leur servent à dégrader la lignine et les substances humiques naturelles des sols forestiers pour en extraire des éléments nutritifs sous forme assimilable (voir p. 82). Cependant, il ressort aussi de ces expériences que l'aptitude à tolérer de telles molécules toxiques et à les décomposer varie fortement, pour une même souche fongique, en fonction des conditions du milieu sol, et en particulier de l'oxygénation, du pH et de l'humidité. Quant aux Gloméromycètes et aux endomycorhizes arbusculaires, leurs capacités enzymatiques secrétées semblent beaucoup plus limitées, bien que la dégradation des HAP par *Rhizophagus irregularis* (anciennement *Glomus intraradices*) ait été démontrée expérimentalement *in vitro*.

Avec les métaux lourds, le premier mécanisme par lequel la symbiose ectomycorhizienne protège l'arbre des ions métalliques toxiques est leur accumulation et leur immobilisation par le champignon, soit par fixation à la surface extérieure des hyphes du mycélium externe ou du manteau, soit par complexation sous une forme inerte à l'intérieur même des cellules. Une telle exclusion par séquestration a pour résultat de réduire la concentration de l'élément toxique à proximité des racines, et donc de diminuer le risque de toxicité pour ces dernières. Dans la plupart des cas étudiés, le manteau des ectomycorhizes s'est révélé être une zone d'accumulation privilégiée. L'efficacité de ce mécanisme a cependant une limite, puisque la cellule fongique ne peut pas tolérer sans dommage une internalisation de métal au-delà d'un certain seuil, et que l'immobilisation est limitée dans le temps et cesse lors de la mort du champignon. Un autre mécanisme de détoxication par les ectomycorhizes est la précipitation (donc l'immobilisation et la neutralisation) du métal sous forme de complexes insolubles dans le sol rhizosphérique, à l'extérieur des tissus.

Ceci est réalisé grâce à des acides organiques complexants secrétés par le champignon, principalement l'acide oxalique. Le métal lourd potentiellement toxique est toujours présent à proximité de la racine mais rendu non mobile et inoffensif. Parmi les espèces de champignons ectomycorhiziens étudiées, les Ascomycètes se sont en général révélés plus tolérants aux métaux lourds que les Basidiomycètes.

Qu'il s'agisse de métaux lourds ou de composés organiques toxiques, la capacité de détoxication d'un champignon mycorhizien est liée à son aptitude à survivre et à former des mycorhizes en présence de concentrations élevées de la substance toxique : dans les tests de laboratoire, les souches qui supportent les plus fortes doses de polluants sont aussi celles qui protègent le mieux les plantes avec lesquelles elles établissent une symbiose. De plus, pour une espèce fongique donnée, les souches les plus efficaces dans ce sens se trouvent dans les sols les plus pollués, ce qui traduit une adaptation à ces conditions adverses. Une telle adaptation a été constatée maintes fois dans des contextes écologiques très variés, y compris avec les endomycorhizes arbusculaires. Elle peut être rapide à l'échelle de la vie des plantes (quelques décennies, à proximité d'un site industriel implanté dans une région initialement exempte de toute pollution) ou être le résultat d'une très longue évolution à l'échelle des temps géologiques. Un exemple type de cette situation a été particulièrement étudié en Nouvelle-Calédonie, où des affleurements de roches magmatiques profondes de type serpentine et péridotite, extrêmement riches en métaux lourds (en particulier en nickel, exploité en plusieurs endroits de l'île) ont donné naissance à des sols pouvant contenir jusqu'à 250 fois les concentrations de ce métal considérées comme toxiques pour les plantes et les champignons dans les sols normaux. De fait, ces zones sont exclusivement colonisées par des espèces endémiques parfaitement adaptées à ces conditions extrêmes à la suite d'une longue évolution adaptative. Les espèces ligneuses (comme les Myrtacées du genre *Tristaniopsis*) sont accompagnées des mêmes espèces de champignons ectomycorhiziens que leurs homologues des zones voisines non enrichies en métaux lourds ; pour les Basidiomycètes, les espèces dominantes appartiennent aux genres *Cortinarius, Pisolithus* et *Russula*. Cependant, les souches isolées et mises en culture à partir d'individus récoltés sur les deux types de sol, lorsqu'elles sont confrontées en laboratoire à des teneurs croissantes en nickel, se comportent très différemment : alors que les souches provenant des sols normaux sont très sensibles à la toxicité de ce métal, celles provenant des sols riches en métaux lourds sont beaucoup plus tolérantes. En raison d'une longue évolution dans ce type de sol, elles ont donc développé une certaine résistance au nickel et elles contribuent à assurer la survie de leurs plantes hôtes dans cet environnement particulièrement hostile.

Fourniture de régulateurs de croissance

Les régulateurs de croissance, aussi appelés *hormones végétales* ou *phytohormones* par analogie avec les vraies hormones définies chez les animaux, sont des petites molécules produites en très faibles quantités dans certains tissus ou organes végétaux, qui migrent dans la plante et qui affectent à distance le développement ou la croissance d'autres tissus ou organes. On en distingue cinq familles principales : les auxines, les cytokinines, les gibbérellines, l'acide abscissique et l'éthylène. L'un de ces régulateurs de croissance qui a été particulièrement étudié est une auxine (l'acide indole-3-acétique, ou AIA) qui joue un rôle clé dans de nombreux aspects du développement des végétaux : phototropisme (courbure vers le lumière), gravitropisme (orientation par rapport à la gravité), dominance apicale (qui fait que le bourgeon terminal de certaines plantes se développe prioritairement par rapport aux bourgeons latéraux), croissance des fruits, élongation des tiges, production du bois, apparition de racines adventives et ramification des racines. C'est à ces deux derniers effets de l'AIA que nous nous intéresserons principalement ici puisqu'ils concernent les racines, siège de la symbiose mycorhizienne.

Beaucoup de microorganismes (bactéries et champignons) qui gravitent dans l'environnement racinaire synthétisent et secrètent de l'AIA. Cela semble *a priori* paradoxal car l'AIA, composé spécifiquement végétal quant à sa fonction, ne joue aucun rôle dans le métabolisme ou dans le développement des bactéries ou des champignons. Cependant, du fait de leur mode de vie qui dépend étroitement des racines, ces derniers ont coévolué depuis tellement longtemps avec les plantes que des mutations aléatoires des chaînes métaboliques, conduisant éventuellement à la production d'AIA, ont été conservées par sélection naturelle ; ce trait confère en effet un avantage adaptatif certain, puisque la prolifération des ramifications racinaires induites par l'AIA amplifie la niche écologique qui est nécessaire à ces microorganismes. Le fait même que ce caractère ait été acquis indépendamment et plusieurs fois par des groupes d'organismes non apparentés tels que des bactéries et des champignons souligne bien la tendance très forte de tout organisme vivant près des racines à secréter de l'AIA pour en quelque sorte « manipuler » les plantes et obtenir ainsi davantage de racines à exploiter.

Naturellement, les champignons mycorhiziens, tout particulièrement dépendants des racines, produisent aussi de l'AIA. En fait, les études ont surtout jusqu'à présent porté sur les ectomycorhizes et il n'est pas encore établi si ces résultats peuvent être étendus aux autres types de mycorhizes, en particulier aux endomycorhizes arbusculaires formées par des Gloméromycètes. Si la production d'AIA est très fréquente parmi les champignons ectomycorhiziens, les quantités synthétisées varient énormément entre espèces et même entre individus d'une même espèce. Elles sont également très dépendantes des conditions environnementales, en particulier de la disponibilité des éléments nutritifs. Les faibles concentrations en azote, qui sont par ailleurs favorables à l'établissement rapide de la symbiose (voir p. 68), stimulent la sécrétion d'AIA. C'est ce genre d'observation qui a suscité de nombreux travaux sur le rôle de ce régulateur de croissance dans la formation des ectomycorhizes.

Dès les années 1950, le Suédois Slankis avait démontré expérimentalement que l'AIA produit par les champignons ectomycorhiziens modifiait la morphologie des systèmes racinaires dans le sens d'une hyper-ramification, un peu de la même façon que lors du contact avec un champignon symbiotiquement compatible. Depuis, l'approche génomique a permis de confirmer la similitude de réponse des racines à l'AIA et à la colonisation par le champignon. On a identifié chez le pin maritime (*Pinus pinaster*) des gènes inductibles par l'AIA qui sont aussi activés lors de la formation des ectomycorhizes. Tous ces résultats vont dans le sens d'un rôle clé des régulateurs de croissance dans la formation de certains types de mycorhizes, mais il faudra encore du temps pour comprendre ce type de mécanisme.

▸▸ Diversité spécifique et fonctionnelle des communautés de mycorhizes

Beaucoup d'aspects de la symbiose mycorhizienne discutés dans ce livre pourraient laisser croire qu'un seul champignon, ou une seule espèce, colonise le système racinaire d'une plante donnée. Par souci de clarté dans la présentation, il est souvent question de « la plante » ou « le champignon ». Bien sûr, cette simplification est abusive et les choses sont plus complexes dans la nature : une plante est généralement colonisée par plusieurs, voire par un grand nombre d'espèces différentes de champignon. On estime à près de 10 000 le nombre d'espèces de champignons mycorhiziens, l'écrasante majorité étant représentée par des Ascomycètes et Basidiomycètes, alors que les Gloméromycètes responsables des endomycorhizes à arbuscules ne compteraient au mieux que 200 à 250 espèces. Cette estimation est cependant provisoire et probablement très en deçà de la réalité, surtout dans le cas des Gloméromycètes pour lesquels l'étude moléculaire de la diversité n'en est qu'à ses débuts. Quoi qu'il en soit, un premier fait se manifeste : dans le cas des endomycorhizes arbusculaires, un petit nombre de champignons s'associe à un très grand nombre de plantes appartenant à tous les groupes de végétaux terrestres, alors qu'avec les ectomycorhizes un nombre important de champignons ne s'associent qu'avec un nombre retreint de plantes ligneuses appartenant à quelques familles seulement. Pour les autres types de mycorhizes spécialisées (éricoïdes, orchidoïdes, etc.), la situation est intermédiaire, ou plus proche du cas des ectomycorhizes, De plus, comme nous l'avons vu dans la première partie, beaucoup de champignons mycorhiziens ne manifestent pas de spécificité ou ont un spectre d'hôtes très large, pouvant établir la symbiose avec de nombreuses espèces de plantes. Il résulte de cette grande diversité de symbiotes potentiels qu'un même système racinaire porte en général des mycorhizes formées par plusieurs champignons différents dont le nombre s'accroît pendant la saison de végétation, au fur et à mesure de l'extension des racines et de leurs nouvelles rencontres, et, dans le cas des plantes pérennes, avec le vieillissement de l'individu et l'augmentation de la taille de son système racinaire.

Dans le cas des arbres forestiers à ectomycorhizes des forêts tempérées et boréales, qui constituent un bon exemple de plantes pérennes à longue durée de vie, les changements de composition de la communauté des champignons symbiotiques au cours du temps ont été particulièrement étudiés. Non seulement la *richesse* de la communauté (c'est-à-dire le nombre d'espèces qui la composent) augmente avec le vieillissement d'un arbre ou d'un peuplement d'arbres du même âge, mais on constate également une modification de la composition spécifique de cette même communauté. On a défini des espèces de *stade précoce*, opposées à des espèces de *stade tardif* qui s'ajoutent aux précédentes puis les remplacent peu à peu au cours du vieillissement des arbres. À la première catégorie appartiennent par exemple des espèces des genres *Hebeloma*, *Laccaria* ou *Inocybe*, et à la seconde des *Cortinarius*, *Boletus* ou *Russula*. Cependant, cette succession semble davantage due à la modification du sol résultant du vieillissement du peuplement (privation de lumière, réduction de l'amplitude des températures, accumulation de litière, épaississement de l'humus, etc.) qu'à l'âge physiologique proprement dit des arbres hôtes. En effet, de très jeunes semis naissant sous des peuplements âgés peuvent dès leur première année former des ectomycorhizes avec des champignons typiquement de stade tardif, pourvu que ces derniers soient en même temps associés aux vieux arbres et puissent alimenter les semis en ressources nutritives provenant des adultes (voir p. 92).

Comme dans toute communauté d'êtres vivants de différentes espèces, qu'il s'agisse de microbes, de plantes ou d'animaux, les champignons sont en compétition entre eux pour l'accès aux ressources et pour l'occupation des mêmes niches écologiques. Les mécanismes *d'exclusion compétitive* font que certaines espèces dominantes peuvent aller jusqu'à en éliminer d'autres moins adaptées aux conditions locales. Un exemple extrême de ce comportement est donné par le phénomène dit du *brûlé* dans les truffières. Une truffière est un bois naturel ou une plantation d'arbres produisant des truffes, qui sont elles-mêmes les fructifications (sporocarpes) souterraines comestibles très recherchées des champignons ectomycorhiziens du genre *Tuber*. Compte-tenu du prix considérable des truffes, la biologie de ces espèces a été particulièrement étudiée (voir p. 176) et certaines d'entre elles, comme la truffe noire du Périgord (*T. melanosporum*) peuvent coloniser très massivement le système racinaire d'un jeune arbre, au point d'éliminer presque tout autre type de mycorhize pendant plusieurs années. De plus, le mycélium de *T. melanosporum* émet des substances dites *allélopathiques* qui empêchent le développement de la plupart des herbes, d'où le résultat d'une zone nue au pied de l'arbre, appelée « brûlé ». Du fait que les précieux sporocarpes de truffes ne peuvent se former qu'en cas de mycorhizes de *T. melanosporum*, les brûlés sont de précieux indices pour guider les ramasseurs et leurs chiens vers les arbres potentiellement producteurs.

À la diversité *spécifique* des champignons symbiotiquement associés à une plante correspond une diversité *fonctionnelle*, c'est-à-dire que tous les symbiotes ne jouent pas le même rôle vis-à-vis de leur plante hôte : certains sont plus efficaces que d'autres pour favoriser son développement et sa croissance et tous ne sont pas pourvus au même degré des capacités variées que nous avons étudiées (voir p. 74 et suivantes). On sait que, dans des conditions environnementales données, certains champignons endomycorhiziens arbusculaires sont particulièrement performants pour transférer le phosphore du sol à la plante. Cependant, c'est chez les ectomycorhizes des arbres forestiers que la diversité fonctionnelle a été le plus étudiée, mais aussi qu'elle est la plus complexe du fait de la multiplicité des processus en jeu. C'est ainsi, que certains champignons ectomycorhiziens appartenant aux familles des Bolétacées ou des Russulacées sont plus ou moins spécialisés dans la mobilisation de l'azote des protéines du sol par le biais de protéases, alors que certains lactaires (*Lactarius* sp.) ou tomentelles (*Tomentella* sp.) sont surtout actifs en décomposant les polyphénols grâce à la sécrétion de laccases (un type d'enzymes de la famille des polyphénol oxydases), que les mêmes tomentelles contribuent majoritairement à la mobilisation de l'azote des débris d'insectes et de champignons à l'aide de chitinases, et que l'Ascomycète cosmopolite *Cenococcum geophilum* excelle à assurer la survie des racines fines des arbres forestiers en période de sécheresse ; ce rôle de protection est naturellement décisif car il permet aux racines de reprendre rapidement leur fonction d'absorption dès que des conditions plus favorables reviennent.

Une autre approche de la diverstié fonctionnelle des ectomycorhizes est morphologique et basée sur les *types d'exploration*, c'est-à-dire sur la façon dont le mycélium extraracinaire est organisé vis-à-vis des éléments du sol qu'il colonise et sur le mode spatial d'exploitation des ressources. On distingue en première approximation trois grands types d'exploration. Le premier est le type d'exploration *par contact*, chez lequel le manteau fongique est lisse ou ne présente que des protubérances de taille cellulaire ; ces ectomycorhizes sont en contact très étroit avec les constituants du sol, littéralement collées contre les agrégats de terre ou les fragments de matière organique. Les éléments nutritifs mobilisés sous l'action d'enzymes secrétées sont directement transférés par diffusion du substrat au manteau. Ce type d'exploration par contact se trouve en particulier dans la couche la plus superficielle de l'humus forestier, là où les mycorhizes sont plaquées contre la surface inférieure des feuilles mortes en voie de décomposition. Les champignons concernés sont essentiellement des russules, des lactaires et certaines tomentelles, caractérisés par ailleurs par leur aptitude à décomposer les polyphénols grâce à la sécrétion de laccases, ce qui est cohérent avec leur exploitation privilégiée des feuilles mortes. Le deuxième grand type d'exploration est dit *à courte et moyenne distance,* avec un rayon d'action de seulement quelques millimètres ou de l'ordre du centimètre autour de la mycorhize et un mycélium formé d'hyphes isolés ou de simples mèches peu structurées, avec une surface majoritairement hydrophile ; il s'agit d'hébélomes, de cortinaires, d'amanites ou de *Cenococcum geophilum*. Enfin, il y a le type d'exploration à grande distance, caractérisé par des cordons et des rhizomorphes hydrophobes ; ces mycorhizes, formées par exemple par des bolets, des rhizopogons ou des sclérodermes, peuvent atteindre des gisements de ressources à plusieurs décimètres, voire plusieurs mètres, de la racine. De façon plus fine, on peut subdiviser ces trois grandes catégories en types d'exploitation plus précis en fonction de la morphologie des hyphes et des cordons.

Quelle que soit l'approche adoptée, la communauté des ectomycorhizes fait donc incontestablement preuve de *complémentarité fonctionnelle*, puisque les profils d'activités incomplets des espèces prises isolément se complètent les uns les autres. Cependant, toutes les tentatives pour distinguer des groupes fonctionnels opérationnels stables, constitués d'espèces partageant toujours le même type de profil d'activité, ont jusqu'à présent échoué du simple fait que les quelques tendances que nous venons d'indiquer sont très largement modulées par des conditions environnementales telles que le type de sol et la disponibilité des éléments minéraux, l'humidité, la température, le stade physiologique de l'arbre hôte, etc. Plus précisément, la plupart des fonctions citées s'adaptent à l'environnement de façon à optimiser l'approvisionnement du couple champignon-racine en éléments nutritifs ; la sécrétion de phosphatases acides est favorisée par les faibles concentrations en phosphore inorganique, et l'activité protéase est modulée par la teneur en nitrate, en ammonium et en acides aminés libres dans la solution du sol. Il est même impossible de caractériser les espèces de stade précoce ou de stade tardif, que nous avons définies plus haut, en fonction de leurs profils d'activité. Autrement dit, les champignons ectomycorhiziens font preuve de *plasticité fonctionnelle* en s'adaptant aux contraintes locales et instantanées. Mais tous ne sont pas aussi performants de ce point de vue, et c'est probablement parce qu'elles sont fonctionnellement très généralistes et très plastiques que des espèces comme *Tomentella sublilacina* ou *Cenococcum geophilum* abondent dans la plupart des forêts européennes, sur les racines d'essences diverses soumises à des conditions de sol et de climat très différentes.

De nombreuses observations réalisées dans des écosystèmes artificialisés et modifiés par les pratiques agricoles (pour les endomycorhizes arbusculaires) ou sylvicoles (pour les ectomycorhizes) ont révélé que la structure des communautés de mycorhizes était profondément bouleversée par tous les traitements qui affectent directement les propriétés physiques ou chimiques du sol, comme le labour, l'irrigation, la fertilisation ou les amendements organiques ou calcaire (chaulage destiné à remonter le pH de certains sols acides). Pour ce qui concerne les ectomycorhizes des arbres forestiers, un cas intéressant est donné par le champignon ascomycète *Cenococcum geophilum*. Les ectomycorhizes de *C. geophilum* sont très dominantes (souvent plus de 50 % des mycorhizes, voire 60 % à certaines saisons) sur les racines de beaucoup de chênaies et de hêtraies françaises sur les sols pauvres et acides. Cependant, les apports d'engrais ou d'amendements calcaires parfois réalisés pour corriger le peu de fertilité du sol et augmenter la production de bois a comme effet indirect de réduire considérablement la proportion des mycorhizes de *C. geophilum* qui peut alors descendre à moins de 10 %. De plus, cet effet négatif semble lentement réversible puisque, dans certains essais comme en Bretagne et dans les Vosges, les observations ont été effectuées plus de vingt ans après les épandages. Il y a donc lieu de s'interroger sur un éventuel effet secondaire indésirable de la fertilisation en forêt dans le contexte actuel de changement climatique où l'on prédit l'aggravation des épisodes secs, en compromettant l'« assurance sécheresse » que constitue *C. geophilum* pour les arbres.

▶▶ Les réseaux mycorhiziens

Avec la mycohétérotrophie (voir p. 36 et 102), nous savons que des champignons symbiotiques peuvent connecter deux plantes et assurer un transfert bidirectionnel de matière (eau, éléments minéraux, azote, carbone). Mais c'est un cas extrême — car obligatoire pour la plante incapable de photosynthèse — d'une situation générale dans tous les peuplements végétaux. Nous avons vu dans la première partie (voir p. 52) que beaucoup de champignons mycorhiziens n'étaient que faiblement spécifiques, c'est-à-dire qu'ils pouvaient s'associer indifféremment à de nombreuses espèces de plantes. Il en résulte que, dans tout écosystème naturel riche en espèces (prairie, forêt, garrigue, etc.) un même individu champignon (c'est-à-dire un mycélium occupant une surface plus ou moins grande) peut former des mycorhizes avec non seulement des plantes d'une même espèce mais aussi avec celles d'autres espèces. Il est fréquent, dans les forêts tempérées, qu'un même mycélium ectomycorhizien s'étende sur une surface de plus de 100 m^2 et soit symbiotiquement associé avec les racines de tous les arbres présents dans cette surface.

Cette « promiscuité » établie entre plantes par l'intermédiaire des champignons symbiotiques a été étudiée grâce à l'identification moléculaire des individus par marqueurs ADN, simultanément pour la plante et pour le champignon associés dans un grand nombre de mycorhizes prélevées en de nombreux points du terrain ; la représentation des résultats sur une carte permet ensuite de déterminer qui colonise qui, et où. On obtient ainsi l'image du réseau mycélien qui connecte les plantes entre elles. La réalité de tels réseaux mycorhiziens a été démontrée dans des types de végétation aussi divers que la forêt tempérée, la forêt tropicale humide et la prairie. C'est donc vraisemblablement la règle dans toute formation végétale.

La fonctionnalité de ces réseaux mycorhiziens a également été prouvée en mettant en évidence des flux de carbone, d'azote et de phosphore entre plantes *via* les champignons symbiotiques grâce à l'utilisation de marqueurs isotopiques et en interrompant expérimentalement les ponts mycéliens entre racines, et ceci à la fois entre plantes de même espèce ou d'espèces différentes. Dans un système prairial, on a étudié les échanges d'éléments nutritifs entre un trèfle et une graminée. Le trèfle appartient à la famille des Fabacées (pois, fève, haricot, soja, etc.) dont toutes les espèces ont la capacité de fixer directement l'azote de l'air grâce à des bactéries symbiotiques qui forment des nodosités sur les racines ; cette propriété confère aux Fabacées un avantage adaptatif par rapport aux autres plantes qui ne disposent comme ressource azotée que des faibles quantités de nitrate et d'ammonium présentes dans la solution du sol. Quant à elle, la graminée (famille des Poacées) est incapable de fixer l'azote atmosphérique. Enfin, trèfle et graminée forment tous deux des endomycorhizes arbusculaires avec plusieurs des espèces de Gloméromycètes dominantes dans la prairie, ce qui fait qu'elles sont densément interconnectées par le réseau mycorhizien. Ce type d'étude révèle qu'une partie de l'azote fixé par le trèfle se retrouve dans la graminée, qui à son tour cède au trèfle une partie du carbone qu'elle a acquis par photosynthèse, et que ces transferts ont lieu à travers le réseau mycélien symbiotique. Il est important de remarquer que la graminée est mieux placée que le trèfle pour effectuer la photosynthèse, du fait de ses tiges et de ses feuilles dressées qui dominent le tapis végétal de la prairie et reçoivent davantage de lumière. Il y a là un exemple intéressant de *coopération* entre espèces, puisqu'elles échangent des ressources de façon à optimiser l'approvisionnement de l'une et de l'autre ; traduit en termes anthropomorphiques, c'est en quelque sorte le « de chacun selon ses moyens à chacun selon ses besoins » du communisme idéal.

En milieu forestier tempéré, les peuplements d'arbres quasi monospécifiques sont la règle et la fixation de l'azote de l'air par des légumineuses est beaucoup plus marginale qu'en prairie. De plus, les essences sociales sont à ectomycorhizes, et comme nous savons que ce type de symbiose présente beaucoup plus de cas de spécificité d'hôte que les endomycorhizes arbusculaires des formations herbacées ou des forêts tropicales, on pourrait *a priori* penser que les connexions entre espèces y sont moins fréquentes. Néanmoins, l'étagement vertical des strates de végétation, donc l'accès à la lumière, est un facteur majeur de structuration de la communauté végétale. La plupart des recherches dans ces forêts ont porté sur le rôle du réseau mycorhizien dans les mouvements de carbone entre arbres de la même espèce. Les expériences de marquage isotopique (voir annexe 1 pour la méthodologie) ont révélé des transferts de cet élément depuis les arbres dominants, qui jouissent d'un éclairement maximal, vers les arbres dominés qui souffrent d'un déficit de photosynthèse. Comme dans l'exemple précédent concernant les échanges carbone-azote en prairie, ce flux correspond à une redistribution de la ressource entre individus dans un sens compensant les inégalités. Mais comme il s'agit là d'interactions à l'intérieur de la même population, il est facile de voir que de tels transferts « altruistes » sont favorables à la reproduction et à la pérennité locale de l'espèce : les jeunes semis, fortement ombragés par leurs aînés, ont davantage de chance de survivre s'ils reçoivent de ces derniers un complément de carbone compensant leur déficit de photosynthèse ; ils peuvent ainsi se maintenir, même avec une croissance réduite, dans l'attente d'un accès direct à la lumière en atteignant finalement les étages supérieurs ou à l'occasion de la mort ou de la chute de leurs grands voisins. Ce genre d'observation a alimenté beaucoup de réflexions en écologie théorique, notamment au sujet de l'intérêt pour une plante de naître (c'est-à-dire pour une graine de germer) au sein d'un réseau mycorhizien déjà établi entre des plantes complètement développées susceptibles de contribuer à l'alimentation de la plantule. Cette hypothèse a déjà été vérifiée dans des forêts tempérées et tropicales, où on a pu montrer qu'un semis d'arbres avait une meilleure chance de survie et une croissance plus rapide s'il s'installait près d'arbres adultes avec lesquels il partageait des symbiotes mycorhiziens que s'il s'installait à plus grande distance et n'avait que le secours de ses propres symbiotes non connectés à des arbres adultes.

Des résultats plus intrigants et de signification plus générale ont été obtenus dans des forêts de l'ouest du Canada présentant un mélange d'essences strictement à endomycorhizes arbusculaires (thuya) ou strictement à ectomycorhizes (bouleau et Douglas). Un double marquage des parties aériennes avec les deux isotopes du carbone ^{13}C (stable) et ^{14}C (radioactif) a permis de mesurer séparément des flux dans les deux sens et de calculer le flux net par différence. Comme on pouvait s'y attendre du fait de l'incompatibilité croisée des deux sortes de symbiose, des transferts de carbone ont été détectés entre arbres partageant le même type de mycorhizes (même entre arbres des deux espèces, bouleau et Douglas) mais pas entre arbres présentant des types différents de mycorhizes (bouleau-thuya ou Douglas-thuya). Mais la réduction expérimentale de photosynthèse obtenue en enveloppant certains arbres dans un film opaque a montré que si on retrouvait bien le mouvement net de carbone de l'arbre le plus éclairé vers le moins éclairé à l'intérieur de la même espèce, le même phénomène avait lieu entre espèces différentes, pourvu qu'elles partagent le même type de symbiose mycorhizienne (bouleau et Douglas). L' « altruisme » discuté plus haut existe donc non seulement au sein d'une même espèce d'arbres, mais aussi entre espèces, ce qui est plus difficile à interpréter du point de vue de leurs réponses adaptatives.

Les réseaux mycorhiziens sont également impliqués dans des transferts d'eau entre plantes voisines. Ce qui a été en particulier démontré expérimentalement en utilisant de l'eau enrichie en deutérium (^{2}H, un isotope lourd de l'hydrogène), à la fois entre plantes herbacées à endomycorhizes arbusculaires et entre arbres à ectomycorhizes (chênes) et leurs jeunes semis, dans un maquis californien en climat sec. Dans le cas des chênes, un flux net d'eau a été détecté depuis les arbres adultes (qui ont des racines plongeantes accédant à l'eau profonde) vers les semis (dont les racines superficielles sont cantonnées dans la couche supérieure du sol, la plus sèche). Cette dernière observation va dans le sens d'une amélioration de la survie de la progéniture de l'espèce, comme déjà discuté plus haut dans le cas du carbone. Bien que cela n'ait pas encore été étudié, il est probable que ces transferts de matière entre plantes *via* les réseaux mycorhiziens puissent être généralisés à tous les éléments nutritifs en solution dans l'eau.

L'exploration du fonctionnement des réseaux mycorhiziens en est encore à ses premiers balbutiements. Le fonctionnement des réseaux mycorhiziens explorés n'a pas livré tous ses secrets. En effet, seuls quelques types d'associations végétales ont été étudiés dans ce sens. Les forêts tropicales humides, qui les dépassent tous par leur richesse en espèces végétales et par la complexité de leur organisation spatiale, n'ont jusqu'alors fait l'objet que de peu de recherches, limitées au recensement et à la description locale des partenaires symbiotiquement compatibles potentiellement associés en réseau. De plus, même dans les prairies et les forêts tempérées, la mise en évidence de flux d'eau et d'éléments nutritifs entre plantes est rarement quantitative et il serait encore hasardeux d'affirmer que ces transferts sont suffisamment importants pour être significatifs au plan de la nutrition des plantes et des cycles biogéochimiques dans les écosystèmes. Il ne fait cependant pas de doute que les premières connaissances dont nous disposons en la matière nous obligent à reconsidérer les modèles écologiques classiques de structuration des communautés végétales, qui résument le plus souvent les interactions entre espèces à la compétition pour les ressources et aux relation négatives de type exclusion compétitive. Or, l'étude des réseaux mycorhiziens nous apprend que des interactions bénéfiques (mutualistes) sont également fréquentes.

Enfin, l'implication des réseaux mycorhiziens dans d'autres mécanismes écosystémiques que les échanges de ressources nutritives entre plantes commence à être entrevue, par exemple en conduisant des substances allélopathiques (voir p. 100) depuis la plante émettrice jusqu'à la plante cible, améliorant considérablement, par rapport à la simple diffusion à travers le sol, l'efficacité de cette arme chimique, ou en offrant aux bactéries des voies de dissémination privilégiées le long des hyphes (voir p. 109) ; on peut comparer les hyphes du réseau mycorhizien à des « autoroutes à microbes » permettant à ces derniers de franchir de grandes distances grâce aux ressources nutritives offertes par les exsudations des cellules fongiques.

▶▶ Les mycorhizes et la structure du sol

Nous venons de voir à quel point le fonctionnement de la symbiose mycorhizienne au bénéfice de ses deux partenaires reposait pour une grande part sur l'extension des réseaux mycéliens extraracinaires et sur l'exploration du plus grand volume possible de sol. Mais une conséquence indirecte de la colonisation dense du sol par les filaments fongiques est la contribution très significative à sa structure et à ses propriétés physiques, dans un sens d'ailleurs favorable aux plantes. En effet, le mycélium retient ensemble les particules minérales et organiques pour former des microagrégats stables entre lesquels s'établit une porosité permettant la rétention de l'eau et la circulation des gaz qui sont indispensables au fonctionnement des racines. Cet effet est particulièrement déterminant dans les sols très sableux où l'essentiel de la cohésion est assurée par le réseau mycélien, seul rempart contre une érosion rapide.

Ce rôle structurant du réseau fongique mycorhizien est renforcé par le fait que les hyphes de beaucoup de champignons symbiotiques secrètent des substances mucilagineuses hydrophiles ou hydrophobes qui agissent comme des colles et facilitent leur adhérence sur les éléments du sol. Les Gloméromycètes responsables des endomycorhizes arbusculaires sont particulièrement actifs de ce point de vue car les filaments qu'ils émettent dans le sol à partir de la surface des racines sont recouverts d'une épaisse couche d'une glycoprotéine (c'est-à-dire une protéine dont la molécule contient des sucres) appelée glomaline. La glomaline est hydrophobe, ce qui fait que les liaisons qu'elle assure entre les particules du sol ne sont pas affaiblies par l'eau. Elle est aussi thermotolérante, c'est-à-dire qu'elle résiste aux hautes températures que le sol superficiel subit en été dans les pays chauds. Du fait de son caractère en partie hydrophobe, la glomaline n'est que très lentement biodégradable par les bactéries et les champignons décomposeurs du sol. Enfin, lorsqu'elle est liée aux particules argileuses auxquels elle confère une forte cohésion, la glomaline est encore plus récalcitrante à la décomposition biologique. Pour toutes ces raisons, la glomaline est un composant majeur de la fraction organique de beaucoup de types de sols, partout où les formations végétales sont dominées par des espèces à endomycorhizes arbusculaires ; en effet, on estime qu'à l'échelle de la terre entière environ un tiers de tout le carbone contenu dans les sols l'est sous forme de glomaline et que cette substance spécifique du type de symbiose le plus fréquent joue un grand rôle dans la formation et la stabilité de la structure des sols.

▶▶ Les plantes sans mycorhizes

Dans l'introduction, la présentation du phénomène mycorhize suggère implicitement que cette symbiose est la règle chez toutes les plantes terrestres. Ce qui est souvent le cas, mais en partie seulement : certains groupes de plantes ne présentent pas ou pratiquement jamais de mycorhizes dans leur habitat normal ; on estime à environ 20 % la proportion des espèces végétales qui sont peu ou pas mycorhizées. Ces cas minoritaires peuvent avoir plusieurs origines et entraîner des conséquences, que nous allons récapituler.

Il est important de rappeler un point fondamental qui sous-tend tout ce qui suit : il est désormais admis que c'est l'association mutualiste entre des végétaux primitifs et des champignons qui a permis la colonisation des continents par les plantes il y a 450 à 500 millions d'années et leur diversification rapide par la suite (voir p. 10). Il s'ensuit que s'il existe actuellement des espèces affranchies de cette nécessité c'est sûrement la résultante de l'une des trois situations suivantes : soit des conditions environnementales particulières annulent l'avantage de la symbiose, soit la non dépendance aux champignons constitue un avantage adaptatif dans une niche écologique précise, soit de nouvelles caractéristiques racinaires suppléent aux fonctions assurées par les champignons.

Un exemple du premier cas est fourni par les plantes aquatiques, qui représentent en fait la très grande majorité des 20 % d'espèces normalement non mycorhizées. Le retour à la vie partiellement ou totalement immergée concerne des familles entières comme les Zostéracées (posidonies et zostères qui colonisent certains fonds marins côtiers), les Hydrocharitacées (morènes ou grenouillettes, élodées dans nos eaux douces tempérées), les Nymphéacées (nénuphars, nymphéas et lotus), les Typhacées (quenouilles ou massettes de nos fossés), certaines Poacées (roseau commun ou phragmite, canne de Provence) ou les Pontédériacées (jacinthe d'eau, responsable de proliférations catastrophiques dans les eaux douces tropicales). Les racines, les rhizomes, et souvent les tiges ou même les feuilles de ces espèces sont immergées en permanence dans l'eau, les tiges et les feuilles ayant perdu la cuticule cireuse qui empêche la perte d'eau par évaporation chez les plantes terrestres. Elles n'ont de ce fait aucune difficulté à absorber directement l'eau et les éléments nutritifs dissous qu'elle contient, et des champignons associés aux racines n'apportent que peu d'avantages tout en consommant une partie du carbone assimilé par photosynthèse au niveau des feuilles. De fait, la pression de sélection en faveur de la symbiose étant très réduite, les plantes aquatiques sont le plus souvent dépourvues de mycorhizes et de toute façon très peu dépendantes de cette symbiose résiduelle lorsqu'elle existe.

Un autre exemple de conditions environnementales particulières annulant les avantages de la symbiose est donné par les variétés modernes de plantes cultivées ; il est particulièrement intéressant puisque c'est le résultat d'une évolution artificielle accélérée dont l'homme est directement responsable. Depuis les débuts de l'agriculture au Néolithique, l'homme a intentionnellement retenu les graines des individus les plus productifs pour réensemencer les champs l'année suivante, pratiquant ainsi une sélection empirique qui a progressivement amélioré les caractéristiques utilitaires des plantes cultivées ; production de grain, qualité nutritionnelle, résistance aux maladies, etc. Avec ce qu'il est convenu d'appeler la « révolution verte » initiée au XXe siècle, une approche scientifique de la sélection basée sur la génétique a considérablement accéléré le processus et accompagne désormais la croissance rapide de la population humaine mondiale, au point que la création variétale a procuré et continue de procurer des gains de productivité sans commune mesure avec la variabilité naturelle au sein des espèces d'origine. Le développement actuel des variétés transgéniques accélère encore le processus. Cependant, le résultat de toute sélection dépend des conditions de contraintes environnementales qui ont été préalablement définies ; or, les obtenteurs de nouvelles variétés pratiquent naturellement leurs essais au champ dans les conditions où elles vont vraisemblablement être utilisées, c'est-à-dire avec les hauts niveaux de fertilisation chimique du sol (engrais azotés, phosphatés, potassiques, etc.) qui caractérisent l'agriculture intensive moderne dans les pays développés. Les nouvelles variétés sont de plus en plus adaptées à ces conditions artificielles de fertilité du sol non limitante, dépendent de moins en moins de la symbiose mycorhizienne pour accéder aux éléments nutritifs, et se retrouvent de ce fait non seulement non mycorhizées en présence d'un haut niveau de fertilisation mais aussi incapables de contracter la symbiose même à faible niveau de fertilisation, conditions dans lesquelles tout le gain de productivité obtenu par la sélection s'effondre. Ce qui a été constaté à plusieurs reprises avec des céréales (blé, orge, riz, maïs), plantes pour lesquelles les principes de la « révolution verte » ont été mis en œuvre avec le plus de rigueur. Il est cependant possible que le processus soit amplifié par le fait que la sélection porte sur la résistance aux maladies fongiques : comme nous le savons les plantes mettent en œuvre des mécanismes similaires pour empêcher l'infection par les champignons parasites et pour contenir la pénétration des champignons symbiotiques dans des limites tolérables, il est probable que les caractères de résistance aux pathogènes et la difficulté à accueillir la symbiose soient corrélés lors de la sélection. Outre les enseignements pratiques que l'agronome peut en tirer (voir p. 169), cet exemple a le mérite de démontrer expérimentalement (bien que non intentionnellement) que c'est bien la contrainte de faibles ressources qui conduit la plante à dépendre de la symbiose avec un champignon, mais que cette tendance est évolutivement réversible et que la levée de la contrainte pendant plusieurs générations annule ou atténue la dépendance.

À l'inverse, d'autres plantes sont sans mycorhizes non pas parce que la symbiose n'est pas nécessaire, mais parce qu'elle serait un obstacle à leur compétitivité dans les conditions où elles vivent. C'est typiquement le cas des familles Brassicacées (anciennement Crucifères : choux et navets, ravenelles, giroflées, arabettes), Chénopodiacées (arroche, quinoa, épinard, chénopode, betterave), ou Polygonacées (renouées, oseille, rhubarbe, sarrasins) et de certaines Astéracées (anciennes Composées) comme le tournesol ou l'artichaut. Deux faits importants dans cette énumération qui est loin d'être exhaustive : beaucoup des espèces citées sont cultivées, et celles qui ne le sont pas sont en fait soit des mauvaises herbes (ou *adventices*) des cultures (chénopodes, renouées) ou sont ce qu'on appelle des *rudérales*, c'est-à-dire des plantes pionnières qui colonisent très rapidement les sols érodés ou décapés, les talus des routes, les remblais, les murs, mais sont ensuite remplacées par des communautés végétales plus complexes. Ce n'est pas par hasard si des espèces rudérales côtoient dans la liste des plantes cultivées comme le chou, la betterave, le tournesol ou le quinoa : si l'homme a depuis très longtemps domestiqué ces dernières, c'est justement parce qu'elles-mêmes étaient des rudérales sous leur forme sauvage originelle. Elles se reproduisaient vigoureusement par graines, présentaient une croissance rapide et étaient adaptées aux sols nus. Il était facile de maîtriser leur développement dans un champ et d'optimiser leur production par fumure avec les excréments des animaux domestiques. Or, pour pouvoir s'établir rapidement avec succès dans un sol minéral perturbé mécaniquement, dépourvu d'humus, de toute trace de matière organique et donc de microorganismes, dont des spores ou autres formes de conservation de champignons, une plante a tout intérêt à ne pas dépendre de l'association avec un champignon. Elle peut alors exploiter au seul profit de son espèce ce milieu inhospitalier pour les autres plantes qui, elles, nécessitent la formation de mycorhizes et doivent attendre que des apports extérieurs par le vent, le ruissellement ou les animaux rendent disponibles les symbiotes compatibles en quantité suffisante. Cette stratégie adaptative implique cependant que le sol soit riche en éléments nutritifs facilement accessibles à des racines seules, cette contrainte explique pourquoi les plantes rudérales se rencontrent surtout sur des sols relativement riches. C'est pour toutes ces raisons que les plantes rudérales, dont beaucoup de légumes et de mauvaises herbes des champs et des jardins, ne sont pas mycorhizées.

Quant aux Cypéracées (souchets, carex, papyrus) et aux Joncacées (joncs), l'absence de mycorhizes coïncide pour la plupart des espèces avec des habitats très humides situant ces deux familles à la frontière des plantes aquatiques.

Cependant, même dans des conditions de sol riche, il semble que les plantes sans mycorhizes aient eu besoin de compenser l'absence de l'auxiliaire fongique en développant des structures racinaires qui imitent les filaments mycéliens et leur grande efficacité pour coloniser un grand volume de sol, en explorer les plus petits pores er créer une très grande surface d'échange entre le sol et la plante. C'est ainsi que les racines des plantes sans mycorhizes présentent soit des poils absorbants très nombreux et très longs (chez les Brassicacées), soit des *racines protéoïdes* (ainsi nommées car initialement décrites chez des espèces de la famille des Protéacées) ;

ce sont des racines extrêmement fines, formant des touffes denses, que l'on trouve chez certains genres dans les familles Protéacées, certaines Fabacées (lupins, genre *Lupinus*), et plus rarement Bétulacées, Casuarinacées, Élaeagnacées, Moracées, Myricacées, Cyperacées et Restionacées.

En revenant au cas discuté précédemment, on peut donc trouver côte à côte, dans une parcelle agricole lourdement fertilisée, mais nullement dépourvue de spores de Gloméromycètes endomycorhiziens, des betteraves sucrières et une variété de blé à haute productivité, issue de la « révolution verte ». Les deux sont dépourvues de mycorhizes, mais pour des raisons différentes : la betterave parce que l'ancêtre de la forme cultivée (*Beta vulgaris*) était une espèce rudérale ayant naturellement évolué de façon à ne plus dépendre de la symbiose, le blé (*Triticum sativum*) parce que le processus même de sélection génétique dans une filière agronomique donnée lui a enlevé la capacité de former des mycorhizes. Ces deux cultures peuvent être accompagnées d'une adventice comme la ravenelle, qui n'a pas non plus de mycorhizes car rudérale.

▸▸ Rôle de la symbiose mycorhizienne dans la structuration des communautés végétales

Une question centrale en écologie végétale concerne les mécanismes qui déterminent et entretiennent la grande diversité des espèces dans des formations telles que les forêts tropicales humides, les maquis ou les prairies naturelles : qu'est-ce qui empêche le simple phénomène d'exclusion compétitive, par lequel une espèce plus performante dans des conditions données se multiplie plus rapidement que ses voisines, de conduire à la dominance d'un très petit nombre d'espèces et à l'élimination de toutes les autres, moins bonnes compétitrices ? Autrement dit, comment de nombreuses espèces peuvent-elles coexister malgré la concurrence qu'elles se livrent pour l'accès aux ressources ? La réponse à cette question est bien sûr complexe car des mécanismes de plusieurs natures agissent en combinaison. Cependant, les recherches menées dans des communautés végétales de type prairie (plus faciles à manipuler expérimentalement que d'autres types de formations du fait de la petite taille des individus) ont montré que le maintien de la diversité était, au moins en partie, le résultat d'interactions faisant intervenir la symbiose mycorhizienne et plus précisément, dans le cas des plantes des prairies, des endomycorhizes arbusculaires. Il apparaît que les espèces de plantes les plus rares sont aussi les plus dépendantes de la symbiose et bénéficient donc le plus de la stimulation de croissance résultant de l'association avec les champignons compatibles disponibles dans le sol. De plus, les transferts de carbone d'une plante à l'autre à travers le réseau mycélien commun (voir p. 92) sont dirigés vers les espèces les plus dépendantes de la symbiose. Ce soutien privilégié explique que les plantes rares mais très dépendantes de la symbiose parviennent à survivre et contribuent au maintien de la diversité de la communauté.

Mais la diversité et la composition spécifique de la communauté des champignons mycorhiziens eux-mêmes jouent également un rôle identique : les plantes les plus dépendantes de la symbiose sont aussi celles qui réagissent de la façon la plus contrastée à des symbiotes différents, leurs meilleures performances étant obtenues avec des champignons qui manifestent à leur égard une certaine spécificité quantitative, c'est-à-dire une plus forte propension à former des mycorhizes avec elles plutôt qu'avec d'autres espèces. Ce mécanisme s'ajoute au précédent pour permettre le maintien de la diversité des espèces végétales dans les prairies.

Sans que l'on puisse encore généraliser la portée de ces observations à tous les types de formations végétales, il est manifeste que le phénomène de la symbiose mycorhizienne exerce un effet déterminant direct dans la structuration des communautés de plantes. Mais il peut aussi, dans certains cas, exercer un effet indirect par l'intermédiaire des relations de compétition entre champignons symbiotiques et non pas entre plantes. Un exemple particulièrement bien documenté concerne les plantations forestières dans les nappes de callune. La callune (*Calluna vulgaris*, famille des Éricacées) est une petite plante ligneuse à floraison rose, ressemblant à certaines bruyères avec lesquelles il ne faut pas la confondre ; elle forme dans toute l'Europe tempérée et boréale des nappes quasi continues sur les sols acides des landes, des tourbières et des pinèdes. Or ces mêmes zones sont souvent choisies par les forestiers pour créer des forêts artificielles de conifères à croissance rapide comme l'épicéa commun (*Picea abies*), l'épicéa de Sitka (*Picea sitkensis*) ou le Douglas (*Pseudotsuga menziesi*). Les sols qu'occupe la callune sont en général très favorables à la croissance de ces essences forestières ; ce qui est le cas sur de grandes surfaces en Écosse, en Angleterre, en Allemagne du nord, en Bretagne, en Auvergne ou dans le Limousin. Cependant, les forestiers savent que, pour réussir de telles plantations, il est impératif de détruire la callune à l'aide d'herbicides ou de travaux mécaniques. Sinon, les jeunes plants d'épicéa ou de Douglas restent jaunes et ne poussent pas, finissant même parfois par mourir. On a longtemps pensé qu'il s'agissait d'un phénomène d'*allélopathie* entre plantes et que la callune produisait une substance toxique, en quelque sorte un herbicide naturel, qui limitait la concurrence exercée par les arbres introduits ; de tels cas sont en effet courants dans la lutte pour l'espace vital que se livrent les végétaux. Mais la réalité est plus complexe ; la callune ne livre pas bataille directement mais par l'intermédiaire de ses champignons symbiotiques qui jouent en quelque sorte le rôle de mercenaires. La callune, comme la plupart des Éricacées, forme des mycorhizes éricoïdes avec des champignons ascomycètes (voir p. 40) qui produisent des substances (acides organiques et polyphénols) toxiques non pas pour les épicéas eux-mêmes mais pour les champignons ectomycorhiziens des épicéas. Ceux-ci, privés de leurs symbiotes naturels, ne peuvent plus s'alimenter et dépérissent. Les pins (autres conifères, du genre *Pinus*) en revanche, sont associés à d'autres champignons ectomycorhiziens spécifiques (comme certaines espèces des genres *Suillus* ou *Rhizopogon*) qui sont insensibles aux toxines des symbiotes fongiques de la callune. C'est la raison pour laquelle il est fréquent de voir de jeunes pins vigoureux, issus de graines apportées par le vent depuis des pinèdes proches, disséminés au sein d'une plantation d'épicéas souffreteux dans une nappe de callune mal maîtrisée.

De façon générale, ce genre d'observation pose la question du rôle de la symbiose mycorhizienne dans les successions végétales qui suivent une perturbation environnementale. Ces perturbations sont dues à des causes naturelles (feu de forêt, glissement de terrain, tempête, inondation, épidémie) ou humaines (défrichement, pâturage, terrassement, introduction d'espèces exotiques). Mais une distinction plus importante est à faire entre *succession primaire*, c'est-à-dire la colonisation spontanée par des plantes à la suite d'un profond bouleversement qui a exposé un sol vierge, lors du retrait d'un glacier, d'un glissement de terrain, sur le front d'une dune vive ou avec l'apparition d'un nouveau banc d'alluvions après la crue d'un fleuve, et *succession secondaire*, c'est-à-dire le remplacement d'un type de végétation par un autre à la suite d'une perturbation moins radicale, comme le feu, le pâturage ou l'introduction artificielle d'une espèce étrangère à la communauté végétale préexistante, comme dans le cas de plantations d'épicéas dans les nappes de callune. Dans le premier cas, les ressources nutritives minérales sont faibles, alors que dans le deuxième, il y a au contraire un enrichissement temporaire dû à la mobilisation des éléments contenus dans la végétation détruite.

De nombreuses situations de succession végétale ont été étudiées sous l'angle de la symbiose mycorhizienne ; naturellement, du fait de la multiplicité des facteurs en cause, on observe des évolutions spécifiques de chaque cas. On peut néanmoins relever quelques faits récurrents qui constituent la trame des trajectoires constatées. Même si pendant peu de temps, les successions primaires débutent invariablement par des espèces herbacées non mycorhizées ou très peu dépendantes de la symbiose, appartenant aux familles Chénopodiacées, Brassicacées, Polygonacées, Cypéracées ou Joncacées (voir la discussion sur l'écologie propre à ces espèces, p. 96), elles sont ensuite remplacées par des espèces à symbiose endomycorhizienne arbusculaire facultative, puis obligatoire. C'est aussi à ce stade que les espèces légumineuses capables de fixer l'azote atmosphérique grâce à la symbiose avec des bactéries formant des nodosités racinaires sont les plus représentées. Ensuite, que ce soit dans les successions primaires ou secondaires, une phase intermédiaire est souvent dominée par des espèces ligneuses formant à la fois des ectomycorhizes et des endomycorhizes arbusculaires, comme les saules et les peupliers dans l'hémisphère nord, ou les eucalyptus et les Casuarinacées en Australie. Enfin, dans les phases plus tardives de la succession, et dans le cas des sols acides dans les zones froides où l'azote est séquestré dans l'humus qui s'accumule avec le temps, les arbres à ectomycorhizes et surtout les Éricacées (callune, bruyère, myrtille, etc.) et leurs mycorhizes éricoïdes, particulièrement efficaces pour mobiliser cet élément, deviennent dominants. La figure 19 schématise les phases successives d'une telle succession, dans le cas particulier d'un climat boréal ou tempéré froid.

Ces quelques exemples montrent que la nature symbiotique des plantes joue un rôle central dans la façon dont les différentes espèces s'organisent en communautés, tout aussi important et au même titre que d'autres traits de vie qui conditionnent leur écologie tels que le mode de fécondation des fleurs, la dissémination des graines, la tolérance aux parasites ou le cycle annuel.

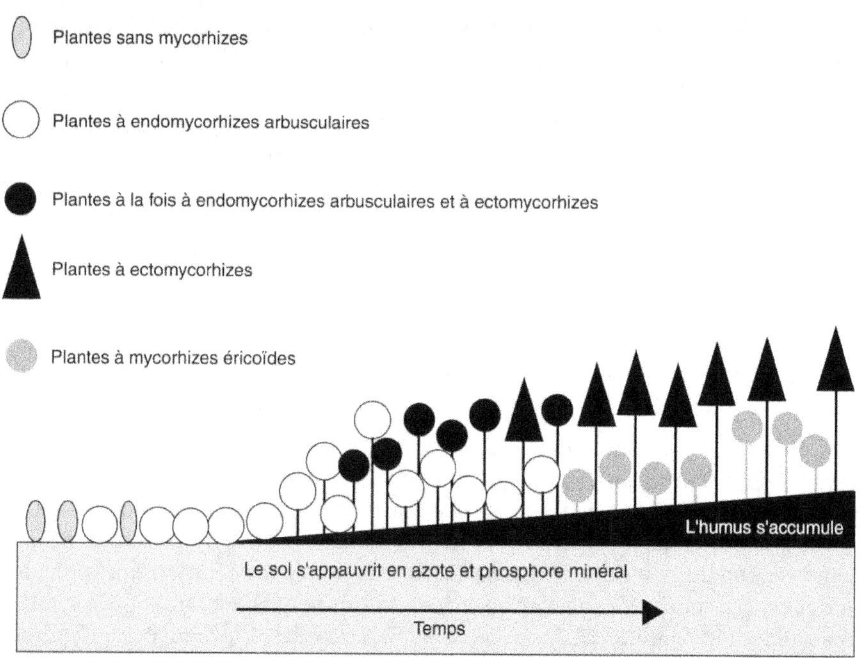

Figure 19. Représentation schématique d'une succession primaire d'espèces végétales colonisant un sol nu, depuis l'installation des premières plantes pionnières sans mycorhizes (à gauche) jusqu'au stade stabilisé d'une forêt d'arbres à ectomycorhizes avec un sous-bois d'Éricacées (à droite).

▸▸ Des mycorhizes pourvoyeuses de carbone et qui fonctionnent à l'envers

Certaines familles de plantes renferment des espèces, souvent des genres entiers, complètement dépourvus de chlorophylle, ce qui se traduit par l'absence de toute couleur verte, par des feuilles réduites à l'état d'écailles jaunâtres, et surtout par l'incapacité d'effectuer la photosynthèse et donc d'assimiler le carbone atmosphérique. Dans nos régions d'Europe tempérée, c'est le cas des orobanches ou des lathrées (famille des Orobanchacées), des strigas (famille des Scrophulariacées), des cuscutes (famille des Convolvulacées), des monotropes (famille des Éricacées) ou de certaines orchidées forestières (famille des Orchidacées). Ces espèces dépendent totalement d'autres plantes, ces dernières étant normalement vertes, pour leur approvisionnement en carbone sous forme de sucres provenant de la photosynthèse. Les orobanches, les lathrées, les strigas et les cuscutes parasitent purement et simplement d'autres plantes en leur prélevant de la sève élaborée (la sève descendante chargée de sucre) par l'intermédiaire de suçoirs au niveau des racines pour les orobanches ou des tiges pour les cuscutes ; n'ayant pas de vraies racines, ces plantes parasites ne font pas l'objet d'associations mycorhiziennes. Ce qui n'empêche pas certaines d'entre elles de causer des pertes considérables à l'agriculture, comme pour le tournesol ou le colza avec les orobanches, le sorgho avec les strigas et la luzerne ou la pomme de terre avec les cuscutes.

Cependant, le mécanisme d'acquisition du carbone est beaucoup plus sophistiqué chez les monotropes et les orchidées non chlorophylliennes (voir respectivement p. 35 et 37). Ces espèces sont toutes forestières. Elles ne dérivent pas les sucres des arbres en se branchant directement sur leurs racines comme les lathrées (elles aussi forestières), mais passent par l'intermédiaire de champignons basidiomycètes qui forment des mycorhizes à la fois avec les arbres et les plantes sans chlorophylle. Ces mycorhizes sont de type morphologique ectomycorhize du côté de l'arbre mais de type monotropoïde (pour les monotropes) ou orchidoïde (pour les orchidées) du côté de la plante sans chlorophylle. Les composés carbonés sont conduits à travers le sol, par les filaments du champignon, depuis les racines de l'arbre où ils sont abondants — et renouvelés en permanence à partir de la photosynthèse réalisée par les feuilles de la canopée — jusqu'aux racines de la plante sans chlorophylle où ils sont consommés pour la croissance et la respiration. La plante sans chlorophylle se comporte en parasite vis-à-vis du champignon (elle reçoit sans échange de sa part) qui lui-même vit en symbiose mutualiste avec l'arbre. Ce rôle en quelque sorte dissymétrique du champignon est intrigant du point de vue évolutif : quels sont les mécanismes adaptatifs qui permettent la stabilité du « parasitisme » de la plante sans chlorophylle sur le champignon ? Les résultats les plus récents de la recherche, basés sur les variations d'abondance naturelle de l'isotope ^{13}C du carbone dans les différents compartiments du système, suggèrent qu'en fait le champignon serait « trompé » par la plante sans chlorophylle (qualifiée ainsi de tricheuse) : elle lui permettrait d'établir des structures analogues à des mycorhizes (quoique de type différent des ectomycorhizes que les Basidiomycètes forment habituellement avec les arbres), mais le flux de carbone s'établirait forcément à contre-sens, c'est-à-dire du champignon vers la plante, puisque cette dernière est un puits au lieu d'être une source. Les plantes sans chlorophylle qui présentent ce mode de nutrition carbonée dépendant d'un champignon sont qualifiées de *mycohétérotrophes*. Celles que l'on trouve le plus souvent dans les forêts françaises sont le monotrope (*Monotropa hypopitys*), les orchidées néottie nid d'oiseau (*Neottia nidus-avis*) et la limodore à feuilles avortées (*Limodorum abortivum*) ; l'orchidée racine de corail (*Corallorhiza trifida*) et l'épipogon sans feuilles (*Epipogium aphyllum*) sont plus rares.

Si ce genre d'interactions commence à être bien connu dans les forêts boréales, tempérées et méditerranéennes, où dominent les essences forestières à ectomycorhizes, il l'est moins dans les forêts tropicales humides où les plantes de sous-bois mycohétérotrophes sont beaucoup plus abondantes et diversifiées. Elles appartiennent à plusieurs familles dont certaines ne sont pas présentes dans nos régions tempérées : chez les monocotylédones les Burmanniacées, Corsiacées, Iridacées, Orchidacées, Petrosaviacées, Triuridacées, et chez les dicotylédones les Éricacées, Gentianacées et Polygalacées. Du fait que la symbiose ectomycorhizienne est rare dans les forêts tropicales humides, elles dépendent d'autres types de champignons pour leur approvisionnement en carbone. Certaines sont associées à des champignons *saprotrophes*, c'est-à-dire qui obtiennent leur carbone en décomposant la litière et le bois mort. D'autres (la majorité, semble-t-il) forment des endomycorhizes arbusculaires classiques avec des Gloméromycètes qui sont aussi associés aux arbres et jouent alors le même rôle d'intermédiaires « trompés » que les Basidiomycètes ectomycorhiziens des forêts tempérées.

Il apparaît que la mycohétérotrophie est une tendance évolutive forte qui a conduit plusieurs groupes de plantes de sous-bois, pourtant aussi éloignés en parenté que des monocotylédones et des dicotylédones, à converger vers ce même mode de vie afin de se procurer du carbone dans un environnement où la lumière nécessaire à la photosynthèse est rare mais où les champignons sont omniprésents, la plupart vivant en symbiose avec les arbres. Il existe d'ailleurs des cas intermédiaires qui illustrent cette tendance de certains groupes de plantes forestières à compenser des conditions d'éclairement insuffisantes par le recours aux champignons comme pourvoyeurs de composés carbonés. C'est le cas de certaines espèces de pyroles (genre *Pyrola*, famille des Éricacées) et d'orchidées forestières des régions tempérées appartenant aux genres *Cephalanthera* et *Epipactis*. Dans les deux cas (pyroles ou orchidées), les champignons semblent être les mêmes ; cependant, alors qu'ils forment des ectomycorhizes avec les arbres, ils forment des mycorhizes arbutoïdes avec les pyroles et des mycorhizes orchidoïdes avec les orchidées.

Un cas particulièrement intéressant est l'orchidée épipactis violacé (*Epipactis purpurata*) qui selon les individus présente des feuilles tantôt vertes, tantôt de couleur rosâtre et dépourvues de chlorophylle. Certains individus au sein d'une même espèce sont davantage dépendants des champignons mycorhiziens que d'autres, et leur statut hétéromycotrophe est facultatif ; il est probable qu'un même individu vert puisse fonctionner des deux façons, mais cela reste à prouver expérimentalement. Ces espèces sont qualifiées de *mixotrophes,* c'est-à-dire pouvant pratiquer une alimentation mixte pour le carbone, à la fois autotrophe et mycohétérotrophe. Les recherches sur la mixotrophie sont très récentes et il est probable qu'on découvre prochainement de nouvelles espèces, autres que des orchidées et des Pyrolacées, pratiquant ce mode de nutrition carbonée. Cependant, l'existence au sein d'une même espèce de variants plus ou moins « albinos » capable de survivre assez longtemps pour se reproduire grâce à une mycoheterotrophie ou une mixotrophie de circonstance a certainement facilité l'évolution vers des espèces purement achlorophylliennes et mycohétérotrophes.

De récents travaux laissent supposer que des plantes vertes typiques comme les grands chênes de nos forêts (le chêne rouvre, ou chêne sessile, *Quercus petraea* et le chêne pédonculé *Quercus robur*), pas privés de lumière *a priori*, puisqu'étalant leur feuillage au sommet de la canopée, seraient temporairement mycohétérotrophes pendant quelques semaines au printemps, juste avant la feuillaison, et recevraient alors du carbone de leurs symbiotes ectomycorhiziens, le flux habituel étant temporairement inversé. Ce qui n'est encore qu'une hypothèse, certes étayée par des résultats basés sur des mesures isotopiques et enzymatiques, expliquerait comment ces chênes sont parmi les rares arbres qui commencent à former du bois au printemps avant même d'avoir des feuilles et alors que les réserves en carbone accumulées dans l'arbre pendant la saison précédente sont déjà épuisées par la reprise précoce de la croissance des racines.

On voit que la mycohétérotrophie, loin d'être une simple curiosité au sein du monde végétal, est en fait un phénomène fréquent, divers et complexe qui relie deux plantes par l'intermédiaire d'un mycélium commun. Ce fait souligne la puissance des associations plante-champignon comme moteurs de l'évolution de la biodiversité et de sa dynamique, et comme pivot de la stabilité et de la résilience des écosystèmes. C'est un domaine encore peu exploré et il est probable que d'autres aspects inconnus nous soient prochainement révélés.

❯❯ Un cas particulier de mycohétérotrophie obligatoire : la germination des graines dépourvues de réserves

Il existe au moins une douzaine de lignées de plantes à fleurs, indépendantes les unes des autres dans l'arbre phylogénétique des Angiospermes (voir figure 9) dont les graines sont si petites — souvent nettement moins d'un dixième de millimètre — que l'embryon est réduit à quelques cellules emballées dans une enveloppe morte qui assure la suspension et la dispersion dans l'atmosphère. Cette caractéristique leur a valu le surnom de « graines poussière » (*dust seeds*). Le résultat d'une telle réduction est une extraordinaire efficacité de dissémination à grande distance par le vent, qui égalise presque celle des grains de pollen des fleurs ou des spores des champignons. Mais toute médaille a son revers : ces graines sont si petites qu'il n'y a plus de place pour des réserves nutritives capables d'alimenter l'embryon lors de son développement ; il est théoriquement impossible qu'elles puissent germer.

Cependant, les principales familles de plantes concernées sont les Burmanniacées, Corsiacées, Orchidacées, Petrosaviacées, Triuridacées, Éricacées, Gentianacées, Polygalacées, et Orobanchacées. On remarque que ce sont exactement les mêmes que nous avons citées en début de section précédente comme contenant des espèces mycohétérotrophes. C'est là que se trouve la clé du mystère : ces plantes sont mycohétérotrophes obligatoires dès la germination, et elles se comportent en parasite des champignons (eux-mêmes saprotrophes ou mycorhiziens d'autres plantes), et ce dès le tout début de leur existence. Ensuite, selon qu'elles appartiennent à des espèces mycohétérotrophes strictes, mixotrophes ou complètement chlorophylliennes et autotrophes, elles conservent ou abandonnent ce mode de vie plus ou moins tôt, partiellement ou totalement. Chez les pyroles, la situation semble même être un peu plus complexe puisqu'il y a également un changement de symbiote fongique entre la germination proprement dite de la graine et le développement de la petite plante verte : des Sébacinales saprotrophes sont remplacées par des Basidiomycètes ectomycorhiziens des arbres voisins ; cependant, cette transition est encore incomplètement décrite et reste à interpréter fonctionnellement.

Quoi qu'il en soit, avec les graines poussière, l'évolution a abouti, en qualité de dissémination de l'espèce, à ce que cet avantage soit compensé par une dépendance accrue à la symbiose avec des champignons. Cette stratégie adaptative s'est avérée tellement efficace chez certains groupes de plantes qu'elle concerne maintenant la totalité des orchidées, la famille végétale de loin la plus diversifiée puisqu'elle compte plusieurs dizaines de milliers d'espèces. C'est chez une orchidée mycohétérotrophe de nos régions, la néottie nid d'oiseau (*Neottia nidus-avis*) que le naturaliste français Noël Bernard a décrit en 1899 pour la première fois avec exactitude, les étapes de la germination des graines d'orchidées et démontré le rôle déterminant du champignon.

➤➤ La symbiose mycorhizienne dans le contexte général de la rhizosphère

Le terme *rhizosphère* a été utilisé la première fois en 1904 par le microbiologiste et agronome bavarois Lorenz Hiltner pour désigner la zone du sol influencée par les racines et leurs microorganismes associés. Du fait de l'activité biologique intense qui y règne les propriétés du sol rhizosphérique diffèrent notablement de celles à distance de la racine, et les communautés biologiques y sont plus abondantes et de composition très différente. La rhizosphère est marquée avant tout par la sécrétion et l'exsudation de composés organiques de faible poids moléculaire par les racines, comme des sucres, des acides organiques, des acides aminés, des acides gras ou des peptides, ainsi que par des dépôts de tissus morts ; on évalue ce flux de carbone à 10 à 20 % des produits de la photosynthèse, soit du même ordre de grandeur que la fraction consommée par les symbiotes mycorhiziens eux-mêmes (voir p. 73). Ces composés organiques facilement assimilables constituent un substrat nutritif de choix pour toutes sortes de microorganismes qui prolifèrent à proximité des racines. Il y a aussi la respiration de la racine, donc l'enrichissement en gaz carbonique qui se dissout dans la solution du sol et l'acidifie, l'absorption et l'appauvrissement en eau et en éléments nutritifs (zone de déplétion évoquée précédemment), les modifications de pH causées par l'absorption des ions minéraux (acidification dans le cas des cations et alcalinisation dans le cas des anions), des remaniements et des mélanges mécaniques, etc. Du fait de l'allongement et de la ramification continuelle des racines, la rhizosphère se déplace, se déforme et se modifie sans cesse. C'est dans ce contexte dynamique que s'établit, se maintient et fonctionne la symbiose mycorhizienne.

Parmi les nombreuses interactions qui existent entre les champignons symbiotiques et les autres microorganismes de la rhizosphère, six catégories ont été particulièrement étudiées car mettant en jeu des acteurs ou des processus qui ont un impact significatif sur le comportement des plantes et un intérêt pratique potentiel en agronomie : la microfaune mycophage, les bactéries symbiotiques fixatrices d'azote, les bactéries libres, les endobactéries, les champignons saprotrophes et les organismes pathogènes.

La microfaune mycophage

D'abord, la présence même des champignons dans la rhizosphère, en particulier des espèces mycorhiziennes qui nous intéressent ici, est sans cesse remise en cause car leur mycélium constitue la source de nourriture exclusive pour une grande partie de ce qu'on appelle la *microfaune* du sol, c'est-à-dire la communauté de très petits animaux (certains à peine visibles à l'œil nu) essentiellement composée de collemboles (petits insectes aptères), de larves de diptères, d'acariens et de certains nématodes (petits vers piqueurs-suceurs). De nombreuses expériences ont démontré que cette microfaune *mycophage* (ce qui signifie se nourrissant de champignons) consommait une partie importante des champignons croissant dans la rhizosphère, au point de pouvoir fortement compromettre l'établissement et le fonctionnement de la symbiose. C'est là le principal facteur déterminant le statut mycorhizien des plantes ; pourtant, du fait de la difficulté à expérimenter avec la microfaune sur le terrain et du cloisonnement des disciplines, les recherches sont récentes avec encore peu de résultats.

Il a par exemple été montré expérimentalement que la consommation du manteau et des cordons mycéliens d'ectomycorhizes formés par *Paxillus involutus* avait des effets inverses selon la densité de la population du collembole *Onychiurus armatus* et l'intensité de la mycophagie : bien qu'une faible densité de consommateurs stimule le développement du mycélium extraracinaire et l'efficacité absorbante des ectomycorhizes, ce n'est qu'avec de fortes densités de collemboles que la situation s'inverse. D'autres expériences sur des bouleaux ont révélé que la présence d'une microfaune diverse et abondante réduisait bien la colonisation ectomycorhizienne des racines mais que la nutrition minérale et la croissance des plantes étaient parfois stimulées du fait de la remobilisation par la mycophagie des éléments nutritifs contenus dans les hyphes fongiques.

Chez les endomycorhizes arbusculaires, des expériences plus nombreuses ont clairement montré que la rupture du réseau mycélien extraracinaire sous l'effet de certaines microfaunes mycophages réduisait les mouvements de phosphore, d'azote et de carbone entre le sol et les plantes et entre plantes, mais c'est le déterminisme de la consommation par les différentes espèces animales qui lui reste incompris.

L'interprétation de tous ces résultats se complique du fait que les schémas des préférences alimentaires des animaux concernés demeurent quasiment inconnus, ce qui rend difficile de prédire leur impact sur tel ou tel champignon ectomycorhizien. La situation n'est pas simple et une étude plus approfondie de la mycophagie comme mécanisme régulateur des réseaux d'interactions dans les communautés végétales est nécessaire de par l'intérêt croissant pour les applications pratiques des mycorhizes qui mettent en jeu la maîtrise du système par des moyens artificiels (voir la troisième partie).

Les bactéries symbiotiques fixatrices d'azote

Les racines de certaines plantes hébergent des bactéries symbiotiques en plus des champignons mycorhiziens. Toutes les Fabacées (famille aussi communément appelée légumineuses, caractérisée par des fleurs papilionacées, des fruits en forme de gousse, et qui contient beaucoup d'espèces cultivées comme le haricot, la fève, la lentille, le pois, le soja ou le pois chiche) forment des nodosités racinaires qui renferment des bactéries de la famille des Rhizobiacées. Ces nodosités se présentent sous la forme d'excroissances charnues de forme et de taille diverses, visibles à l'œil nu et pouvant mesurer près d'un centimètre de diamètre. D'autres groupes de plantes, toutes ligneuses (arbres, arbrisseaux ou arbustes) forment des nodosités plus grosses, ligneuses et pérennes, appelées *actinorhizes* puisqu'étant le résultat de la symbiose avec des bactéries filamenteuses de la classe des Actinobactéries (en particulier du genre *Frankia*). Les espèces de plantes à actinorhizes sont distribuées dans des genres appartenant à plusieurs familles : les aulnes (*Alnus* sp., famille des Bétulacées), les filaos (*Casuarina* sp., Casuarinacées), le redoul ou corroyère

(*Coriaria myrtifolia*, Coriariacées), le myrique baumier ou piment royal (*Myrica galle*, Myricacées), le lilas de Californie (*Ceanothus*, Rhamnacées), les dryades (*Dryas* sp., Rosacées) ou l'olivier de Bohème et l'argousier (*Elaeagnus angustifolius* et *Hippophae rhamnoides*, Éléagnacées). Il existe des groupes de plantes qui forment des symbioses fixatrices d'azote avec une autre division des bactéries, les cyanobactéries (anciennement appelées algues bleues). Ce sont essentiellement de petites fougères aquatiques tropicales du genre *Azolla*, l'ordre des Cycadales (genres *Cycas, Zamia, Macrozamia*) chez les Gymnospermes et le Genre *Gunnera* dans la famille des Gunneracées (Angiospermes).

Toutes ces symbioses bactériennes, les nodosités à Rhizobiacées des Fabacées comme les actinorhizes et les racines à cyanobactéries, fonctionnent de la même façon : grâce à la *nitrogénase*, une enzyme propre au domaine bactérien et qui n'existe pas chez les plantes, les champignons ou les animaux, la bactérie fixe l'azote moléculaire de l'air et le transforme en ammonium assimilable par la plante ; en contrepartie, la plante alimente la bactérie en composés carbonés provenant de sa propre photosynthèse, de la même façon qu'elle alimente ses symbiotes fongiques mycorhiziens. C'est pourquoi les plantes à nodosités bactériennes sont mieux armées, pour survivre et prospérer dans des sols où l'azote est rare, que leurs compétitrices pour lesquelles le seul moyen d'acquérir cet élément est d'absorber le peu de formes combinées (nitrate ou ammonium) présentes dans la solution du sol.

Mais la réaction biochimique par laquelle la nitrogénase transforme l'azote atmosphérique en ammonium nécessite beaucoup d'énergie, et l'énergie est transportée dans tout système vivant par des molécules spécialisées qui contiennent beaucoup de phosphore. Or, nous avons vu (voir p. 79 et 82) qu'une des fonctions principales des champignons mycorhiziens était justement de faciliter la nutrition phosphatée des plantes ; chez les plantes à symbiose bactérienne fixatrice d'azote, les deux types de symbiose sont donc complémentaires : le champignon optimise l'activité de la bactérie en exploitant plus efficacement le phosphore du sol, et en retour la bactérie procure de l'azote en quantité à la plante, qui assimile davantage de carbone atmosphérique puisque l'azote est un facteur limitant de la photosynthèse, et de fait procure davantage de composés carbonés essentiels à ses symbiotes. La réalité de cette synergie a été démontrée expérimentalement avec plusieurs espèces de plantes, notamment cultivées et dans des conditions diverses avec comme résultat une production plus élevée lorsque les deux types de symbiose sont présents simultanément. On parle alors d'une *métasymbiose*, c'est-à-dire d'une association mutualiste à plus de deux partenaires, entre la plante hôte et ses champignons et bactéries symbiotiques associés.

Les bactéries libres

Un autre cas d'organismes rhizosphériques interagissant avec la symbiose mycorhizienne implique des bactéries libres, c'est-à-dire qui vivent à la surface ou à proximité immédiate des racines ou de leurs extensions fongiques (éventuellement jusqu'à l'intérieur du manteau des ectomycorhizes, entre les filaments du champignon), mais sans association plus intime avec les tissus de la plante. Parmi ces bactéries libres, certaines sont spécialisées et ne colonisent que la niche écologique rhizosphère, avec parfois des préférences pour telle ou telle espèce de plante ou telle ou telle espèce de champignon mycorhizien.

Certaines bactéries rhizosphériques on un effet bénéfique sur la nutrition minérale et le développement des plantes, Elles sont qualifiées de PGPR (en anglais *Plant Growth-Promoting Rhizobacteria :* rhizobactéries stimulant la croissance des plantes). Cet effet bénéfique peut être direct, lorsque la bactérie stimule la croissance racinaire (symbiose associative entre la bactérie PGPR et sa plante-hôte), ou indirect, lorsqu'elle contrôle des organismes parasites des tissus racinaires (antagonisme).

D'autres vivent en interaction tellement étroite avec la racine et les symbiotes fongiques qu'elles ont évolué en même temps qu'eux depuis très longtemps et se sont adaptées à la vie en commun, en exerçant une action bénéfique sur l'association plante-champignon. Elles appartiennent à des genres divers chez les Protéobactéries (*Azospirillum, Agrobacterium, Azotobacter, Burhholderia, Bradyrhizobium, Enterobacter, Pseudomonas, Klebsiella, Rhizobium*), les Firmicutes (*Bacillus, Brevibacillus, Paenibacillus*) et les Actinobactéries (*Rhodococcus, Streptomyces, Arthrobacter*).

Ces bactéries sont appelées BAM (bactéries auxiliaires de la mycorhization). Elles favorisent l'établissement de la symbiose par une grande variété de mécanismes. Dans certains cas, la bactérie stimule la croissance du mycélium dans le sol en émettant des molécules actives à très faible concentration, comme des vitamines que le champignon ne produit pas ou des molécules « signal », c'est-à-dire des substances non nutritives mais qui modifient le développement ou le comportement d'un organisme tiers. De telles molécules « signal » d'origine bactérienne peuvent aussi agir en améliorant la réceptivité de la racine à la colonisation par le champignon, en produisant des enzymes ramollissant la paroi des cellules de l'épiderme de la racine, facilitant ainsi la pénétration. Dans d'autres cas, elles agissent non pas au niveau de la racine ou du champignon seul, mais indirectement au niveau du « dialogue moléculaire » qui précède la symbiose (voir p. 65). Certaines observations suggèrent que les bactéries auxiliaires aideraient aussi le champignon en dégradant des molécules organiques toxiques du sol. Enfin, au-delà de la phase de mise en place de l'association symbiotique, des bactéries aident au fonctionnement de la racine mycorhizée en participant avec le champignon à la mobilisation des éléments nutritifs du sol à partir des minéraux et de la matière organique (voir p. 80 et 82).

Ces mécanismes peuvent être spécifiques, c'est-à-dire que l'effet auxiliaire d'une bactérie donnée peut ne se manifester qu'avec une espèce de champignon mycorhizien. Dans le cas des ectomycorhizes pour lesquelles nous disposons d'observations les plus poussées, il a été démontré expérimentalement que certaines souches particulières de la bactérie pseudomonas fluorescent (*Pseudomonas fluorescens*) provenant du système symbiotique formé par le sapin de Douglas (*Pseudotsuga menziesii*, un arbre américain planté en France) et le laccaire bicolore (*Laccaria bicolor*, un champignon ectomycorhizien commun en forêt) exerçait un effet auxiliaire de la mycorhization pour ce couple de partenaires, ainsi que pour ce même champignon et d'autres espèces d'arbres, ou avec des champignons d'autres espèces du même genre *Laccaria*, mais pas avec des champignons d'autres genres ; la souche de bactérie en question est donc spécifique des laccaires. Dans ce même système, il a aussi été montré que l'effet auxiliaire était en partie dû au fait que la bactérie produisait de la thiamine (la vitamine B12) ; elle est nécessaire au laccaire mais il ne la produit pas. En contrepartie, le laccaire produit abondamment du tréhalose, sucre spécifiquement produit par certains champignons et substrat de prédilection pour la multiplication du *Pseudomonas*. Il y a donc une certaine complémentarité de besoins nutritionnels entre les deux microorganismes, ce qui optimise la performance de l'ensemble du système et explique la stabilité de la cohabitation dans la rhizosphère.

Les endobactéries : des bactéries à l'intérieur des champignons

Des cas d'associations encore plus intimes entre des champignons mycorhiziens et des bactéries ont récemment été découverts grâce à la combinaison des techniques de biologie moléculaire et de microscopie laser (voir annexe 1). Ce sont des bactéries situées à l'intérieur même des cellules vivantes du champignon et qui se multiplient de façon à coloniser l'ensemble des tissus fongiques. Elles sont appelées *endobactéries*, par analogie avec celles que l'on trouve dans certaines cellules animales ou végétales.

Chez le champignon basidiomycète ectomycorhizien *Laccaria bicolor* (le laccaire bicolore), des bactéries appartenant à des groupes aussi différents que des Protéobactéries (Gram-négatives) ou des Firmicutes (Gram-positives) ont été détectées à la fois dans les hyphes du réseau de Hartig, dans le mycélium externe et dans les cellules des sporocarpes. La diversité de ces communautés bactériennes, ainsi que leurs similitudes avec les communautés libres de l'ectomycorhizosphère et l'observation de bactéries traversant les parois fongiques, suggèrent qu'au moins certaines des espèces qui les composent seraient capables de pénétrer dans le champignon, d'y survivre et même de s'y multiplier. Diverses bactéries ont aussi été trouvées dans les cellules des sporocarpes du champignon ascomycète ectomycorhizien *Tuber borchii* (une truffe blanche).

Mais un degré d'intégration beaucoup plus poussé a été découvert chez les Gloméromycètes, champignons responsables des endomycorhizes arbusculaires. Sur vingt huit espèces étudiées, provenant de quatre continents et appartenant à diverses lignées évolutives, la plupart contiennent systématiquement un très grand nombre de cellules bactériennes dans les hyphes et dans les spores. Cependant, contrairement à ce qui a été observé chez les deux champignons ectomycorhiziens cités plus haut, ces bactéries sont toutes étroitement apparentées entre elles et appartiennent au groupe des Mollicutes, comme beaucoup d'autres espèces bactériennes bien connues pour vivre à l'intérieur des cellules des plantes et des animaux, dans une relation de symbiose mutualiste (comme chez beaucoup d'insectes) ou de parasitisme (comme les maladies dites à *mycoplasmes* chez les plantes ou chez l'homme). Mais ces Mollicutes intrafongiques sont pourvues d'une paroi Gram-positive, alors que les Mollicutes des plantes ou des animaux l'ont perdue au cours de l'évolution, ce qui indique que l'association avec les Gloméromycètes n'a pas atteint le même niveau d'intégration qu'avec les plantes et les animaux. Enfin, les découvertes de bactéries intracellulaires se multiplient aussi dans des champignons autres que les symbiotes mycorhiziens.

Les recherches dans ce domaine n'en sont qu'à leur début ; il ressort pourtant des premiers résultats que les champignons symbiotiques des plantes, comme beaucoup d'autres champignons, de plantes et d'animaux, hébergent fréquemment des bactéries. Certes, rien ne permet encore de savoir si cette relation est une vraie symbiose mutualiste (bénéfique pour le champignon), un parasitisme (nuisible) ou un simple commensalisme (cohabitation sans effet marqué sur l'hôte fongique). On remarque que l'association semble être beaucoup plus intégrée chez les endomycorhizes arbusculaires (formées par des Gloméromycètes, qui ne contiennent qu'un groupe bactérien spécialisé, incultivable hors des cellules fongiques) que chez les ectomycorhizes (formées par des Ascomycètes ou des Basidiomycètes, qui hébergent une grande diversité de lignées bactériennes cultivables et communes dans le sol) ; ceci est cohérent avec l'ancienneté beaucoup plus grande des Gloméromycètes, qui a permis une plus longue coévolution entre les champignons et les bactéries.

Les champignons saprotrophes

Les bactéries ne sont pas les seuls microorganismes de la rhizosphère à interagir avec la symbiose mycorhizienne : il y a bien sûr d'autres champignons, parmi lesquels les décomposeurs (ou saprotrophes, c'est-à-dire se nourrissant de matière morte) jouent un premier rôle. Il s'agit d'une très grande diversité d'espèces, Ascomycètes, Zygomycètes, Basidiomycètes, qui utilisent pour se nourrir la matière organique du sol et des débris animaux et surtout végétaux grâce à une large panoplie d'activités enzymatiques. En cela, ils sont donc en compétition directe avec les champignons mycorhiziens pour l'accès aux éléments nutritifs contenus dans les composés organiques (voir p. 82). Certains, comme la mérule (*Serpula lacrymans*) ou les lenzites (genre *Lenzites*), consomment préférentiellement les matières cellulosiques au sens large (fibres de cellulose, hémicelluloses et pectines) grâce à des enzymes du type hydrolase et surtout oxydase, mais respectent la lignine et les substances phénoliques brunes qui collent les fibres entre elles et assurent la cohésion des tissus végétaux ; le bois ou les feuilles mortes qu'ils colonisent restent donc bruns et deviennent friables, d'où le nom de « pourriture brune » ou « pourriture molle ». D'autres, au contraire, attaquent d'abord la lignine et les polyphénols grâce à des enzymes du type oxydase et peroxydase : le bois ou les feuilles mortes deviennent donc très souples et sont blanchis par disparition de la lignine et des substances phénoliques brunes, d'où le nom de « pourriture blanche » ; puis la cellulose est attaquée à son tour par des hydrolases. C'est le cas du tramète (*Trametes versicolor*) et du pleurote (*Pleurotus ostreatus*) dans le bois mort ou du pied bleu (*Lepista nuda*) et de la coulemelle (*Macrolepiota procera*) dans les litières de feuilles mortes.

L'analyse récente de l'évolution des génomes d'un grand nombre d'espèces de champignons a révélé que l'aptitude à décomposer le bois par pourriture blanche est ancestrale chez les Basidiomycètes puisqu'elle date de la fin du Carbonifère, il y a environ 300 millions d'années. Il est très probable que l'émergence de cette fonction entièrement nouvelle dans le monde vivant fut la cause directe de l'arrêt des dépôts massifs de matière végétale fossile sous forme de charbon, précisément à cette époque. Les conséquences indirectes de ce bouleversement du cycle du carbone ont été nombreuses et ont déterminé les caractéristiques fondamentales de la biosphère actuelle, en particulier le recyclage rapide des éléments contenus dans la matière organique, l'entretien de la fertilité des écosystèmes et la régulation de la teneur en gaz carbonique de l'atmosphère, de l'effet de serre et de la température de la surface terrestre, etc. Tous les champignons actuellement capables de pourriture blanche possèdent à la fois des gènes de cellulase et d'hémicellulase d'une part, et de phénol oxydase et de peroxydase d'autre part, alors que ceux responsables des pourritures brunes en ont dérivé cinq ou six fois indépendamment par la perte de certains de ces gènes. Parmi ces derniers figurent certains champignons ectomycorhiziens très communs tels que *Paxillus involutus* (le paxille à bords enroulés).

Mais en plus de ces Basidiomycètes qui forment de grosses fructifications caractéristiques et se rencontrent surtout en forêt, de nombreuses espèces de champignons décomposeurs plus discrets, le plus souvent des Ascomycètes ou des Zygomycètes, ne sont pas aussi actifs dans la décomposition du bois mais consomment toutes sortes de débris organiques dans le sol et la rhizosphère. Ces « moisissures » les plus fréquentes appartiennent entre autres aux genres *Penicillium*, *Aspergillus* ou *Mucor*, et leur capacité de dégrader des macromolécules complexes telles que la lignine et autres composés polyphénoliques est en moyenne plus limitée que celle des Basidiomycètes.

Les recherches sur les interactions entre champignons décomposeurs et champignons mycorhiziens restent à ce jour peu développées et les résultats permettant d'en tirer des conclusions généralistes sont rares. Dans le cas des ectomycorhizes et des sols forestiers riches en matière organique, qui ont été de loin les plus étudiés sous cet aspect, tous les travaux ont confirmé la forte compétition pour les éléments nutritifs qui règne entre les deux types de champignons, à tel point que leurs mycéliums s'excluent réciproquement dans les endroits les plus riches du sol. Il a été démontré expérimentalement que certains champignons ectomycorhiziens étaient capables de récupérer le phosphore (donc probablement aussi d'autres éléments) séquestré dans le mycélium saprotrophe lors de la mort de ce dernier, le symbiote se comportant lui-même en saprotrophe dans ce contexte. D'après des observations *in situ* dans une forêt boréale de conifères en Suède, la colonisation et l'exploitation des substrats organiques par ces deux groupes de champignons, décomposeurs et ectomycorhiziens, seraient plus ou moins séparées dans le temps et dans l'espace. Les décomposeurs sont dominants dans les premiers centimètres du sol, où la matière organique est essentiellement constituée d'une litière d'aiguilles relativement récentes, peu transformées et encore très riches en carbone (rapport C/N élevé), alors que les ectomycorhiziens dominent largement dans les couches plus profondes où la litière est fragmentée et où les saprotrophes ont déjà consommé une grande partie du carbone, avec pour résultat un enrichissement relatif en azote (rapport C/N bas). Il apparaît que les champignons ectomycorhiziens (et aussi leurs arbres hôtes) bénéficient de cette compartimentation et de cette succession qui leur procurent un substrat enrichi en azote.

La situation semble quelque peu différente dans le cas des endomycorhizes arbusculaires : du fait que les champignons gloméromycètes qui forment ce type de symbiose ne secrètent pratiquement pas d'enzymes ciblant la matière organique du sol, ils sont peu en compétition avec les éventuels décomposeurs présents dans la rhizosphère. Mais la réalité n'est jamais aussi simple et il se peut que des mécanismes d'exclusion naturelle existent. Il est en effet possible que les recherches menées jusqu'à ce jour sur le fonctionnement des endomycorhizes arbusculaires (voir p. 43) soient, pour des raisons environnementales, faussées : les espèces — et même les souches — de champignons modèles étudiées en très petit nombre (exemple : *Glomus mosseae* ou *Glomus intraradices,* synonyme de *Rhizophagus irregularis*) proviennent toutes de sols agricoles, où les forts taux de fertilisation chimique ont pu contre-sélectionner les Gloméromycètes dans la capacité d'exploiter les substrats organiques. Les espèces modèles étudiées dans les laboratoires ne seraient alors absolument pas représentatives des conditions régnant dans les écosystèmes naturels.

Beaucoup reste donc à faire avant de mieux comprendre les interactions entre ces deux grands groupes fonctionnels de champignons dans le sol et la rhizosphère : les symbiotes et les décomposeurs.

Les pathogènes

Enfin, le type d'interactions qui a été de loin le plus étudié, du fait de ses implications appliquées en agriculture, concerne les microorganismes pathogènes des racines. De nombreuses maladies des plantes sont causées par des bactéries, des champignons ou des nématodes parasites qui attaquent les tissus racinaires et provoquent des symptômes de nécrose et de pourriture ; la fonction d'absorption des racines est compromise, ce qui limite la production et peut même entraîner la mort des cultures. Parmi les agents pathogènes des racines les plus importants, il y a les genres de bactéries *Pseudomonas* ou *Agrobacterium,* de champignons *Fusarium, Aphanomyces, Verticilium, Sclerotium, Gaeumannomyces, Cylindrocarpon* ou *Rhizoctonia,* d'oomycètes *Phytophthora* ou *Pythium* et de nématodes *Meloidogyne*. Partageant les mêmes niches écologiques (la racine et la rhizosphère), ils sont en compétition directe avec les champignons mycorhiziens lors des différentes phases de l'infection : reconnaissance d'un hôte compatible, échange de signaux moléculaires, colonisation de la surface de la racine, pénétration et enfin installation dans les tissus. Cette compétition s'exerce à la fois pour l'espace vital et pour les ressources nutritives constituées par les exsudats racinaires. Elle peut se traduire par le succès du pathogène qui repousse l'installation du symbiote, ce qui aggrave encore l'impact négatif sur les performances de la plante. Mais l'inverse peut aussi avoir lieu ; dans ce cas, c'est le champignon symbiotique qui limite ou empêche totalement la colonisation par le pathogène. Trois types de mécanismes peuvent entrer en jeu, séparément ou simultanément. Dans un premier cas, la présence même du champignon symbiotique fait que la place est déjà occupée et que le pathogène ne peut pas s'installer ; ceci est particulièrement efficace dans le cas des ectomycorhizes, où le manteau fongique qui entoure toute la racine forme une barrière physique contre l'invasion, mais nécessite évidemment que l'installation du symbiote soit antérieure à celle du parasite potentiel. Le deuxième type de mécanisme de protection est la sécrétion par le symbiote de substances antibiotiques, c'est-à-dire toxiques pour le compétiteur qu'est le pathogène ; cette antibiose peut être plus ou moins spécifique. Enfin, la pénétration du symbiote peut susciter chez la plante des réactions de défense, production et accumulation de substances toxiques comme des flavonoïdes, les alcaloïdes, les terpénoïdes ou les *phytoalexines*, ces dernières spécifiquement synthétisées en réaction à l'intrusion de microorganismes ; ces défenses sont surmontées par le symbiote mais efficaces contre le pathogène. Cependant, comme dans le premier cas, ce mécanisme implique l'antériorité de l'établissement de la symbiose.

L'effet antagoniste des champignons mycorhiziens contre les maladies racinaires a suscité depuis longtemps de grands espoirs en agriculture, horticulture et sylviculture, et les tentatives de traduire les connaissances acquises en termes de méthodes de lutte on été nombreuses. En effet, si le recours aux traitements chimiques est le plus souvent la solution la plus simple — sinon la plus respectueuse de l'environnement — pour les maladies qui affectent les parties aériennes des plantes, cela s'avère beaucoup plus problématique dans le cas des maladies des organes souterrains et en particulier des racines ; à cela plusieurs raisons : il est difficile d'introduire les produits chimiques dans le sol et de les localiser à dose convenable dans la rhizosphère, les constituants colloïdaux du sol (argiles, substances humiques) fixant et désactivant les produits ; de plus, ceux-ci sont rapidement détruits par des bactéries du sol, ce qui oblige à répéter les traitements. En revanche, la lutte biologique mettant en œuvre des microorganismes antagonistes comme les champignons mycorhiziens, présente en théorie de nombreux avantages : pérennité de l'effet (puisque le symbiote introduit fait partie intrinsèque du système racinaire et accompagne son développement), action multiple en renforçant la nutrition et la vigueur de la plante en plus de la protection directe des racines, respect de l'environnement et absence de toxicité pour l'homme et les animaux domestiques. Pourtant, en pratique, tout cela n'a été concrétisé que par très peu d'applications du fait de contraintes difficiles de contourner : l'effet n'est pas total (la maladie est atténuée mais pas supprimée), les résultats varient fortement selon les conditions de mise en œuvre et ne sont pas suffisamment fiables, et la technologie des inoculants mycorhiziens est lourde et coûteuse à développer (voir p. 138). La protection relative contre les pathogènes des racines n'est pas le but ultime de la mycorhization contrôlée comme technique d'amélioration des productions végétales (voir la troisième partie de ce livre), mais un des modes d'action en complément de la facilitation de la nutrition minérale, de l'optimisation du statut hydrique et de l'effet sur le développement de la plante par voie hormonale (voir p. 136).

▶▶ La symbiose mycorhizienne dans les différents types de biomes terrestres

Dans le vocabulaire de la science écologique, on appelle *biome* ou *écorégion* les grands types de communautés d'êtres vivants et de conditions de sol et de climat qui leurs sont associées, à l'échelle de la terre entière. Il y a des biomes aquatiques, océaniques, lacustres ou fluviaux, mais ici nous ne nous intéressons qu'aux biomes continentaux, qui sont dominés par les végétaux terrestres. La structure et la composition en espèces végétales des différents types de biomes continentaux sont la résultante du climat et du substrat rocheux à partir duquel le sol s'est formé. Le concept de biome est avant tout géographique et la carte de la planche 16 représente de façon simplifiée la répartition de sept grands types de couvertures végétales naturelles, sans intervention humaine.

On voit que les types dominants de symbiose mycorhizienne ne sont pas répartis au hasard, mais qu'ils dépendent aussi étroitement des zones géographiques que les paysages végétaux dans leur ensemble ; cette simple constatation suggère que les mycorhizes jouent un rôle important dans l'adaptation de la végétation aux conditions locales et dans la formation des sols.

Les toundras arctiques (Canada, Groenland, nord de la Scandinavie, Sibérie) et les zones de haute montagne à toutes latitudes (montagnes Rocheuses, Andes, Alpes, monts d'Afrique de l'Est, Himalaya) sont caractérisées par des formations végétales à base de petites plantes ligneuses à mycorhizes éricoïdes appartenant aux trois sous-familles des Éricacées : les Éricoïdées, les Empetroïdées et les Épacridoïdées. Les sols sont essentiellement constitués d'une couche épaisse de matière organique noire, d'aspect tourbeux, qui recouvre le substrat minéral peu exploré par les racines et d'ailleurs souvent gelé. Un exemple de situation extrême à l'intérieur de ce type de grand biome est donné par la limite entre la toundra, où la couverture végétale est encore continue, et la zone dépourvue de toute végétation du fait des latitudes ou des altitudes trop élevées. Là, dans ce domaine presque purement minéral et nival de la très haute montagne, du Spitzberg ou du continent antarctique, les conditions climatiques sont défavorables à cause du froid intense et du vent, et la saison permettant l'activité des plantes est très courte. La végétation est limitée à un très petit nombre d'espèces, parfois même une seule, présentes essentiellement sous forme d'individus isolés dans des niches écologiques très localisées et un peu plus hospitalières que le reste de l'environnement : base d'un rocher exposé au soleil et abrité du vent, fissure contenant un peu de sol en formation, etc. C'est le cas de la Poacée *Deschampsia antarctica* ou de la Caryophyllacée *Colobathus quitensis* en Antarctique, de plusieurs renoncules au Spitzberg, dans les Alpes et dans les montagnes Rocheuses et de quelques carex (Cypéracées) dans toutes ces régions. Or il est à remarquer que presque toutes ces plantes sont dépourvues d'endomycorhizes arbusculaires mais forment, à la place, des pseudomycorhizes avec un champignon endophyte ascomycète à mycélium brun cloisonné (voir p. 41).

Plus bas en latitude est le grand domaine des forêts boréales (taïga) et des forêts de conifères et de feuillus des zones tempérées en Amérique du Nord, en Patagonie, en Europe, en Sibérie, en Extrême-Orient, et dans une partie de l'Australie (Tasmanie) et en Nouvelle-Zélande. Toutes ces forêts sont dominées par des essences sociales à ectomycorhizes (Pinacées, Fagacées, Myrtacées, etc.). La litière de feuilles mortes s'accumule plus ou moins à la surface du sol pour constituer différents types d'humus forestier.

Les régions tempérées les plus continentales, à climat très contrasté (centre de l'Amérique du Nord, *pampa* de l'Amérique du Sud, Asie centrale), sont occupées par des prairies, des steppes ou des déserts froids. Toutes ces formations sont dominées par une grande diversité de plantes à endomycorhizes arbusculaires avec une matière organique qui ne s'accumule pas dans le sol.

Les régions intertropicales (Amérique centrale et du Sud, Afrique, Asie du sud et nord de l'Australie) sont caractérisées par deux grands biomes dominés par les endomycorhizes arbusculaires : d'une part les forêts tropicales (pluviales ou saisonnières) et d'autre part les savanes, brousses et déserts chauds où les arbres sont rares. Dans les deux cas, la litière se décompose très rapidement et il n'y a pas d'accumulation de matière organique à la surface du sol. Cependant, on s'aperçoit de plus en plus que dans les forêts tropicales humides il existe des situations, essentiellement déterminées par le type de sol, où des espèces d'arbres à ectomycorhizes (Diptérocarpacées, Césalpiniacées, Euphorbiacées et certaines Mimosacées) forment des peuplements presque purs. À part le cas particulier des Diptérocarpacées en Asie du Sud-Est, qui sont toutes à ectomycorhizes et dominent sur tous les types de sol de la région, les autres essences ectomycorhiziennes sociales de la forêt tropicale humide occupent toujours les sols les plus sableux, drainants, acides, avec une accumulation d'humus en surface. L'apparente hégémonie des endomycorhizes dans les forêts tropicales a sans doute été exagérée et les résultats des recherches sur les essences ectomycorhiziennes connus et publiés depuis peu nous obligent à corriger l'image d'une « jungle » avec un rapport au sol très différent des forêts tempérées et boréales et complètement dominées par des arbres à endomycorhizes arbusculaires. Il existe des forêts tropicales où les ectomycorhizes sont dominantes, même sur des sols pas particulièrement atypiques pour la région. Selon une synthèse récente on dénombrerait, pour l'Afrique de l'Ouest, au moins une centaine d'espèces à ectomycorhizes distribuées dans les familles Asteropeiacées, Diptérocarpacées, Fabacées, Phyllanthacées, Gnétacées, Protéacées, Sapotacées et Sarcolaenacées.

On appelle savanes arborées les formations végétales plus sèches de la zone intertropicale (*caatinga* et *cerrado* au Brésil, *miombo* en Afrique de l'Est) dominées par des espèces à endomycorhizes arbusculaires mais où certains arbres et arbustes ont des ectomycorhizes ou des nodosités bactériennes fixatrices d'azote, comme *Brachystegia* spp. (Fabacées de la sous-famille des Césalpinioïdées).

Enfin, un dernier type de biome est constitué par les maquis et garrigues dits « méditerranéens » qui occupent non seulement le pourtour de la mer Méditerranée mais aussi d'autres régions au climat similaire : Californie, Chili (*matorral* et *chaparral*), pointe sud de l'Afrique, sud de l'Australie et nord de la Nouvelle-Zélande. Ce sont des formations basses présentant une très grande diversité spécifique, dominées par des espèces ligneuses buissonnantes le plus souvent à feuilles persistantes coriaces. Ces espèces présentent des statuts symbiotiques divers : ectomycorhizes (chênes, pins), mycorhizes arbutoïdes (arbousiers), mycorhizes éricoïdes (bruyères) ou endomycorhizes arbusculaires (lauriers, cyprès). L'humus y est généralement très peu développé. En raison d'une longue sécheresse estivale, les feux sont fréquents et contribuent à donner un aspect très typique aux biomes méditerranéens, dont beaucoup d'espèces ont besoin d'être brûlées périodiquement pour leur régénération.

Les connaissances concernant le fonctionnement des différents types de mycorhizes, développées ci-avant, permettent de comprendre le rôle de la symbiose dans l'établissement et la stabilité des grands biomes.

Considérons d'abord les formations dominées par les plantes à mycorhizes éricoïdes, comme les toundras arctiques, les tourbières, les zones de hautes montagnes et certaines forêts boréales et tempérées de montagne, sur sols très acides et fortement dégradées par des incendies ou la surexploitation de bois. Les conditions climatiques y sont très sévères et les basses températures limitent la durée de la saison de végétation, avec des conséquences pour la végétation mais aussi pour les microorganismes décomposeurs du sol, ce qui fait que la litière de débris végétaux se décompose lentement et que l'humus s'accumule, formant une couche noire de matière organique pure. De plus, la forte acidité va de pair avec l'accumulation d'acides organiques sous des formes très toxiques pour les racines et avec la solubilisation de métaux également toxiques comme l'aluminium ou le manganèse. C'est ce qu'on appelle un humus de type *Mor*. Les sols ainsi formés sont très acides (pH inférieur à 4) et très pauvres en phosphore et surtout en azote soluble, du fait que ces éléments essentiels à la croissance des plantes sont séquestrés dans les macromolécules des substances humiques. Le nitrate, la forme d'azote soluble la plus facilement absorbable par les plantes, fait complètement défaut. Les plantes qui survivent dans de telles conditions sont rares et doivent s'adapter au manque d'azote. Certaines pallient le manque de cet élément dans le sol par la capacité à piéger des insectes et à en digérer les protéines. Ce sont les plantes dites « carnivores » telles que les Dionées (genre *Dionaea*) ou les Rossolis (genre *Drosera*) dans la famille des Droséracées. D'autres, comme le piment royal (*Myrica gale*, famille des Myricacées) bénéficient de symbioses racinaires avec des bactéries fixatrices d'azote atmosphérique. Mais ce sont surtout des espèces appartenant à la grande famille des Éricacées, presque toutes à mycorhizes éricoïdes ; elles ont une croissance lente et leurs tissus, qui retournent au sol sous forme de litière, sont très pauvres en azote avec un rapport carbone sur azote (C/N) très élevé (supérieur à 100), et l'azote y est séquestré sous forme de complexe polyphénol-protéine insoluble et très stable. Cependant, les champignons ascomycètes associés aux racines pour former les mycorhizes éricoïdes sont très efficaces pour mobiliser et transférer aux plantes l'azote de ces complexes grâce à des enzymes secrétées comme des protéases et des phénol oxydases (voir p. 40 et 82). Ils sont particulièrement performants pour détoxifier l'environnement chimique adverse que constituent la forte acidité organique et les métaux solubles. L'ensemble de ces processus permettent la survie et la croissance lente de la couverture végétale malgré l'humus de type Mor, ils assurent également l'auto-entretien, la stabilité et la pérennité du biome, comme présenté sur la figure 20.

L'exceptionnelle aptitude des Éricacées au sens élargi à coloniser ces milieux chimiquement très hostiles s'explique non pas par leur compétitivité intrinsèque mais par la tolérance au stress que leur confère leurs symbiotes spécialisés. Sur un plan pratique, les humus de type Mor sont exploités et commercialisés en horticulture sous l'appellation de « terre de bruyère » pour la culture d'Éricacées ornementales telles que les bruyères, les callunes, les piéris, les azalées et les rhododendrons. Toutes ces plantes sont tellement spécialisées et adaptées à ces sols organiques très pauvres et très acides qu'elles ne tolèrent pas les sols dits « normaux » à pH plus élevé.

À l'extrême inverse des toundras et des humus de type Mor se trouvent les biomes dominés par les plantes à endomycorhizes arbusculaires : forêts tropicales, prairies, steppes et savanes des zones tempérées et tropicales, parties des maquis et des garrigues méditerranéennes. Dans tous les cas, des températures plus clémentes permettent une décomposition plus rapide de la matière organique, même dans les régions arides où l'eau est le principal facteur limitant la croissance des plantes. Toutes ces formations sont caractérisées par des sols moins acides et plus riches en éléments nutritifs, couronnés par des humus de type *Mull*. Ces derniers se forment à des pH plus élevés que les Mors, même neutres ou alcalins (supérieurs à 5, le plus souvent entre 5,5 et 7,5), à partir de débris de plantes riches en azote, pauvres en lignine et en polyphénols et à faible rapport C/N (inférieur à 40). Ils sont caractérisés non seulement par des teneurs plus faibles en matière organique mais aussi par la qualité même de cette matière organique : dépourvue d'acides organiques toxiques, elle a la propriété de former une association stable avec les argiles de la phase minérale du sol, appelée *complexe argilo-humique*, contribuant à la structure, à la porosité, et donc à une bonne aération du sol. Ces conditions, alliées au pH élevé, font que la minéralisation de l'azote est active et produit surtout du nitrate particulièrement facile à assimiler par les racines. Les plantes à endomycorhizes arbusculaires qui occupent ces sols souffrent donc rarement de carence en azote ; en revanche, leurs performances sont surtout limitées par le phosphore, élément peu disponible car fortement retenu par la composante minérale à ces pH élevés. C'est là que les Gloméromycètes, champignons responsables des endomycorhizes arbusculaires, jouent un rôle central dans la stabilité de ces types de biome. Ils sont en effet spécialisés dans l'absorption du phosphore inorganique et dans son transfert vers les racines. La figure 21 résume l'ensemble de la boucle de rétroactions qui détermine la stabilité des formations végétales à endomycorhizes arbusculaires.

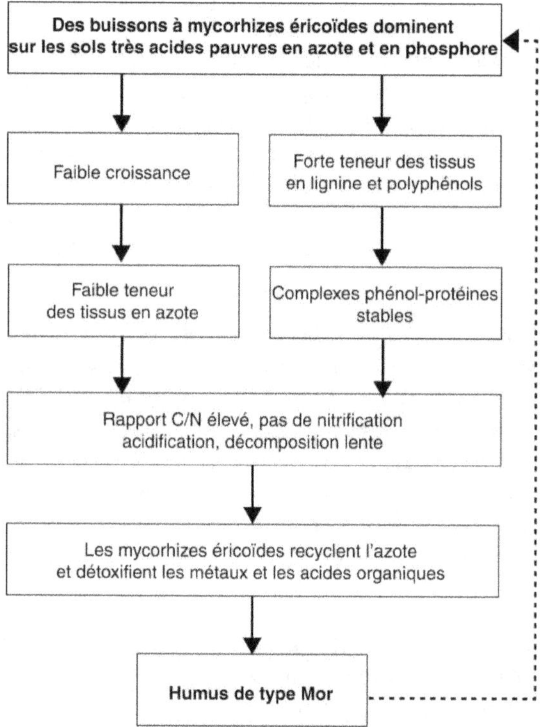

Figure 20. Schéma de fonctionnement des biomes dominés par les mycorhizes éricoïdes.

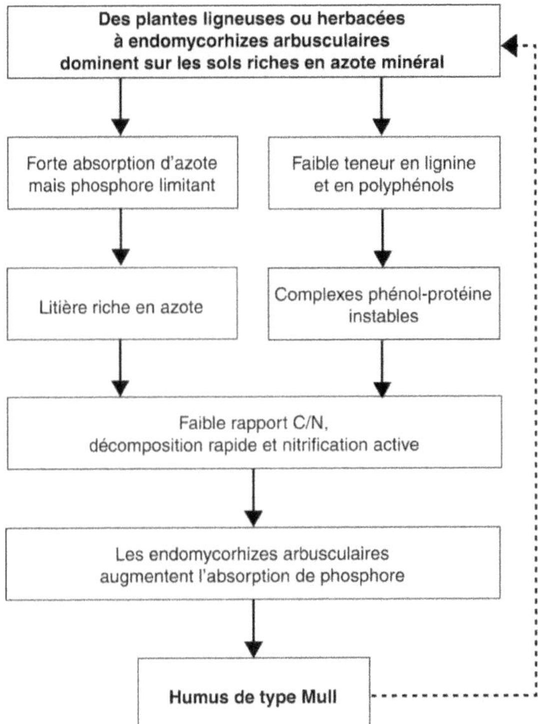

Figure 21. Fonctionnement des biomes dominés par les endomycorhizes arbusculaires.

On rencontre une situation intermédiaire dans le cas des forêts d'arbres à ecto-mycorhizes, qui constituent le type dominant de végétation, et couvrent encore d'énormes surfaces, dans les zones boréales et tempérées de l'hémisphère nord malgré la conversion de la plupart des surfaces en terres agricoles ou urbanisées. On y rencontre aussi des humus de type Mor sur les roches mères les plus acides, mais ce sont les *Moders* (un peu moins acides, peu toxiques et avec une accumulation plus modérée de matière organique) et à un moindre degré les *Mulls acides* qui dominent. Qu'ils soient à feuilles caduques ou persistantes, les arbres à ectomyco-rhizes produisent une litière à rapport C/N moyen (de 40 à 100) qui se décompose plus ou moins vite en fonction de la stabilité variable des complexes phénol-protéines qu'elles contiennent. L'azote est toujours le facteur limitant principal, avant le phos-phore, dans ces écosystèmes forestiers : il est en grande partie séquestré dans l'humus et sa décomposition est lente et ne produit que très peu de nitrate. Les arbres ne souffrent pas de cette carence en azote grâce à la grande efficacité des champi-gnons ectomycorhiziens (des Basidiomycètes et des Ascomycètes) à prospecter tout le volume du sol à grande distance des racines, à en extraire l'azote grâce à une large panoplie d'enzymes secrétées et à le transférer aux arbres hôtes. La grande diversité des espèces de symbiotes fongiques, ainsi que leurs diversités fonctionnelles alliant redondance et complémentarité, assure la pérennité du système.

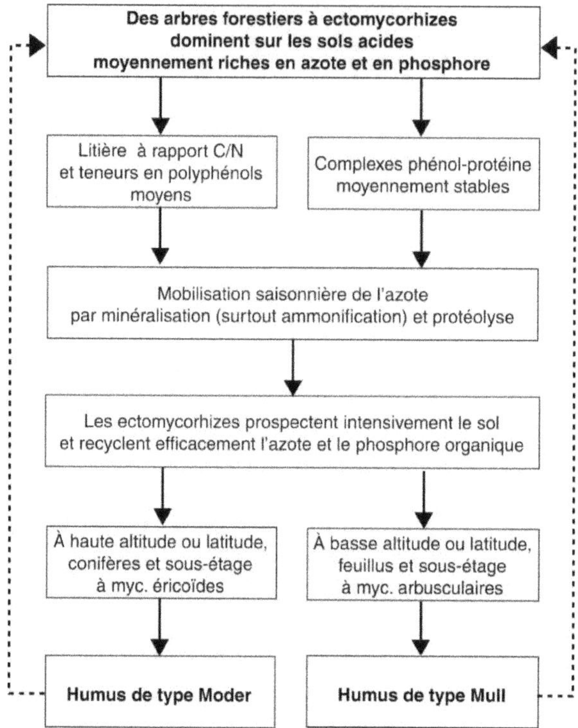

Figure 22. Fonctionnement des biomes dominés par les ectomycorhizes.

La figure 22 distingue en outre deux voies selon le climat. À haute altitude ou latitude, les basses températures favorisent les forêts de conifères avec une végétation basse dominée par des plantes à mycorhizes éricoïdes, conduisant à un humus de type Mor. À l'opposé, aux plus basses altitudes ou latitudes, dominent les arbres feuillus et une végétation basse à endomycorhizes arbusculaires, et il en résulte un humus de type Mull.

Pour récapituler et illustrer les relations entre espèce végétale, statut mycorhizien, composition de la litière et type d'humus, le tableau 4 montre le résultat d'une étude réalisée dans les forêts d'Europe centrale.

On voit clairement la gradation depuis les essences disséminées à endomycorhizes arbusculaires (litière riche en azote et à décomposition rapide, humus de type Mull) jusqu'à la callune à mycorhizes éricoïdes (litière très pauvre en azote et lente à se décomposer, humus de type Mor) en passant par toutes les espèces d'arbres à ectomycorhizes de statut intermédiaire.

Enfin, il existe un autre type de biome typiquement azonal, c'est-à-dire réparti de façon relativement indépendante à l'échelle globale des grandes zones climatiques : les terres agricoles et pastorales. L'homme a remodelé une grande proportion des surfaces continentales depuis des millénaires pour assurer sa subsistance. Pour se faire, il a défriché les forêts et transformé des biomes dominés par les ectomycorhizes ou par les mycorhizes éricoïdes en herbages ou en terres labourées

Tableau 4. Relation entre le statut symbiotique des racines et la composition de l'humus dans quelques types de forêts d'Europe centrale (d'après Ellenberg, 1988).

	Types de mycorhizes	Rapport C/N de la litière	Temps de décomposition de la litière (années)	pH de l'humus	Type d'humus
Orme (*Ulmus campestris*)	Endo. arbusculaire	28	1	6,5	Mull
Frêne (*Fraxinus Excelsior*)	Endo. arbusculaire	21	1	6,4	Mull
Érable sycomore (*Acer pseudoplatanus*)	Endo. arbusculaire	32	2	4,5	Mull
Tilleul (*Tilia cordata*)	Ectomycorhize	37	2	5,4	Mull
Chêne pédonculé (*Quercus robur*)	Ectomycorhize	47	3	4,7	Mull
Bouleau (*Betula pendula*)	Ectomycorhize	50	3	5,5	Mull
Peuplier tremble (*Populus tremula*)	Ectomycorhize	63	3	5,7	Mull
Chêne rouge (*Quercus rubra*)	Ectomycorhize	53	3	4,8	Mull
Hêtre (*Fagus sylvatica*)	Ectomycorhize	51	3	4,3	Moder
Épicéa (*Picea abies*)	Ectomycorhize	48	3	4,1	Moder
Pin sylvestre (*Pinus sylvestris*)	Ectomycorhize	66	4	4,2	Moder
Pin Douglas (*Pseudotsuga menziesii*)	Ectomycorhize	77	4	4,2	Moder
Mélèze (*Larix decidua*)	Ectomycorhize	113	4	4,2	Moder
Callune (*Calluna vulgaris*)	Éricoïde	120	4	3,5	Mor

et plantées d'espèces végétales domestiquées. Dans tous les cas, la couverture végétale résultante est à base de plantes à endomycorhizes arbusculaires, mais avec une surreprésentation, par rapport aux formations végétales naturelles, d'espèces peu dépendantes des mycorhizes ou même totalement dépourvues de symbiose (voir p. 96). Les relations plante-symbiose-humus que nous avons décrites dans les systèmes naturels ne s'appliquent plus dans les sols cultivés car les cycles biogéochimiques y sont complètement artificialisés afin d'optimiser les productions agricoles : apports d'engrais chimiques destinés à compenser les exportations d'éléments nutritifs par les récoltes, recyclage d'une partie des éléments minéraux avec les excréments des animaux domestiques épandus sous forme de fumier ou de lisier, etc. Cependant, de façon générale, une dynamique de type Mull domine, avec la réduction de la teneur en matière organique et la prédominance des formes minérales des éléments nutritifs.

Pour conclure ce tour d'horizon mondial des grands types de biomes en relation avec la symbiose mycorhizienne, trois gradients structurants se dégagent, qui expliquent l'essentiel de la répartition des types de végétations sur les continents. D'abord, à l'échelle globale et dans le temps long de l'ordre du siècle, c'est la zonation climatique qui est déterminante car elle conditionne en partie l'évolution de la litière. Ensuite, à l'échelle intrazonale, c'est le substrat géologique qui contraint les cycles biogéochimiques et module l'effet du climat. Enfin, quelle que soit l'échelle, les champignons symbiotiques des plantes jouent un rôle central dans le réseau des processus interactifs qui conditionnent l'évolution ultime de la matière organique et le type d'humus, lequel détermine les espèces végétales les mieux adaptées, qui elles-mêmes contribuent en retour à stabiliser la structure et le fonctionnement du biome, également par l'intermédiaire de leurs partenaires fongiques. Cependant, en un lieu donné, de nombreuses perturbations compromettent constamment cette stabilité et le biome ne retrouve son état initial qu'en passant par les différentes étapes d'une succession où les mycorhizes jouent encore le rôle principal, (voir p. 99).

▸▸ Les mycorhizes et le changement climatique

La modification accélérée du climat atmosphérique qui se manifeste depuis plus d'un siècle sur l'ensemble du globe est avant tout caractérisée par une élévation de la température moyenne. Cette tendance est difficilement perceptible à l'échelle de notre expérience directe et quotidienne du fait des fortes fluctuations interannuelles (la courbe générale est en dents de scie), mais elle ressort de plus en plus clairement dans des études statistiques faisant intervenir des modèles mathématiques sophistiqués. Ce sont surtout les manifestations intégratives des conséquences de ce réchauffement qui démontrent l'ampleur du phénomène : élévation du niveau des océans, rétrécissement de la banquise arctique, réchauffement des océans et dépérissement des récifs coralliens tropicaux, recul des glaciers, amincissement des calottes glaciaires groenlandaises et antarctiques, migration des espèces végétales et animales vers des latitudes et des altitudes de plus en plus élevées, accélération de la croissance des arbres, augmentation de la prévalence des maladies tropicales dans les pays du Nord, etc.

Les raisons du réchauffement climatique ne sont pas connues avec certitude. Il est incontestable qu'il coïncide assez bien avec l'élévation de la concentration de dioxyde de carbone (CO_2 ou gaz carbonique) dans l'atmosphère du fait de l'utilisation croissante des combustibles fossiles depuis le début de la révolution industrielle à la fin du XVIIIe siècle, et que le dioxyde de carbone soit justement l'un des « gaz à effet de serre » qui empêchent une partie du rayonnement infrarouge émis par le sol chauffé par le soleil de s'échapper dans l'espace. La concentration de dioxyde de carbone a considérablement augmenté de façon exponentielle depuis 1750 en passant de 280 à 390 ppm (parties pour million) comme le montre l'analyse des bulles d'air emprisonnées dans les glaces profondes du Groenland et de l'Antarctique, calibrée grâce à des mesures directes effectuées depuis 1960. Cependant, une corrélation n'implique pas une relation de cause à effet, et rien ne prouve que l'élévation constatée (et qui continue de s'accélérer exponentiellement avec la croissance des activités humaines) du CO_2 atmosphérique soit réellement à l'origine du réchauffement. Malgré la rapidité inhabituelle du phénomène, on peut invoquer les modifications de l'activité solaire ou d'autres causes inconnues comme celles à l'origine des grandes fluctuations du climat à l'échelle des temps géologiques. Un principe de précaution bien admis nous incite fortement à limiter au maximum les émissions de CO_2 (d'où la taxe carbone, ou mieux les économies d'énergie), mais ces dispositions pour le moment ne reposent pas sur des études scientifiques rigoureuses.

Quoi qu'il en soit de la cause première, la terre se réchauffe rapidement et il est urgent d'étudier les conséquences de cet état de fait sur l'ensemble de notre environnement et de la biosphère. Les dégâts considérables déjà constatés dans les océans — mort et « blanchiment » des grands récifs coralliens, déplacement des réserves halieutiques — sont directement imputables à l'élévation de température (la diminution de l'oxygène dissout dans les océans en est une conséquence immédiate) et à l'augmentation de la concentration en dioxyde de carbone (acidification de l'eau). Mais c'est naturellement la couverture végétale, dont l'humanité dépend totalement pour sa survie, qui nous intéresse en premier lieu ici. Comme nous venons de voir que la composante fongique des plantes jouait un rôle majeur dans leurs performances et dans leur répartition sur les continents, nous devons de toute urgence nous poser la question de l'impact du changement climatique sur l'équilibre complexe des interactions symbiotiques plantes-champignons, car l'agriculture mondiale va devoir faire face à un formidable défi pour s'adapter au bouleversement qui s'annonce.

La première règle à suivre est de prévoir l'évolution de la température à court et à moyen terme, ainsi que la répartition de ces changements entre les différentes zones climatiques. Les différents « scénarios » produits par diverses approches méthodologiques de la recherche climatologique, périodiquement publiés dans les rapports du GIEC (Groupe intergouvernemental d'experts sur l'évolution du climat, en anglais *Intergovernmental Panel on Climate Change*, IPCC) et élaborés selon plusieurs hypothèses quant à la réduction de l'utilisation des combustibles fossiles, sont encore loin d'être convergents. Deux tendances assez nettes commencent pourtant à émerger : l'ordre de grandeur de l'élévation de la température moyenne de l'atmosphère devrait être de plusieurs degrés Celsius d'ici 2050, et ce réchauffement affecterait surtout les hautes latitudes mais très peu la zone tropicale. Évidemment, cela retentirait sur le régime des précipitations en aggravant les sécheresses dans les zones tropicales et tempérées. Enfin, en extrapolant la tendance actuelle et en l'absence d'un arrêt total de la combustion de charbon, de gaz et de pétrole, il est certain que dans le même temps la concentration en CO_2 atmosphérique continuera d'augmenter jusqu'à plus de 700 ppm en 2050, de façon égale quelle que soit la latitude, contribuant positivement à la croissance potentielle des végétaux du fait d'une ressource accrue en carbone pour la photosynthèse. L'augmentation effective de la croissance des forêts depuis la fin du XIXe siècle a d'ailleurs été constatée en différents endroits du globe grâce à l'analyse de la largeur des cernes du bois.

Le rôle de la symbiose mycorhizienne dans le fonctionnement des différents types de biomes terrestres étudiés ci-dessus nous donne des clés pour imaginer quelles peuvent être les conséquences du changement climatique sur les relations entre les plantes et leurs associés fongiques. La situation semble *a priori* relativement simple et plutôt favorable dans les biomes situés aux plus hautes latitudes, comme les toundras arctiques et les grandes zones forestières de type taïga au Canada, en Scandinavie et en Russie : l'eau ne devenant pas plus limitante qu'elle ne l'est actuellement mais la température moyenne augmentant, les activités pastorales basées sur des prairies naturelles dominées par les graminées ainsi que certaines cultures céréalières devraient pouvoir s'étendre vers le nord et gagner en productivité. Les plantes concernées sont à endomycorhizes arbusculaires et des travaux expérimentaux ont montré que le carbone assimilé en plus du fait de l'élévation du niveau de CO_2 atmosphérique se répartissait de façon à peu près égale entre la plante et son symbiote, bénéficiant ainsi à l'ensemble du système. De plus, le réchauffement devrait permettre la minéralisation d'une fraction de la grande quantité de matière organique accumulée dans les sols, améliorant leur fertilité et favorisant encore plus les plantes à endomycorhizes arbusculaires au détriment des plantes à mycorhizes éricoïdes qui forment des toundras et des landes improductives. Aucun grand bouleversement négatif ne semble donc à craindre au niveau de la couverture végétale de ces biomes nordiques, si ce n'est que la minéralisation accélérée des énormes quantités de tourbe et d'humus de type Mor qui les caractérisent ne sera probablement pas compensée par une plus grande production de biomasse et va encore enrichir l'atmosphère en dioxyde de carbone, entretenant ainsi un cercle vicieux difficilement réversible.

Néanmoins, un grave danger — mais qui n'a rien à voir avec la végétation — menace dans les toundras et les tourbières les plus septentrionales, particulièrement en Sibérie centrale et occidentale où elles couvrent d'énormes surfaces : le réchauffement et l'amplification du dégel saisonnier du sol risque de volatiliser la glace de méthane (CH_4, le gaz naturel) emprisonnée dans le *permafrost* (on appelle ainsi la couche profonde du sol qui ne dégèle jamais sous ces climats très froids) ; ce méthane fossile provient de la fermentation de la matière organique lors d'épisodes précédents plus chauds et plus humides sous ces latitudes. Or le méthane est un gaz à effet de serre vingt cinq fois plus efficace que le dioxyde de carbone pour retenir les radiations infrarouges et ainsi contribuer au réchauffement de l'atmosphère. Si la toundra dégaze, l'élévation de la température sur terre sera sans commune mesure avec ce que nous subissons actuellement, parfaitement incontrôlable avec nos moyens actuels, et probablement catastrophique pour tous les équilibres écosystémiques. Actuellement il est impossible de faire des prévisions à ce sujet, sinon être persuadé que le risque existe avec une probabilité élevée.

Toujours dans la zone boréale mais en ce qui concerne la sylviculture, les forestiers ont déjà intégré le réchauffement dans leur planification à long terme ; en Scandinavie, il est prévu d'étendre vers le nord les plantations d'épicéa commun (*Picea abies,* à haute valeur commerciale) qui étaient jusqu'alors cantonnées au sud de la zone du fait de la moins bonne résistance au froid de cette essence que celle du bouleau (*Betula pendula*) ou du pin sylvestre (*Pinus sylvestris*). Cependant, la situation est plus complexe qu'il n'y paraît au premier abord du fait d'un autre phénomène affectant les écosystèmes indépendamment du réchauffement ou du CO_2 atmosphérique : les dépôts azotés atmosphériques dus à l'activité humaine. Ce type de pollution est particulièrement sensible dans les zones boréales et tempérées de l'hémisphère Nord où sont concentrées la plus grande partie des industries et de l'agriculture intensive. Dans certaines régions d'Europe du Nord, le total des dépôts d'azote secs (sous forme de poussière) et humides (en solution dans l'eau de pluie) peuvent s'élever à plusieurs dizaines de kg/ha/an, soit une quantité du même ordre de grandeur que les doses d'engrais azotés apportées en agriculture intensive. L'enrichissement du sol en azote minéral facilement utilisable par les plantes qui en résulte est plutôt favorable aux endomycorhizes arbusculaires ; c'est le phénomène d'*eutrophisation* (c'est-à-dire de tendance vers une bonne nutrition). L'eutrophisation des sols est cependant nettement moins favorable aux forêts qui couvrent de très grandes surfaces dans ces régions et sont d'une importance économique considérable. En effet, celles-ci sont presque exclusivement composées d'arbres à ectomycorhizes (Pinacées, Fabacées, Bétulacées, Salicacées) dont les symbiotes sont adaptés à la mobilisation de l'azote organique dans des humus de type Mor ou Moder mais deviennent très vulnérables en cas d'excès d'azote minéral. Le résultat de l'eutrophisation est donc une perte de compétitivité des arbres à ectomycorhizes face aux plantes ligneuses et herbacées à endomycorhizes arbusculaires, et une tendance à la transformation des humus vers le type Mull. Ceci n'est pas que théorique : on assiste effectivement, dans certaines régions recevant des grandes quantités de dépôts azotés comme les Pays-Bas ou le sud de la Suède, et à un degré moindre en France, à l'appauvrissement de la diversité des champignons ectomycorhiziens, au dépérissement de certains types de forêts, à la modification de l'humus, à la diminution des régénérations naturelles par germination des graines des arbres et à une plus grande abondance de plantes nitratophiles (c'est-à-dire très exigeantes en azote, en particulier sous forme de nitrate, comme l'ortie ou le géranium herbe-à-Robert) dans les sous-bois. Il n'est pas certain que le changement climatique dans son ensemble, qui combine augmentation de la température (sûre), augmentation de la concentration de CO_2 dans l'atmosphère (avérée également), modification du régime des précipitations (difficile à prévoir) et eutrophisation (réelle actuellement mais rapidement réversible par des politiques appropriées), soit à long terme favorable à nos forêts boréales et tempérées ; on peut même craindre de profonds déséquilibres au vu des premiers symptômes actuels. Il est probable que certaines maladies émergentes qui affectent actuellement les forêts françaises, et qu'on ne sait pas attribuer à des agents pathogènes venus d'ailleurs, soient imputables au changement climatique. C'est le cas de la chalarose du frêne, causée par le champignon pathogène *Chalara fraxinea,* qui tue la quasi-totalité des frênes en Europe, ou de la maladie de l'aulne due à l'Oomycète *Phytophthora alni* qui fait disparaître ces arbres le long des cours d'eau.

Les plus grandes inquiétudes concernent naturellement l'ensemble de la zone intertropicale plus sujette aux dérèglements climatiques très fréquents (tempêtes tropicales, cyclones, inondations) et surtout aux périodes de sécheresses interminables et récurrentes. Cette dernière contrainte est non seulement sévère pour la subsistance de l'homme avec la baisse de rendement des cultures, mais aussi lourde de conséquences pour l'ensemble des types d'écosystèmes dans les biomes tropicaux à travers des modifications, parfois radicales, de la couverture végétale, souvent aggravées par l'érosion des sols et par la destruction intentionnelle des forêts dans le but d'augmenter les surfaces cultivées. Un exemple de tels bouleversements est le Sahel, cette zone steppique de l'Afrique qui fait la transition entre le désert du Sahara au nord et les savanes et les forêts au sud, et qui s'étend de l'Atlantique à la mer Rouge au travers de sept pays. L'irrégularité des précipitations et la diminution de leur quantité a fait progresser le désert de 250 km vers le sud depuis 1900, avec dans le même temps le recul de la forêt au sud et l'augmentation de la fréquence des famines due au dépérissement des troupeaux et à l'anéantissement des récoltes. Des méthodes pour adapter la gestion de la couverture végétale menacée et pour enrayer sa dégradation ont été expérimentées avec succès dans différentes régions du Sahel et constituent la base de l'ambitieux projet intergouvernemental de la Grande Muraille verte qui vise à dynamiser et à coordonner les initiatives villageoises dans les sept pays concernés. Les solutions qui ont toujours fait leurs preuves reposent sur le principe de *l'agroforesterie,* c'est-à-dire l'association raisonnée de plantations d'arbres dans les champs de céréales. Il a été démontré que cette combinaison améliorait l'efficacité du cycle de l'eau, de la matière organique et des éléments nutritifs au bénéfice de la production de grain, sans compter les nombreux services rendus par les arbres : abri, fourrage, fruits, bois, etc. Or, qu'elles soient ligneuses ou herbacées, sauvages ou cultivées, toutes les plantes concernées localement dans ces types de biomes sont à endomycorhizes ; c'est en particulier le cas des certains arbres indigènes donnant de bons résultats en agroforesterie, comme les acacias indigènes. Cependant, les essais de diversification de la gamme d'espèces ont révélé que des résultats bien supérieurs pouvaient être obtenus avec certains arbres exotiques à ectomycorhizes, notamment des espèces originaires d'Australie et dotées de la capacité à fixer l'azote atmosphérique grâce à des nodosités bactériennes racinaires. Les plus prometteuses à cet égard sont des Casuarinacées comme le filao (*Casuarina equisetifolia*) et surtout des Fabacées comme des acacias (*Acacia mangium, A. holosericea, A. auriculiformis*). Or toutes ces essences, contrairement aux arbres locaux, forment dans leur aire d'origine des ectomycorhizes en plus des endomycorhizes arbusculaires, ces dernières ne dominant que lors de la phase très juvénile du développement des arbres. L'expression optimale de leur potentiel a donc nécessité l'introduction artificielle de champignons ectomycorhiziens dans le système de plantation (voir p. 152).

Enfin, on ne peut pas clore cette tentative de prospective concernant les relations entre l'évolution du climat et la symbiose mycorhizienne sans évoquer la question de la séquestration du carbone. Un remède à l'élévation du CO_2 atmosphérique souvent proposé est de favoriser l'immobilisation durable des matières humiques issues de la biomasse accumulée par photosynthèse. Hors dépôts rocheux carbonatés et océans pour lesquels les chiffres ne sont pas connus, on estime que la quantité de carbone contenue dans les sols est au moins égale, sinon supérieure, au total des quantités représentées par la biomasse continentale et l'atmosphère. Les matières organiques du sol sous toutes leurs formes (débris végétaux bruts, cadavres microbiens, matières humiques transformées, tourbes, etc.) constituent un très important puits de carbone à l'échelle globale, et ce d'autant plus que les composés carbonés concernés sont stables et se décomposent lentement, comme c'est particulièrement le cas dans les humus acides de type Mor des biomes forestiers des zones tempérées et boréales, qui sont dominés par les ectomycorhizes et les mycorhizes éricoïdes (voir p. 117). Il a été démontré que les racines fines des arbres forestiers se décomposent plus lentement lorsqu'elles sont massivement colonisées par les champignons ectomycorhiziens, ce qui contribue à ralentir le recyclage du carbone et à augmenter sa rétention dans le sol. Cependant, même dans les biomes dominés par les endomycorhizes arbusculaires où la matière organique de l'humus de type Mull est moins abondante et plus labile, le mycélium externe des champignons symbiotiques (Gloméromycètes) contribue fortement à la séquestration de carbone en secrétant et en déposant dans le sol de grandes quantités de glomaline, cette glycoprotéine hydrophobe très stable dont nous avons déjà signalé le rôle dans la structuration du sol (voir p. 95). C'est ainsi qu'on estime qu'à l'échelle de la terre entière environ un tiers de tout le carbone contenu dans les sols, l'est sous forme de glomaline. Les formations végétales les plus efficaces pour accumuler la glomaline sont les prairies.

Pour toutes ces raisons, de nombreux projets d'afforestation à grande échelle, d'aménagement des forêts existantes ou de conservation d'écosystèmes prairiaux naturels ou artificiels prennent désormais en compte le stockage de carbone en tant que service écosystémique parmi d'autres et s'attachent à le maximiser par le choix des pratiques agronomiques. Cette prise de conscience de la part des décideurs politiques est d'ailleurs fortement encouragée par le fait que la gestion des végétations pérennes est concernée par le marché du carbone instauré à la suite du protocole de Kyoto. Ce dernier, signé en 1997, entré en vigueur en 2005 et ratifié en 2010 par 168 pays, vise à réduire les émissions de gaz à effet de serre et principalement celles de dioxyde de carbone. Les recherches sur la dynamique du carbone dans le sol, et plus spécialement sur le rôle de la symbiose mycorhizienne dans le contexte du changement climatique, s'en sont aussi trouvées confortées.

▸▸ Les bases génétiques et l'évolution de la symbiose mycorhizienne

À la fin de la première partie, nous avons discuté de la phylogénie des plantes en relation avec leur statut mycorhizien et nous avons constaté que les différents types de symbiose étaient apparus indépendamment à de nombreuses reprises au cours de leur histoire évolutive. Puis, dans la deuxième partie, nous avons détaillé différents aspects des interactions entre les plantes et leurs symbiotes fongiques, et leurs conséquences. Enfin, pour clore cette partie, nous nous intéresserons à l'évolution des champignons mycorhiziens à la lumière des résultats les plus récents de la recherche, en tenant compte plus particulièrement de l'approche génomique en développement rapide grâce au séquençage des génomes d'un nombre croissant d'espèces (voir annexe 1).

Malheureusement, presque toutes les données disponibles concernent les Basidiomycètes et les Ascomycètes, c'est-à-dire l'embranchement des Dikaryomycètes ou Dikarya (ainsi appelés du fait de la coexistence de deux noyaux à un seul jeu de chromosomes chacun dans une seule cellule à certains stades du cycle de vie). À l'intérieur des Dikaryomycètes, les espèces mycorhiziennes ne se trouvent que dans la classe des Pézizomycètes chez les Ascomycètes et dans celle des Agaricomycètes chez les Basidiomycètes. La synthèse ci-dessous exclut donc dans un premier temps les Gloméromycètes, beaucoup plus difficiles à étudier bien que responsables du type de symbiose mycorhizienne de loin le plus représenté : les endomycorhizes arbusculaires.

Les champignons dans leur ensemble sont hétérotrophes pour le carbone, c'est-à-dire qu'ils doivent se procurer les molécules carbonées de base (essentiellement des sucres) à partir de matières organiques déjà synthétisées. Celles-ci sont dans la biosphère en très grande majorité d'origine végétale et par conséquent composées surtout de cellulose, d'hémicelluloses et de lignine, les macromolécules constituantes des parois des cellules des plantes. La majeure partie des champignons, dont les Dikaryomycètes, ont un mode de vie saprotrophe et décomposent les débris des végétaux morts en fractions assimilables grâce à une grande variété d'enzymes. Cependant, beaucoup d'espèces présentent des modes de vie dits *biotrophes* (c'est-à-dire se nourrissant à partir de plantes vivantes) ; ce sont les modes de vie parasitique et symbiotique. Les frontières sont parfois floues entre les modes de vie parasitique et symbiotique, tant il y a des cas d'espèces symbiotiques (mycorhiziennes) dont l'effet sur la plante peut être négatif ou positif selon les conditions de l'environnement comme, par exemple, les Ascomycètes responsables des pseudomycorhizes (voir p. 41). Sur le plan de la physiologie des interactions, des études génomiques et protéomiques ont révélé que cette analogie de comportement des espèces appartenant aux deux modes de vie biotrophe correspondait à la présence partagée de traits adaptatifs : petites protéines spécifiquement exprimées lors de l'interaction avec une plante, pauvreté du métabolisme secondaire, incapacité à assimiler les nitrates, etc. L'analyse phylogénétique de l'histoire des gènes codant pour les protéines surexprimées lors de l'interaction biotrophe montre que leur origine est très ancienne, suggérant que ce mode de vie est ancestral et a coexisté avec le mode de vie saprotrophe très tôt dans la trajectoire évolutive des champignons, sans qu'il soit possible de trancher sur l'antériorité de l'un ou de l'autre.

Mais il existe des espèces actuelles pouvant se comporter tantôt en saprotrophes et tantôt en biotrophes, à différents stades de leur cycle de vie ou en réponse aux modifications des conditions environnementales. C'est le cas de certaines armillaires (genre *Armillaria*, Basidiomycètes) qui peuvent parasiter des arbres vivants jusqu'à entraîner leur mort puis se développer en saprotrophes stricts en décomposant le bois mort mis à disposition. La question se pose de reconstituer la séquence des évènements : les champignons saprotrophes ont-ils précédé les biotrophes, ou bien est-ce le contraire ? À l'intérieur d'une lignée donnée, ce changement de mode de vie est-il réversible ? Le changement de mode de vie a-t-il eu lieu par addition ou par perte de gènes et de fonctions ? Toutes ses hypothèses font l'objet de recherches très actives, en particulier dans le cas des espèces de Basidiomycètes ectomycorhiziens, mais les résultats actuels ne permettent pas de trancher avec certitude. Deux scénarios également vraisemblables se partagent actuellement la faveur des spécialistes. Selon le premier, le plus ancien ancêtre commun des Basidiomycètes actuels aurait été saprotrophe dès le début de la colonisation des continents simultanément par les champignons et par les plantes qui leur fournissent d'une façon ou d'une autre les substrats carbonés nécessaires à leur croissance. Certaines lignées descendantes, ayant développé au Crétacé une relation symbiotique ectomycorhizienne avec divers groupes de plantes, auraient perdu une forte proportion des gènes codant pour des enzymes cellulolytiques et ligninolytiques devenues inutiles pour acquérir le carbone ; mais la fonction cellulolytique ne disparaitrait jamais complètement, car est elle est indispensable pour permettre au champignon de pénétrer dans la racine (voir p. 67). Il semblerait cependant que la perte de l'aptitude à la saprotrophie ne soit pas irréversible et que de nombreuses lignées aient indépendamment réacquis les gènes nécessaires. D'ailleurs, les mesures directes d'activités enzymatiques secrétées par les champignons ectomycorhiziens actuels montrent bien que rares sont les espèces qui sont vraiment dépourvues de la capacité de dégrader les débris végétaux (voir p. 82).

Le deuxième scénario place au contraire un champignon ectomycorhizien voisin de l'ordre actuel des Sébacinales (Agaricomycètes) comme l'ancêtre commun le plus ancien de tous les Basidiomycètes. Les espèces actuelles de Sébacinales sont toutes mycorhiziennes, et le séquençage du génome de l'une d'entre elles (*Piriformospora indica*) révèle qu'elle est à la fois munie des gènes caractéristiques de la biotrophie et de ceux nécessaires à un mode de vie purement saprotrophe. Ce génome possède tous les attributs que l'on attend de la part d'un champignon ancestral ayant donné naissance à la fois à des lignées de décomposeurs stricts et à des symbiotes mutualistes, sans exclure des passages ultérieurs d'un mode de vie à l'autre.

La situation est encore pour le moins obscure et seule l'analyse comparative des génomes de nombreux champignons présentant des modes de vie variés permettra d'y voir plus clair dans l'origine des symbioses mutualistes mycorhiziennes.

Cependant, un éclairage nouveau est déjà donné par la comparaison détaillée des génomes de cinq espèces de champignons écologiquement différents et appartenant à des ordres différents : deux espèces ectomycorhiziennes (*Tuber melanosporum*, Ascomycètes, Pézizales et *Laccaria bicolor*, Basidiomycètes, Agaricales), deux espèces saprotrophes agents de pourriture brune (*Serpula lacrymans*, Basidiomycètes, Boletales et *Postia placenta*, Basidiomycètes, Polyporales) et une espèce saprotrophe agent de pourriture blanche (*Phanerochaete chrysosporium*, Basidiomycètes, Hymenochaetales). La fréquence et la diversité des gènes codant pour des enzymes impliquées dans la dégradation des matières lignocellulosiques décroissent depuis l'agent de pourriture blanche (qui, rappelons-le, dégrade à la fois la cellulose et la lignine ; voir p. 111) jusqu'aux espèces ectomycorhiziennes (qui ont accès à d'autres sources de carbone) en passant par l'agent de pourriture brune (qui ne dégrade pas la lignine). Pourtant, aucune des cinq espèces n'est totalement dépourvue d'une quelconque de ces fonctions, suggérant que rien n'est irréversible et que la possibilité d'un retour évolutif vers un autre mode de vie existe. De plus, les deux espèces symbiotiques présentent des génomes beaucoup plus gros (c'est-à-dire des longueurs de chaînes d'ADN beaucoup plus grandes) que les espèces saprotrophes, et la différence est due en grande partie à la fréquence d'éléments transposables qui sont impliqués dans les modifications et les réarrangements de gènes à l'intérieur du génome. Il ressort que ces deux champignons ectomycorhiziens sont facilement modifiables ou qu'ils ont subi récemment de profonds changements. En attendant d'être confirmées par des données supplémentaires, en particulier sur les gènes marqueurs des interactions symbiotiques avec les plantes, ces observations préliminaires vont plutôt dans le sens du premier scénario présenté plus haut : les espèces biotrophes mutualistes dériveraient de champignons décomposeurs de bois possédant un équipement enzymatique plus complet. Ces derniers se seraient diversifiés à la fin du Carbonifère, expliquant la fin de l'accumulation massive de charbon, puis certains auraient contracté un mode de vie symbiotique avec de nouveaux groupes de végétaux en formant des ectomycorhizes (voir tableau 1).

Pour terminer, il nous reste à considérer le cas des Gloméromycètes et des endomycorhizes arbusculaires, qui concernent de fait la plus grande partie du règne végétal et les plus grandes surfaces des biomes terrestres. Les Gloméromycètes constituent chez les champignons un embranchement à part (voir p. 45), qui a divergé des Ascomycètes et des Basidiomycètes il y a très longtemps, bien avant la sortie des océans. Ils sont organisés de façon très différente (hyphes non cloisonnés parcourus par de nombreux noyaux) et toutes les espèces actuelles connues sont symbiotiques et forment des endomycorhizes arbusculaires, à l'exception peut-être de *Geosiphon pyriformis* qui vit cependant en symbiose avec des bactéries photosynthétiques. Il est désormais admis que c'est le type de symbiose mycorhizienne le plus ancien, qui a accompagné par coévolution toute l'histoire de la colonisation des continents par les végétaux depuis au moins l'Ordovicien il y a 500 millions d'années. Cette certitude est étayée par un faisceau de preuves convergentes : les analyses phylogénétiques intégrant la fréquence constante des mutations (horloge moléculaire), l'occurrence actuelle des symbioses à Gloméromycètes chez tous les groupes de plantes, y compris très anciens et non vasculaires comme les Bryophytes et y compris dans des groupes hébergeant aussi d'autres champignons symbiotiques développés ultérieurement, des fossiles datant du Silurien (il y a plus de 400 millions d'années) montrent des structures exactement semblables, morphologiquement, aux endomycorhizes arbusculaires actuelles, et enfin d'autres fossiles similaires jalonnent toute l'histoire évolutive des plantes.

La classification phylogénétique la plus récente des Gloméromycètes, basée sur l'analyse de séquences d'ADN, distingue onze familles contenant seulement dix-sept genres. Le cas de ces champignons est donc paradoxal : ils sont très anciens mais peu diversifiés, alors que les Ascomycètes et les Basidiomycètes, en un temps beaucoup plus court, ont vu l'apparition répétée de nombreux groupes symbiotiques. De plus, ils sont tous des symbiotes obligatoires incapables de vivre en dehors des racines et on ne leur connaît pas d'ancêtres ou de cousins actuels saprotrophes. Un « chaînon manquant » dans la continuité depuis d'hypothétiques ancêtres jusqu'aux champignons endomycorhiziens arbusculaires actuels pourrait être *Geosiphon pyriformis*; cette espèce très rare, phylogénétiquement proche de la famille symbiotique des Archéosporacées, vit librement dans le sol et ne dépend pas des racines des plantes supérieures, mais elle ne peut pas être considérée comme vraiment saprotrophe puisqu'elle contient des bactéries photosynthétiques qui lui fournissent du carbone.

Ce survol des bases génétiques de l'évolution des champignons responsables de la symbiose mycorhizienne nous apprend que la situation actuelle résulte de la combinaison de deux trajectoires très différentes : d'une part celle des Gloméro-mycètes, formant un groupe très ancien et très peu diversifié, vivant dès leur origine en symbiose obligatoire, trajectoire indissociable de l'évolution des plantes elles-mêmes, et d'autre part celle des champignons supérieurs cloisonnés que sont les Basidiomycètes et les Ascomycètes, plus récents mais extrêmement diversifiés et restant souvent proches du mode de vie saprotrophe.

Partie 3

Le point de vue de l'agronome : applications pratiques des connaissances sur la symbiose mycorhizienne

▸▸ La diversité de réponse des plantes à la symbiose comme base de la mycorhization contrôlée

Depuis 1885 et le travail pionnier de A.B. Frank évoqué dans l'introduction de ce livre, le rôle clé de la symbiose mycorhizienne dans la nutrition, le développement et la croissance des plantes a été démontré expérimentalement. Nous avons aussi vu précédemment que les différentes espèces végétales étaient plus ou moins dépendantes de la symbiose. Au plan de l'empirisme concret et dans une intention d'applications pratiques, de très nombreuses publications font état des effets quantitatifs des mycorhizes en termes de production végétale. Elles portent essentiellement sur les endomycorhizes arbusculaires et sur les ectomycorhizes et mettent en œuvre une grande diversité de plantes, de substrats et de conditions expérimentales. Le principe en est toujours le même : « toutes les conditions étant égales par ailleurs », on compare le comportement d'individus d'une espèce de plante modèle (parfois un cultivar ou une variété horticole) avec ou sans mycorhizes, ou mycorhizés par différentes espèces de champignons ou par différents isolats d'une même espèce. Ces différences de statut symbiotique sont obtenues soit par soustraction — par exemple en désinfectant le sol comme dans l'expérience de Frank — soit par addition dans le sol de spores ou de mycélium du champignon choisi ; on parle alors *d'inoculation*, par analogie avec les pratiques sur l'animal qui font intervenir l'introduction délibérée d'un microorganisme dans un organisme.

Les résultats diffèrent d'une expérience à l'autre, avec le plus souvent un effet positif de la mycorhization sur la croissance de la plante, mais aussi une absence d'effet significatif voire même un effet négatif. De la même façon, l'effet peut varier selon le champignon. Toutefois, cette confusion apparente s'éclaircit lorsqu'on analyse la diversité des réponses en tenant compte des différences de conditions expérimentales, en particulier de la fertilité du substrat au sens large, c'est-à-dire sa teneur en éléments nutritifs facilement assimilables ou son humidité pendant la durée de l'expérience. On voit alors une tendance se dégager de tous ces résultats disparates : aux faibles niveaux de fertilité, l'effet de la symbiose est positif et augmente lorsque la fertilité augmente ; pour des niveaux de fertilité plus élevés, l'effet est toujours positif mais décroît lorsque la fertilité augmente ; enfin, au-delà d'un seuil de fertilité élevé, l'effet devient nul puis de plus en plus négatif. Il est représenté sur la figure 23 par des courbes théoriques qui synthétisent la masse des résultats expérimentaux publiés dans des revues.

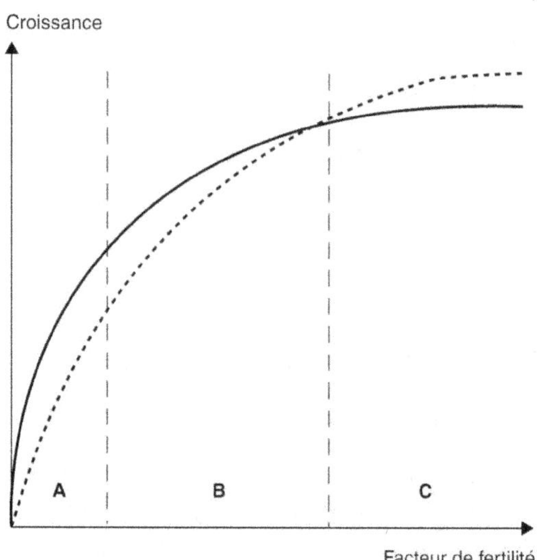

Figure 23. Représentation schématique de la réponse des plantes à la symbiose mycorhizienne (en ordonnées) en fonction de la richesse du sol en éléments nutritifs facilement assimilables (en abscisses).

Courbe pointillée : plante non mycorhizée ou mycorhizée par un champignon peu actif dans les conditions de l'expérience. Courbe pleine : plante mycorhizée par un champignon actif dans les conditions de l'expérience. La réponse de la plante est considérée ici au sens large : vitesse de croissance, précocité du développement, production de grains ou de tubercules, etc.

Cette figure s'interprète aisément dans le cadre conceptuel de la symbiose considérée comme une dépendance réciproque entre deux partenaires. Lorsque les ressources sont rares ou difficiles d'accès (ce qui correspond à la zone A), la plante est particulièrement dépendante du champignon pour la mobilisation des éléments nutritifs contenus dans les minéraux et dans la matière organique du sol (voir p. 74, 80 et 82), et cette dépendance (c'est-à-dire l'efficacité relative de la symbiose) augmente avec la disponibilité de la ressource puisque celle-ci est davantage limitante pour la plante que pour le champignon. À partir d'un certain niveau de disponibilité de la ressource (zone B), la différence s'amenuise car le « coût » photosynthétique de la symbiose est toujours le même alors que la plante est de moins en moins dépendante du champignon pour acquérir l'eau et les éléments nutritifs. Enfin, la ressource continuant d'augmenter (zone C) au point que les racines n'ont plus de difficulté pour puiser seules les éléments du sol, mais le champignon dérivant toujours du carbone photosynthétique alors qu'il ne rend plus aucun service à la plante, l'effet de la mycorhization devient négatif. Cependant, si les deux premiers types de conditions (zones A et B) sont réalistes et correspondent aux niveaux de fertilité des sols que l'on rencontre dans la nature, les très fortes concentrations correspondant à la zone C ne se trouvent que dans des conditions artificielles de laboratoire ou de cultures hydroponiques dans lesquelles les concentrations des solutions nutritives sont de plusieurs ordres de grandeur supérieures aux concentrations des solutions des sols naturels. Il est d'ailleurs intéressant de remarquer que la situation de la zone C rappelle le comportement des associations pseudomycorhiziennes (voir p. 41) : ce qui semble être une vraie symbiose dans un sol pauvre devient une maladie dans un sol riche.

Ces différents types de conditions contraignent pour une grande part les domaines d'application de la maîtrise de la symbiose mycorhizienne dans les productions végétales : les bénéfices les plus grands sont *a priori* à attendre sur les sols les plus pauvres, c'est-à-dire en sylviculture (les forêts sont confinées sur des sols inaptes à l'agriculture et on évite tout intrant coûteux) et en agriculture tropicale (les sols tropicaux sont extrêmement pauvres en phosphore et les engrais trop coûteux pour beaucoup d'agriculteurs de ces régions). Mais des contingences économiques relevant des marchés conditionnent aussi les domaines d'applications de ces techniques.

À l'intérieur de ce schéma général de réponses des plantes à la symbiose mycorhizienne en fonction de la fertilité du sol, on observe des différences selon l'espèce de la plante, qui est plus ou moins dépendante de partenaires fongiques. Pour les plantes cultivées à endomycorhizes arbusculaires, on distingue des espèces très dépendantes pour lesquelles le rendement agronomique est quasi nul en l'absence de mycorhizes (carotte, poireau, oignon, légumineuses comme le pois, le haricot ou la fève, voir p. 68), des espèces moyennement dépendantes (maïs, poivron, tomate, pomme de terre) et des espèces très peu dépendantes (blé, avoine, orge). À l'extrême des plantes non dépendantes se situent naturellement les groupes non symbiotiques comme les Brassicacées (chou, navet, moutarde) ou les Chénopodiacées (betterave, épinard) qui ont une écologie particulière (voir p. 96). Cette diversité de comportements des plantes vis-à-vis de la symbiose mycorhizienne correspond assez bien à la morphologie des racines : les espèces qui présentent des racines très fines (moins d'un demi-millimètre de diamètre) et abondantes, ou garnies de longs poils absorbants, tendent à être peu dépendantes de la symbiose, alors que celles dont les racines sont moins abondantes, de plus gros diamètre et dépourvues de poils absorbants se révèlent particulièrement dépendantes. Tout se passe comme si il y avait compensation entre deux façons d'accroître la surface de contact entre la racine et le sol : d'une part la prolifération de racines très fines et/ou l'abondance de poils absorbants, et d'autre part l'extension hors de la racine d'un mycélium issu d'un champignon symbiotique intraracinaire.

Sur le plan des applications pratiques en agriculture, le concept général de dépendance mycorhizienne a été traduit par un indice opérationnel appelé *dépendance mycorhizienne relative au champ* (DMRC) calculé à partir de deux mesures : d'une part le rendement de la culture au champ, c'est-à-dire en situation réelle sur un sol agricole, noté M parce que les plantes y sont normalement et naturellement mycorhizées, et d'autre part, « toutes les conditions étant égales par ailleurs », le rendement sur le même sol ayant subi un traitement désinfectant éliminant toutes les propagules de champignons mycorhiziens ; la valeur mesurée est notée NM, puisque les plantes n'y sont pas mycorhizées. La dépendance mycorhizienne relative au champ est alors DMRC $= (M - NM) / M$.

Enfin, et c'est là le plus important en vue d'éventuelles applications pratiques, l'effet de la symbiose sur le rendement d'une culture dans des conditions environnementales données dépend fortement de l'identité du ou des champignons associés, non seulement au niveau de l'espèce ou de la provenance mais aussi au niveau de l'individu (c'est-à-dire de l'isolat ou de la souche) à l'intérieur d'une espèce. Nous verrons lorsque nous détaillerons différents exemples d'applications effectives, l'importance de la stratégie choisie pour la sélection du matériel fongique utilisé.

L'ensemble de ces observations constitue le fondement de la réflexion des agronomes, des horticulteurs et des forestiers soucieux de tirer le meilleur parti des connaissances actuelles pour augmenter la production végétale sans accroître l'usage d'intrants coûteux ou polluants (énergie, engrais de synthèse, pesticides). Cette approche est particulièrement décisive dans le cadre du développement rapide de l'agriculture biologique dont l'ambition est de supprimer totalement les intrants de synthèse. Dans des conditions bien précises, comme la performance d'une culture dépend de son statut symbiotique, il est tentant de manipuler ce statut dans un sens favorable aux besoins de l'agriculture. Le résultat de cette démarche est un ensemble de techniques visant à maîtriser la symbiose mycorhizienne au bénéfice des productions végétales et que l'on regroupe sous le terme général de « mycorhization contrôlée » dérivé de l'anglo-américain *controlled mycorrhization* et vulgarisé dans les années 1970 par le chercheur américain Donald Marx, pionnier en la matière dans le domaine des plantations forestières.

Dans ce qui suit, nous considérerons successivement des exemples d'application de la mycorhization contrôlée dans différents types de productions végétales. Enfin, nous analyserons un cas particulier de la mycorhization contrôlée ou l'objectif n'est pas la performance de la plante mais celle du champignon : la production de champignons comestibles. Mais, auparavant, nous envisagerons différentes stratégies possibles pour choisir les champignons symbiotiques et les conditionner en vue d'une utilisation en mycorhization contrôlée.

▸▸ Les bases de la sélection de symbiotes efficaces pour améliorer le rendement des cultures

La question centrale de tout programme de mycorhization contrôlée est le choix du matériel fongique qu'il convient de multiplier, de conditionner et d'introduire dans le processus technique de production afin d'en améliorer les performances. La difficulté n'est pas la rareté ; bien au contraire, c'est la pléthore de candidats. Sachant qu'il existe au moins des centaines d'espèces de Gloméromycètes endomycorhiziens et probablement des dizaines de milliers d'espèces de Basidiomycètes et d'Ascomycètes ectomycorhiziens, et que chaque espèce contient un nombre quasi infini d'individus génétiquement différents et de capacités très diverses, un choix raisonné *a priori* est évidemment impossible. La plupart des succès actuels ont été le résultat d'une approche *empirique,* c'est-à-dire basée sur l'expérience et sur la comparaison des performances de différents champignons dans les conditions réelles de culture.

Cependant, les espèces ou les souches fongiques soumises au crible de l'expérimentation sont nécessairement sélectionnées parmi les rares qui sont disponibles dans les collections des laboratoires et surtout qui satisfont aux quelques conditions décisives pour éventuellement une utilisation pratique ultérieure : facilité de culture ou de multiplication au laboratoire et en atelier de production de masse, robustesse face aux contraintes du conditionnement et du stockage sous forme d'inoculant commercial, facilité d'identification en vue du contrôle qualité et du suivi dans les systèmes de culture. Heureusement — pourrait-on dire — ces conditions limitent très considérablement le champ de recrutement car, comme déjà souligné à plusieurs reprises, le mode de vie normal des champignons mycorhiziens est la symbiose à l'intérieur des tissus racinaires d'une plante ; ils sont pour la plupart difficiles, sinon impossibles, à manipuler dans des conditions artificielles. À tel point que le nombre d'espèces qui ont effectivement fait l'objet d'expérimentations dans un but agronomique est extrêmement faible. Elles appartiennent pour l'essentiel aux genres *Glomus* et *Gigaspora* pour les Gloméromycètes endomycorhiziens, et *Hebeloma, Paxillus, Suillus, Rhizopogon, Scleroderma, Pisolithus, Laccaria, Tricholoma, Lactarius* et *Amanita* pour les Basidiomycètes ectomycorhiziens ; nous verrons que la truffe est le seul Ascomycète ayant fait l'objet de mycorhization contrôlée (p. 176). De fait, une plus grande liberté de choix laissée aux expérimentateurs concerne la diversité intraspécifique, c'est-à-dire la comparaison de différentes souches appartenant à une même espèce.

Toutefois, ces contraintes étant posées, les connaissances accumulées sur les différents aspects de la biologie de la symbiose mycorhizienne offrent d'autres possibilités de sélection raisonnée en amont de l'expérimentation. Les traits d'adaptation écologique sont primordiaux : une souche fongique qui ne subsisterait pas dans les conditions normales de culture de la plante cible n'a pas sa place dans le processus de criblage expérimental. Il est donc prudent de ne tester que des souches connues pour former des mycorhizes avec l'espèce de plante cible et provenant de sites présentant un sol et un climat proches de ceux de la région d'introduction. De plus, dans le cas des ectomycorhizes des arbres forestiers, la capacité à s'associer à la fois à de très jeunes semis (pour pouvoir inoculer le champignon dès le stade de la pépinière) et à des arbres plus âgés (pour stimuler la croissance des plantations le plus longtemps possible) est primordiale. Il est inutile d'expérimenter avec des genres connus pour ne s'associer qu'avec des arbres adultes, comme les bolets, les russules ou les cortinaires. Il est au contraire souhaitable de sélectionner des champignons parmi les premiers colonisateurs des racines issues de la germination des graines ; l'idéal est d'isoler les champignons qui forment les toutes premières mycorhizes sur de jeunes semis naturels en forêt dans des sites analogues à ceux auxquels on destine les plants inoculés. Cependant, cela implique de pratiquer les isolements et les mises en culture à partir des ectomycorhizes elles-mêmes et non pas de sporocarpes — ce qui serait beaucoup plus facile — car en général ces champignons du premier stade ne fructifient pas (voir annexe 1, les méthodes de mise en culture). Un exemple de l'efficacité de cette approche est donné par un programme de sélection de souches fongiques destinées à la mycorhization contrôlée des plantations d'épicéa commun (*Picea abies*) actuellement en cours en Finlande. Parmi les nombreuses souches de champignons expérimentées, celles qui stimulent le plus efficacement la croissance des jeunes plants après plantation en forêt appartiennent aux genres *Cenococcum, Piloderma, Thelephora, Tomentellopsis* et *Tomentella*. Or ce sont là des genres qui ne forment jamais de sporophores (*Cenococcum*) ou qui ne forment que des croûtes fertiles à la surface des brindilles de bois mort du sous-bois, autrement dit qui sont très difficiles à détecter et obligatoirement isolés à partir des ectomycorhizes et identifiés grâce aux outils moléculaires (voir annexe 1). Des champignons comptant parmi les plus efficaces pour l'effet recherché auraient été complètement ignorés si par facilité, l'on s'était contenté de cibler les espèces les plus visibles et de les mettre en culture à partir de sporocarpes. Ce genre de résultat valide une nouvelle approche qui consiste à rechercher en priorité les champignons spécialisés de la niche écologique de destination des plants.

Plus récemment, les progrès rapides dans la compréhension des mécanismes symbiotiques et de leurs déterminants génétiques permettent d'envisager des raccourcis considérables dans le processus de sélection en amont de l'expérimentation proprement dite. Une souche de Gloméromycètes dont le génome contient de nombreux gènes de transporteurs de phosphate (voir p. 79) a de sérieuses chances d'être plus efficace pour alimenter la plante en phosphore qu'une souche dont le génome en contient moins. Ou bien un champignon ectomycorhizien pourvu de plusieurs gènes codant pour des protéases est *a priori* plus efficace pour mobiliser l'azote protéique à partir de l'humus forestier (voir p. 82), et donc pour faciliter la nutrition azotée des arbres, qu'un champignon incapable de secréter ce type d'enzyme. Mais une telle approche de pré-sélection des souches à tester expérimentalement basée sur des critères génomiques n'a pas encore été mise en pratique dans des programmes aboutis de mycorhization contrôlée.

De toute façon, la complexité et l'imprévisibilité, en l'état de nos connaissances actuelles, de la modulation du patrimoine génétique d'un champignon par les conditions environnementales et son association avec une plante hôte ne dispense pas de la phase expérimentale au champ.

▸▸ Les inoculants mycorhiziens et les techniques d'inoculation

On appelle *inoculant* (ou aussi *inoculum*) mycorhizien toute préparation contenant un ou plusieurs champignon(s) mycorhizien(s) sous une forme viable et permettant d'introduire ce(s) champignon(s) dans un système de production végétale de façon à provoquer la formation de mycorhizes désirables pour leur efficacité supérieure à celle des mycorhizes se formant spontanément à partir de l'inoculum naturel du site. Pour être commodément utilisable et supporter les contraintes d'une production et d'une distribution commerciale, un inoculant doit en outre avoir une durée de vie compatible avec le stockage et le transport, et nécessiter le moins possible le recours à la chaîne du froid. En pratique, on distingue trois grands types d'inoculants mycorhiziens en fonction de la variabilité génétique de la composante fongique et du type de propagules utilisé. Dans son acception au sens large, on entend par *propagule* toute partie d'un individu pouvant être transportée à distance par l'eau, le vent, les animaux ou tout autre moyen et donner naissance à un autre individu. Selon que la propagule est issue d'un processus végétatif ou sexué, elle propage respectivement l'individu ou l'espèce. Des propagules impliquées dans la reproduction sexuée sont les basidiospores et les ascospores chez les champignons, ou les graines chez les végétaux ; des exemples de propagules végétatives sont les conidies et les sclérotes chez les champignons, les tubercules, les bulbes et les boutures chez les plantes.

Les inoculants mycorhiziens peuvent être génétiquement très hétérogènes s'ils contiennent des propagules sexuées de plusieurs espèces de champignons, spécifiquement homogènes s'ils ne contiennent des propagules sexuées que d'une seule espèce, ou génétiquement homogènes s'ils sont constitués de propagules végétatives d'une seule espèce.

Du fait de leurs modes de reproduction très différents, les Gloméromycètes d'une part et les Ascomycètes et Basidiomycètes d'autre part, responsables respectivement des endomycorhizes arbusculaires et des ectomycorhizes, relèvent de deux types d'approche technologique qui nécessitent d'être traités séparément.

Les inoculants endomycorhiziens

La terre d'un champ ou d'un jardin peut être utilisée comme vecteur de propagules de Gloméromycètes pour enrichir une autre parcelle dans laquelle on a toute raison de penser qu'il risque d'y avoir un déficit de symbiose en l'absence d'intervention, comme dans un sol depuis longtemps dépourvu de végétation, ayant subi un traitement défavorable aux champignons en général ou dans un substrat artificiel. On cherche seulement à faire en sorte que la culture soit mycorhizée, même de façon non optimale, sachant qu'en ne faisant rien elle dépérirait. Nous verrons plus loin quelques exemples de ce type de pratiques.

La mycorhization contrôlée proprement dite, c'est-à-dire non seulement le renforcement mais la modification délibérée et orientée du statut symbiotique des plantes, nécessite l'inoculation de doses massives de propagules de Gloméromycètes, les mieux identifiées possible afin de permettre la sélection des combinaisons les plus efficaces dans des conditions données.

La difficulté principale est que, contrairement à beaucoup des champignons ectomycorhiziens dont il a été question précédemment, les Gloméromycètes endomycorhiziens se sont jusqu'alors avérés totalement réfractaires à la mise en culture pure au laboratoire, ne permettant pas la production massive d'inoculant mycélien. Force est donc de recourir à des propagules naturelles récoltées à proximité de racines mycorhizées appartenant à une plante vivante.

Il s'agit principalement des grosses spores plurinucléées, formées dans le sol sur le mycélium extraracinaire, évoquées dans la première partie en décrivant ce type de symbiose. Il est possible de les extraire à partir de suspensions de sol par des méthodes combinant le tamisage, la flottation dans des liquides de différentes densités et la décantation (voir annexe 2), mais cela est très laborieux et ne fournit de toute façon que des petites quantités de spores. Afin de produire de l'inoculant en quantité suffisante pour une application commerciale à partir des certaines spores ainsi triées et sélectionnées, il est nécessaire de les multiplier. Mais, à côté des spores, il existe d'autres structures endomycorhiziennes qui jouent le rôle de propagules efficaces : les vésicules intracellulaires, douées comme les spores de capacités de conservation et de germination, et les fragments de racines mortes qui peuvent encore contenir, même sèches et après plusieurs mois, des morceaux de mycélium en survie capables d'infecter une nouvelle racine. La méthode de base est la même pour multiplier ces trois types de propagules : cultiver des plantes en pots, en récolter les racines et le substrat envahi de spores et de mycélium, utiliser ce matériel pour ensemencer de nouveaux pots, etc.

Elle a été déclinée avec de nombreuses variantes concernant la plante, le substrat, la fertilisation ou les solutions nutritives, les conteneurs, la technique de conditionnement du produit, etc. Certains inoculants endomycorhiziens sont même produits sans aucun substrat par des techniques appelées *hydroponie* ou *aéroponie*. Dans le premier cas, les racines baignent dans une solution nutritive circulante ou aérée par bullage ; pour l'aéroponie, les plantes sont suspendues au-dessus d'un caisson dans lequel une solution nutritive est pulvérisée en permanence, formant un brouillard dans lequel se développent librement les racines mycorhizées. Dans les deux systèmes, il est facile de récolter les spores par fitration de la solution recyclée et de les conditionner sous forme d'inoculant.

Mais le progrès le plus spectaculaire a été la production aseptique de propagules de champignons endomycorhiziens arbusculaires, c'est-à-dire sans aucun microorganisme étranger, de façon à garantir la pureté et l'inocuité du produit final. La difficulté évidente à cultiver des plantes entières dans des conditions complètement aseptiques, avec tous les problèmes de maintien de la stérilité parfaite des flux d'air et d'eau entrant dans le système, a été astucieusement contournée par une équipe de chercheurs canadiens (brevet US 1996 n° 5554530 de J. André Fortin et collaborateurs) en utilisant des racines seules, cultivées aseptiquement *in vitro* dans un milieu nutritif complexe. Pour accélérer la croissance des racines et augmenter la productivité du système, ils ont utilisé des racines génétiquement transformées par la bactérie pathogène *Agrobacterium rhizogenes*, responsable des symptômes de la maladie appelée *hairy root disease* (littéralement : maladie des racines chevelues) qui forme des proliférations anarchiques de touffes de fines racines chez de nombreuses espèces de plantes, jusqu'à entraîner parfois le dérèglement complet de la fonction racinaire et la mort. On sait maîtriser cette bactérie en laboratoire de façon à ce qu'elle transfère naturellement aux racines certains de ses propres gènes (en particulier ceux responsables de la surproduction d'hormones végétales exacerbant la croissance et la ramification des racines), puis éliminer la bactérie avec des antibiotiques pour ne garder que les racines génétiquement transformées. Celles-ci prolifèrent de façon continue sur un milieu de culture approprié, et il est facile de les repiquer et de les multiplier aseptiquement à très grande échelle dans des boîtes ou dans des bocaux. Les racines transformées (de carotte, le plus souvent), si elles sont initialement inoculées avec une souche sélectionnée de Gloméromycètes endomycorhiziens, produisent des quantités énormes de spores, de mycélium, d'arbuscules et éventuellement de vésicules qu'il ne reste qu'à séparer et conditionner sous la forme d'un inoculant stable. L'avantage de ce type d'inoculant comparé à tous les autres est que l'on peut garantir sa pureté et l'absence de tout microorganisme indésirable, puisque produit entièrement dans des conditions dites *axéniques* (littéralement : sans étranger), ce qui est très important non seulement pour l'efficacité du produit mais aussi d'un point de vue réglementaire, afin d'obtenir l'homologation et l'autorisation de mise sur le marché dans certains pays. La production d'un inoculant axénique est indispensable pour mycorhizer des plantules issues de micro-propagation pendant la phase de culture *in vitro* (p. 161). Ce type d'inoculant est produit à grande échelle en Inde et au Canada.

Plus d'une cinquantaine de brevets ont été déposés, qui concernent de près ou de loin la maîtrise des endomycorhizes arbusculaires et surtout la production d'inoculant. Ils couvrent toute la gamme des techniques énumérées mais les plus récents concernent surtout les méthodes permettant d'obtenir des produits parfaitement axéniques, soit à l'aide de racines transformées par *Agrobacterium rhizogenes* soit à l'aide de plantes entières maintenues en conditions aseptiques.

Sur le marché il existe une très grande diversité d'inoculants endomycorhiziens de formulations très variées et préconisés pour des usages différents, proposés par une vingtaine de sociétés à travers le monde. Nous verrons plus loin leurs conditions d'utilisation en agriculture et en horticulture. Selon leur destination, on peut distinguer trois grandes catégories correspondant à des formulations et des conditionnements différents : les inoculants concentrés solides (pulvérulents ou granulaires, avec un support à base de silice, de tourbe, de perlite, de vermiculite expansée ou d'argile calcinée), les inoculants concentrés liquides ou semi-liquides (le plus souvent sous forme de gel) et les substrats préparés. Ces derniers ne sont autres que des terreaux horticoles classiques, à base de tourbe, de composts et d'écorces, auxquels on a déjà incorporé des propagules de Gloméromycètes ; ils sont surtout utilisés en horticulture pour les semis en alvéoles ou le repiquage de plantules délicates. De plus, quelles que soient la présentation et la formulation du produit, l'inoculant peut être *monosouche* (c'est-à-dire ne contenant des propagules que d'une seule souche de champignon) ou *générique* (c'est-à-dire contenant un mélange de champignons de caractéristiques écologiques différentes et complémentaires, pour s'adapter à des conditions environnementales variées et étendre la gamme de services rendus par la symbiose). Dans tous les cas, la qualité essentielle d'un inoculant est le nombre de propagules vivantes et efficaces qu'il contient. Cela devrait toujours être garanti par le fabricant, assorti de la durée de vie effective dans des conditions de stockage bien définies et de préconisations précises quant à l'utilisation (dose, localisation, méthodes culturales favorables ou contre-indiquées, etc.).

En 2012 en Amérique du Nord, on compte 21 compagnies qui commercialisent des inoculants endomycorhiziens, contre 9 en Europe (Espagne, France, Allemagne, Suisse, République tchèque, Royaume-Uni et Hongrie). Ces dernières sont regroupés au sein de la FEMFIP (Federation of European Mycorrhizal Fungi Inoculum Producers : fédération des producteurs européens d'inoculants fongiques mycorhiziens).

Comme nous l'avons déjà signalé, le contrôle de la qualité est actuellement le point faible de toutes ces filières de productions, et il ne fait pas de doute que la réglementation concernant l'utilisation de microorganismes en agriculture va aller en se durcissant pour prévenir les risques d'introduction non intentionnelle de souches exotiques néfastes et invasives, qu'elles soient pathogènes ou simplement inefficaces mais compétitrices des souches indigènes. C'est pourquoi toutes les recherches actuelles portent sur la production d'inoculants endomycorhiziens dans des conditions de stricte asepsie *in vitro*, ce qui permet d'éviter toute contamination. Le second défi pour ce type d'industries est de parvenir à garantir l'efficacité des produits dans des conditions bien définies de type de sols, de plantes cultivées et de pratiques culturales. C'est pourquoi le marché tend de plus en plus à distinguer deux grands types d'inoculants adaptés à des conditions d'utilisation différentes : d'une part des souches fongiques pures d'efficacité optimale pour des types de cultures bien précis, et d'autre part des inoculants composites contenant des souches à spectres écologiques complémentaires permettant de procurer un effet bénéfique dans une large gamme de conditions. Le premier cas concerne plutôt les grandes cultures — du fait des quantités en jeu et de l'homogénéité des conditions d'emploi — et le second l'horticulture, du fait au contraire de la multiplicité des espèces cultivées et de la diversité des systèmes de culture.

Les inoculants ectomycorhiziens

Dans le cas des ectomycorhizes, qui intéressent avant tout les sylviculteurs, il y a d'abord ce qu'on appelle les inoculants naturels : pour orienter la mycorhization dans le sens désiré dans le système cible, on apporte tout simplement de la terre, de la litière ou de l'humus que l'on sait contenir une communauté de champignons mycorhiziens non contrôlée mais de qualité raisonnable en fonction des objectifs fixés. Les inoculants naturels ont un avantage incontestable : ils sont peu coûteux puisque n'étant pas fabriqués. Mais ils présentent beaucoup d'inconvénients : ils sont volumineux et lourds à transporter car les propagules y sont peu concentrées, leur utilisation est très empirique puisqu'on ne maîtrise ni la diversité des espèces symbiotiques ni la pureté génétique d'aucune d'entre elles, et surtout les champignons mycorhiziens y sont accompagnés d'une grande variété de microorganismes totalement incontrôlés dont certains peuvent être pathogènes vis-à-vis de l'essence d'arbre ciblée, ce qui risque de compromettre l'efficacité de l'opération.

Le recours à de tels inoculants naturels a cependant été, et est encore employé avec succès à très grande échelle dans le cas des ectomycorhizes. Selon le mycologue français Malençon (1938), cette pratique remonterait au XVIIIe siècle lorsqu'on commença à introduire des morceaux de truffe noir du Périgord (*Tuber melanosporum*) dans les trous de plantation de jeunes chênes destinés à constituer des truffières artificielles. Même de nos jours, une bouillie de truffes broyées dans de l'eau est utilisée pour inoculer en serre les plants truffiers (voir p. 176). Cependant, l'application de loin la plus importante d'un inoculant naturel concerne les plantations forestières tropicales et plus particulièrement les pins en Afrique intertropicale, comme nous le verrons ultérieurement (p. 149 et suivantes).

Avec les inoculants naturels, et mis à part le fait que les pathogènes des racines sont recyclés en même temps que les symbiotes, la probabilité pour que le ou les champignons (inconnus le plus souvent) ainsi introduits par hasard aient une efficacité proche de l'optimum, est très faible. La plante cultivée ne peut pas exprimer tout son potentiel de croissance. Ce constat a conduit à se tourner vers un autre type d'inoculant assurant un meilleur contrôle des populations fongiques introduites : les spores.

De nombreux travaux ont montré que les spores issues de la reproduction sexuée de beaucoup de Basidiomycètes et d'Ascomycètes, c'est-à-dire les basidiospores et les ascospores, pouvaient, dans des conditions expérimentales de laboratoire, conduire à la formation d'ectomycorhizes avec de jeunes semis d'arbres. Cependant, en pratique, de nombreux obstacles limitent considérablement les possibilités d'utilisation des spores : la récolte est difficile à réaliser car la plupart des espèces ont une fructification saisonnière et erratique, et leurs spores survivent mal et/ou ne germent pas après leur incorporation dans le sol. Trois groupes de champignons ne présentent pas ces inconvénients et sont effectivement utilisés sous forme de spores : en plus des truffes déjà citées, les pisolithes (genre *Pisolithus*, champignon des sols sableux ou caillouteux pauvres et acides, surtout en climat chaud, ressemblant à des vesses de loup émettant en grande quantité une poussière de spores de couleur rouille) et les rhizopogons qui forment des petits sporocarpes globuleux truffoïdes juste sous la surface du sol et dont les espèces sont étroitement spécifiques soit des pins (genre *Pinus*) soit du Douglas (*Pseudotsuga menziesii*). Toutes ces espèces ont en commun l'avantage de produire tous les ans dans les plantations un grand nombre de sporocarpes faciles à récolter et dont il est simple d'extraire des quantités énormes de spores présentant une excellente capacité de conservation. Les spores de *Pisolithus tinctorius* gardent leur capacité germinative pendant trois ans au sec et à + 5° C, et celles de *Rhizopogon vinicolor* peuvent se garder plusieurs mois au froid en suspension dans l'eau. Ces dernières font l'objet d'une préparation commerciale utilisée à grande échelle dans les pépinières de Douglas du nord-ouest de l'Amérique du Nord. En Australie, une suspension de spores de *Rhizopogon luteolus* issues de sporocarpes récoltés localement est directement injectée dans le réseau d'irrigation de certaines pépinières de pin de Monterey (*Pinus radiata*, une essence à croissance rapide originaire de Californie), assurant l'inoculation permanente des semis afin d'obtenir une mycorhization massive. Certaines plantations d'eucalyptus en Afrique et au Brésil ont pu avec succès faire l'objet d'inoculations avec des spores de sclérodermes (genre *Scleroderma*, qui forme de gros sporocarpes globuleux à peau très dure contenant une masse de spores sombres) ; cependant, les spores des sclérodermes sont beaucoup plus difficiles à utiliser que celles des pisolithes ou des rhizopogons. Enfin, aux Philippines, les spores de pisolithes son conditionnées sous forme de comprimés, comme un médicament, pour être facilement incorporées dans le sol des pépinières forestières produisant des plants de pins.

On commence à trouver sur les marchés européen et américain des inoculants commerciaux qui affichent dans leur composition des spores de champignons ectomycorhiziens d'autres espèces, le plus souvent non précisées, et dont l'efficacité proclamée ne résiste généralement pas à des essais rigoureux. On peut affirmer jusqu'à présent que seuls les truffes, les pisolithes et les rhizopogons (et peut-être, dans des cas très particuliers, certains sclérodermes) se prêtent bien à la mycorhization artificielle des arbres forestiers par voie sporale.

Le recours aux spores est incontestablement un grand progrès par rapport aux inoculants naturels car il permet de s'assurer de l'espèce du champignon introduit puisqu'on extrait les spores de sporocarpes, organes macroscopiques différenciés sur la morphologie desquels est basée toute la systématique des champignons supérieurs. Néanmoins, en germant, les ascospores et basidiospores donnent naissance à des populations d'individus génétiquement divers qui ne reproduisent pas forcément le comportement de la souche (individu) dont elles sont issues — et plus précisément, pour ce qui intéresse avant tout les sylviculteurs — l'efficacité à favoriser la croissance des arbres inoculés. Il est irréaliste de dépendre de la reproduction par spores si on souhaite développer un programme de mycorhization contrôlée basée sur l'utilisation de souches sélectionnées de champignons mycorhiziens. Dans ce cas, il est obligatoire de produire l'inoculant par multiplication végétative, c'est-à-dire par culture pure de mycélium.

Tous les champignons ne se cultivent pas avec la même facilité, mais cette méthode donne cependant accès à une gamme d'espèces beaucoup plus large que les spores. Il faut commencer par *isoler* une *souche* de l'espèce choisie, c'est-à-dire par en réaliser une première culture *in vitro* à petite échelle, en laboratoire. On appelle souche un individu champignon (au sens génétique) que l'on multiplie indéfiniment à l'identique de façon végétative par des repiquages périodiques au laboratoire. La première mise en culture se fait en prélevant de façon aseptique un petit fragment de la chair d'un sporocarpe et en le déposant à la surface d'un milieu nutritif gélifié par de l'agar-agar dans un tube à essai ou dans une boîte de Petri, en conditions stériles. Lorsque la composition du milieu et les conditions d'incubation sont favorables, quelques hyphes émergent du fragment et poussent en formant un mycélium qui colonise la surface du milieu. Après des repiquages successifs et de fréquentes observations au microscope destinées à éliminer d'éventuelles contaminations par d'autres microorganismes et à purifier la souche, celle-ci est prête pour la production d'inoculants.

Pour certaines espèces d'Ascomycètes chez lesquelles les sporocarpes sont très petits, peu charnus ou systématiquement chargés de bactéries, ce qui rend leur mise en culture très difficile à partir des tissus stériles de ces sporocarpes (comme avec certaines truffes), on peut créer des cultures mycéliennes à partir d'une spore isolée, lorsque il est possible d'en provoquer la germination *in vitro*. Cela est incompatible avec l'objectif dans le cas des Basidiomycètes car, comme nous l'avons vu dans la première partie au sujet des champignons ectomycorhiziens (p. 27), le mycélium primaire monocaryotique issu d'une basidiospore ne peut pas former d'ectomycorhize ; il doit d'abord fusionner avec un autre monocaryon pour former un nouvel individu dicaryotique qui, lui, sera capable de s'associer symbiotiquement à une racine.

Comme lors de la phase d'isolement et de purification, la multiplication du mycélium à grande échelle se fait ensuite dans un milieu nutritif en conditions de stérilité parfaite. Des conditions très artificialisées sont nécessaires pour deux raisons. Premièrement, bien que cultivables pour certains, les champignons symbiotiques ont des besoins nutritionnels bien précis car ils sont adaptés pour recevoir directement des sucres simples et des vitamines de leurs plantes hôtes ; c'est d'ailleurs probablement la raison pour laquelle certains sont réputés incultivables : on ne sait tout simplement pas quelles substances indispensables devraient être ajoutées dans le milieu de culture. Deuxièmement, les champignons ectomycorhiziens sont très peu compétitifs vis-à-vis de la plupart des microorganismes du sol à croissance beaucoup plus rapide sur des substrats riches. Tout cela impose donc des systèmes de culture en ateliers industriels, dans des dispositifs où la stérilité des récipients, de l'air et des substrats est strictement contrôlée, comme pour les productions d'autres microorganismes servant à la fabrication de médicaments, de produits cosmétiques ou d'additifs alimentaires dans les filières biotechnologiques. En pratique, la culture du mycélium a lieu dans des appareils appelés *fermenteurs* où les principaux facteurs sont rigoureusement maîtrisés, comme l'aération, l'agitation si le milieu est liquide, la composition du milieu, la température, l'humidité si le milieu est solide, la stérilité, etc. Si toutes ces conditions sont bien respectées et les différentes variables optimisées par une expérimentation rigoureuse, il est possible de produire assez facilement de grandes quantités de mycélium de différentes espèces de *Hebeloma, Laccaria, Paxillus, Cenococcum,* etc. Cependant, le mycélium tel qu'il sort du fermenteur est encore inapte à être utilisé comme inoculant en pépinière car, toujours du fait de sa faible compétitivité vis-à-vis des microorganismes libres du sol, sa capacité de survivre sous forme non symbiotique est très limitée en l'absence d'une racine hôte pouvant le protéger et le nourrir. Le problème technologique est de créer des « propagules artificielles » à partir de ce mycélium nu afin de lui conférer la même protection et la même aptitude à survivre que présentent les organes naturels de conservation et de dissémination que sont les spores, les sclérotes ou les cordons mycéliens. Si le mycélium a été cultivé dans un milieu liquide, une solution est de l' « encapsuler » dans des billes de quelques millimètres de diamètre d'un gel d'alginate (substance visqueuse ou élastique, selon la préparation, provenant d'algues marines). Mais une autre solution souvent employée consiste à faire pousser le mycélium dans un milieu particulaire poreux constitué d'un mélange de vermiculite expansée et de tourbe. La vermiculite expansée est un matériau minéral léger, de la famille minéralogique des micas, utilisée dans le bâtiment pour l'isolation thermique ou phonique, qui se présente sous forme de grains de quelques millimètres formés de feuillets empilés. La tourbe, quant à elle, est un matériau organique fossile qui résulte de l'accumulation lente des tissus morts de mousses du genre *Sphagnum* dans de vastes zones marécageuses acides appelées tourbières ; elle provient des pays du Nord (Canada, Scandinavie, Pologne, Russie) et est surtout utilisée en horticulture comme base de la plupart des terreaux et des substrats de culture hors sol. Le mélange de vermiculite et de tourbe est imbibé d'un milieu nutritif liquide, placé dans des sacs plastiques, dans des bocaux en verre ou dans des fermenteurs spéciaux pour milieux solides, stérilisé, ensemencé avec le champignon souhaité et placé dans les conditions de température et d'aération convenables. Le mycélium, en poussant, envahit alors progressivement toute la masse du substrat en pénétrant à l'intérieur des particules, entre les feuillets de la vermiculite et dans les cellules de la tourbe. Il y trouve des conditions favorables à sa protection, et l'expérience montre que de telles propagules artificielles constituent un excellent inoculant, malgré une fabrication beaucoup plus lente que par la voie liquide. Nous verrons que les deux procédés sont indifféremment mis en pratique.

Conditions d'application

Lorsque le système de culture le permet, la désinfection du sol préalablement à l'inoculation et au semi est souhaitable pour assurer le succès de l'inoculation. La compétition est forte entre le champignon introduit et les champignons résidents déjà présents dans le sol sous forme de spores ou de mycélium ; la destruction totale ou partielle de ces compétiteurs permet une colonisation plus aisée par le nouveau venu. La désinfection du sol présente d'autres avantages : destruction des champignons pathogènes des racines, élimination des larves d'insectes phytophages qui habitent le sol, suppression des graines de mauvaises herbes, etc. ; dans les cultures maraîchères ou ornementales et dans les pépinières, en plein champ ou en conteneurs hors sol, la désinfection des sols ou des substrats est souvent pratiquée indépendamment de toute intention de mycorhization contrôlée ; elle a cependant des effets secondaires indésirables qui ne sont pas toujours compensés par les avantages, comme la réduction du nombre de vers de terre et surtout le retard de mycorhization de la culture.

La mycorhization contrôlée et la désinfection du sol se trouvent de fait parfaitement complémentaires, soit que l'on désinfecte pour favoriser l'implantation de mycorhizes allogènes destinées à intensifier la production végétale, soit que l'on inocule pour corriger l'effet négatif de la désinfection sur le statut mycorhizien de la culture à venir. Cela a même été utilisé comme slogan publicitaire par certains marchands d'inoculants : « notre produit permet de désinfecter le sol pour détruire tout ce qu'il contient d'indésirable et d'y réintroduire ce qui est désirable ». Les techniques disponibles sont variées pour désinfecter le sol, depuis la vapeur jusqu'à des fumigants chimiques (produits volatils très réglementés car souvent toxiques pour les applicateurs), en passant par le chauffage par solarisation sous film plastique sous des climats chauds. Dans la plupart des cas, le sol ne peut pas être inoculé et semé immédiatement après le traitement du fait d'une certaine rémanence de l'agent toxique ou de la formation de molécules organiques indésirables lors des traitements de chauffage. Un temps de repos est donc nécessaire pour le « dégazage » avant l'introduction d'un inoculant mycorhizien.

À part le cas des spores de rhizopogon mises en suspension dans l'eau d'arrosage des pépinières forestières, les inoculants mycorhiziens sont en général sous forme solide, avec des granulométries très variées : poudre ou comprimés pour les spores de pisolithe ou de scléroderme, billes d'alginate pour certains autres champignons ectomycorhiziens, et plus généralement une grande variété de substrats divers en granulés pour les deux types de mycorhizes : terre naturelle, tourbe, vermiculite, argile expansée, perlite, fragments de racines sèches, et beaucoup d'autres matériaux qui restent des secrets industriels comme faisant partie d'un procédé protégé juridiquement.

La façon dont l'inoculant est appliqué dans le but de former le plus rapidement et le plus massivement possible des mycorhizes avec le champignon introduit dépend fortement des conditions techniques et environnementales du système de culture concerné. Lorsque les plantes cultivées sont disposées de façon régulière — graines semées en ligne ou en poquets, ou boutures ou semis repiqués en rang — il y a généralement avantage à localiser l'inoculant le plus près possible des racines existantes ou à venir, de préférence sous la ligne de semis : la durée de rencontre est réduite et la dose nécessaire est minimisée. C'est aussi bien entendu une question de mécanisation et de compatibilité de la formulation de l'inoculant avec les outils disponibles : tous les semoirs ne peuvent pas traiter toutes les tailles de granulés, ni les enfouir avec précision à une profondeur donnée.

L'application au champ par épandage et mélange au sol avec des outils du type disques ou fraises, ou le mélange au substrat à la bétonnière avant le remplissage des pots dans le cas des pépinières hors sol, sont aussi des pratiques courantes. Cependant, dans ces conditions, la dose nécessaire est plus importante du fait de la moindre probabilité de rencontre entre les futures racines et le mycélium, et l'aptitude de la formulation à protéger le champignon et à prolonger sa survie non symbiotique dans le sol est cruciale.

Enfin, pour que l'inoculation soit réussie, il est nécessaire de proscrire toute pratique culturale néfaste au champignon introduit. Comme nous l'avons vu, les taux excessifs de fertilisation minérale, surtout en ce qui concerne le phosphore, sont défavorables à la formation des mycorhizes ; il faut veiller à réduire les doses d'engrais habituellement utilisées. Cela ne nuit en rien au rendement et à la qualité de la culture pour deux raisons : ces doses sont souvent inutilement élevées, et le champignon introduit (sélectionné pour ses performances) aura de toute façon un effet positif sur la croissance de la culture qui compensera largement la fertilisation réduite. Il est important lors des opérations de préparation du sol avant la mise en place de la culture, de ne jamais mettre l'inoculant en contact direct avec les engrais chimiques ; en effet, la salinité de ces derniers est défavorable à la survie et à la germination des propagules du champignon que l'on souhaite introduire. Cette précaution conditionne pour une grande part l'organisation de la mécanisation des applications, puisqu'on ne peut pas mélanger l'inoculant et les engrais dans un même épandeur.

Les pesticides, comme les insecticides par exemple, ne posent pas de problème à des doses recommandées pour un usage spécifique. Certains herbicides, pourtant, doivent être utilisés avec modération voire même bannis : c'est le cas de l'hexazinone qui est toxique pour les champignons ectomycorhiziens. Ce sont naturellement les fongicides qui risquent *a priori* de poser le plus de problèmes, puisqu'ils ont par définition été sélectionnés pour leur toxicité vis-à-vis des champignons dans le but de lutter contre les maladies des plantes à agents fongiques. Beaucoup d'entre eux sont pourtant inoffensifs au niveau des racines et des mycorhizes pour plusieurs raisons : certains agissent à la surface des parties aériennes des plantes et sont dénaturés dès leur contact avec le sol ; d'autres ont un spectre d'activités très étroit : ils ciblent l'agent de la maladie mais respectent la plupart des autres champignons. Mais les plus redoutables pour les mycorhizes sont ceux qui ont un large spectre d'activités ou qui sont ce que l'on appelle *systémiques,* c'est-à-dire qui pénètrent et circulent dans toute la plante, allant même jusqu'aux racines s'ils sont appliqués sur les feuilles. Il n'est bien sûr pas question de dresser une liste exhaustive de tous les produits fongicides utilisés en agriculture : ils sont trop nombreux et leur liste évolue sans cesse du fait de la découverte de nouvelles molécules et d'une réglementation de retrait très fluctuante et différente selon les pays. Deux exemples précis peuvent illustrer les différents types de situations potentielles.

Le premier concerne une molécule très courante, le bénomyl, utilisée depuis très longtemps pour un éventail large de maladies en raison de son faible coût et de sa toxicité réduite pour l'homme et les animaux, et pour son spectre d'action assez étendu. C'est un fongicide de contact (donc non systémique) qui a un grand intérêt pour les gestionnaires de pépinières forestières qui pratiquent l'inoculation mycorhizienne des semis d'essences à ectomycorhizes car il n'est pas toxique (ou très peu) pour les Basidiomycètes. Il contrôle de façon efficace certaines maladies causées par des Ascomycètes qui sont fréquentes en pépinière — comme les fontes de semis à *Fusarium oxysporum* — tout en respectant les champignons ectomycorhiziens résidents ou introduits sous forme d'inoculant, qui sont eux en majorité formés par des Basidiomycètes (*Laccaria, Hebeloma, Paxillus, Pisolithus, Rhizopogon,* etc.). Mais le benomyl doit être utilisé avec précaution dans tous les autres types de cultures, qui sont dominées par les mycorhizes arbusculaires ; car il est très toxique vis-à-vis des Gloméromycètes, à un point tel qu'il est souvent employé par les chercheurs lorsqu'ils tentent de débarrasser une plante de ses symbiotes à des fins expérimentales.

Le deuxième exemple concerne le triadimefon. C'est un fongicide systémique (qui circule dans la plante jusqu'aux racines), très sélectif en ce sens qu'il exerce sa toxicité sur les Basidiomycètes mais pas sur les Ascomycètes ni sur les Gloméromycètes. Il est particulièrement préconisé sur des cultures diverses pour lutter contre des maladies du type rouille ou oïdium, causées par des Basidiomycètes. Le triadimefon a été brièvement utilisé dans des pépinières forestières du sud-est des États-Unis contre la rouille fusiforme des semis de pins, où il s'est avéré extrêmement efficace mais a dû être rapidement abandonné car il provoquait des jaunissements et des retards de croissance inexplicables chez les plants, même lorsqu'ils avaient été inoculés avec *Pisolithus tinctorius,* champignon pourtant très performant dans d'autres parties de pépinières qui n'avaient pas reçu de triadimefon. Il a été démontré que le problème était imputable au fongicide, qui avait migré dans les racines et inhibait complètement la formation des ectomycorhizes, à la fois par le champignon résident dominant dans ces pépinières (*Thelephora terrestris*) et par celui qu'on tentait en vain d'introduire (*Pisolithus tinctorius*).

➤➤ Les applications de la mycorhization contrôlée en sylviculture

De toutes les productions végétales, la sylviculture (c'est-à-dire l'aménagement des forêts dans le but d'optimiser la production de bois en qualité et en quantité) est un cas très particulier de la place qu'occupe la symbiose mycorhizienne dans les techniques de gestion. Tout d'abord, seules les forêts de plantation, gérées de façon très intensive — on parle aussi de « ligniculture » — ont été jusqu'alors concernées ; or, les principales essences forestières d'intérêt économique utilisées en plantation dans le monde appartiennent à des familles à ectomycorhizes : Pinacées chez les résineux (pins, épicéas, sapins, Douglas, mélèzes, etc.) et Fagacées (chênes, hêtres), Salicacées (peupliers, saules), ou Myrtacées (eucalyptus) chez les feuillus. Ensuite, les sols forestiers, peu fertiles car pauvres en éléments nutritifs facilement assimilables, ont été négligés par l'agriculture ; en revanche, contrairement aux sols agricoles dominés par les minéraux, la majeure partie des réserves y est séquestrée dans la matière organique concentrée en surface sous forme d'humus. Des délais très longs entre la plantation et la récolte (de l'ordre de plusieurs décennies) et un retour sur investissement tardif incitent les propriétaires à limiter au maximum les dépenses lors de la plantation et les dissuadent d'utiliser des engrais ou des amendements chimiques pour corriger la faible fertilité du sol. La sylviculture se trouve dans les conditions de la partie A de la figure 23 : les arbres des forêts doivent théoriquement répondre très positivement à une optimisation de leur statut symbiotique. C'est la raison principale pour laquelle les espèces forestières ont été la cible des premières tentatives de mycorhization contrôlée. Une autre raison est que la symbiose ectomycorhizienne connue depuis plus longtemps est plus facile à manipuler que les endomycorhizes à arbuscules. Il est possible de cultiver en laboratoire la plupart des champignons ectomycorhiziens, et les ectomycorhizes sont facilement observables à l'aide d'une simple loupe, sans traitement chimique ni coloration des racines. L'inconvénient est cependant que la très grande diversité des espèces de champignons ectomycorhiziens, tant du point de vue de leur position systématique que de leurs traits écologiques et fonctionnels, complique le choix des souches fongiques à soumettre à la sélection expérimentale.

Quoi qu'il en soit, telle qu'elle est pratiquée actuellement, la mycorhization contrôlée des plantations forestières d'essences utilisées pour la production intensive de bois d'industrie consiste à modifier le statut ectomycorhizien des jeunes plants dans un sens favorable à la croissance du nouveau peuplement d'arbres. Il est important de souligner que toutes les interventions ont lieu au sein de la pépinière, où il est facile de mettre en œuvre des techniques complexes et où la maîtrise des facteurs de production est possible (irrigation, ombrage, travail du sol, fertilisation, traitements phytosanitaires, etc.) ; en effet, les contraintes techniques et économiques propres à la gestion forestière font qu'il est impossible de le faire en forêt.

Ces interventions revêtent des formes diverses selon le système de sylviculture adopté, en fonction du statut symbiotique des forêts naturelles dans la région d'application. Le cas le plus simple est lorsque l'essence forestière plantée est exotique et qu'aucun champignon symbiotiquement compatible ne se trouve spontanément sur place. La mycorhization contrôlée est rendue obligatoire — les arbres ne peuvent pas pousser faute de symbiotes ectomycorhiziens — mais relativement facile à mettre en œuvre, n'importe quel symbiote compatible pouvant convenir. L 'introduction des pins en Afrique intertropicale puis, par extension, les plantations de pins dans d'autres régions des tropiques humides en est un exemple historique.

Sylviculture des pays tropicaux

Quand les puissances européennes établirent des colonies en Afrique au début du XXe siècle, les colons éprouvèrent le besoin de disposer sur place d'une ressource en bois tendre à fibres longues et à bonnes propriétés mécaniques pour la construction. Or, ce type de bois est propre aux essences résineuses (conifères ou Gymnospermes) qui n'existent pas dans la flore africaine intertropicale. Par analogie climatique, les administrations forestières coloniales ont partout tenté d'introduire des pins à partir de graines d'espèces natives d'autres régions tropicales, comme *Pinus kesiya*, ou *P. merkusii* d'Asie du sud-est et *P. cubensis, P. occidentalis, P. caribaea, P. oocarpa* d'Amérique centrale et de la zone caraïbe. Mais les premiers essais furent désastreux : les graines germaient bien en pépinière, mais les jeunes semis jaunissaient rapidement, dépérissaient et mouraient. Heureusement, certains ingénieurs forestiers avaient connaissance des travaux récents d'Albert Bernard Frank et de Noël Bernard sur la symbiose mycorhizienne, qui avaient montré que les plantes dépendaient de champignons du sol pour se développer normalement, et particulièrement les pins qui formaient des ectomycorhizes. Forts de ce savoir, ils formulèrent l'hypothèse que la mortalité précoce des semis de pin dans une terre africaine provenait probablement de l'absence de champignons compatibles. Ils avaient deviné juste, et lorsqu'ils enrichirent le sol des pépinières avec de la terre prélevée dans les forêts de pins de leurs pays tropicaux d'origine, ou dans des forêts de pins européens, ou encore en y transplantant des semis de pins provenant de ces régions, ils assurèrent de façon spectaculaire la survie et la croissance de leurs plants en pépinière. Les premières plantations furent alors possibles, elles prospérèrent, et les forestiers prirent l'habitude de systématiquement mélanger au sol des pépinières un peu de l'humus prélevé dans les plantations déjà établies, afin d'assurer la pérennité de la mycorhization dans toute la filière pépinière-plantation.

Cependant, le succès indéniable d'une telle pratique — puisque la culture industrielle des pins est maintenant répandue en Afrique et en Amérique intertropicale — se trouve mitigé par deux faits. D'abord, ce recyclage systématique des communautés microbiennes entre la forêt et la pépinière accroît le risque de propagation de pathogènes racinaires ; mais aussi, l'introduction empirique et totalement « en aveugle » de champignons ectomycorhiziens exotiques n'a pas été suivie de l'identification des espèces ainsi acclimatées et qui constituent l'unique recours symbiotique des pins. Récemment, depuis le renouveau des recherches sur l'écologie des ectomycorhizes grâce aux méthodes moléculaires des années 1980, une image plus nette de la situation se dessine. Trois faits dominent : les espèces de champignons ectomycorhiziens des pins ne sont pas les mêmes dans les différents pays africains, du fait de la diversité de provenance des terres ayant servi à ensemencer les premières pépinières selon l'ancienne puissance coloniale concernée ; deuxièmement, la diversité des symbiotes fongiques dans une région donnée est extrêmement pauvre (une ou deux espèces seulement, contre plusieurs dizaines voire plusieurs centaines dans les aires d'origine de ces pins tropicaux) ; et troisièmement, il est désormais connu que la flore native des régions considérées n'est pas complètement exempte d'arbres à ectomycorhizes (surtout des Fabacées et des Myrtacées) mais il se trouve que leurs symbiotes fongiques sont incompatibles avec les pins, ce qui explique l'échec initial de l'introduction de ces derniers. Ces constatations sont lourdes de conséquences pour l'intensification de la production de bois résineux dans ces régions, notamment pour satisfaire les besoins grandissants en pâte à papier : avec un très faible nombre d'espèces de symbiotes présents et le hasard ayant contribué à leur introduction, il y a peu de chance que les communautés d'ectomycorhizes qui en résultent aient une efficacité optimale sur la croissance des arbres. La probabilité pour que l'introduction d'un nouveau champignon augmente la production de bois est particulièrement élevée.

C'est pourquoi une forme très simple de mycorhization contrôlée des pins a été mise en œuvre dans de nombreux endroits d'Afrique intertropicale. Dans presque tous les cas, l'introduction de *Pisolithus tinctorius* sous forme de spores s'est révélée comme la solution la meilleure pour accélérer la croissance des plantations au moindre coût. Ce champignon basidiomycète dont l'aire d'origine s'étend en Amérique, en Europe, en Asie et en Afrique du Nord, possède des avantages rares pour une manipulation facile dans un programme de mycorhization contrôlée : il ne présente pas de spécificité d'hôte et s'adapte à toutes les conditions de sol dans les zones tropicales et tempérées chaudes ; il colonise très rapidement et massivement les racines des pins ; du fait de la morphologie type « vesse de loup » de ses sporocarpes, il produit des quantités énormes de spores faciles à conserver et à utiliser comme inoculant en pépinière ; de plus, ces sporocarpes sont produits régulièrement et abondamment, ce qui permet une récolte facile ; il forme des ectomycorhizes jaune d'or, à cordons mycéliens abondants, très faciles à repérer et à identifier à l'œil nu ; enfin, il est très efficace pour permettre la nutrition minérale des pins dans les sols très acides et très pauvres. Le mélange de spores de *P. tinctorius* à la terre des pépinières de pin est désormais pratiqué dans de nombreuses régions de reboisement en Afrique, avec comme résultat des plants massivement mycorhizés par ce champignon et qui poussent plus vite après transplantation en forêt.

Depuis peu, les plantations d'eucalyptus à objectif bois d'industrie ont pris une importance considérable dans les zones tempérées chaudes et tropicales humides de tous les continents, au point de représenter collectivement la première essence plantée au monde et de satisfaire une part croissante des pâtes à fibres courtes consommées par l'industrie papetière. Il s'agit de différentes espèces du genre *Eucalyptus* (famille des Myrtacées) provenant toutes d'Australie, de Papouasie ou des îles indonésiennes orientales, aire dans laquelle le genre *Eucalyptus* est endémique et compte près de mille espèces. Un gros travail de sélection, d'amélioration génétique et de propagation de variétés hybrides par bouturage a déjà permis d'atteindre des records de production de bois, notamment au Brésil et en république populaire du Congo. L'acclimatation des eucalyptus dans ces continents éloignés de l'aire d'origine du genre n'a pas posé les mêmes problèmes que celle des pins en Afrique car les eucalyptus forment simultanément les deux types de symbiose ectomycorhizienne et endomycorhizienne arbusculaire. Comme les endomycorhizes arbusculaires dominent très largement dans tous les biomes tropicaux humides (voir p. 117), les symbiotes nécessaires au développement des jeunes plants ne font jamais défaut et les eucalyptus se développent normalement en pépinière et en plantation. Cependant, en grandissant, les eucalyptus dépendent de moins en moins des endomycorhizes arbusculaires et de plus en plus des ectomycorhizes, comme d'ailleurs la plupart des autres essences à statut symbiotique mixte (peupliers, saules, aulnes, acacias ou casuarinas). Mais ils ne dépérissent pas pour autant car, contrairement aux pins, ils sont compatibles avec certains des symbiotes des essences locales à ectomycorhizes ; celles-ci sont rares dans certaines forêts tropicales humides mais jamais totalement absentes, et les eucalyptus s'avèrent capables de recruter des champignons compatibles en toutes circonstances. De plus, dans beaucoup de régions d'introduction comme le Brésil, la Chine méridionale ou le Congo, on trouve maintenant, formant des ectomycorhizes avec les eucalyptus, des champignons manifestement originaires d'Australie comme certaines espèces de sclérodermes (*Scleroderma* spp.) ou de pisolithes (*Pisolithus* spp.) qui sont strictement endémiques de ce continent austral et produisent des basidiospores particulièrement nombreuses et à longue durée de vie (voir p. 143). Des spores ont accompagné les importations de semences d'eucalyptus, probablement adhérant à la surface des graines. Contrairement aux pins, qui dépendent entièrement de champignons venus d'ailleurs, les eucalyptus introduits hors d'Australie se sont constitués tout un cortège ectomycorhizien composé à la fois d'espèces fongiques indigènes et introduites. Mais, comme dans le cas des pins, ce statut symbiotique de circonstance ne réalise pas l'optimum en termes de croissance des arbres et de production de bois, et de nombreux essais d'inoculation ectomycorhizienne lors de la production des plants en pépinière ont été menés en Afrique, au Brésil et en Chine, démontrant l'intérêt d'introduire des souches performantes. Il se trouve que les meilleurs résultats ont été obtenus partout avec un nombre restreint d'espèces (*Laccaria* spp., *Pisolithus* spp., *Scleroderma* spp. et des genres plus typiquement australiens et spécifiques des eucalyptus comme *Desco-myces, Hydnangium* ou *Setchellogaster*). Cependant, plusieurs souches de ces espèces présentent entre elles une très grande diversité de compétitivité et d'efficacité pour augmenter le taux de survie et la croissance des jeunes arbres. En Chine du sud, une souche de *Pisolithus microcarpus* d'origine australienne (ayant coévolué avec les eucalyptus) est beaucoup plus efficace que des souches locales, qui forment d'ailleurs des ectomycorhizes atypiques avec un manteau incomplètement développé ; la souche introduite est désormais utilisée sous forme de spores pour inoculer les pépinières. Il apparaît également que, sur les sols tropicaux latéritiques très pauvres en phosphore, l'effet positif de la mycorhization contrôlée est plus marqué lorsqu'on pratique une fertilisation phosphatée, même modérée, et que l'efficacité de cette fertilisation est plus grande lorsque les plants sont inoculés. Cette situation correspond tout à fait à la synergie des deux types d'intervention que la figure 23 prévoit dans sa zone A.

Dans la même zone tropicale humide, ainsi que dans des régions chaudes plus sèches comme le Sahel et l'Ouest africain, de remarquables succès de boisement ont été obtenus avec des espèces fixatrices d'azote atmosphérique originaires d'Australie, notamment avec des acacias. Le genre *Acacia* appartient à la sous-famille des Mimosoïdées dans la famille des Fabacées (légumineuses) ; il est très répandu dans toute la zone tropicale et compte près de mille espèces endémiques dans le seul continent australien. Parmi celles-ci, les espèces les plus utilisées en plantation hors d'Australie sont *A. mangium* dans les régions les plus humides et *A. holosericea, A. auriculiformis, A. crassicarpa* ou *A. mearnsii* en situation plus sèche ; cette dernière espèce est tellement compétitive dans certaines régions méditerra-néennes d'introduction qu'elle peut y devenir invasive. Les acacias en général, et ces espèces en particulier, disposent de deux atouts qui leur permettent de prospérer et de produire de grandes quantités de bois même dans des sols très pauvres. Il y a d'une part leur capacité, comme toutes les légumineuses, à fixer l'azote de l'air grâce à des nodosités bactériennes sur leurs racines. La quantité d'azote ainsi assimilé et introduit sous forme combinée (ammonium, puis nitrate) dans l'écosystème peut aller jusqu'à 600 kg/ha/an, ce qui est considérable. Cette propriété est mise à profit dans le Sahel et en Afrique de l'Ouest par la pratique de *l'agroforesterie*, c'est-à-dire que la présence d'acacia dans les champs suffit à alimenter la culture principale (le mil, par exemple) en azote, sans qu'il soit besoin d'avoir recours à des engrais ou à du fumier ; outre le bois, les arbres fournissent en saison sèche un feuillage riche en protéines qui constitue un excellent fourrage. D'autre part, comme les eucalyptus, les acacias australiens forment à la fois des ectomycorhizes et des endo-mycorhizes arbusculaires (ces dernières, surtout dans les premiers stades de leur développement), et s'accommodent d'une large gamme d'espèces de champignons ectomycorhiziens recrutés dans la région d'introduction. Ils ont donc pu s'adapter sans difficulté aux conditions africaines ; et, de la même manière que les eucalyptus, ils bénéficient de l'introduction de souches fongiques australiennes par inoculation lors de la production des plants en pépinière. Au Sénégal, la production de bois des plantations *d'A. holosericea* a été doublée grâce à l'introduction de *Pisolithus albus*, espèce australienne qui a l'avantage, comme les autres pisolithes, de produire de grandes quantités de spores qui constituent un inoculant très facile à mettre en œuvre en pépinière.

Sylviculture des pays tempérés

Le défi de la mycorhization contrôlée est nettement plus difficile à relever dans le cas de plantations en zone tempérée ou boréale, c'est-à-dire là où les arbres à ectomycorhizes dominent déjà et où l'essence plantée, même exotique, a toutes les chances de trouver d'emblée un grand nombre de symbiotes compatibles. Tout nouveau champignon introduit est confronté à une forte concurrence et doit être particulièrement compétitif et efficace pour procurer un gain de croissance des arbres par rapport au complexe ectomycorhizien local. Des applications commerciales à grande échelle ont pourtant vu le jour dans de telles conditions, avec les pins et *P. tinctorius* dans le Sud-Est des États-Unis, le Douglas avec *Rhizopogon* spp., *Hebeloma* spp. et *Laccaria* spp. dans le Nord-Ouest du même pays, ou le Douglas avec *Laccaria bicolor* en France. Ces applications couronnées de succès reposent le plus souvent sur une filière de production d'inoculant mycélien spécifique de chaque cas et étroitement contrôlée par les pépinières elles-mêmes. D'autres programmes ont été engagés dans le monde mais n'ont pas encore dépassé le stade expérimental, comme avec les chênes (chêne pédonculé *Quercus robur* et chêne rouvre ou sessile *Q. petraea*) en France et en Allemagne ou avec l'épicéa commun (*Picea abies*) en Finlande.

Dans tous les cas, les champignons retenus après un long processus de sélection empirique, d'abord en pépinière puis dans les conditions réelles de plantation, sont nécessairement multipliés sous forme végétative pour assurer la pureté, la conformité et la stabilité génétique de l'inoculant, ce dernier devant donc être sous forme mycélienne. Le cas du procédé de mycorhization contrôlée des plantations de Douglas, développé en France par l'Inra (Institut national de la recherche agronomique) et exploité sous licence depuis le début des années 1990 par des pépinières forestières privées, mérite que l'on s'y attarde car il permet d'identifier concrètement les étapes et les difficultés de ce type d'application. Ce programme avait été engagé dès le début des années 1980, soit dix ans avant son aboutissement. Le Douglas (*Pseudotsuga menziesii*, aussi appelé sapin de Douglas, pin Douglas ou, pour son bois, pin d'Orégon) est un grand conifère à croissance rapide et d'un bois de haute qualité, originaire de l'Ouest de l'Amérique du Nord et introduit en France depuis le XIXe siècle. Cette espèce a été choisie pour développer un programme de mycorhization contrôlée car elle était depuis les années 1970 — et est toujours — la première essence de reboisement en France ; elle tend de plus en plus à supplanter l'épicéa commun (*Picea abies*) dans tous les projets *d'afforestation* (création de forêts là où il n'y en avait pas) ou de *reforestation* (replantation d'un peuplement coupé à blanc, éventuellement avec substitution d'essence) dans les basses et moyennes montagnes comme le Limousin, les Cévennes, l'Auvergne, le Morvan, les monts du Beaujolais ou les Vosges. En 2004, on comptait 400 000 ha de plantations de Douglas en France, et la France contribuait pour plus de 50 % à la production totale de bois de Douglas en Europe. Le bois de cœur de Douglas est très recherché pour sa durabilité qui lui permet d'être mis en oeuvre dans des constructions extérieures exposées aux intempéries.

Le Douglas est une essence exotique introduite qui, dans son aire d'origine, forme des ectomycorhizes avec toute une gamme d'espèces de champignons qui n'existent pas en Europe, par exemple des *Rhizopogons* spp. et certains bolets ; mais il y est aussi associé avec un nombre beaucoup plus grand d'espèces identiques ou très proches de celles qu'il rencontre naturellement en Europe, ce qui explique qu'il forme une grande diversité d'ectomycorhizes même de ce côté-ci de l'Atlantique et que son acclimatation en France n'a apparemment jamais été limitée par un quelconque problème de symbiose. En entreprenant leur programme de mycorhization contrôlée, les chercheurs de l'Inra visaient donc seulement à équiper les plants avec une souche fongique symbiotique particulièrement efficace pour faciliter l'itinéraire technique qui conduit de la graine à la forêt : croissance et état sanitaire des semis et des plants en pépinière, résistance à la crise de transplantation et croissance initiale la plus rapide possible en forêt afin de réaliser des économies d'entretien ; et tout cela, naturellement, sans avoir recours à des intrants coûteux ou polluants comme de la main-d'œuvre, de l'énergie ou des produits synthétiques. Les travaux de dégagements chimiques, manuels ou mécaniques, qui sont indispensables pour lutter contre la compétition de végétaux indésirables tels que les fougères, les saules ou les genêts, pèsent en effet très lourdement sur le coût d'une plantation. Le recours à l'inoculation ectomycorhizienne était donc considéré avant tout comme un moyen pour stimuler la croissance des jeunes Douglas.

Ces objectifs étant fixés, seules les espèces de champignons présentes en Europe (même si elles existent aussi en Amérique) ont été considérées, afin d'éviter toute introduction malencontreuse pouvant dégénérer en une dynamique invasive. Les essais ont été conduits dès le début avec un nombre limité de souches déjà disponibles dans les laboratoires sous forme de cultures pures ou isolées pour la circonstance à partir de sporocarpes récoltés dans des plantations de Douglas du Massif central. Les champignons devaient être faciles à cultiver en laboratoire dans des milieux simples et peu coûteux afin de produire de grandes quantités d'inoculant mycélien, mais aussi être caractéristiques du stade très précoce des communautés d'ectomycorhizes (voir p. 89) pour s'associer le plus rapidement possible avec les jeunes semis en pépinière. En fonction de ces diverses contraintes, les souches concernées appartenaient pour l'essentiel aux espèces *Hebeloma crustuliniforme*, *H. cylindrosporum*, *Laccaria laccata*, *L. bicolor* et *Paxillus involutus*.

Ensuite, le système de production choisi pour les essais de criblage de souche a été la pépinière en pleine terre produisant des plants repiqués à racines nues, qui concernait plus de 80 % des plants de Douglas produits en France à cette époque. Les expériences d'inoculation au semis ont été menées dans plusieurs pépinières de ce type, les seules modifications apportées par rapport à l'itinéraire technique standard étant la désinfection du sol avant inoculation et semis (par fumigation ou à la vapeur), la réduction du niveau de fertilisation minérale et la limitation de l'utilisation de certains fongicides.

Dès les premiers essais, la plupart des souches se sont avérées suffisamment agressives pour former des ectomycorhizes, malgré la compétition exercée par le champignon spontané dominant dans toutes ces pépinières en pleine terre et recolonisant rapidement les planches de semi désinfectées : le téléphore terrestre (*Thelephora terrestris*). Toutefois, il est vite apparu que toutes les souches introduites n'avaient pas les mêmes effets sur la croissance du Douglas en pépinière et que les plus efficaces se trouvaient parmi les *Laccaria* spp. et *Hebeloma* spp.

Dans une deuxième phase du programme, un réseau de 26 plantations expérimentales a été mis en place dans différentes régions de plantation de Douglas en France

(Vosges, Limousin, Auvergne, Normandie, Lauragais), en Espagne (Pays-Basque, Catalogne, Galice) et Grande-Bretagne (Yorkshire). Deux conditions de plantation ont été comparées : en milieu forestier après coupe à blanc d'un peuplement préexistant ou sur des terres récemment abandonnées par l'agriculture. Le suivi de la croissance des arbres a permis de comparer le comportement sur le terrain des plants inoculés et mycorhizés par les différents champignons présélectionnés en pépinière au comportement de plants témoins spontanément mycorhizés par les champignons autochtones des pépinières, c'est-à-dire principalement *Thelephora terrestris*. Il a fallu une dizaine d'années pour qu'une souche particulière de *Laccaria bicolor* se révèle nettement supérieure à la fois en pépinière et après transplantation : les plants massivement mycorhizés par cette souche peuvent être produits en pépinière en deux ans au lieu de trois — avec des dimensions identiques —, et lorsque les conditions locales sont favorables, ils poussent de 10 à 40 % plus vite en hauteur après plantation, ce qui permet d'économiser au moins une année de dégagement, et la mycorhization par *Laccaria bicolor* persiste suffisamment longtemps (au moins dix ans) pour que son effet positif sur la croissance puisse se répercuter de façon durable sur la production ultérieure de bois. Cependant, les effets les plus significatifs ne se manifestent que rarement dans les plantations réalisées sur des anciennes terres agricoles, probablement du fait de la richesse minérale du sol (arrière effet de longues années de fertilisation) et de la compétition exercée par les graminées, très difficile et coûteuse à corriger. L'ensemble des résultats ont permis de délimiter le champ d'application de la technique en termes économiques : le gain apporté par la mycorhization contrôlée n'est vraiment intéressant qu'à moyenne altitude (300 à 800 m) sur les sols acides (pH inférieur à 5,5), dans des landes à fougères ou après une coupe forestière ; c'est d'ailleurs là les conditions les plus courantes de plantation du Douglas.

C'est seulement à ce stade que des grandes pépinières forestières se sont intéressées au procédé et ont décidé de l'exploiter en produisant elles-mêmes leur inoculant mycélien, pour certaines sous forme solide (vermiculite-tourbe) et pour d'autres sous forme liquide encapsulée dans des billes d'alginate de calcium. L'Inra garantit la conformité de la souche fongique, contrôle les plants lors de l'arrachage et ne décerne un label de qualité qu'aux lots suffisamment mycorhizés par *Laccaria bicolor*. Depuis une quinzaine d'années 500 000 plants de Douglas mycorhizés par *Laccaria bicolor* ont été vendus en France, ce qui correspond à environ 450 ha de plantations avec une densité moyenne de 1 100 plants/ha. Le rythme actuel est d'environ 200 000 plants/an, soit 180 ha plantés. Ce développement s'est accompagné de perfectionnements progressifs de l'ensemble de l'itinéraire technique afin d'améliorer la qualité du produit et de la diversification des types de plants proposés aux reboiseurs. La production en conteneur sur un substrat à base de tourbe et de compost prend de plus en plus le pas sur la production en pleine terre à racines nues.

Cet exemple appelle trois remarques. D'abord, au plan de l'écologie de la symbiose ectomycorhizienne, il se trouve que la souche de *Laccaria bicolor* qui a passé avec succès tous les tests de sélection avec comme critère l'effet bénéfique sur la croissance du Douglas est d'origine américaine, et plus précisément d'une forêt mélangée naturelle à base de Douglas dans l'aire d'origine de cette espèce. Cela suggère que la longue coévolution de *Laccaria bicolor* (espèce indigène par ailleurs très commune en France dans les zones de reboisement) avec le Douglas en Amérique a engendré des types génétiques particulièrement adaptés à cette essence et assistant efficacement sa croissance dans des milieux aussi différents que la pépinière ou la forêt. Ensuite, au plan de la physiologie de l'interaction, le comportement en pépinière et l'étude rétrospective en laboratoire de la souche lauréate de *Laccaria bicolor* ont révélé que son efficacité pour améliorer la croissance du Douglas était moins due à la facilitation de la nutrition minérale qu'à la fourniture d'auxine (voir p. 87) favorisant le développement racinaire et à la protection contre des pathogènes des racines tels que *Pithyum* spp. ou *Fusarium* spp (voir p. 113). Cela rappelle la complexité de l'effet mycorhize et souligne la difficulté de prévoir les performances d'une souche fongique donnée à partir de sa biologie en culture pure du fait des interactions entre fonctions. Il serait donc hasardeux de baser une sélection simplement sur des critères physiologiques : l'expérimentation en grandeur réelle, longue et coûteuse, reste indispensable. Enfin, au plan commercial, on remarque que le système repose sur la production interne d'inoculant par les pépinières elles-mêmes, seul le produit fini (c'est-à-dire les plants) étant commercialisé ; outre le souci de ne pas faciliter une éventuelle concurrence, cette solution a été choisie par les entreprises afin d'éviter les contraintes réglementaires et les coûts additionnels qui pèseraient sur un produit intermédiaire mis sur le marché.

On voit d'après cet exemple la difficulté à mettre au point un procédé économiquement viable de mycorhization contrôlée, même dans des limites d'application assez étroites. C'est pourquoi les autres cas sont rares dans le monde. Deux ont à la fois une valeur historique et pionnière avec des répercussions qui vont bien au-delà des régions où ils ont été initiés. Le premier concerne les reboisements de haute montagne dans les Alpes, dont le but n'est pas de produire du bois (le climat est très défavorable) mais de fixer le sol pour prévenir les éboulements ou les glissements de terrain et de prévenir les avalanches afin de protéger les habitations et les équipements situés dans la vallée en contrebas. L'histoire a commencé en Autriche juste après la seconde guerre mondiale. Un professeur de botanique et de mycologie de l'université d'Innsbruck, Meinhard Moser, s'intéressait aux efforts déployés par les services forestiers locaux pour planter *Pinus cembra* (le pin cembro ou cembrot, aussi appelé arolle dans les Alpes françaises) dans les alpages, à l'extrême limite supérieure de l'aire de cette essence indigène. Les plants végétaient ou mouraient, et R. Moser constata qu'ils étaient très peu mycorhizés mais surtout qu'ils étaient dépourvus des ectomycorhizes de *Suillus plorans* (le bolet pleureur) qui accompagnaient tous les semis naturels de pin cembro dans la même zone altitudinale. Du fait que les pépinières étaient naturellement situées bien plus bas dans la vallée, et que ni le pin cembro ni le bolet pleureur n'existaient à cette basse altitude, R. Moser émit l'hypothèse que la mauvaise reprise des plants en montagne était due au manque initial d'ectomycorhizes adaptées aux altitudes élevées, notamment *S. plorans*. Il introduisit artificiellement cette espèce dans la pépinière, sous forme de cultures mycéliennes réalisées à partir de sporocarpes cueillis sous des pins cembro naturels en altitude, et observa que les plants ainsi mycorhizés dès la plantation par *S. plorans* se comportaient de manière satisfaisante. La démonstration était faite que le statut mycorhizien des plants pouvait être décisif pour le succès des reboisements, et ce fut probablement la première application pratique de la mycorhization contrôlée en sylviculture. Ces résultats expérimentaux attirent l'attention sur le fait qu'une condition importante du succès est que le champignon introduit provienne d'une niche écologique analogue à l'environnement du site de plantation. Depuis, c'est devenu une pratique de routine de produire dans des pépinières de moyenne altitude — et non pas en fond de vallée — les plants de pin cembro destinés aux chantiers de haute altitude, et d'y apporter une petite quantité de terre des alpages en guise d'inoculant naturel portant le bolet pleureur.

Le second cas historique concerne encore des pins, mais dans des conditions très différentes : la sylviculture industrielle dans la région subtropicale du Sud-Est des États-Unis (Géorgie, Floride, Alabama, Mississippi, Caroline du Sud). Il s'agit de plantations de *Pinus taeda, P. elliottii et P. palustris* réalisées à partir de plants produits localement dans de très grandes pépinières spécialisées. Donald Marx, un chercheur de la station expérimentale forestière de l'USDA (United State Departement of Agriculture : ministère fédéral de l'Agriculture des États-Unis) à Atlanta, travaillait dans les années 1970 sur les maladies fongiques dans les pépinières de pins. Il fut amené par ce biais à s'intéresser aux ectomycorhizes des plants et fit notamment des observations dans des plantations destinées à reverdir et à fixer des terrils de mines de charbon. Ce type de milieu est très défavorable aux plantes et difficile à boiser car le sol y est très acide, pauvre en éléments nutritifs et chargé de métaux lourds toxiques. D. Marx remarqua que seuls les jeunes arbres entourés de sporo-carpes du champignon ectomycorhizien *Pisolithus tinctorius* — évoqué précédem-ment— survivaient et présentaient une croissance normale. Ayant vérifié que les racines de ces arbres portaient des ectomycorhizes de pisolithe, il émit l'hypothèse que ce symbiote était la cause directe d'une plus grande résistance des arbres aux conditions hostiles du site. Cette hypothèse fut spectaculairement confirmée expé-rimentalement en utilisant des spores de pisolithe comme inoculant en pépinière, ce qui donna l'idée à D. Marx d'utiliser ce champignon apparemment très efficace pour les plantations forestières proprement dites, dans lesquelles les sols étaient pauvres et acides, quoique à un degré moindre que sur les terrils. Les premiers résul-tats furent encourageants et la technique fut affinée et adaptée à la production de masse pendant les deux décennies suivantes : sélection de souches particulièrement efficaces, production commerciale d'inoculant mycélien pour remplacer les spores, optimisation de l'itinéraire technique et vulgarisation de la méthode en pépinière. Dès les années 1990, plus de dix millions de plants mycorhizés par *Pisolithus tincto-rius* étaient déjà produits et plantés dans le Sud-Est des États-Unis, et le succès de ce programme a incontestablement été à l'origine de toutes les applications de la myco-rhization contrôlée des arbres forestiers qui se sont répandues à travers le monde.

Taillis à courte rotation et bois énergie

Le type de gestion forestière appelé taillis est très ancien et particulièrement approprié pour produire rapidement des rondins de petite taille, des fagots ou des plaquettes (bois de feu, bois d'industrie destiné à la pâte à papier ou aux panneaux de particules). En Europe, il s'applique traditionnellement à toutes les essences feuillues capables d'émettre des rejets de souche après chaque coupe à blanc et formant des cépées de plusieurs tiges sur un système racinaire commun et pérenne : chênes, hêtres, charmes, bouleaux, châtaigniers, noisetiers, saules, peupliers, etc. Du fait des usages grandissants du bois pour la diversification des sources d'énergie (plaquettes, granulés, transformation chimique en biocarburants de deuxième génération), un nouveau type de sylviculture beaucoup plus intensive est apparue à la fois dans les pays tempérés et dans les pays tropicaux, appelée taillis à courte rotation (TCR) ou même taillis à très courte rotation (TTCR) avec des rotations de deux à trois ans seulement. Il s'agit en fait d'un mode de gestion intermédiaire entre l'agriculture et la sylviculture qui diffère du traitement classique des forêts par plusieurs aspects : sols relativement fertiles (le plus souvent des sols arables à vocation agricole), usage d'engrais et éventuellement de pesticides, travail du sol, récolte entièrement mécanisée, etc. Mais c'est surtout au niveau du matériel végétal lui-même que se situe la nouveauté, avec des programmes d'amélioration génétique destinés à accroître la production qui sont très semblables à ceux mis en œuvre pour les plantes de grande culture. Jusqu'alors, seule la populiculture (autrement dit, culture des peupliers) approchait ce degré d'intensification, avec des hybrides interspécifiques et des plantations clonales constituées d'un seul individu (clone issu d'une sélection rigoureuse) multiplié végétativement par bouturage. Les essences traitées en taillis à courte rotation sont à ectomycorhizes : peupliers, saules et, dans les régions chaudes hors Europe et Amérique du Nord, eucalyptus. Dans tous les cas, les plantations initiales sont réalisées avec des clones ou des variétés multiclonales issues d'hybridations interspécifiques et propagées par bouturage. Pour la symbiose mycorhizienne, la première question qui se pose est la possibilité de former précocément des ectomycorhizes dans un sol arable dépourvu des propagules adéquates car n'ayant auparavant porté que des cultures à endomycorhizes arbusculaires. Toutes les observations effectuées jusqu'alors montrent qu'il n'y a pas de problème du fait que les plantations sont généralement installées dans des régions où la densité de zones boisées préexistantes est suffisante pour assurer des apports de spores de Basidiomycètes et d'Ascomycètes ectomycorhiziens. Dans le cas des taillis à courte rotation de saules en Suède, il a même été montré que la richesse spécifique et la diversité des communautés d'ectomycorhizes des plantations de saules réalisées sur des terres agricoles pouvaient être plus élevées que celles observées sur les racines des saules sauvages présents dans les forêts alentour.

Il n'y a pas actuellement d'application effective de la mycorhization contrôlée aux taillis à courte rotation, mais des recherches dans ce sens accompagnent la plupart des grands projets de développement de taillis à courte rotation en Suède, aux États-Unis et au Canada. Alors que les stratégies de mycorhization contrôlée ciblent surtout la manipulation des symbiotes fongiques dans le cas de la sylviculture proprement dite, de l'horticulture et de la grande culture (voir ci-après), la tendance pour les taillis à courte rotation est de cibler la plante elle-même, en profitant des efforts consentis en vue de l'amélioration génétique des arbres pour intensifier les bénéfices de la symbiose.

La pertinence de cette approche est renforcée par le fait que les chercheurs disposent déjà des séquences génomiques complètes de *Populus trichocarpa*, *Salix purpurea* et *Eucalyptus grandis*. De plus, on remarque que les trois groupes d'espèces traitées en taillis à courte ou très courte rotation appartiennent à deux familles (Salicacées pour les saules et les peupliers et Myrtacées pour les eucalyptus) qui ont à la fois des ectomycorhizes et des endomycorhizes arbusculaires, ces dernières étant plutôt dominantes dans les toutes premières années de la vie des arbres et cédant ensuite la place aux ectomycorhizes (voir p. 89). Enfin, le principe même du taillis (jeunes tiges sur vieilles racines) fait qu'il est difficile de déterminer à quel stade de la vie de la plante doit avoir lieu la sélection de champignons mycorhiziens compatibles et performants. Voilà une situation intéressante et les recherches finalisées pour améliorer la production des taillis à courte rotation promettent d'être riches en découvertes fondamentales concernant la biologie des mycorhizes.

▸▸ Les applications en agriculture tropicale

Les sols des régions tropicales sont pour la plupart très peu fertiles en raison du mode particulier d'altération des minéraux dans un climat chaud et humide, qui oriente la chimie des solutions dans un sens défavorable au fonctionnement des racines et à la nutrition des plantes : acidité, toxicité aluminique et extrême carence en phosphore. Comme pour les sols forestiers, mais pour d'autres raisons, les conditions résultantes sont celles de la zone A de la figure 23, c'est-à-dire que les cultures tropicales doivent théoriquement répondre de façon marquée aux manipulations de la symbiose mycorhizienne. Cela est renforcé par le fait que le recours à la fertilisation minérale y est difficile sinon impossible pour des raisons de coût incompatible avec l'environnement économique local. De plus, beaucoup de plantes cultivées dans la zone tropicale humide, comme les agrumes, le manioc, la papaye ou les piments, sont particulièrement dépendantes de la symbiose endomycorhizienne arbusculaire. Toutes les conditions sont ainsi réunies pour qu'un contrôle judicieux des mycorhizes augmente les rendements, à condition que le procédé soit très peu coûteux et facile à mettre en œuvre par les agriculteurs eux-mêmes.

Des résultats spectaculaires en termes de rendement quantitatif ont été obtenus et l'inoculation a été pratiquée dans des situations très variées : citrus et papaye à Cuba, piment au Mexique, manioc en Colombie et en Bolivie, haricot au Brésil ou riz en Chine et dans plusieurs pays d'Amérique centrale et méridionale. Si la technique utilisée repose quelquefois sur des inoculants commerciaux semi-industriels locaux, il s'agit le plus souvent d'inoculant « paysan » produit à la ferme et simplement constitué de la terre et des racines collectées dans un carré de jardin où une plante à cycle court et à forte colonisation mycorhizienne — comme l'oignon — est cultivée de façon permanente. Cependant, un tel système repose obligatoirement sur l'implantation locale de stations agronomiques dotées des compétences requises et équipées de laboratoires pour contrôler la quantité et la qualité du *potentiel d'inoculum* du sol (nombre de spores, identité spécifique) dans ces « jardins mycorhiziens » et fournir des inoculants neufs et contrôlés pour réamorcer le système en cas de perte ou de contamination. Du fait même de son caractère décentralisé, artisanal, non marchand et paysan, il est très difficile de recenser ce type de mycorhization semi-contrôlée et d'en quantifier l'extension réelle. Mais de telles pratiques sont bien documentées et appliquées depuis plusieurs décennies avec le manioc en Colombie, le citrus, la papaye, la banane et diverses cultures légumières à Cuba. Ce dernier pays produit un inoculant semi-industriel commercialisé et utilisé au Mexique et en Bolivie.

⏵⏵ Les applications en horticulture

Nous employons ici le terme *horticulture* dans son sens le plus large, c'est-à-dire incluant le maraîchage (production de légumes divers, en serre, sous abri ou en plein champ), l'arboriculture fruitière, l'ensemble de l'horticulture ornementale (pépinières d'arbres et d'arbustes, plantes en pot, fleurs coupées, etc.) jusqu'aux jardins privés à but potager ou décoratif ; autrement dit, tout ce qui n'est pas grande culture du type céréales, plantes industrielles ou fourragères, que nous étudierons plus loin. Toutes les filières de production végétale regroupées sous le terme d'horticulture partagent une caractéristique économique essentielle qui les différencie des grandes cultures : la haute valeur ajoutée des produits, qui autorise des coûts de production élevés et détermine l'intérêt de tout progrès technique, même coûteux, et permet d'accroître le rendement et surtout la qualité des produits.

Du point de vue de la fertilité minérale, les sols et substrats horticoles sont soit naturellement riches soit faciles à fertiliser de façon proche de l'optimum ; les conditions correspondent à la zone C de la figure 23, ce qui signifie qu'il ne faut pas s'attendre à des gains de production significatifs en réponse à la mycorhization contrôlée, tout au moins du fait de l'amélioration de la nutrition minérale des cultures. Mais il est une autre caractéristique des productions horticoles qui en font un domaine d'application potentiel pour la mycorhization contrôlée : les conditions de sol souvent très artificialisées qui confèrent une importance particulière à la restauration d'un statut microbien normal, en particulier pour la mycorhization de la plante cultivée et le contrôle des infestations de champignons pathogènes. C'est le cas des cultures horssol de tomates, de concombres ou de poivrons sous serre, où les racines sont confinées dans un petit bloc de laine de roche maintenus imbibés d'une solution nutritive par des goutteurs, ou celui des pépinières hors sol où les arbustes ornementaux et les plants fruitiers sont produits dans de gros pots en plastique noir remplis d'un terreau à base de tourbe et de compost d'écorce ou de déchets verts. C'est aussi le cas des roses ou des œillets cultivés sous serre, dans le sol naturel mais soumis à une stérilisation chimique ou à la vapeur entre chaque culture pour tuer les graines des mauvaises herbes et tenter de maîtriser la pullulation des agents pathogènes. Enfin, pour de nombreuses productions de plein champ comme la carotte, l'ail, l'oignon ou le muguet pour lesquelles on pratique aussi la désinfection du sol du fait de leur grande vulnérabilité aux maladies et pour réduire les besoins ultérieurs de désherbage. Dans toutes ces circonstances, les propagules de champignons mycorhiziens font totalement défaut, soit parce qu'elles sont absentes depuis le début dans les matériaux composant le sol synthétique, soit parce qu'elles ont été détruites par le traitement désinfectant en même temps que les microorganismes pathogènes. Dans ces conditions, la croissance optimale des plantes ne peut être obtenue que de deux façons, par un niveau de fertilisation très élevé ou par la restauration d'un niveau de mycorhization normal pour l'espèce cultivée.

C'est naturellement d'abord par des doses massives d'engrais ou par des solutions nutritives très concentrées que le problème est traité — ce qui est facile à réaliser techniquement — et nous avons vu précédemment (p. 134 et 135) que le défaut de symbiose pouvait être compensé par un haut niveau de fertilité, tout au moins en termes de production quantitative. Cependant, si le recours aux engrais chimiques, ou même à certains amendements organiques tels que des composts, permettent bien d'assurer la nutrition minérale de la culture, il ne remplace nullement les mycorhizes pour protéger les racines contre les champignons pathogènes du sol (voir p. 113). C'est pour cela que l'horticulture est une cible potentielle importante pour le développement commercial de la mycorhization contrôlée.

La quasi totalité des espèces végétales relevant de l'horticulture sont à endomycorhizes arbusculaires, à l'exception des orchidées, des Éricacées (rhododendrons, bruyères, etc.), de quelques ligneux ornementaux ou fruitiers à ectomycorhizes (noisetiers, pins, châtaigniers) et des plantes potagères appartenant aux familles Brassicacées (chou, navet, radis), Chénopodiacées (betterave, épinard) ou Polygonacées (oseille, rhubarbe) qui sont naturellement dépourvues de mycorhizes et par conséquent totalement indépendantes de la symbiose (voir p. 96). C'est pourquoi l'essentiel des efforts pour maîtriser la mycorhization en horticulture porte sur les endomyorhizes arbusculaires.

Le premier champ d'application de la mycorhization contrôlée en horticulture concerne la diffusion rapide du nouveau matériel végétal. Une technique importante en amont de la filière horticole est la multiplication végétative et la culture des très jeunes plantes *in vitro* (littéralement : dans du verre), aussi appelée *micropropagation* du fait de la miniaturisation temporaire du matériel végétal créée par les conditions très artificialisées ; on parle aussi de *microbouturage* ou de *vitroplants*. Cela s'applique à de nombreuses espèces de plantes que l'on souhaite multiplier rapidement à l'identique sous forme clonale, en conservant chez tous les individus le même génome et les mêmes caractéristiques culturales et qualitatives. La micropropagation *in vitro* est une alternative aux méthodes classiques de multiplication végétative que sont le greffage, le marcottage ou le bouturage, mais permettant une vitesse de multiplication beaucoup plus grande dans un volume beaucoup plus réduit. Elle est pratiquée à très grande échelle non seulement pour des productions typiquement horticoles comme le fraisier, la tomate ou les arbustes à petits fruits, mais aussi pour des plantes de grande culture comme la pomme de terre, le bananier, la canne à sucre ou le palmier à huile, et de façon générale pour toutes les espèces pour lesquelles on a besoin de diffuser rapidement de nouvelles obtentions variétales par la voie clonale.

En pratique, la micropropagation *in vitro* consiste à provoquer le développement de petites plantes complètes, avec tige, feuilles et racines, non pas à partir de graines mais à partir de petits fragments d'organes (microboutures) ou même à partir seulement de quelques cellules prélevées dans un tissu ou au centre d'un bourgeon (on parle alors de méristème). Ces cellules ou le fragment d'organe sont déposés en conditions parfaitement stériles, afin d'éviter la compétition par des bactéries ou des moisissures envahissantes, sur un milieu nutritif synthétique dans des tubes à essai ou dans des bocaux ou autres récipients spéciaux. Dans des conditions favorables de composition du milieu (en particulier d'équilibre entre les concentrations en diverses hormones végétales), de température et d'éclairement assurées par des enceintes climatisées, les tissus prolifèrent, s'organisent et se différencient jusqu'à reproduire une plante qu'il suffit alors de transplanter dans un terreau horticole pour poursuivre et compléter sa croissance en serre, en pépinière ou au champ : c'est ce qu'on appelle la phase d'acclimatation. Mais c'est alors que surviennent souvent des accidents phytosanitaires entraînant une mortalité importante et ruinant l'avantage théorique de rapidité et de facteur de multiplication élevé de la technique : formées en conditions aseptiques, les plantules sont sans défense face à la diversité microbienne avec laquelle elles sont confrontées lors du changement brusque de milieu et sont la proie facile des agents pathogènes. En revanche, il a été montré dans des cas très divers que l'acclimatation des vitroplants était facilitée par la formation rapide de mycorhizes lors de la transplantation ou même dès la phase *in vitro*. Les plantules sont alors plus performantes en termes de nutrition minérale mais surtout en termes de résistance aux agresseurs ; l'inoculation précoce permet de réduire ou d'annuler la mortalité liée à l'acclimatation. Il y a là un marché en développement pour des inoculants endomycorhiziens arbusculaires, à condition toutefois que ces derniers soient purs et exempts de tout microorganisme autre que le ou les champignons symbiotiques désirés pour pouvoir intervenir dès la phase *in vitro*. D'où la supériorité des techniques de production totalement aseptiques de racines transformées hébergeant des souches pures de Gloméromycètes (voir p. 140).

Qu'elles soient légumières ou ornementales, toutes les cultures dites « hors sol », c'est-à-dire en conteneurs et sur un substrat artificiel, peuvent bénéficier de l'inoculation mycorhizienne pour pallier l'absence de mycorhization spontanée faute de propagules résidentes et pour restaurer les défenses naturelles des racines contre les agents pathogènes. Le marché des inoculants concerne naturellement en premier lieu les grandes unités de production de fleurs et de légumes sous serre ou sous abri, ainsi que les pépinières de plein air produisant des arbustes, des rosiers ou des arbres fruitiers dans des pots. Mais de plus en plus de formulations, vendues en petites quantités dans les jardineries, ciblent plus spécifiquement les jardiniers amateurs. Cette tendance est d'abord apparue aux États-Unis et au Canada et commence à se répandre en Europe.

En Amérique du Nord, l'établissement des gazons, et en particulier de ceux des terrains de sport et des parcours de golf, est un autre débouché grandissant pour les inoculants endomycorhiziens. L'inoculant peut être mélangé aux graines lors du semis ou épandu lors d'un second passage, en évitant tout contact avec des engrais concentrés. L'inoculation endomycorhizienne donne des résultats particulièrement intéressants dans le cas des entreprises spécialisées qui produisent et vendent le gazon en rouleaux : une forte densité de mycélium de Gloméromycètes développé dans le sol à partir des racines d'une herbe bien mycorhizée contribue à la solidité des bandes de gazon et facilite leur découpage, leur transport en rouleaux et leur remise à plat sur le terrain de pose.

L'étape ultime de la filière horticole est l'entreprise de paysage qui met en œuvre les végétaux produits pour créer des parcs, des jardins d'agrément publics ou privés, et plus généralement participe au maintien ou à la création des espaces verts en milieu urbain. La situation est un peu similaire à celle de la sylviculture évoquée ci-avant puisqu'il s'agit aussi de transplanter des jeunes arbres ou arbustes produits en pépinière dans leur milieu définitif. Il y a cependant une différence : les essences traitées par les forestiers sont pour la plupart à ectomycorhizes, alors que la gamme d'espèces utilisée par les paysagistes est beaucoup plus large et davantage dominée par les endomycorhizes arbusculaires — à part toutefois quelques arbres à ectomycorhizes très utilisés en alignement comme les tilleuls (tilleul commun *Tilia cordata* et tilleul argenté *T. tomentosa*), le noisetier de Byzance *Corylus colurna*, le charme *Carpinus betulus* ou le chêne rouge d'Amérique *Quercus rubra*. Sur un plan mycorhizien, les conditions de plantation y sont souvent plus proches de celles des pins d'Afrique subsaharienne que de celles de la sylviculture des pays tempérés ; Les plantations urbaines sont en effet la plupart du temps réalisées dans des sols très appauvris en propagules de champignons mycorhiziens pour l'une des raisons suivantes, fréquemment combinées entre elles : « terre végétale » venant d'ailleurs et ayant subi un stockage de plusieurs années en grand tas ne permettant ni la pérennité ni le renouvellement de la communauté fongique symbiotique puisque les racines des plantes rudérales n'en colonisent que la surface ; remblais de matériaux abiotiques issus de démolition et insuffisamment recouverts de terre à activité biologique normale ; « sols artificiels » aux propriétés physiques soigneusement ajustées mais biologiquement très pauvres, etc. Dans tous les cas, la qualité de la reprise dépend par conséquent soit de la qualité de l'équipement mycorhizien des racines lors de la plantation (donc de la conservation des plants en pépinière) soit de la rapidité avec laquelle les mycorhizes s'établissent après la plantation. En ville, la situation est plus préoccupante pour les végétaux — surtout pour les arbres — plantés au bord des routes : conditions asphyxiantes (*anoxie*) dues au tassement ou aux fuites de gaz, excès ou manque d'eau, sel de déneigement, pollution aux hydrocarbures provenant des véhicules, etc. Toutes les conditions se trouvent réunies pour devoir se préoccuper des mycorhizes. Les entreprises paysagistes commencent à prendre conscience du problème mais l'utilisation de l'inoculation endomycorhizienne est loin d'être une pratique courante dans ce secteur ; de même une attention plus vigilante devrait être portée au statut symbiotique des végétaux réceptionnés sur les chantiers, sous forme contractuelle par exemple.

Il faut admettre qu'il n'est pas possible de transposer directement aux plantations paysagères et urbaines les techniques de mycorhization contrôlée qui ont été développées en sylviculture. Les conditions de l'itinéraire technique ne sont pas les mêmes pour plusieurs raisons. D'abord, les dimensions des végétaux mis en œuvre sont très différentes : semis ou jeunes plants de un ou deux ans et de 5 à 50 cm de hauteur pour les plantations forestières contre arbres de haute tige de 10 ans d'âge et de plusieurs mètres de hauteur, avec des diamètres pouvant atteindre 10 cm, pour les arbres d'alignement. Ensuite, le temps nécessaire pour produire des arbres de haute tige et le grand nombre de transplantations destinées à former le système racinaire permettent difficilement de déterminer le statut mycorhizien final par une inoculation au stade du semis ; il faut envisager d'autres itinéraires, par exemple en inoculant en fin de production, mais il est alors difficile ou impossible de désinfecter le sol. Enfin — mais c'est plutôt là une différence favorable — du simple fait du coût déjà très élevé des chantiers paysagistes, le coût supplémentaire relevant d'une éventuelle inoculation mycorhizienne devient marginal et n'est plus économiquement rédhibitoire si le besoin technique se fait réellement sentir.

Les essais d'inoculation mycorhizienne des plantations urbaines sont pourtant encore quasi inexistants, sauf à Paris où des essais menés en partenariat avec la ville et l'Inra ont porté depuis les années 1990 sur deux espèces d'arbres à ectomycorhizes (le tilleul argenté *Tilia tomentosa* et le noisetier de Byzance *Corylus colurna*) plantés sous forme de sujets de haute tige en alignement le long des rues. L'inoculation avec des inoculants mycéliens conditionnés en milieu solide (voir p. 145) a eu lieu soit dans la pépinière d'origine l'année précédant l'arrachage, soit lors de la plantation en ville, dans les deux cas sans désinfection du sol. Les souches de champignons ectomycorhiziens utilisées provenaient non seulement de forêts et de pépinières forestières mais aussi de pépinières spécialisées dans la production d'arbres d'alignement de haute tige. Le bilan de ces essais montre que les deux méthodes d'inoculation procurent dans la majorité des cas des gains de croissance pouvant aller jusqu'à 35 % avec *Tomentella* sp. ou *Thelephora* sp. provenant d'une pépinière de haute tige et avec *Paxillus involutus* provenant de forêt. De plus, la mycorhization par ces champignons améliore significativement l'état du feuillage : feuillaison plus précoce au printemps, jaunissement réduit en fin d'été et chute des feuilles retardée en automne. Étant donné que ces arbres urbains ont avant tout une vocation ornementale, une plus grande durée d'un feuillage vert est sans conteste un résultat digne d'attention de l'optimisation du statut mycorhizien, peut-être plus intéressant en pratique que la stimulation de la croissance.

À Paris, des essais plus récents portent sur la possibilité de « regonfler » et de prolonger la durée de vie de vieux arbres dépérissants mais présentant une grande valeur esthétique, historique ou patrimoniale. Il s'agit dans ce cas d'intervenir sur un système racinaire déjà en place, et de nouvelles techniques ont dû être développées pour provoquer localement la régénération de nouvelles racines fines tout en introduisant l'inoculant mycélien dans le même volume de sol. Ces expériences sont trop récentes pour que l'on puisse en tirer des conclusions quant à l'efficacité ou non du traitement sur la vigueur des arbres, mais des essais préliminaires ont montré qu'il était possible par ce moyen d'installer, au moins temporairement, une quantité significative d'ectomycorhizes de *Paxillus involutus* sur les racines de ces vieux arbres.

Pour être complet, ce tour d'horizon des applications potentielles de la mycorhization contrôlée en horticulture se doit de considérer aussi deux types de symbiose moins fréquents dans le règne végétal que les endomycorhizes arbusculaires mais qui concernent deux groupes particuliers de plantes très utilisés en horticulture ornementale. Il y a en tout premier lieu les plantes de la famille des Éricacées, communément appelées « plantes de terre de bruyère » du fait de leur adaptation très poussée aux sols pauvres et acides surmontés d'un humus de type Mor (voir p. 117). Ce sont principalement les rhododendrons, azalées, bruyères, piéris, mais aussi les myrtilles et les « bleuets » nord-américains de plus en plus cultivés en France pour leurs fruits. Toutes ces plantes ont des mycorhizes éricoïdes et elles sont dans la nature très dépendantes de cette symbiose ; cependant, dans les conditions de l'horticulture intensive où la disponibilité en éléments nutritifs est davantage déterminée par l'exploitant que par les conditions naturelles du sol, le comportement des mycorhizes éricoïdes est très mal connu car peu étudié. Il a cependant été démontré, dans les substrats artificiels à base de tourbe au lieu de terre de bruyère naturelle utilisée dans le but de s'affranchir des germes pathogènes, que les mycorhizes ne se formaient pas spontanément et que l'inoculation améliorait significativement la croissance de *Vaccinium corymbosum* (le bleuet canadien), *Rhododendron hybrida* ou *Pieris japonica*. Du fait que les champignons responsables des mycorhizes éricoïdes appartiennent à un nombre restreint de taxons et sont pour la plupart facilement cultivables, la production d'inoculant n'est pas davantage un problème que dans le cas des champignons ectomycorhiziens. Pourtant, il n'existe pas d'inoculant commercial et la pratique de l'inoculation peine à se développer, puisque les pépiniéristes utilisent par habitude de fortes doses d'engrais solubles, ce qui est incompatible avec un bon établissement des mycorhizes en général et en particulier des mycorhizes éricoïdes. La pollution des nappes phréatiques engendrée par les excès d'engrais dans les régions de forte concentration horticole, ainsi que la tendance vers des pratiques agronomiques plus respectueuses de l'environnement, amorcent pourtant un regain d'intérêt pour le statut mycorhizien des pépinières d'Éricacées.

Le second groupe de plantes qui mérite d'être traité à part du fait d'un type de symbiose racinaire très particulier est constitué par les orchidées (famille des Orchidacées). Elles forment des mycorhizes orchidoïdes avec des champignons basidiomycètes et sont caractérisées par des graines dépourvues de réserves dont la germination requiert la fourniture de carbone par un associé fongique saprotrophe (voir p. 105 les « graines poussière »). Cette dernière particularité rend l'utilisation des graines difficile et les orchidées commerciales, souvent des variétés hybrides d'espèces tropicales, sont pour la plupart multipliées végétativement par culture de méristème *in vitro*. Cependant, même dans ces conditions, il y a un avantage certain à associer le plus tôt possible la plantule à un champignon symbiotique qui assure un développement plus rapide.

Lorsque le recours aux graines est néanmoins indispensable, comme dans le processus de création d'hybrides et de sélection de nouvelles variétés, deux méthodes s'offrent aux producteurs : la germination asymbiotique ou la germination symbiotique. Dans le premier cas, les orchidées tropicales épiphytes plus faciles à cultiver que leurs homologues des régions tempérées, les graines sont incubées *in vitro*, en conditions parfaitement stériles, sur un milieu gélosé de composition bien précise contenant des substances nutritives minérales et organiques, notamment du glucose ; cela suffit à pallier l'absence de champignon symbiotique et à assurer la nutrition et le développement de l'embryon. Mais, il n'est pas encore possible de mettre au point de tels milieux convenant à toutes les espèces, en particulier pour les orchidées tempérées terrestres. La germination symbiotique s'impose alors et consiste à ensemencer le milieu de culture avec un champignon symbiotique approprié, en même temps que l'on y dépose les graines. Le champignon colonise les graines et nourrit le protocorme jusqu'à ce qu'il produise la première feuille photosynthétique et devienne autotrophe pour le carbone. L'avantage est que le milieu peut être très simple, à base par exemple de farines de céréales et d'extraits de levure. Mais la difficulté est que la diversité des symbiotes potentiels est grande, que certains sont spécifiques de groupes d'orchidées particuliers, et que les schémas d'association champignon-orchidée commencent seulement à être un peu connus (p. 37). La maîtrise des mycorhizes en routine est encore loin de pénétrer le monde très spécialisé de la culture des orchidées.

▸▸ Les applications en grande culture intensive

L'agriculture intensive des céréales et des plantes industrielles, basée sur de grandes quantités d'intrants chimiques, déstabilise la structure du sol en réduisant sa teneur en matière organique. L'utilisation des engrais chimiques et des pesticides sur de longues périodes porte aussi atteinte aux communautés biologiques bénéfiques du sol comme les vers de terre, certains groupes fonctionnels de bactéries et naturellement les champignons mycorhiziens. Or tous ces organismes, y compris les Gloméromycètes symbiotiques avec les racines de la plupart des cultures, sont les premiers facteurs de fertilité puisqu'au centre des cycles des éléments nutritifs, des interactions biotiques stabilisant les populations de pathogènes et des mécanismes qui construisent la structure du sol et assurent la qualité de ses propriétés physiques (voir p. 113 et 95). Il y a tout intérêt à utiliser au maximum ces effets bénéfiques de la biodiversité afin de compenser les effets potentiellement négatifs à long terme des pratiques culturales intensives. Ces considérations d'ordre écologique et conservatoire vont dans le même sens que l'accroissement inéluctable du coût des engrais chimiques (voir p. 167) et la pression sociétale forte, dans tous les pays développés, pour limiter la pollution de l'environnement. C'est pourquoi, sans que cela soit limité au seul cadre de la filière « agriculture biologique » au sens strict, (voir p. 170), les acteurs de la grande agriculture en Amérique du Nord et en Europe sont de plus en plus conscients de la nécessité de tenir compte au mieux de la composante symbiotique dans leurs systèmes de production ; c'est ce qui suscite la multiplication des offres d'inoculants endomycorhiziens commerciaux (voir p. 139). L'inoculation n'est pourtant pas la seule méthode permettant d'optimiser l'efficacité symbiotique d'une culture : ce n'est qu'un outil parmi d'autres, alternatif ou complémentaire selon les cas.

La mise en œuvre effective de la mycorhization contrôlée à grande échelle se heurte à plusieurs difficultés. La première, et non des moindres, est tout simplement qu'il est très difficile pour les agriculteurs d'établir un diagnostic de l'état symbiotique de leurs cultures, autrement dit d'observer et de quantifier la colonisation fongique des racines. Nous verrons dans l'annexe 2 qu'il existe des protocoles simples pour ce faire, mais ils restent relativement fastidieux et l'interprétation correcte des résultats nécessite un entraînement et une formation spécifiques, indépendamment du niveau initial de connaissances et de technicité de l'agriculteur, qui est généralement très élevé dans ces types d'exploitations. C'est pourquoi la possibilité d'intégrer les mycorhizes dans un itinéraire technique impose de sous-traiter en routine le diagnostic et le contrôle de l'efficacité des traitements à des laboratoires commerciaux, de la même façon que pour les analyses classiques physicochimiques des terres, des eaux ou des tissus végétaux. Or de tels laboratoires sont encore rares.

Un autre obstacle demeure au sujet de la perte de dépendance mycorhizienne de certaines plantes : beaucoup de variétés améliorées modernes répondent peu à la mycorhization et ne peuvent plus se passer de hauts niveaux de fertilisation pour assurer un rendement correct. Cet aspect de la question sera repris plus en détail à propos des stratégies de création variétales (voir p. 171).

Enfin, une troisième difficulté est que les rares inoculants endomycorhiziens réellement disponibles sur le marché sont trop coûteux, et produits en quantité insuffisante, pour être économiquement compétitifs face aux engrais de synthèse ; de plus, les grandes firmes multinationales qui produisent et distribuent ces engrais ne sont naturellement pas très favorables au développement de techniques visant la réduction de leur consommation. Le développement de la mycorhization contrôlée en grande culture est donc une question de temps, et les pratiques d'inoculation qui commencent à se développer dans les milieux de l'horticulture (voir p. 160) n'ont pratiquement pas pénétré ceux de la grande culture, si ce n'est quelques applications récentes à grande échelle au Canada sur des cultures de blé, de soja, de maïs et de lentille.

À court terme, les plus grands bénéfices des connaissances sur les mycorhizes sont plutôt à attendre de l'adaptation des systèmes de culture en gérant au mieux l'existant, c'est-à-dire en visant le maintien d'un haut niveau d'inoculum endomycorhizien arbusculaire naturel dans le sol, à la fois en quantité (nombre de spores pour 100 g de terre), en qualité (capacité infectieuse) et en diversité (nombre de types de spores). De nombreux essais au champ ont montré que cet objectif pouvait être atteint simplement en évitant de cultiver la même plante plusieurs années de suite dans la même parcelle, en pratiquant des assolements faisant alterner des espèces plus ou moins dépendantes de la symbiose, en préservant le capital matière organique du sol, en pratiquant une fertilisation minérale parcimonieuse compensant strictement les exportations et en la complétant avec une fumure organique, etc. La pratique des jachères nues est connue comme étant particulièrement dangereuse car elle accélère grandement la raréfaction des propagules de Gloméromycètes dans le sol, réduisant le potentiel d'inoculum au détriment de la culture qui suivra. Ceci est vrai également pour les cultures répétées de plantes sans mycorhizes, comme le colza ou la betterave, qui réduisent progressivement le potentiel d'inoculum du sol et compromettent le rendement ultérieur de plantes dépendantes à la symbiose, comme le maïs ou une légumineuse. On voit que la clé de l'optimisation du potentiel mycorhizien naturel des sols agricoles réside essentiellement dans la conception générale du système de culture : assolement, rotation, enfouissement des résidus, fumure organique, travail du sol, alors que la tendance de l'agriculture industrielle à haut niveau d'intrant est plutôt de faire le contraire.

Cependant, on remarque une fois encore que le pilotage raisonné de tels systèmes à très grande échelle implique de nombreuses analyses biologiques afin d'en contrôler en permanence l'efficacité intermédiaire, c'est-à-dire l'état du système entre la réalisation d'un traitement (fumure, sarclage ou irrigation) et la sanction de la récolte finale. Un verrou stratégique au développement de la mycorhization contrôlée en agriculture est bien l'offre de services analytiques bon marché et à haut débit. Cela est vrai dans toutes les branches des productions végétales, mais sera tout particulièrement décisif en grande culture.

▸▸ Les mycorhizes et le problème du phosphore en agriculture

À l'échelle de l'ensemble des régions cultivables de la planète, il y a pour les plantes trois éléments nutritifs principaux (dits aussi éléments majeurs) qui déterminent la fertilité chimique du sol et les quantités de produits végétaux récoltées : l'azote (N), le phosphore (P) et le potassium (K). C'est pour cela qu'on parle couramment d'une « fertilisation NPK » et qu'un sac d'engrais porte la mention « 10-10-20 » signifiant qu'il contient 10 % de N, 10 % de P_2O_5 et 20 % de K_2O. L'azote, nécessaire en grandes quantités car il entre dans la composition des protéines, est souvent le deuxième facteur limitant la production végétale après l'eau. Les engrais azotés constituent un enjeu stratégique pour la production de nourriture à l'échelle mondiale. Ils sont synthétisés sous forme de nitrates et de sels d'ammonium assimilables par les plantes à partir d'un gisement inépuisable d'azote gazeux, l'atmosphère, quoiqu'avec une grande dépense d'énergie. Cependant, il existe des techniques culturales alternatives qui permettent de s'affranchir des engrais azotés de synthèse, comme l'optimisation de la fixation biologique de l'azote atmosphérique au niveau de la rhizosphère grâce à l'inoculation de bactéries fixatrices libres ou à la culture de légumineuses (haricots, pois, féveroles, etc.) pourvues de nodosités bactériennes symbiotiques. Même si ces solutions ne sont mises en pratique que de façon marginale en agriculture intensive — alors qu'elles sont empiriquement mais parfaitement intégrées dans certaines filières paysannes ancestrales, et plus récemment et de façon scientifique dans la filière dite « agriculture biologique » —, leur développement à grande échelle pose peu de problèmes techniques. L'efficience de la fertilisation azotée, et donc l'économie de l'azote sous forme d'engrais, est également favorisée par le développement de l' « agriculture de précision » qui consiste à limiter les pertes par lessivage de nitrates en fractionnant les apports dans le temps et dans l'espace grâce à une connaissance précise des variations des propriétés du sol à l'échelle du mètre et en guidant les machines épandeuses par GPS.

Mais la situation est beaucoup plus critique en ce qui concerne le phosphore. L'azote fait rarement défaut dans le sol au point de ne pas permettre la croissance de la plante cultivée : l'apport de cet élément n'est nécessaire que pour augmenter le rendement. Le phosphore, au contraire, peut être tellement rare et limitant dans certains sols que toute culture y est impossible, à l'exemple de beaucoup de régions tropicales. Même lorsque cet élément est relativement abondant en valeur absolue si l'on mesure sa concentration totale grâce à des méthodes d'extraction chimique puissantes, il est très fortement retenu sous forme insoluble par différents constituants minéraux et organiques du sol ; le résultat pour les plantes est exactement le même que s'il était rare puisqu'elles ne peuvent absorber que la forme soluble orthophosphate (voir p. 78, 80 et 82). Ce pouvoir de rétention par la matrice solide du sol s'exerce non seulement vis-à-vis du phosphore natif naturellement présent dans la roche mère, mais aussi vis-à-vis du phosphore soluble exogène apporté par les engrais chimiques sous forme d'orthophosphate : la culture en utilise une partie peu de temps après l'application et le reste est rapidement *rétrogradé*, c'est-à-dire piégé de façon très difficilement réversible. Et encore les plantes n'arrivent-elles à mobiliser à grand-peine les quantités dont elles ont besoin que grâce à la coopération de leurs symbiotes fongiques, endomycorhiziens arbusculaires le plus souvent (voir p. 78 et 84), ce qui incite les agriculteurs à continuer d'apporter des engrais phosphatés et à augmenter en vain le stock de phosphore inaccessible. Malheureusement, l'intensification des pratiques agricoles et une certaine forme de « révolution verte » ont fait que beaucoup de variétés génétiquement améliorées sont de moins en moins mycorhizées et donc de moins en moins efficaces pour mobiliser le phosphore rétrogradé, nécessitant encore plus d'apports, etc. (voir p. 96). Cet enchaînement exacerbe le problème, et la situation mondiale est paradoxale avec d'une part une agriculture tropicale de pays pauvres confrontée à une réelle rareté du phosphore dans le sol, et qui pourrait augmenter ses rendements de façon considérable avec des apports très limités — mais qui manque cruellement de moyens financiers —, et d'autre part une agriculture de pays riches dont les sols regorgent de phosphore accumulé par des décennies d'apports massifs mais peu utilisable par des plantes mal adaptées.

Or les réserves mondiales en phosphore exploitable pour fabriquer des engrais, c'est-à-dire les gisements de roches présentant des teneurs suffisantes en cet élément, ne sont pas inépuisables et concentrées seulement dans certains pays ; c'est ainsi que plus de 90 % des réserves se trouvent en Chine, au Maroc, en Afrique du Sud, aux États-Unis et en Jordanie. Le caractère de plus en plus indispensable du phosphore pour nourrir l'humanité en fait une ressource stratégique au même titre que le pétrole ; sa distribution engendre d'énormes coûts de transport intercontinental et constitue une source potentielle de conflits internationaux.

Parmi les moyens envisageables pour réduire ces tensions, l'amélioration de l'utilisation directe par les cultures des grandes quantités de phosphore rétrogradé dans les sols agricoles des pays industrialisés est parfaitement réalisable avec les connaissances et les savoir-faire actuels en matière de gestion de la symbiose mycorhizienne, analyse biologique des terres, mesure du potentiel d'inoculum, choix des espèces cultivées en fonction de leur dépendance mycorhizienne (autrement dit, de leur capacité à *répondre* positivement à la symbiose), techniques culturales favorisant la microflore mobilisatrice, utilisation massive d'amendements organiques régularisant le cycle des éléments nutritifs et en particulier favorisant la biodisponibilité du phosphore, sélection variétale orientée ciblant l'optimisation de l'efficience symbiotique, voire inoculation avec des souches fongiques sélectionnées pour leur efficacité à mobiliser le phosphore rétrogradé, etc.

Maximiser le niveau de mycorhization de la plante cultivée et préserver la diversité microbienne de la rhizosphère est aussi un moyen d'utiliser directement les phosphates naturels à moindre coût, sans passer par une industrie chimique lourde et polluante. Le produit brut extrait des gisements géologiques contient le phosphore combiné à d'autres éléments (en particulier le calcium) sous la forme de phosphates tricalciques et d'apatite qui sont des minéraux insolubles dans l'eau et qui ne libèrent pas spontanément dans le sol l'orthophosphate nécessaire aux plantes. Les os issus des abattoirs contiennent les mêmes types de minéraux ; ils sont aussi une source non négligeable de phosphore mais avec les mêmes limitations que les phosphates géologiques, et les quantités disponibles sont naturellement beaucoup plus restreintes. Pour pouvoir utiliser les phosphates naturels (*rock phosphate*) en agriculture intensive conventionnelle dans des systèmes de culture où les plantes ne sont pratiquement plus mycorhizées, il est indispensable de les traiter au préalable à l'acide sulfurique pour les transformer en engrais appelés *superphosphates* qui contiennent de l'orthophosphate soluble. Cependant, il a été démontré que l'association de bactéries rhizosphériques produisant des acides organiques complexants avec des endomycorhizes arbusculaires permettait d'utiliser efficacement le phosphore des phosphates naturels directement incorporés dans le sol : les bactéries altèrent les minéraux et libèrent de l'orthophosphate qui est immédiatement transféré à la plante par le champignon avant qu'il ne soit rétrogradé et redevenu insoluble. Toute pratique culturale favorisant la mycorhization et la richesse de la microflore du sol permet de valoriser les phosphates naturels. Cette approche prend toute sa valeur dans certains pays tropicaux pauvres où les sols sont presque totalement dépourvus de phosphore et où les agriculteurs n'ont pas les moyens financiers d'acheter des engrais chimiques, mais qui sont détenteurs de gisements de phosphates naturels. Il serait possible d'utiliser aussi avec profit les phosphates naturels dans les grandes cultures intensives des pays riches, mais seulement à la condition de modifier profondément les systèmes de culture — et surtout les variétés cultivées — de façon à disposer de plantes normalement équipées du point de vue symbiose mycorhizienne et aptes à valoriser de façon optimale les ressources du sol en phosphore.

▸▸ Les mycorhizes, l'agroécologie et l'agriculture biologique

Toutes les pratiques culturales innovantes que nous venons de citer à la fin de la section précédente présentent de nombreux avantages qui vont bien au-delà d'une meilleure gestion du phosphore ; elles constituent déjà le fondement de l'« agroécologie » (conception raisonnée de l'agronomie qui privélégie les systèmes de culture, les rotations et les assolements afin d'optimiser la gestion durable de la fertilité des sols et l'économie d'intrants) et plus particulièrement des filières dites « agriculture biologique » (*organic agriculture*) et « agriculture biodynamique ». Ces deux approches alternatives de la production végétale sont motivées par des considérations écologiques et environnementales, notamment avec l'ambition de préserver la fertilité des sols sur le long terme : elles partagent le souci de limiter, voire de supprimer, les intrants dits *xénobiotiques* (c'est-à-dire créés par l'homme et n'existant pas naturellement dans les écosystèmes : pesticides de synthèse, engrais chimiques, etc.) avec le double but de préserver les équilibres biologiques et les fonctions utiles qui en découlent et de ne pas porter atteinte à la santé humaine. Elles sont en développement extrêmement rapide non seulement dans les pays industrialisés où elle ont vu le jour mais aussi, pour l'exportation, dans des pays en voie de développement. Elles sont encadrées par des labels de certification et, en Europe, par les Autorités gouvernementales. Ce n'est pas un simple retour aux pratiques ancestrales d'avant la révolution verte (comme au Moyen Âge, disaient leurs détracteurs à leurs débuts), mais au contraire une application très sophistiquée des connaissances les plus récentes sur les cycles biogéochimiques, la biologie du sol et la physiologie végétale. Elles se réclament de deux sortes d'avantages par rapport à l'agriculture conventionnelle : la durabilité du système de culture et la qualité des produits.

Nous avons déjà évoqué le problème de la durabilité, c'est-à-dire du maintien de la fertilité du sol à travers une gestion raisonnée de son potentiel mycorhizogène. Or il ressort d'après des observations répétées, dans des situations où il est possible de comparer ce potentiel dans un même type de sol ayant été converti ou non en agriculture biologique depuis plusieurs dizaines d'années, que la diversité spécifique, donc la qualité fonctionnelle, des communautés de Gloméromycètes et d'endomycorhizes arbusculaires est significativement plus grande dans le premier cas.

Quant à la qualité des produits, l'impact le plus évident et le plus immédiat des pratiques préconisées en agriculture biologique est l'absence de résidus toxiques de pesticides dans les fruits, légumes et céréales destinés à l'alimentation de l'homme et des animaux de laiterie ou de boucherie ; c'est ce qui motive en premier lieu les consommateurs soucieux de leur santé, même s'ils se préoccupent moins des enjeux environnementaux. Mais on s'aperçoit de plus en plus que, pour un même rendement quantitatif, le passage d'une nutrition minérale des plantes assurée par des apports massifs de formes de phosphore et d'azote immédiatement assimilables par des racines peu ou pas mycorhizées à une nutrition basée sur la mobilisation des réserves du sol par l'intermédiaire d'une riche communauté de champignons symbiotiques s'accompagne d'une amélioration de la qualité gustative et nutrition-nelle des produits. Outre la diminution de la teneur en nitrates des légumes feuilles, on observe une augmentation des concentrations en microéléments et en métabo-lites secondaires comme par exemple les anthocyanes et les flavonoïdes. Des études récentes ont montré que le renforcement du niveau de symbiose endomycorhi-zienne par inoculation artificielle de Gloméromycètes donnait des plantes contenant davantage de molécules soufrées (oignon), de caroténoïdes (patate douce), huiles essentielles (basilic) ou oligoéléments (laitue). Or tous ces métabolites secondaires et les oligoéléments sont pour la plupart des antioxydants puissants qui neutralisent les radicaux libres et préviennent les risques de cancers ; ils sont aussi responsables de la couleur, du goût et du parfum des produits végétaux.

Certes, le renforcement du rôle des mycorhizes par les pratiques de l'agriculture biologique n'est pas le seul facteur qui contribue à la qualité supérieure des produits issus d'une filière de production qui limite les engrais de synthèse. Cependant, le développement de cette pratique alternative et certaines conséquences inatten-dues qui en résultent suggèrent de nouvelles pistes pour la recherche agronomique, comme la sélection de Gloméromycètes endomycorhiziens stimulant particulière-ment la production de métabolites secondaires. Mais c'est surtout avec la sélection de nouvelles variétés de plantes cultivées tirant au mieux parti de la symbiose myco-rhizienne pour limiter les intrants, que l'exemple de l'agriculture biologique suscite le plus d'intérêt. Le succès commercial de la filière biologique rappelle que la qualité des produits est à rechercher au même titre que la productivité.

▸▸ Les mycorhizes et la création variétale

Depuis le début de ce livre, nous avons thésaurisé des observations sur la symbiose mycorhizienne considérée depuis des points de vue différents. Il en ressort clairement que la très grande majorité des plantes terrestres, et parmi elles plus de la moitié des espèces domestiquées et cultivées par l'homme pour sa subsistance, sont très dépen-dantes des champignons symbiotiques qu'elles hébergent dans leurs racines pour utiliser efficacement les ressources du sol, résister aux conditions adverses et opti-miser leur adaptation au milieu. Dans le cas précis des plantes cultivées, la plupart de ces effets coïncident heureusement avec la maximisation des services que l'on en attend : nourriture, molécules complexes à but médicinal, matériaux tels que le bois ou les fibres textiles, etc. La logique voudrait que les programmes de sélection et d'amélioration génétique des plantes tiennent compte de cet état de fait pour en optimiser les effets bénéfiques potentiels. Force est de constater qu'il n'en est rien et que les grandes sociétés obtentrices continuent de négliger, si ce n'est d'ignorer complètement, la contribution de la symbiose au rendement final d'une culture. Ce qui peut être parfaitement compréhensible si l'on considère que la stratégie des sélectionneurs a jusqu'à présent été à très court terme car déterminée par un marché et un environnement agronomique actuels, c'est-à-dire obéissant au paradigme de la « révolution verte » (voir en particulier p. 97 et 167). Il est donc normal que les nouvelles variétés soient sélectionnées et éprouvées dans des systèmes de culture à haut niveau d'intrants, tout particulièrement en ce qui concerne les doses d'engrais appliquées. Comme nous l'avons vu, ces conditions minimisent ou annulent la formation des mycorhizes. Les variétés victorieuses à l'issue du processus de sélection sont non seulement très peu dépendantes de la symbiose, mais aussi irréversiblement incapables d'en bénéficier si on tente de les cultiver dans des sols plus pauvres ou avec une fertilisation réduite. Cela a été vérifié expérimentalement dans des conditions aussi diverses que le blé et le lin en Australie, le haricot au Brésil ou les céréales en France.

Ce procédé n'est aucunement critiquable en période de stabilité des pratiques culturales ; cependant, dans le contexte actuel de changements rapides sous la pression du changement climatique, de l'épuisement des matières premières fossiles et des préoccupations environnementales, le besoin va de plus en plus se faire sentir de variétés assurant des rendements élevés en dépit d'intrants réduits. Cela nécessite de changer radicalement de paradigme et de concevoir de nouveaux programmes de sélection repartant d'anciennes variétés négligées depuis longtemps et en effectuant le tri dans des sols à haut potentiel mycorhizogène et avec des apports d'engrais modérés. C'est seulement dans ces conditions qu'on pourra trouver un compromis entre de faibles intrants et un rendement acceptable, et surtout valoriser les grandes quantités de phosphore accumulées dans le sol depuis des décennies et devenues inexploitables par les cultures actuelles non mycorhizées (voir p. 167).

▸▸ Les mycorhizes et la phytoremédiation des sols pollués

Dans la deuxième partie de ce livre, nous avons présenté les différents types de pollution qui peuvent affecter les sols suite aux activités industrielles et montré comment les champignons symbiotiques des racines contribuaient à permettre la vie des plantes dans ces conditions difficiles (voir p. 85). Ces connaissances commencent à entrer dans la pratique dans le cadre de ce qu'on appelle la *phytoremédiation*, c'est-à-dire un ensemble de techniques culturales spécialement adaptées au problème de la décontamination des sols pollués. La phytoremédiation est dite *extractive* si les végétaux cultivés absorbent et accumulent des éléments polluants, par exemple des métaux lourds ; il suffit alors de les récolter pour exporter le métal ainsi concentré et éventuellement le recycler. Elle peut aussi être *épuratrice*, dans le cas des polluants organiques, si l'activité des racines ou celle des microorganismes de la rhizosphère contribuent à dégrader et rendre inoffensives les molécules indésirables.

Dans les deux cas, la prise en compte raisonnée de la symbiose mycorhizienne peut aider à améliorer l'efficacité du système. D'abord, le simple fait que l'optimisation du statut mycorhizien de la plante cultivée en vue de phytoremédiation accélère sa croissance et avec elle tous les processus qui l'accompagnent comme l'absorption des éléments, l'exsudation racinaire et l'activité des microorganismes rhizosphériques, va dans le sens de la dépollution. Nous avons vu que les champignons qui forment des ectomycorhizes ou des mycorhizes éricoïdes avaient, par rapport à ceux qui forment des endomycorhizes arbusculaires, des performances en général supérieures en termes d'adaptation de la plante hôte aux sols pollués (voir p. 117). Cette supériorité est due à la fois au grand développement du mycélium extraracinaire qui lui permet d'explorer un grand volume de sol, à la capacité à stocker et détoxifier les métaux lourds au niveau du manteau et à une très large gamme d'activités enzymatiques secrétées capables de dégrader des molécules organiques complexes.

Pour toutes ces raisons, les espèces à ectomycorhizes et à croissance rapide occupent une place privilégiée dans les plantes candidates à la phytoremédiation ; les Éricacées également très bien adaptées grâce à leurs mycorhizes éricoïdes, ne sont pas utilisées à cause de leur croissance lente. C'est ainsi que les saules, les peupliers et les eucalyptus, selon la zone climatique, sont souvent privilégiés dans les plantations de ce type sur des sites industriels abandonnés. Ces essences ont également l'avantage d'être à la fois fortement accumulatrices de métaux lourds et compatibles avec les endomycorhizes arbusculaires, ce qui leur confère plus de versatilité. Le fait qu'elles produisent rapidement de grandes quantités de bois renforce leur intérêt si on les traite en taillis à courte rotation avec comme objectif la transformation en plaquettes de bois destinées à produire de la chaleur par combustion (voir p. 157). Un programme de grande ampleur est en cours de développement au Canada avec des saules pour la décontamination de sites industriels et militaires abandonnés, et il inclut un volet de mycorhization contrôlée.

À l'opposé, un cas paradoxal mais significatif est celui de certaines plantes à la fois dépourvues de mycorhizes et hyperaccumulatrices de métaux lourds. Par exemple, le tabouret bleu (*Thlaspi caerulescens*, de la famille des Brassicacées), petite plante bisannuelle ou pérenne à rosette de feuilles entières et à fleurs blanches qui est qualifiée d'*extrêmophile* (littéralement : qui aime les conditions extrêmes) car elle est pratiquement la seule dans sa zone climatique tempérée à pouvoir coloniser des sols très enrichis en zinc et en cadmium tout en absorbant et en accumulant sans dommage ces deux métaux pourtant très toxiques pour la plupart des autres organismes vivants, et cela sans champignons associés puisque nous avons vu que les Brassicacées faisaient partie des rares familles dépourvues de mycorhizes (voir p. 96). De telles plantes hyperaccumulatrices de métaux lourds sont naturellement très précieuses pour la phytoremédiation extractive des sites pollués par le zinc ou le cadmium, sans qu'il soit besoin de se préoccuper de leurs mycorhizes puisqu'elles ne sont pas dépendantes d'une symbiose. Il est intéressant de se demander s'il y a un lien entre cette absence de dépendance et le caractère extrêmophile, d'autant que la plupart des espèces hyperaccumulatrices de métaux lourds appartiennent, dans les zones tempérées et froides de l'hémisphère Nord, à des groupes sans mycorhizes comme les Brassicacées ou certaines Caryophyllacées. Pour le moment aucune réponse à cette interrogation, mais l'hypothèse la plus vraisemblable serait que la toxicité avérée pour les herbivores et les insectes, ainsi que la capacité de s'installer dans des sols reconnus hostiles à toutes les autres plantes, constituent nombre d'avantages adaptatifs suffisamment forts pour avoir été maintenus et amplifiés par la sélection naturelle.

▸▸ Les mycorhizes et la production de champignons comestibles

Les « champignons sylvestres »

La consommation des fructifications charnues (*sporocarpes* ou *carpophores*) de certains champignons ascomycètes et basidiomycètes est très répandue dans le monde entier, en particulier en Europe et en Extrême-Orient. Les espèces commercialisées en plus grande quantité sont saprotrophes (c'est-à-dire se nourrissant entièrement aux dépens de matière organique morte) et couramment cultivées sur des substrats organiques divers comme la paille, le bois ou le compost ; c'est par exemple le cas du champignon de Paris (*Agaricus bisporus*), des pleurotes (*Pleurotus* sp.) ou du shiitake ou champignon du chêne du Japon (*Lentinula edodes*). Certaines espèces, très prisées sur un plan gastronomique, atteignant des prix très élevés et générant un chiffre d'affaires considérable pour les différents acteurs de ces filières de récolte et de distribution complexes, sont ectomycorhiziennes et ne peuvent donc pas être cultivées sans leur arbre hôte ; ce sont en particulier les truffes (*Tuber* sp.), les cèpes (*Boletus edulis, B. estivalis*, etc.) la chanterelle ou girolle (*Cantharellus cibarius*) ou le mythique matsutaké (*Tricholoma matsutake*) des Japonais auquel une section spéciale sera consacrée plus loin. Ces espèces de grande valeur, commercialement appelées « champignons sylvestres », font donc l'objet d'une cueillette en forêt où la ressource est sinon rare, du moins très diffuse, éphémère et difficilement prévisible, ce qui justifie en partie les prix élevés. Pour les cèpes qui constituent le groupe d'espèces le plus commercialisé en France, la récolte peut atteindre 40 kg/ha/an dans les sites les plus favorables des grandes régions productrices de France (Vosges, Auvergne, Limousin, piémont pyrénéen), ce qui peut représenter un revenu 200 à 500 euros/ha/an d'après les prix collectés au début des années 2010.

La mycosylviculture

La maîtrise de la production de ces espèces de champignons a attisé la convoitise des acteurs de la filière. Une première réponse, venant des propriétaires forestiers, est ce qu'il est convenu d'appeler la « mycosylviculture », c'est-à-dire l'optimisation des traitements de la forêt — choix des essences en fonction du type de sol, régime des éclaircies, type de régénération, gestion du sous-étage et de la végétation au sol, amendements — dans le sens non seulement de la fourniture de bois mais aussi de la production de champignons à haute valeur marchande. Certains succès de la mycosylviculture, fruits d'une approche expérimentale raisonnée, ont été enregistrés en Europe avec les cèpes et les lactaires à lait rouge ou orange (*Lactarius deliciosus, L. sanguifluus*) dans les pinèdes du Nord de l'Espagne ou avec les cèpes dans les forêts feuillues du Sud-Ouest de la France ou dans les plantations résineuses des Vosges et du Massif central. Par exemple, dans le cas du cèpe de Bordeaux *Boletus edulis*, on sait que la production est maximale dans les peuplements d'âge moyen de faible densité (ce qui justifie une sylviculture active avec des éclaircies fortes), qu'elle varie selon l'essence (le Douglas est beaucoup moins favorable que l'épicéa) et que des brusques variations de température et/ou des précipitations intenses en automne sont nécessaires au déclenchement de la formation des sporocarpes, ces derniers apparaissant environ deux semaines après la perturbation. Il est connu aussi que tous les traitements pratiqués en forêt pour optimiser la croissance des arbres et qui concernent directement le sol (dessouchage, labour, fertilisation, chaulage, destruction du tapis herbacé, etc.) ont un impact très marqué sur la composition de la communauté des champignons ectomycorhiziens, avec des espèces qui régressent et d'autres qui profitent de la perturbation du milieu pour s'étendre. On sait encore peu de choses sur l'effet précis de ces pratiques sur la production de champignons ectomycorhiziens comestibles, mais les connaissances progressent rapidement grâce à d'ambitieux programmes de recherche appliquée qui commencent à donner des résultats en Europe, au Québec et dans la région Pacifique des États-Unis, toutes régions du monde où le commerce des champignons sylvestres comestibles prend de plus en plus d'ampleur.

En France même, l'histoire forestière récente d'une région, le Limousin, illustre de façon exemplaire l'impact des choix sylvicoles sur la production de champignons. L'exode rural qui avait été amorcé en Limousin après la première guerre mondiale s'est amplifié après la seconde et a conduit à des enrésinements à grande échelle, principalement des plantations d'épicéa commun (*Picea abies*) dans les pâtures abandonnées et en substitution des taillis et des taillis sous futaie d'essences feuillues indigènes telles que les hêtres et les chênes. Cette reconversion a été initiée et soutenue financièrement auprès des propriétaires fonciers par le FFN (Fond forestier national). Un effet secondaire et imprévu a été la production massive de cèpes, ce qui a bouleversé l'économie et les comportements sociaux dans la mesure où, la campagne étant dépeuplée, les ramasseurs sont venus des villes. Cette nouvelle filière commerciale était bien établie et fournissait un revenu saisonnier d'appoint à de nombreux habitants lorsque, au début du XXIe siècle, les peuplements d'épicéa arrivés à maturité ont commencé à être exploités et remplacés par de nouvelles plantations. Cependant, ce n'est plus de l'épicéa qui est planté, mais du Douglas *Pseudotsuga menziesii* (voir p. 153). À cela au moins trois raisons : d'abord, les énormes dégâts causés par l'ouragan *Martin* de décembre 1999 ont démontré l'instabilité et la fragilité particulière de l'épicéa en cas de tempête ; ensuite, la qualité supérieure du bois de Douglas — en particulier sa durabilité pour les ouvrages extérieurs — est maintenant bien reconnue ; et enfin, la croissance du Douglas est nettement plus rapide que celle de l'épicéa, ce qui permet une rotation plus courte et donc des revenus plus fréquents. Malheureusement (pour les bénéficiaires de la filière cèpe, en tout cas), il est reconnu que le Douglas n'est pas un arbre hôte favorable à la production de cèpes ; si la substitution d'essence se poursuit au rythme actuel, c'est une ressource d'appoint de la région qui va disparaître. Cet exemple montre à quel point les champignons symbiotiques font partie de l'écosystème forestier et doivent être pris en compte dans toute décision de gestion.

La culture des champignons ectomycorhiziens comestibles : truffes et trufficultures

Au-delà de la mycosylviculture, les efforts ont surtout porté sur la maîtrise directe de la production des espèces recherchées par l'introduction artificielle ou le renforcement des populations sauvages de champignons (inoculation). Les actions tentées dans ce sens avec les cèpes nobles (*Boletus edulis, B. aestivalis, B. pinicola* et *B. aereus*), d'autres bolets (*Suillus granulatus* et *S. luteus*), le matsutaké (*Tricholoma matsutake*), les lactaires à lait rouge (*Lactarius deliciosus, L. sanguifluus, L. salmonicolor*) et la chanterelle ou girolle (*Cantharellus cibarius*) n'ont jusqu'alors pas été couronnées d'un succès suffisamment solide pour permettre un développement commercial à grande échelle, malgré d'indéniables succès techniques comme une pépinière du Sud-Est de la France qui propose sous licence Inra des plants de pin mycorhizés par *Lactarius deliciosus, L. sanguifluus* ou *Suillus luteus* ; cependant, même dans ce dernier cas, la mise en œuvre effective reste très limitée.

Le seul aboutissement de grande ampleur de cette approche concerne les truffes. L'histoire est à la fois si curieuse et si exemplaire qu'elle mérite d'être contée. Revenons au début de ce livre et à l'article de A. B. Frank, découvreur de la symbiose ectomycorhizienne en 1885. Ce texte fondateur s'ouvre sur cette phrase : « Dans le but de promouvoir la possibilité de cultiver la truffe dans le royaume de Prusse, son Excellence le ministre de l'Agriculture, des Domaines et de la Forêt m'a commissionné pour aborder le problème de façon systématique ; je devais commencer par une étude scientifique des conditions de formation et de développement de ce champignon. » (traduction française de l'auteur d'après la traduction anglaise de Trappe, 1985). C'est à l'ambition du Gouvernement prussien de maîtriser la production domestique de truffes — et donc de s'affranchir des importations, notamment en provenance de France — que nous devons le lancement des recherches sur la plus importante symbiose terrestre ! L'enjeu économique était en effet de taille car, en cette fin du XIXe siècle, la production française de truffes culminait à près de 2 000 tonnes par an et assurait une certaine prospérité à de petits terroirs du Midi qui alimentaient les tables luxueuses des capitales européennes. Cet Âge d'or était le fruit, en plus de la récolte massive de truffes sauvages dans des forêts ou des garrigues à peine aménagées, de la diffusion tout au long du siècle d'une pratique simple attribuée à un certain Joseph Talon, humble paysan du Vaucluse. La « méthode Talon » consistait à semer des glands près des chênes produisant des truffes, puis à transplanter les semis obtenus dans des zones nues soigneusement choisies d'après des caractéristiques du sol reconnues par expérience comme propices à l'apparition de « brûlés » (voir p. 90) et à la formation de truffes. Il était fréquent que les jeunes chênes ainsi installés produisent à leur tour. Notre savoir actuel sur la nature symbiotique de la truffe explique naturellement le succès de cette pratique : les jeunes semis se développant dans un sol riche en spores et en mycélium de truffe forment précocement et massivement des mycorhizes de ce champignon, et les conservent après transplantation ; il n'en reste pas moins que sa mise au point parfaitement empirique mais justement réfléchie force l'admiration.

Cependant, l'entreprise de Frank n'eut pas d'autre suite qu'une belle découverte scientifique au plan purement académique, et la production européenne de truffes diminua régulièrement jusqu'à stagner à moins de 100 tonnes par an au milieu du XXe siècle, malgré certaines innovations découlant des nouvelles connaissances sur la nature symbiotique du champignon comme le travail du sol, le contrôle de la végétation et le transfert d'humus ou de semis de chênes prélevés dans les zones productrices.

Un renouveau survint à la fin des années 1960 grâce aux travaux indépendants de chercheurs de Turin (Italie) et de Clermont-Ferrand (France), ces derniers parvenant à produire des plants de chênes massivement mycorhizés par la truffe noire du Périgord (*T. melanosporum*) en trempant les racines dans un broyat de truffes contenant des ascospores. Ils démontrèrent que ces plants, lorsqu'ils étaient plantés dans des conditions agronomiques favorables — sol calcaire aéré et ensoleillé, à forte réserve en eau — produisaient des truffes beaucoup plus rapidement, en quantités plus importantes et plus régulièrement que les truffières semi-naturelles non inoculées. Ce fut le début de la reprise de la trufficulture auquel on assiste actuellement en France, en Italie et en Espagne ; la production commence à remonter rapidement et les marchés aux truffes prospèrent de nouveau à travers l'Europe méridionale. Cette trufficulture moderne est basée sur la gestion de véritables « vergers à truffes » créés avec des plants inoculés et mycorhizés par des entreprises spécialisées et certifiés par des organismes scientifiques publiques tels que l'Inra ou le CTIFL (Centre technique interprofessionnel des fruits et légumes), au sol travaillé et irrigué et aux arbres taillés. La méthode a été étendue à d'autres espèces de truffes dans d'autres régions d'Europe (truffe de Bourgogne *T. aestivum*/*T. uncinatum*, truffe blanche du Piémont *T. magnatum*, la plus chère de toutes les truffes) et à d'autres continents : la truffe noire du Périgord est désormais cultivée au Maroc, en Californie, en Israël, en Chine, en Australie et en Nouvelle-Zélande, ces deux derniers pays jouant sur l'avantage commercial que leur confère leur situation dans l'hémisphère sud pour alimenter les marchés du Nord en saison inversée. Force est de constater que le marché des truffes reste le plus souvent opaque et que les règles internationales existantes n'empêchent pas les fraudes de toutes sortes. Certains pensent que l'avenir de la trufficulture européenne pourrait être menacé en cas de naturalisation invasive de la « truffe de Chine ». On regroupe sous ce terme trois espèces particulièrement communes dans le Sud-Ouest de la Chine et sur les contreforts de l'Himalaya : *T. sinense, T. indicum* et *T. himalayense*. Elles sont peu consommées sur place mais récoltées de façon massive pour l'exportation vers l'Europe et l'Amérique du Nord, où elles sont vendues sous le nom de « truffe de Chine » à un prix très bas — ce qui est parfaitement licite, l'importation n'étant pas interdite — ou bien frauduleusement proposées comme truffe noire du Périgord (l'espèce européenne *T. melanosporum*), au prix fort naturellement. La confusion est facile : ces quatre espèces sont morphologiquement très proches les unes des autres et il semble que, si le parfum des truffes de Chine en vente en Europe ne rivalise absolument pas en puissance avec celui de nos truffes indigènes, ce serait en partie dû au fait qu'elles sont récoltées immatures afin de mieux supporter le transport. Mais le danger subsiste réellement au-delà de ces simples enjeux commerciaux : si par malchance quelques truffes de Chine se retrouvaient accidentellement ou frauduleusement dans un lot de sporocarpes utilisé par les pépiniéristes européens pour préparer la suspension de spores servant à inoculer les plants destinés à créer des truffières, et comme on ne connaît absolument rien du comportement éventuel des espèces exotiques dans nos régions, on courrait le risque d'une dynamique invasive de la truffe de Chine au détriment de nos espèces locales. Pour cette raison, les laboratoires de recherche publique de France, d'Italie et d'Espagne assurent une veille dans les plantations récentes en utilisant des outils de détection moléculaire. À ce jour (2013), aucun foyer de contamination n'a été détecté.

Deux découvertes récentes concernant la biologie de la reproduction de la truffe laissent entrevoir la possibilité d'améliorer considérablement la productivité des truffières à très court terme. Des chercheurs italiens ont mis en évidence l'existence, chez la truffe, de deux groupes d'appariement. Ce qui signifie que, comme chez beaucoup d'Ascomycètes (voir l'introduction), chaque individu (c'est-à-dire l'ensemble des mycorhizes et des carpophores connectés par le même mycélium et qui partagent le même patrimoine génétique dans une surface de sol donnée) peut jouer le rôle à la fois de mâle et de femelle, mais que chacune de ces fonction ne peut s'exprimer non seulement qu'avec le sexe complémentaire d'un autre individu, mais en plus qu'avec un individu du groupe d'appariement opposé. Autrement dit, la formation d'un carpophore, fruit de la fusion de deux cellules sexuelles et contenant les asques puis les ascospores, n'est possible que si deux mycéliums compatibles se rencontrent. En France, les individus de la truffe noire sont d'assez petite taille (de l'ordre du mètre carré), d'une durée de vie assez courte (ils sont tous renouvelés en quelques années), et pendant leur courte durée de vie ils se déplacent à peine de quelques dizaines de centimètres, et surtout les deux groupes d'appariement tendent, avec le temps, à s'exclure mutuellement dans d'assez grandes surfaces (de l'ordre de la truffière entière). Il résulte de ces deux séries d'observations que le trufficulteur a intérêt à favoriser le brassage des individus, par exemple grâce au passage fréquent d'outils de travail superficiel du sol afin de disperser les mycorhizes et le mycélium pour multiplier les rencontres entre les deux groupes d'appariement.

L'approche scientifique qui a conduit de la récolte aléatoire des truffes sauvages à la trufficulture moderne commence aussi à être mise en œuvre pour les terfesses (aussi orthographié terfez ou terfès). Comme les truffes vraies, ce sont des champignons ascomycètes ectomycorhiziens qui forment des carpophores souterrains comestibles. Les terfesses sont très répandues dans les régions méditerranéennes sèches de l'Europe du Sud, en Afrique du Nord et dans tous les pays du Proche et du Moyen-Orient, même dans des régions très arides (d'où le nom de truffes du désert). Les carpophores ont un peu la taille et l'apparence de pommes de terre, avec une chair ferme à goût de champignon mais dépourvue des arômes puissants et spécifiques qui caractérisent les vraies truffes. C'est un mets très apprécié dans tous les pays arabes, en particulier dans le cadre de traditions régionales et à l'occasion de certaines fêtes. Les terfesses faisant l'objet d'échanges commerciaux importants dans ces régions — les riches pays du Golfe étant naturellement de très gros acheteurs — les recherches sur leur biologie, leur diversité et leur écologie se multiplient, ainsi que l'expérimentation de diverses techniques de culture inspirées de celles qui ont fait leurs preuves avec les truffes.

Les terfesses d'intérêt commercial regroupent plusieurs espèces des genres *Terfezia*, *Tirmania* et *Picoa* qui apartiennent tous les trois à la famille des Tuberacées, comme les truffes. Mais, à la différence de ces dernières, les terfesses sont le plus souvent inféodées à des plantes hôtes bien particulières de la famille des Cistacées et appartenant aux genres *Cistus* (cistes, arbrisseaux méditerranéens) et *Helianthemum* (hélianthèmes, petites espèces arbustives ou annuelles). Les mycorhizes formées sont le plus souvent des ectomycorhizes typiques, mais on a aussi observé, selon les conditions environnementales semble-t-il, des types intermédiaires entre les ectomycorhizes et les mycorhizes arbutoïdes ou monotropoïdes, caractérisées par la pénétration de certains hyphes du réseau de Hartig à l'intérieur des cellules du cortex racinaire (voir respectivement p. 34 et 35). La diversité morphologique des mycorhizes de terfesses en fonction de l'espèce du champignon, de la plante hôte et de son habitat reste cependant très mal connue et très peu de recherches lui ont été consacrées.

Les terfesses sont couramment récoltées au pied des cistes et des hélianthèmes ligneux dans les régions à climat méditerranéen, mais la situation la plus spectaculaire se rencontre dans les régions très arides où les rares épisodes pluvieux provoquent en quelques jours la germination de graines dormantes d'hélianthèmes annuels à cycle très court — quelques semaines — qui fleurissent le désert, forment des mycorhizes de terfesses et produisent de gros sporocarpes, dispersent leurs graines, sèchent et disparaissent jusqu'à la prochaine pluie, parfois plusieurs années plus tard.

Il est possible, en utilisant des broyats de sporocarpes contenant des ascospores, d'inoculer les champignons appropriés à des semis de cistes ou d'hélianthèmes, de planter ces semis dans des conditions favorables et de récolter des terfesses, avec un avantage certain par rapport à la trufficulture, celui du délai très court entre plantation et production. C'est à l'initiative d'un chercheur français, que cette pratique a eu lieu une première fois, dans les années 1980 dans le désert du Koweït. Malheureusement, malgré le succès de l'opération et quelques années de production, l'expérience a été brutalement et définitivement interrompue par la pollution pétrolière dans toute la région avec la première guerre du Golfe de 1990. Récemment, un autre projet a vu le jour et se développe au Sud-Est de l'Espagne dans la région de Murcie, pour produire des terfesses et les exporter vers les pays arabes de la région du Golfe où la demande est forte et le pouvoir d'achat élevé. Les plants sont produits par une entreprise spécialisée en partenariat avec l'Université et sont utilisés par les agriculteurs de la région.

L'affaire Matsutaké

Enfin, il est impossible de quitter le vaste monde des champignons ectomycorhiziens comestibles sans évoquer le matsutaké, fleuron de la gastronomie japonaise, au même titre que les truffes pour la gastronomie européenne, et avec des prix du même ordre : autour de 2000 € le kg pour le matsutaké, 1000 € pour la truffe noire du Périgord et 4000 € pour la truffe blanche du Piémont. Il s'agit là du véritable matsutaké récolté au japon, le Basidiomycète ectomycorhizien *Tricholoma matsutake*. C'est un tricholome de couleur pâle, massif, fibreux, à l'odeur aromatique très forte, dont le sporocarpe se développe en partie sous la litière et n'apparaît qu'à pleine maturité, lorsque le chapeau s'ouvre au-dessus du sol. Comme il se doit d'être commercialisé avant ce stade pour présenter toutes les qualités gustatives requises, sa récolte en forêt est rendue difficile et aléatoire, et demande beaucoup de temps

— comme d'ailleurs pour les truffes — ce qui explique en partie les prix très élevés dans les deux cas. *Tricholoma matsutake* est un symbiote préférentiellement associé aux pins (*matsu take* signifie littéralement « champignon du pin » en japonais) et il est récolté, pour la plus grande part de la production japonaise, dans les forêts naturelles ou de plantation de pins, en particulier *Pinus densiflora*, le pin rouge du Japon. Cependant, la production s'est effondrée depuis une cinquantaine d'années à cause d'un nématode (petit ver parasite transporté d'arbre en arbre par un insecte) qui décime les peuplements de pins. Le marché japonais s'est donc tourné vers des importations de la même espèce en provenance de Corée et de Chine, ou d'autres espèces voisines parmi lesquelles la plus importante est de loin *Tricholoma magnivellare* qui fait actuellement l'objet d'une véritable « ruée vers l'or », souvent violente et même parfois meurtrière, dans les forêts de conifères de la côte Pacifique de l'Amérique du Nord, principalement dans l'Oregon ; ce champignon, de couleur blanche, n'a toutefois pas la même valeur que le véritable matsutaké sur le marché japonais. Le Japon importe aussi le tricholome chaussé *Tricholoma caligatum* récolté dans les forêts du Québec, d'Europe et d'Afrique du Nord. La variété *T. nauseosum* de cette espèce — l'épithète en dit long sur la puissance du parfum et sur la relativité des sensibilités gastronomiques —, surtout récoltée en Scandinavie, a été récemment identifiée au vrai matsutaké *T. matsutake* d'après des critères moléculaires ce qui bien évidemment a fait grimper les prix .

L'enjeu commercial est considérable, ce qui explique que de nombreuses recherches ont été consacrées au matsutaké au Japon et ailleurs, avec l'espoir de le cultiver comme la truffe, en réalisant des plantations avec des jeunes pins inoculés en pépinière. Aucune tentative dans ce sens n'a connu le succès, mais la connaissance de la biologie du champignon a progressé, avec, en particulier, le rôle tenu par le *shiro*.

On appelle shiro une zone de sol de quelques mètres carrés qui est massivement occupée par le champignon et qui est la condition indispensable à l'apparition de sporocarpes. Le shiro, épais de plusieurs centimètres et situé dans la partie minérale du sol immédiatement sous l'humus forestier, est facilement visible sur une coupe de sol par la couleur plus claire et la consistance plus ferme que l'abondance de mycélium de matsutaké confère à la terre fine ; de plus, l'odeur caractéristique du champignon y est très marquée. Le shiro s'accroît en largeur de quelques cm/an, et les sporocarpes se forment à sa marge en automne lorsque la température diminue. Un examen attentif permet de distinguer plusieurs zones du sol différemment affectées par le matsutaké. À l'extérieur du shiro en croissance, là où le sol n'est pas encore affecté par *T. matsutake*, on trouve des racines portant une communauté de nombreuses espèces de champignons ectomycorhiziens, comme dans toute forêt de pins. Le front du shiro, de quelques centimètres de largeur, contient une forte proportion de mycélium blanc de *T. matsutake* mais les racines de pin n'y sont pas mycorhizées. Immédiatement derrière se trouve une zone où le mycélium cohabite avec des racines très ramifiées et entièrement colonisées par des ectomycorhizes de matsutaké. Toujours en progressant vers l'intérieur du shiro, on trouve ensuite une bande étroite toujours massivement colonisée par le champignon sous forme de mycélium et de mycorhizes mais à la surface de laquelle se développent les sporocarpes, qui dessinent un cercle sur le sol de la forêt. En arrière de cette zone de fructification, les mycorhizes se font progressivement plus rares jusqu'à disparaître

180

complètement, et la terre ainsi marquée par le passage du champignon présente une consistance friable très particulière ; ce n'est que vers le centre des shiros les plus grands et les plus âgés que le développement des racines de pin et de la communauté ectomycorhizienne redeviennent normales et comparables à ce qu'elles étaient à l'extérieur. Un shiro fonctionne un peu comme un « rond de sorcière » dans un pré, où des champignons saprotrophes et non pas symbiotiques (rosé des prés *Agaricus pratensis*, faux mousseron *Marasmius oreades*, etc.) se nourrissant de la matière organique morte du sol au lieu des photosynthétats d'une plante vivante, fructifient le long de cercles chaque année un peu plus grands en modifiant profondément l'état du sol et de la végétation sur leur passage. Cette analogie entre les shiros et les ronds de sorcière peut d'ailleurs être poussée plus loin : les ectomycorhizes que *T. Matsutake* forme avec les racines de pin ont une morphologie particulière, avec un manteau très lâche et surtout un réseau de Hartig peu développé, suggérant une efficacité symbiotique réduite et donc, en compensation, une activité saprotrophique alternative aux échanges nutritionnels avec l'arbre. L'hypothèse d'une « double vie » de symbiote et de décomposeur sous-tend toutes les recherches sur l'écologie des shiros. En complément de ces observations, il a été montré que les shiros étaient plus fréquents et plus actifs lorsque le sol était chaud en été (plus de 20 °C), ce qui favorise l'activité et l'extension du champignon avant le refroidissement automnal déclenchant la fructification.

La compréhension de tous ces mécanismes a permis de conclure que la première chose à faire pour augmenter la production de matsutakés dans les forêts de pins était de favoriser la naissance et le développement des shiros. Une mycosylviculture spécifiquement adaptée à la récolte de ce champignon a été expérimentée avec succès dans les années 1970 et 1980 au Japon. Elle consiste, dans de jeunes plantations de pins, à réaliser des éclaircies très fortes, à éliminer les essences accompagnatrices et à enlever le plus possible de résidus de bois mort au sol de façon à favoriser la pénétration de la lumière et le réchauffement du sol. On observe alors l'apparition de shiros dès la troisième année et la production de champignons augmente pendant une dizaine ou une quinzaine d'années, en parallèle avec la multiplication et l'extension des shiros, après quoi elle régresse rapidement avec la maturation et la diminution de la vitesse de croissance des pins. Il est également possible d'optimiser l'initiation et le développement des sporocarpes en bordure des shiros en refroidissant localement le sol superficiel grâce à divers petits systèmes d'ombrage temporaire mis en place en automne.

Ces pratiques relevant de la mycosylviculture ont certes permis d'atténuer un peu le déclin de la récolte de matsutakés « sauvages » au Japon. Au-delà de cette approche, toutes les tentatives pour susciter la formation de nouveaux shiros par transfert de terre ou de semis de pin à partir de shiros existants, ou par ensemencement avec des spores ou des morceaux de sporocarpes — un brevet concernant la création de shiros artificiels à partir de cultures mycéliennes a même été déposé aux États-Unis — ont jusqu'alors échoué. Le plus gros travail de recherche porte actuellement sur la plantation de pins déjà mycorhizés par le matsutaké par inoculation dès le stade de la pépinière, par analogie avec ce qui a été réalisé depuis plus de quarante ans avec la trufficulture en Europe. Des recherches dans ce sens sont en cours au Japon, aux États-Unis et en Nouvelle-Zélande, mais aucun résultat convaincant n'a encore été publié. Ceci ne veut évidemment pas dire que certains n'ont pas déjà réussi, tant les enjeux économiques dans ce domaine sont importants et les activités discrètes, et même souvent totalement opaques,

Cette « affaire Matsutaké » conclut de façon exemplaire ce bref tour d'horizon des applications pratiques des connaissances sur les associations plante-champignon. Depuis les premiers travaux de Franck en 1885 jusqu'aux résultats les plus récents concernant les productions agricoles, le bois ou les mets de luxe, il ressort comme une évidence que tout progrès technologique significatif mettant en œuvre la symbiose mycorhizienne découle directement des avancées de la recherche. Dans le contexte actuel de changement climatique non maîtrisé, de pression humaine croissante sur l'environnement et de fragilisation de la biosphère, il est plus que jamais indispensable de considérer l'écosystème terrestre comme un tout et de n'y négliger aucune composante ni aucune interaction, notamment celle entre les végétaux et leurs champignons auxiliaires.

Méthodologie : comment étudie-t-on les mycorhizes ?

▸▸ Les collections d'organismes

Comme dans tous les domaines de la biologie, les recherches sur les symbioses mycorhiziennes dépendent étroitement de *collections* permanentes d'échantillons de référence et d'organismes vivants. Il faut en effet pouvoir explorer la diversité de comportements d'espèces modèles de plantes et de champignons.

Pour les végétaux, il existe un réseau mondial de conservatoires de plantes cultivées et de jardins botaniques préservant la biodiversité, gérés par des institutions publiques et privées, qui s'échangent des graines et des plantes. Selon la définition classique, un jardin botanique est en effet une institution qui détient des collections de plantes vivantes documentées pour la recherche scientifique, la conservation, la diffusion des connaissances et les expositions ; c'est par exemple le Jardin des Plantes de Paris, qui est l'héritier du Jardin royal des Plantes médicinales créé par Louis XIII en 1635. Il y a aussi les herbiers où sont conservés des spécimens séchés de toutes les plantes connues, comme l'herbier du Muséum national d'histoire naturelle à Paris. Un nouveau type de ressources végétales prend de plus en plus d'importance : les collections de mutants d'espèces modèles (voir p. 190). En France, il existe une collection de mutants d'arabette (*Arabidopsis thaliana*) gérée par l'Inra de Versailles.

Pour les champignons, comme pour tous les autres microorganismes (bactéries, levures), les collections sont sous la forme de cultures pures. Nous avons déjà évoqué l'utilité de pouvoir cultiver les champignons mycorhiziens, que ce soit pour constituer des collection vivantes d'espèces, pour réaliser des synthèses artificielles au laboratoire dans le but d'étudier l'effet sur les plantes et les mécanismes symbiotiques, ou encore pour produire des inoculants destinés à augmenter le rendement de l'agriculture. Mais l'isolement et la culture pure d'un champignon sont souvent les seuls moyens pour le chercheur de démontrer de façon non équivoque son éventuel caractère symbiotique mutualiste ou pathogène vis-à-vis d'une plante. Il lui faut en effet pour cela poser et vérifier les *Postulats de Koch*, nommés d'après le bactériologiste allemand Robert Koch qui les a formulés en 1890 à l'occasion de sa découverte du germe de la tuberculose, une bactérie qui porte d'ailleurs aussi son nom (bacille de Koch). Ces postulats visent à démontrer qu'il existe une relation de cause à effet entre l'agent présumé d'une maladie infectieuse et l'expression des symptômes typiques de cette maladie ; ils sont au nombre de quatre et correspondent aux quatre types successifs d'observations nécessaires : premièrement, le microorganisme doit être présent dans tous les organismes malades et absent des organismes sains ; deuxièmement, le microorganisme doit être cultivé en culture pure à l'extérieur des organismes malades ; troisièmement, un organisme sain inoculé avec cette culture pure doit développer la maladie avec tous ses symptômes ; et quatrièmement, le microorganisme réisolé à partir de cet organisme doit être identique à celui précédemment isolé. On voit donc que l'application rigoureuse de cette démarche impose l'isolement et la culture pure.

Dans le cas des symbiotes ectomycorhiziens, la culture du mycélium *in vitro* est généralement possible, mais deux conditions de base doivent être réunies pour assurer sa survie et sa croissance en l'absence de la plante. D'abord, le milieu de culture (aussi appelé substrat), qu'il soit liquide et contenu dans un tube, dans une fiole ou dans un bocal, ou gélifié par de l'agar-agar et étalé dans une boîte de Petri, doit contenir toutes les substances nécessaires à la nutrition du champignon. Certains milieux dits « naturels » sont à base de matières organiques complexes comme les farines de céréales, les pommes de terre ou le malt, alors que d'autres dits « synthétiques » ne comprennent que des substances simples, pures et bien caractérisées comme des sucres, des acides aminés, des sels minéraux, des vitamines, etc. Les milieux synthétiques ont l'avantage de permettre la manipulation d'un seul facteur nutritionnel à la fois et donc de se livrer à des expériences pour élucider certains aspects de la biologie du champignon. Cependant, un grand nombre d'espèces n'ont jamais pu être cultivées ; il s'agit en particulier de la totalité des Gloméromycètes, responsables des endomycorhizes arbusculaires, mais aussi de nombreux champignons ectomycorhiziens comme des russules, des lactaires ou des inocybes. Cela ne veut pas dire qu'ils sont incultivables, mais simplement qu'on n'a pas (encore ?) trouvé quelles étaient les molécules indispensables qu'ils trouvent normalement dans les plantes hôtes qui les hébergent mais que le milieu de culture ne contient pas.

La deuxième condition à remplir pour cultiver un champignon *in vitro* est l'absence totale de contamination des récipients de culture par d'autres microorganismes. En effet, lors de leur vie symbiotique normale, les champignons mycorhiziens sont abrités dans la racine et nourris par la plante et n'ont pas besoin d'être équipés pour lutter avec succès contre des concurrents ; de plus, les conditions de culture au laboratoire ne pourvoient qu'imparfaitement aux besoins des symbiotes et leur croissance est lente comparée à celle des contaminants saprotrophes et opportunistes. Il est donc indispensable que les isolements et les cultures soient réalisés de façon strictement aseptique, en n'utilisant que du matériel et des milieux nutritifs stérilisé et en prenant ensuite toutes les précautions pour que les innombrables bactéries et spores de champignons présents dans l'atmosphère, dans l'eau et sur toutes les surfaces ne puissent pas s'introduire dans les récipients de culture et y éliminer les champignons d'intérêt. Ces conditions d'asepsie sont réalisées grâce à des traitements stérilisants divers tels que l'autoclavage (exposition à la vapeur d'eau sous pression à 120 °C), l'irradiation gamma ou la fumigation par l'oxyde d'éthylène.

Il est possible de maintenir indéfiniment une collection de champignons mycorhiziens cultivables en repiquant périodiquement un petit morceau de la culture âgée sur un milieu neuf. Cependant, il est fréquent que les champignons maintenus en croissance continue dans de telles conditions très artificielles finissent par perdre certaines de leurs fonctions spécifiques de l'état symbiotique et ne puissent par conséquent plus former de mycorhizes lorsqu'ils sont mis en présence d'une plante compatible ; ces échantillons perdent alors beaucoup de leur intérêt pour la recherche et sont inutilisables en mycorhization contrôlée. C'est pourquoi on a de plus en plus recours à des techniques permettant la conservation des souches à l'état dormant, sans croissance et avec une activité métabolique réduite ou nulle. Pour cela, on a recours à la déshydratation ou au froid.

Mais l'existence même d'une collection de champignons ectomycorhiziens sous forme de cultures pures implique que l'on ait au départ isolé le mycélium de ce champignon à partir de ses manifestations dans la nature. Le plus facile est lorsque l'espèce produit de gros sporocarpes charnus comme les bolets, les amanites, les tricholomes et tous les « champignons » rencontrés en forêt en automne. Il suffit alors de casser un sporocarpe en deux, de prélever un fragment de tissus à l'intérieur à l'aide d'un scalpel stérile, et de déposer ce fragment sur un milieu nutritif stérile dans une boîte de Petri. Toutes ces opérations se font dans l'atmosphère stérile procurée par une hotte à flux laminaire à air ultra-filtré, qui élimine tous les germes microbiens en suspension dans l'air. Pour certaines espèces, dont les sporocarpes contiennent naturellement des bactéries spécifiquement associées, il est nécessaire d'introduire des antibiotiques dans le milieu afin d'assurer la pureté de la culture. L'opération est plus difficile pour les espèces qui ne fructifient pas ou qui forment des sporophores encroûtants ou de très petite taille ; il faut pratiquer l'isolement à partir des ectomycorhizes elles-mêmes, en passant par de nombreux lavages avec des solutions désinfectantes pour éliminer les contaminants microbiens de surface, puis en utilisant des milieux contenant des antibiotiques.

La difficulté est bien plus grande dans le cas des Gloméromycètes endomycorhiziens, que l'on n'a jamais réussi à cultiver *in vitro* en culture pure : la multiplication du champignon, qui implique que l'on assure son cycle de vie complet jusqu'à la formation de spores dans le sol, doit obligatoirement se faire en symbiose avec une plante. Les collections de référence de Gloméromycètes consistent en plantes en pot dans des serres, chaque pot n'ayant été inoculé au départ qu'avec une seule espèce de champignon. Les espèces de plantes utilisées doivent être très dépendantes de la symbiose pour former massivement et rapidement des endomycorhizes ; les plus utilisées sont l'oignon, le poireau, la carotte ou certaines graminées tropicales comme le sorgho. Périodiquement, les spores extraracinaires formées par les champignons sont extraites de la terre (voir annexe 2), observées au microscope et soumises à des tests moléculaires pour vérifier leur identité, puis introduites dans une nouvelle culture, et ainsi de suite. On conçoit que ceci prend plus de temps et coûte plus cher que de cultiver le mycélium des champignons ectomycorhiziens. C'est pourquoi d'autres méthodes sont à l'étude et commencent à rendre les conservatoires beaucoup plus performants, par exemple la conservation de spores viables sous forme lyophilisée ou congelée à très basse température dans l'azote liquide ou la culture *in vitro* de racines de carotte transformées de la même façon que pour la production d'inoculum commercial (voir p. 140).

C'est ainsi que des champignons mycorhiziens de référence sont disponibles sous une grande diversité de forme, soit sous forme mycélienne en croissance continue et avec des repiquages périodiques, soit lyophilisés ou conservés à basse température, à + 4 °C sur milieu gélosé sous eau ou sous huile ou le plus souvent à – 195 °C dans l'azote liquide, ou bien encore, pour les endomycorhizes arbusculaires, sous forme de plantes en pots dans des serres. Parmi les collections les plus importantes, citons l'American Type Culture Collection (ATCC) aux États-Unis, le Centraalbureau voor Schimmelcultures (CBS) aux Pays-Bas, le Centre international de ressources microbiennes (CIRM) à Marseille ou la collection de champignons de l'Institut Pasteur de Paris (UMIP). Il y a aussi, plus spécialement pour les champignons gloméromycètes qui forment les endomycorhizes arbusculaires, la Banque européenne des Glomales (BEG) et Symplanta (une société allemande qui propose des inoculants d'espèces modèles principalement pour la recherche) en Europe, ou l'International Culture Collection of Vesicular-Arbuscular Fungi (INVAM) en Amérique du Nord.

L'équivalent des herbiers existe aussi pour les champignons avec les collections d'*exsiccatas*, c'est-à-dire de spécimens secs, ou bien d'organes ou de tissus fongiques conservés dans des liquides antiseptiques tels que le formol ou l'alcool. Ces précieux échantillons de référence permettent non seulement la confrontation morphologique avec des échantillons divers, à des fins d'identification, mais aussi des études moléculaires *a posteriori* en extrayant l'ADN sur de très petits prélèvements. En France, le plus important des herbiers de mycologie est celui du Muséum national d'histoire naturelle de Paris, avec 500 000 échantillons conservés secs, dans l'alcool ou sous forme de préparations microscopiques.

▶▶ Les organismes modèles

Les recherches dépendent aussi de l'utilisation *d'organismes modèles* : de la même façon que la physiologie animale repose sur l'utilisation massive de la mouche drosophile, de la souris blanche et d'autres « cobayes » de laboratoire, la biologie végétale moderne repose sur l'étude approfondie d'un petit nombre d'espèces parmi lesquelles l'arabette des dames (*Arabidopsis thaliana*, une petite plante annuelle rudérale à fleurs blanches) occupe une place de choix à cause de sa reproduction très rapide par graines, de la petite taille de son génome qui facilite son étude, et de sa grande facilité de culture en pots dans des serres. Malheureusement, l'arabette ne convient pas du tout comme espèce modèle pour l'étude de la symbiose qui nous intéresse car elle appartient à une des rares familles de plantes qui se sont totalement affranchies du besoin de former des mycorhizes : les Brassicacées (anciennement Crucifères, la famille des choux, radis, navets, etc.). Les recherches sur les endomycorhizes arbusculaires utilisent plutôt une gamme de plantes modèles représentatives de la diversité des espèces cultivées et choisies pour leur facilité de manipulation au laboratoire : maïs, blé, oignon, légumineuses, etc., et plus particulièrement *Medicago truncatula* (la luzerne tronquée, une petite légumineuse méditerranéenne) ; cette dernière présente les mêmes qualités que l'arabette pour la manipulation expérimentale (petit génome, reproduction rapide par graines, etc.) tout en étant très réceptive à la symbiose endomycorhizienne. On constate que cet échantillon, certes bien motivé au plan des applications agronomiques, est très biaisé par rapport à l'ensemble des plantes à endomycorhizes arbusculaires car peu représentatif de leur diversité systématique et écologique réelle. Il est en particulier remarquable que toutes les espèces modèles ne forment que des endomycorhizes arbusculaires du type *Arum* (c'est-à-dire avec des arbuscules (voir p. 47) comme toutes les plantes rudérales, pionnières ou adaptées aux sols riches d'où dérivent les variétés cultivées), alors que c'est en fait le type *Paris* (caractérisé par des spires fongiques intracellulaires au lieu d'arbuscules) qui est de très loin dominant dans toutes les espèces « sauvages », ligneuses ou herbacées, étudiées à ce jour.

Pour l'étude fondamentale des ectomycorhizes, l'arbre modèle le plus utilisé — son génome étant le mieux connu — est le peuplier, représenté par plusieurs espèces et hybrides dans le genre *Populus* (famille des Salicacées, la séquence génomique de l'espèce nord-américaine *P. trichocarpa* étant disponible) Les saules (genre *Salix*, appartenant à la même famille des Salicacées que les peupliers, la séquence génomique de *S. purpurea* étant disponible) sont également de plus en plus étudiés car ils allient un intérêt scientifique (la proximité génétique avec les peupliers) et un grand potentiel d'application pratique avec les taillis à courte rotation pour la production de bois à usage énergétique. Mais beaucoup de recherches plus spécifiques ou plus appliquées portent sur des eucalyptus (la séquence génomique d'*E. grandis* est disponible), des chênes ou diverses Pinacées telles que les pins ou le Douglas.

Pour ce qui concerne les champignons modèles, les recherches sur les endomycorhizes arbusculaires ont depuis le début été menées presque exclusivement avec des espèces de Gloméromycètes isolés à partir des mêmes sols agricoles que ceux qui portaient les plantes cultivées modèles. De plus, les espèces produisant des spores nombreuses et faciles à identifier morphologiquement ont été d'emblée favorisées ; en effet, les Gloméromycètes étant jusqu'à présent incultivables, le seul moyen de les multiplier et de produire de l'inoculant est de récolter des spores à partir de la terre de cultures de plantes en pots. Enfin, pour des raisons empiriques contraignantes, ont été retenues celles qui formaient le plus facilement des mycorhizes en pots et favorisaient le mieux la croissance de leurs plantes hôtes dans les conditions contrôlées de la serre ou du laboratoire. La conséquence de toutes ces contraintes est qu'un petit nombre d'espèces comme *Glomus mosseae*, *Rhizophagus irregularis* (anciennement *Glomus intraradices*), *Acaulospora laevis* ou *Gigaspora margarita* sont les symbiotes endomycorhiziens pour lesquels on sait le plus de choses.

Quant aux champignons ectomycorhiziens, le choix des espèces modèles a été dicté essentiellement par la possibilité de les cultiver en culture pure *in vitro* au laboratoire, sur des milieux artificiels stériles en tubes à essai ou en boîtes de Petri, puis par leur vitesse de croissance dans de telles conditions, par leur aptitude à former rapidement des ectomycorhizes avec de jeunes semis d'arbres dans des cultures expérimentales en pots et enfin, comme dans le cas des endomycorhizes arbusculaires, par leur performance en terme de stimulation de croissance des jeunes arbres. Ces conditions restreignent fortement la gamme des champignons modèles à partir des milliers d'espèces recensées. C'est pourquoi la quasi totalité des connaissances sur la physiologie des champignons ectomycorhiziens et de leurs interactions avec les racines des arbres ont été obtenues avec un nombre restreint d'espèces appartenant aux genres *Tuber* et *Cenococcum* pour les Ascomycètes et *Amanita*, *Laccaria*, *Hebeloma*, *Paxillus*, *Pisolithus*, *Scleroderma*, *Suillus* ou *Rhizopogon* pour les Basidiomycètes. Or ce sont presque toutes là des espèces typiquement de stade précoce dans la succession des symbiotes au cours de la croissance d'un peuplement forestier (voir p. 89) ; à l'extrême opposé, les champignons les plus caractéristiques des stades tardifs et des forêts adultes (par exemple les genres *Russula, Lactarius, Cortinarius, Boletus*) sont très rarement entrés dans les laboratoires tout simplement parce qu'on ne sait pas les cultiver ou qu'ils poussent extrêmement lentement, rendant toute expérimentation très problématique.

On voit que les organismes modèles utilisés dans l'étude de la symbiose mycorhizienne, s'ils sont assez pertinents pour permettre d'extrapoler les résultats des recherches aux applications agronomiques, sont très peu représentatifs de la diversité des fonctions assurées par les mycorhizes dans les écosystèmes naturels ; et cela est vrai autant pour les endomycorhizes arbusculaires que pour les ectomycorhizes. Quant aux autres types de mycorhizes (éricoïdes, orchidoïdes, etc,), ils ont été si rarement étudiés de façon approfondie au laboratoire qu'il est difficile d'identifier des espèces modèles au sens précédent, c'est-à-dire systématiquement choisies de façon répétée par les chercheurs du fait même de l'accumulation des connaissances qui finit par les concerner. Il résulte de tout cela que l'image d'ensemble que nous nous faisons de la symbiose mycorhizienne — et qui est transmise par ce livre — est sûrement biaisée par une sur-représentation des conditions écosystémiques les plus favorables aux plantes, donc à une sous-estimaton du rôle auxiliaire des champignons associés.

▶▶ La biologie moléculaire

Ce terme désigne toutes les approches de la connaissance du monde vivant basées sur l'étude de la molécule d'ADN (acide désoxyribonucléique) qui est le support de l'information génétique dans le noyau des cellules. Cette information, codée le long des chaînes d'ADN par un « alphabet » de seulement quatre motifs moléculaires, circule dans la cellule grâce à des transcriptions sous forme d'ARN (acide ribonucléique) qui sont finalement traduites en protéines qui sont elles-mêmes les opérateurs de tous les processus biologiques. Lors de chaque division cellulaire, l'ADN se dédouble et la nouvelle génération emporte sa copie de l'information. Mais des « erreurs » (accidents de duplication) peuvent survenir et provoquer des *mutations*, c'est-à-dire des modifications de la descendance immédiate par rapport à la norme de l'espèce. Du fait de la très grande complexité des systèmes vivants, ces mutations sont dans la quasi-totalité des cas non fonctionnelles et donc létales : la lignée s'éteint, et la mutation disparaît définitivement avec elle ; cependant, les mutations apportent parfois un changement neutre ou même favorable à l'adaptation des descendants à des conditions d'environnement différentes. Les mutations, combinées aux changements environnementaux et à travers le filtre de la sélection naturelle compris par Charles Darwin dès le milieu du XIXe siècle, constituent le moteur de l'évolution et du renouvellement permanent de la diversité des espèces et de la complexité du monde vivant.

Une autre approche, la génétique, a consisté à décrire les individus au fil des générations et à dégager les lois statistiques qui régissent l'hérédité ; il en est ressorti le concept, dans un premier temps purement abstrait, de *gène*, défini comme le support élémentaire d'une parcelle d'information transmise d'une génération à l'autre et à l'origine de l'expression d'un caractère précis lors du développement de l'organisme. Ensuite, on a découvert que chaque gène correspondait en fait à la séquence d'ADN codant pour la protéine particulière responsable de ce caractère. La nouvelle science issue de la synthèse entre les approches génétiques et moléculaires a été appelée *génomique*, le *génome* étant l'ensemble des gènes d'un individu ou d'une espèce, autrement dit — en simplifiant — la séquence de son ADN.

Cependant, au-delà d'une conception purement génomique des déterminismes du vivant, il est apparu qu'il n'y avait pas de correspondance parfaite entre les gènes et les caractères, du fait des interactions avec d'autres mécanismes moléculaires complexes lors de leur transcription en ARN et de la traduction en protéines, puis au niveau du mode d'action de ces protéines. Autrement dit, si les traits fondamentaux de l'architecture d'un être vivant sont bien déterminés par l'information initiale contenue dans les gènes, le résultat final va au-delà sous l'effet de propriétés émergentes propres à l'organisme en développement et qui ne dépendent de l'information génétique que de façon lâche et probabiliste. On appelle *post-génomique* l'ensemble de ces phénomènes et leur étude. La post-génomique est une science récente en plein développement et on est encore loin d'en tirer des outils opérationnels en biologie.

Le premier apport, et le plus évident, de la biologie moléculaire et de la génomique à l'étude des mycorhizes est qu'elles permettent d'identifier l'espèce d'un champignon à partir d'une structure qui n'offre aucune prise à la classification par les approches morphologiques classique : on peut par exemple savoir à quel champignon appartient tel mycélium dans le sol, telle fructification sur un morceau de bois, telle ectomycorhize sur une racine d'arbre ou tel arbuscule dans une racine de blé. Il faut pour cela extraire et purifier l'ADN total contenu dans l'objet étudié, en « lire » la séquence de motifs moléculaires qui porte l'information génétique, et comparer le résultat avec des bases de données qui contiennent les séquences d'un très grand nombre d'espèces déjà connues. De nouvelles entrées grossissent chaque jour ces bases de données qui sont en libre accès en ligne au sein de la communauté scientifique internationale. La méthode est la même que celle utilisée par la police criminelle pour identifier l'auteur d'un viol ou d'un meurtre à partir d'un cheveu ou d'une minuscule trace de sperme ou de sang : extraction et purification de l'ADN, séquençage, comparaison de l'ADN du suspect à des fichiers archivant des pièces à conviction biologiques de crimes antérieurs. Par analogie avec l'ancêtre de ces méthodes policières et avec une autre technique de traçage, on parle d'ailleurs métaphoriquement d' « empreintes digitales » d'une espèce de champignon, ou de son « code barre ». C'est uniquement grâce à ces techniques, disponibles en routine dans les laboratoires depuis les années 1990, qu'on a pu décrire la composition spécifique des communautés de champignons mycorhiziens et élucider les grands traits de leur écologie.

Le deuxième apport de la biologie moléculaire est l'accès à la généalogie des plantes et des champignons, et donc à la reconstruction de leur coévolution passée et de la diversification des types de symbiose mycorhizienne. En effet, puisque la molécule d'ADN porte toute l'information nécessaire à la pérennité d'une espèce, elle garde au fil des générations la mémoire de tous les changements et de toutes les mutations (additions, soustractions, recombinaisons) survenus dans la lignée depuis son origine et qui ont déterminé la transformation des espèces. Sans avoir recours à des documents fossiles, et seulement en comparant des séquences d'ADN issues d'organismes actuels, on peut décrire et comprendre l'histoire des symbioses mycorhiziennes. Afin de pouvoir situer ces évènements dans l'échelle des temps géologiques, les chercheurs ont recours à ce qu'on appelle l' « horloge moléculaire », basée sur la fréquence des mutations qui est stable dans le temps et étalonnée par comparaison avec les datations des fossiles par les méthodes de la géologie stratigraphique.

Le troisième apport de la biologie moléculaire concerne l'étude du fonctionnement des échanges symbiotiques entre les deux partenaires. Cette approche utilise le fait que, avant d'être traduite en protéines fonctionnelles, l'information stockée dans l'ADN doit passer par une phase de transcription sous forme d'ARN, relativement facile à extraire, à purifier et à séquencer comme l'ADN. À un instant donné de la vie de la cellule, les ARN présents donnent l'image des gènes activés à ce moment précis et du type d'activité en cours, puisque chaque opération biologique particulière est effectuée par une protéine spécifique et qu'un gène correspond à une protéine et une seule. On peut par ce biais caractériser l'état fonctionnel d'un tissu ou d'un organe de la plante ou du champignon au moment du prélèvement, ce qui permet de comprendre les mécanismes biochimiques qui assurent le fonctionnement de la symbiose. Cette approche génomique de la physiologie des champignons mycorhiziens et des mécanismes symbiotiques nécessite de connaître, à titre de référence et pour permettre des comparaisons et des recoupements, le plus grand nombre possible de séquences de gènes dans différentes espèces. C'est pour cela que les chercheurs s'attachent à accumuler des séquences de génomes entiers ; ils disposent déjà de ces précieuses données pour *Glomus intraradices* pour les champignons endomycorhiziens arbusculaires et *Laccaria bicolor, Tuber melanosporum, Hebeloma cylindrosporum* ou *Paxillus involutus* pour les champignons ectomycorhiziens. La liste s'allonge très rapidement grâce au développement de nouvelles techniques de séquençage de l'ADN de plus en plus performantes. La masse de données génomiques ainsi constituée permet en outre de progresser dans la connaissance de l'histoire évolutive de la symbiose mycorhizienne.

Mais la biologie moléculaire ouvre une quatrième voie pour remonter aux causes premières des interactions observées entre la plante et le champignon en symbiose : les mutants. On appelle *mutant* tout individu qui diffère de la norme de l'espèce à laquelle il appartient par une petite modification de son génome : disparition ou modification d'un gène, ou plus rarement addition d'un gène par transfert à partir d'une autre espèce. Les mutations peuvent être naturelles et spontanées (c'est un des facteurs de l'évolution) mais, dans les laboratoires, elles sont le plus souvent provoquées artificiellement en soumettant les organismes à des facteurs dits *mutagènes*, c'est-à-dire qui perturbent la structure de l'ADN et altèrent l'information génétique qu'il porte. De ce fait même, les agents mutagènes sont cancérigènes, ce qui impose des protocoles de sécurité très stricts dans les laboratoires de recherche qui emploient ces méthodes. Les facteurs mutagènes les plus fréquemment utilisés sont les radiations ionisantes ou certains composés chimiques à haute affinité pour l'ADN appelés *intercalants* car ils s'insèrent dans la chaîne en perturbant l'arrangement des motifs moléculaires codants. Qu'elles soient spontanées ou provoquées, la plupart des mutations sont létales au sein de la descendance de l'individu traité, mais il est possible de trier les survivants de façon à identifier et isoler des lignées présentant un caractère nouveau et intéressant dans le cadre de la recherche en cours. De grands progrès ont été faits dans la compréhension des différentes phases de la formation des endomycorhizes arbusculaires grâce à l'obtention de mutants de pois (la plante cultivée, *Pisum sativum*) incapables de contracter la symbiose. Lorsqu'on a sélectionné une lignée mutante déficiente pour un caractère donné, la comparaison de la séquence de son ADN avec celle de l'espèce sauvage non mutée permet de repérer le gène altéré ou manquant, qui est donc identifié comme responsable du caractère en question. L'étude des propriétés de la protéine codée par ce gène permet ensuite de commencer à démonter la chaîne des évènements conduisant à l'expression de ce caractère, ce qui donne des idées pour d'autres mutations d'intérêt à rechercher, etc.

Enfin, une variante de la méthode des mutants est la *transformation*. Il s'agit non plus de provoquer des altérations aléatoires et imprévisibles du génome, mais d'y insérer un gène étranger prélevé dans une autre espèce et conférant un caractère nouveau. C'est la même technique qui est utilisée pour la création de nouvelles variétés de plantes cultivées dites *OGM* (organismes génétiquement modifiés) ou *plantes transgéniques*, par exemple en conférant au maïs la résistance aux insectes ravageurs en lui ajoutant un gène bactérien produisant une protéine insecticide. Mais les chercheurs mettent cette approche à profit pour analyser l'effet d'un nouveau caractère sur le fonctionnement de la symbiose mycorhizienne, en réintroduisant dans un mutant un gène qu'il avait perdu et en observant l'effet de cette manipulation, ou en annexant à un gène fonctionnel un gène étranger dit *rapporteur* qui provoque une manifestation facile à détecter chaque fois que le gène d'intérêt est activé ; un exemple de gène rapporteur fréquemment utilisé provient d'une méduse fluorescente ; il est traduit en une protéine (la *GFP : Green Fuorescent Protein*) qui émet une lumière verte si elle est éclairée en lumière ultraviolette, donnant ainsi une image des zones d'une cellule ou d'un tissu où le gène d'intérêt est activé.

Naturellement, cette formidable puissance de pénétration dans les mécanismes intimes de la vie que nous offre depuis plusieurs décennies la biologie moléculaire n'existerait pas sans le développement simultané d'une autre technologie récente : l'informatique. C'est en effet parce que ces deux innovations sont apparues indépendamment, et ont d'abord rapidement évolué séparément à la fin du XXe siècle, qu'est née une nouvelle discipline scientifique décisive et incontournable pour les sciences du vivant : la *bioinformatique*. On comprend facilement que la lecture, l'analyse et la comparaison de séquences moléculaires comportant des milliers ou des millions de motifs signifiants sont hors de portée du seul esprit humain. Le métier de bioinformaticien consiste à développer et à mettre en œuvre des logiciels aptes à aider les chercheurs à démêler cet écheveau de données.

La puissance de l'approche moléculaire est régulièrement décuplée par l'invention de nouvelles techniques de séquençage de l'ADN, qui génèrent de plus en plus facilement et à des coûts toujours plus bas des quantités croissantes de données. On pratique maintenant la *métagénomique* et la *métatranscriptomique*, ce qui consiste à analyser l'information codée sur l'ADN et sur l'ARN pas seulement dans un organisme mais dans une communauté complète, comme tous les microorganismes contenus dans un litre d'eau de mer, dans l'intestin d'un animal, dans un kilo de terre ou dans l'ensemble du système racinaire d'une plante. On accède simultanément à la diversité des espèces présentes et à la diversité des fonctions biologiques à l'œuvre au moment du prélèvement. Cette nouvelle approche commence à porter ses fruits dans le domaine de l'étude de la symbiose mycorhizienne.

▸▸ La protéomique

On regroupe sous le terme de *protéomique* l'étude et les techniques permettant de caractériser les protéines internes ou secrétées d'un organisme, en particulier pour ce qui est de leurs fonctions enzymatiques dans les processus métaboliques ou dans les interactions d'un organisme avec son environnement. Une protéine est une longue chaîne d'acides aminés enroulée et repliée sur elle-même de façon complexe déterminée par l'ordre de la séquence des acides aminés (il en existe 20 sortes), d'éventuelles liaisons entre différents points de la chaîne et de l'insertion d'autres atomes ou molécules. Comme les fonctions enzymatiques des protéines sont liées à des configurations spatiales particulières, la détermination de leur structure tridimensionnelle est particulièrement importante. On y accède grâce à la détermination de la séquence des acides aminés, à des logiciels informatiques qui prédisent la conformation de la chaîne et ses propriétés fonctionnelles, et à des techniques de cristallographie optique qui renseignent aussi sur la structure spatiale de la molécule.

Les interactions entre protéines, et entre les protéines et d'autres molécules biologiques (dont les acides nucléiques comme l'ADN et l'ARN), régulent les mécanismes les plus fondamentaux de la vie. On appelle *interactome* l'ensemble de ces interactions dans un tissu ou dans un organisme. La spectrométrie de masse, associée à des méthodes biochimiques de séparation des complexes protéiques, est largement utilisée pour identifier ces interactions. Des outils mathématiques permettent de simuler les réseaux d'interactions et de gérer la complexité des relations entre les différentes molécules. L'étude de l'interactome est encore un domaine en émergence et par nature très largement interdisciplinaire. Il fait appel à des expertises diverses dans les domaines de la biochimie des protéines, de l'analyse par spectrométrie de masse et les analyses biostatistiques et bioinformatiques.

La mesure directe de l'activité enzymatique des protéines, de plus en plus performante grâce au développement de méthodes très sensibles et à haut débit, permet aussi d'étudier leur rôle dans le système biologique étudié. En complément et en aval de l'étude des ARN qui sont les intermédiaires entre l'information génétique de la cellule codée sur l'ADN et les protéines, la protéomique permet de connaître directement le niveau d'expression instantané des diverses fonctions d'un organisme.

▸▸ L'imagerie microscopique

Dès ses débuts au XVIIᵉ siècle, la science biologique a en grande partie reposé sur la possibilité de discerner des objets trop petits pour être observés à l'œil nu, tels que les microbes, les cellules constituant les plantes, les animaux et les champignons, et même les structures plus fines à l'intérieur de ces cellules. De la même façon que le télescope est indispensable à l'astronome, le biologiste a besoin du microscope. Mais les techniques d'imagerie microscopique ont beaucoup évolué et se sont diversifiées depuis les premières prouesses optiques d'Antoni van Leeuwenhoek (1632-1723) qui décrivit pourtant avec exactitude des microorganismes dès la fin du XVIIe siècle.

À côté du classique microscope optique — plus correctement appelé *photonique* — des salles de travaux pratiques des lycées, certes toujours plus perfectionné, la même technologie de base (un objectif et un oculaire formés de lentilles de verre) a offert des possibilités complètement nouvelles grâce à l'introduction combinée de la fluorescence et du laser. Cette nouvelle génération d'appareils (*microscope confocal à balayage laser*) permet non seulement d'atteindre des grossissements et des niveaux de résolution supérieurs mais aussi de restituer des images tridimensionnelles de l'intérieur d'un organe ou d'un tissu, sans qu'il soit besoin de réaliser des coupes.

L'optique *électronique*, qui utilise des faisceaux d'électrons accélérés dans le vide par un champ électrique et focalisés par des champs magnétiques, au lieu des photons lumineux focalisés par les lentilles en verre de l'optique photonique, permet des grossissements plus élevés de plusieurs ordres de grandeur. Il y a d'une part les microscopes électroniques à transmission, dans lesquels les électrons traversent des coupes extrêmement fines de l'objet étudié et révèlent des détails ultrastructuraux dont la taille avoisine celle des macromolécules biologiques telles que les protéines ou l'ADN ; et il y a d'autre part les microscopes électroniques à balayage, à plus faible grossissement mais qui donnent des images tridimensionnelles de la surface extérieure de l'objet, par exemple une bactérie, une spore, un filament de champignon ou les cellules de la surface d'une racine. Dans les deux cas, certains instruments peuvent en outre déterminer la composition chimique élémentaire (calcium, fer, azote, soufre, etc.) de la zone ciblée. Les recherches sur les mycorhizes ont beaucoup bénéficié de ces technologies en visualisant la distribution des éléments nutritifs dans les cellules fongiques et végétales associées dans les organes symbiotiques.

Mais les plus grands progrès de l'imagerie microscopique, qu'elle soit photonique ou électronique, découlent de la combinaison de ces deux types de technologies avec l'informatique, qui permet le traitement d'images numérisées, et surtout avec la biochimie, qui offre une gamme de plus en plus large de molécules dites « marqueurs » de certains sites cellulaires, de certaines conditions physicochimiques ou de certaines fonctions. Des produits fluorescents appelés *fluorochromes* se fixent spécifiquement sur certains composés biologiques, par ailleurs indiscernables sur une image ordinaire ; l'excitation du fluorochrome par une lumière d'une longueur d'onde précise lui fait émettre une autre longueur d'onde dont la détection permet de localiser le composé recherché. En utilisant plusieurs fluorochromes qui émettent des lumières de longueurs d'onde — donc de couleurs — différentes, il est ainsi possible de regrouper sur une seule image en fausses couleurs des informations spatialisées concernant plusieurs constituants ou plusieurs fonctions cellulaires. De plus, si de tels fluorochromes sont greffés sur des fragments d'ADN capables de reconnaître et de se combiner (on dit de s' « hybrider ») avec des séquences précises d'ADN ou d'ARN, leur révélation en microscopie à fluorescence permet de localiser avec précision telle ou telle espèce de microorganisme ou l'expression de tel ou tel gène responsable d'une fonction métabolique particulière.

▸▸ L'isotopie

Comme toutes les disciplines biologiques, l'étude de la symbiose mycorhizienne a considérablement bénéficié de l'usage des isotopes. Ce terme désigne les différentes formes, de masse atomique légèrement différentes, d'un même élément chimique. Le carbone est essentiellement présent sur terre sous la forme de carbone 12 (noté ^{12}C), en mélange avec de faibles proportions de ^{13}C et de ^{14}C. Quant à l'azote, c'est principalement du ^{14}N et très peu de ^{15}N, et le phosphore est surtout représenté par du ^{31}P mais il existe aussi des traces de ^{32}P.

La conséquence de cette diversité isotopique est double. D'abord, du fait de leur masse légèrement différente, les isotopes d'un même élément ne circulent pas exactement à la même vitesse le long des chaînes de réactions chimiques en jeu dans les processus du vivant. La comparaison de l'abondance relative des isotopes dans des compartiments donnés du système étudié (par exemple les feuilles et les racines d'une plante, ou bien le sol et le champignon qui y vit) peut donc renseigner sur l'origine de l'élément ciblé, sur les voies métaboliques qu'il a emprunté et sur ses mouvements dans le milieu. C'est ce qu'on appelle l'utilisation de l'abondance isotopique naturelle.

Ensuite, l'introduction artificielle d'un isotope étranger au système étudié, qui accompagne l'élément ciblé dans tous ses mouvements, permet son *traçage*, c'est-à-dire le suivi précis de tous ses mouvements en mesurant avec sensibilité et précision les proportions des différents isotopes d'un même élément dans un échantillon donné. Le traçage avec des isotopes instables (ou radioisotopes), faciles à détecter par leur radioactivité, est devenu relativement aisé comme le ^{14}C pour dater les matières organiques anciennes, ou en marquage de laboratoire pour explorer des voies métaboliques, ou le ^{32}P comme traceur des mouvements du phosphore entre le sol et les plantes. Toutefois l'emploi de ces substances radioactives dangereuses pour l'utilisateur et l'environnement est limité aux seuls laboratoires agréés.

De plus, l'utilisation des isotopes radioactifs est compliquée par le fait que certains d'entre eux se désintègrent très rapidement et ont une demi-vie très courte (on appelle demi-vie, le temps au bout duquel la moitié de la masse de l'isotope d'origine a disparu en se transmutant en un autre élément ou en un autre isotope du même élément). Ce n'est pas le cas avec le ^{14}C qui a une demi-vie de plusieurs milliers d'années, mais le problème est réel pour des expériences de longue durée avec le ^{32}P dont la demi-vie n'est que de 14 jours.

Ces contraintes n'existent pas avec les isotopes stables, comme ^{13}C ou ^{15}N, qui ne sont pas radioactifs et ne présentent aucun danger mais sont beaucoup plus difficiles à détecter et à quantifier. Aujourd'hui les instruments nécessaires, appelés spectromètres de masse, sont de plus en plus abordables pour les laboratoires de recherche et permettent désormais l'utilisation à grande échelle des isotopes stables dans les recherches en écologie, en agronomie et en physiologie végétale de terrain.

▸▸ Les bases de données partagées

La recherche en biologie a vu son efficacité décupler par la mutualisation récente de données de toutes sortes grâce aux nouvelles technologies de l'information. Auparavant, et jusqu'à la dernière décennie du XXe siècle, les membres de la communauté scientifique internationale étaient reliés entre eux et informés des résultats de leurs pairs grâce aux publications en langue anglaise dans des revues à comité de lecture et aux communications orales dans des congrès et des conférences internationales. Désormais, outre l'accélération et la dématérialisation d'une partie de ces mêmes outils, il est possible de partager en temps réel la totalité des données brutes issues des observations et des travaux expérimentaux de tous les laboratoires du monde. Ces données occupent des volumes de fichiers informatiques très considérables car il s'agit essentiellement de séquences génomiques et autres données moléculaires et des résultats des mesures de nombreuses variables dans un grand nombre de sites pour les travaux d'écologie à grande échelle.

Concrètement, des sites spécialisés appelés *bases de données* ont été construits, qui permettent de recueillir, de formater de façon standard, d'archiver et de consulter librement des masses de données brutes qui étaient auparavant détenues (et le plus souvent irrémédiablement perdues, faute de place et de moyens) par les laboratoires qui les avaient produites et ne les avaient valorisées que sous la forme de quelques publications. La mise en commun de ce gigantesque « gisement » — c'est le terme employé — d'information scientifique a permis des progrès décisifs dans les connaissances en biologie, notamment grâce à des méthodes statistiques spécialement développées pour traiter de grandes masses de données d'origines diverses ; c'est ce qu'on appelle la *méta-analyse*.

Dans le domaine particulier des recherches sur la symbiose mycorhizienne, les bases de données les plus utilisées concernent la génomique et l'écologie des champignons, comme GenBank aux États-Unis, Unite ou Mycobank en Europe, le Centre international de ressources microbiennes (CIRM) de Marseille ou la banque européenne des glomales (BEG) en Europe ou l'International Culture Collection of Vesicular-Arbuscular Fungi (INVAM) en Amérique du Nord, déjà cités au sujet des collections de champignons vivants.

Travaux pratiques : comment observer les mycorhizes ?

Les « recettes » pratiques proposées ici ne sont pas les méthodes utilisées par les chercheurs sur la symbiose mycorhizienne. Ces derniers mettent en oeuvre des techniques très efficaces mais sophistiquées qui nécessitent des instruments et des produits chimiques coûteux, difficiles à se procurer et dangereux hors des conditions de stricte sécurité obligatoire en laboratoire. Il s'agit plutôt de permettre au lecteur curieux de voir par lui-même, ou à l'enseignant d'approfondir et d'appliquer ce qui est présenté dans ce livre et d'en faire la démonsration à ses élèves à l'aide d'un équipement simple : une loupe binoculaire, de la vaisselle ordinaire, des seringues jetables, des pinces, des ciseaux ou des lames de rasoir. Des observations plus fines pourront être révélées avec un microscope.

▸▸ Prélèvement des racines

La qualité de l'échantillon et le soin apporté à son prélèvement sont des conditions essentielles à la richesse des informations récoltées. Les racines fines, siège des associations avec des champignons symbiotiques, sont extrêmement fragiles et leur séparation du sol doit être réalisée très délicatement. Il ne faut surtout pas tirer sur une plante ou sur une grosse racine pour l'arracher en espérant récupérer des racines fines : celles-ci restent dans la terre et sont irrémédiablement perdues. Il faut bien au contraire prélever un bloc de terre à l'aide d'une bêche coupante, d'un cylindre en métal enfoncé avec un maillet en bois, d'un couteau ou de toute autre technique préservant la cohésion entre la terre et les racines les plus fines. Les prélèvements sont réalisés sur une profondeur de 10 à 20 cm à proximité de la plante étudiée : directement sous celle-ci, avec une partie importante de son système racinaire, ou bien, dans le cas des arbres et des arbustes, en plusieurs points à différentes distances du pied ou de la base du tronc mais en restant à l'intérieur de la projection au sol de la surface du feuillage ; plusieurs prélèvements sont préférables afin de tenir compte de l'hétérogénéité naturelle du milieu et d'avoir une meilleure image de la distribution des racines. Les blocs de terre contenant les racines fines, qui seules nous intéressent, doivent être placés dans des sachets en plastique fermés très serrés pour limiter au maximum les mouvements de cisaillement entre la terre et les racines pendant le transport. Si les échantillons ne sont pas observés dans les 24 heures, ils doivent être conservés au réfrigérateur à environ + 4 °C, mais pas au congélateur ;

les délicates structures symbiotiques s'endommagent à la décongélation et toute observation est rendue impossible.

▸▸ Lavage des racines

Les blocs de terre prélevés sont mis à tremper dans une cuvette d'eau pendant quelques heures, mais toute une nuit est préférable Cette opération a pour but d'imbiber les argiles et la matière organique, de ramollir les petites mottes de terre et de faciliter leur séparation ultérieure des racines fines. La totalité du contenu de la cuvette est alors versée (en une ou plusieurs fois, selon la quantité) dans un tamis de cuisine de type « chinois ». L'ensemble est alors lavé sous un léger filet d'eau (attention, fragile !), en éliminant les cailloux, morceaux de bois, larves, vers de terre et autres corps étrangers, jusqu'à ne trouver dans le tamis que des racines et des petites mottes de terre adhérentes ; ces dernières doivent être délicatement écrasées entre les doigts pour libérer les racines les plus fines. Mais attention : ne surtout pas faire ce lavage dans un évier, sous peine de gravement boucher les canalisations ! Mettre les racines partiellement nettoyées dans un bocal à confiture ou à cornichons pour moitié rempli d'eau, visser le couvercle ; puis agiter légèrement le tout en le retournant pendant quelques minutes, verser le contenu dans un tamis et rincer sous un léger filet d'eau froide du robinet. Recommencer l'opération autant de fois que nécessaire pour obtenir des racines propres. Enfin les récupérer au fond du tamis à l'aide de pinces fines (type pince à épiler ou pince de philatéliste).

▸▸ Séparation et conditionnement des racines fines

À partir de cette étape, les racines doivent être maintenues en permanence dans l'eau ; en effet, les racines les plus fines qui contiennent les structures symbiotiques se dessèchent rapidement à l'air libre, ce qui rend toute observation impossible. À l'aide de ciseaux, les racines fines (moins de 1 mm ou ½ mm de diamètre) sont séparées des plus grosses qui sont jetées. Les racines fines sont coupées en morceaux de 2 à 3 cm de longueur (afin de faciliter leur manipulation ultérieure) et les lots correspondants à chaque échantillon de terre initialement prélevé sur le terrain sont conditionnés individuellement dans l'eau dans de petits récipients fermés, (petits pots d'aliments pour bébés, verres à moutarde, flacons ou tubes de médicaments). Les racines étant bien recouvertes d'eau et les récipients étiquetés selon l'origine de chaque prélèvement, ces échantillons peuvent être gardés quelques jours au réfrigérateur à + 4 °C (mais pas au congélateur) avant d'être observés directement ou traités ultérieurement.

S'il s'agit d'observer simplement des ectomycorhizes, ou bien des ectendomycorhizes, la préparation des racines peut s'arrêter là. Pour les types de mycorhizes, chez lesquels l'essentiel des structures fongiques sont à l'intérieur des tissus de la racine et invisibles de l'extérieur, des traitements chimiques indispensables sont détaillés plus loin.

▸▸ Observation des mycorhizes présentant un manteau fongique

Les fragments de racines fines sont déposés, toujours recouverts d'eau, dans un récipient plat (soucoupe, couvercle de boîte ou de bocal, petite boîte de Petri, etc.). Il est important de maintenir l'échantillon dans l'eau pour deux raisons : du fait de leur finesse, les racines sèchent très vite, surtout à proximité d'une source de lumière artificielle, et l'immersion permet aux éventuels filaments mycéliens externes de flotter librement au lieu de se coller entre eux ou à la mycorhize. Un fond noir ou sombre facilite l'observation en faisant ressortir ce mycélium externe ; c'est pourquoi un récipient transparent type boîte de Petri est préférable car on peut glisser dessous un papier ou un film plastique noir.

Le récipient contenant les racines doit être éclairé en lumière incidente, c'est-à-dire par-dessus. Sous un bon éclairage, certains types d'ectomycorhizes sont bien visibles à l'œil nu, mais une observation de qualité nécessite le grossissement. Une petite loupe à main de naturaliste (grossissement de 8 à 12 fois) peut convenir, mais l'outil idéal, qui assure un confort d'observation bien supérieur, est la loupe binoculaire (aussi appelée stéréomicroscope). Certaines loupes binoculaires peuvent grossir jusqu'à 50 fois, mais un grossissement de 20 fois est la plupart du temps suffisant.

On peut ainsi observer la diversité morphologique des quatre types de mycorhizes qui présentent un manteau fongique enveloppant des racines courtes : ectomycorhizes (planches couleur 1, 2, 3 et 4), ectendomycorhizes (planche couleur 5), mycorhizes arbutoïdes (planche couleur 6) et mycorhizes monotropoïdes (planche couleur 7). Il est possible de décrire le type de ramification de la mycorhize, la couleur du manteau et des filaments fongiques qui en émanent, la morphologie de ces filaments et leur éventuelle agrégation en mèches, en cordons ou en rhizomorphes, la texture de la surface du manteau, ses ornementations, etc. Une grille d'observation bien détaillée, une clé de détermination morphologique et des photos de référence peuvent être consultées gratuitement en ligne sur le site DEEMY (*DEtermination of EctoMYcorrhizae*) créé et mis à jour par deux chercheurs allemands des universités de Munich (Reinhard Agerer) et de Bayreuth (Gerhard Rambold) : http://www.deemy.de/

▸▸ Traitement des racines pour visualiser les structures fongiques internes

Les racines fines propres sont introduites dans une seringue en plastique de 20 ml dont l'extrémité inférieure a été modifiée pour retenir les racines et laisser facilement s'écouler le liquide lorsqu'on presse le piston. La réalisation peut s'opérer de deux façons. Pour la première, la base de la seringue est sectionnée et refermée avec un carré de tissu de nylon à grosse maille collé à chaud sur le pourtour du tube en pressant l'ensemble sur un fer à repasser (réglage « soie », 130-140 °C) en intercalant du papier sulfurisé pour éviter que le nylon colle au fer ; après refroidissement, le papier qui avait adhéré au nylon est retiré et les coins du tissu sont découpés aux ciseaux. Pour la deuxième, il faut couper l'embout destiné à ajuster l'aiguille, boucher le trou en faisant ramollir le plastique à la chaleur, puis à percer de nombreux petits trous à la base de la seringue avec une aiguille chauffée à la flamme.

La seringue contenant les racines humides, piston abaissé (mais sans écraser les racines), est ensuite plongée dans un petit bocal en verre rempli d'une solution de potasse à 10 %, le piston est remonté de façon à aspirer la potasse et à noyer les racines, et le bocal contenant la seringue et la potasse est placé dans une casserole d'eau portée à ébullition (bain-marie).

Attention : la solution de potasse (hydroxyde de potassium, KOH) à 10 % est très caustique et peut gravement brûler la peau et les yeux ou trouer les vêtements. Le port de gants de latex, de lunettes et d'une blouse est fortement recommandé. En cas d'éclaboussures sur les mains ou sur le visage, laver immédiatement et abondamment à l'eau froide (douche) et consulter un médecin. De plus, ne pas tenter de préparer la solution soi-même à partir de potasse granulée ou de solution concentrée, mais plutôt demander cette préparation à un droguiste ou à un pharmacien. Tenir hors de portée des enfants et des animaux, et réaliser toutes les manipulations dans un local bien ventilé.

Ce traitement à la potasse chaude a pour but d'éclaircir les tissus de la racine, c'est-à-dire de les rendre transparents en solubilisant et lavant les substances brunes qui imprègnent les parois cellulosiques des cellules végétales : polyphénols, tanins, lignine, etc. ; ces substances sont solubles dans les solutions basiques, et la potasse est une base forte. Dès les premières minutes de chauffage au bain-marie, on peut voir le liquide se colorer en jaune dans la seringue, signe que la décoloration des tissus a commencé. Il convient d'évacuer lentement la potasse en abaissant le piston (toujours en prenant garde de ne pas écraser les racines) et de la pomper de nouveau en relevant le piston. Cette opération est renouvelée plusieurs fois pendant toute la durée du traitement à la potasse, qui peut durer de deux à quatre heures selon l'état initial des racines (il y en a de très claires et d'autres très colorées). De l'eau doit être ajoutée de temps à autres dans le bain-marie afin de compenser le volume perdu par évaporation. Le traitement est terminé lorsque les racines ne sont pas plus foncées que la solution, et que celle-ci laisse clairement voir les racines. Prolonger l'opération au-delà de ce stade risquerait de trop ramollir l'échantillon. Si toutefois, dans le cas de racines particulièrement foncées, le liquide venait à ressembler à du café, il serait nécessaire de changer complètement la solution de potasse dans le bocal et dans la seringue et de recommencer le traitement depuis le début.

Lorsque les racines sont suffisamment éclaircies (jaune clair), le chauffage est arrêté. Après complet refroidissement, la potasse est expulsée de la seringue qui est prête pour l'opération suivante : le blanchiment.

Attention : ne pas vider la potasse directement dans l'évier, mais dans une grande cuvette plastique et la diluer dans beaucoup d'eau avant de l'évacuer comme une eau sale ordinaire.

Le traitement suivant est le blanchiment ou décoloration à l'eau oxygénée (peroxyde d'hydrogène H_2O_2 à la concentration de 10 volumes, en pharmacie). Le but est de détruire par oxydation les restes de substances brunes qui n'ont pas été dissous et évacués des parois cellulosiques par le traitement précédent. Un blanchiment après l'éclaircissement est nécessaire même lorsque les racines ne sont pas beaucoup pigmentées car il facilite l'étape suivante de coloration. Le blanchiment est effectué à froid : la seringue, dont on a expulsé la potasse, est plongée dans un bocal d'eau oxygénée à 10 volumes et le piston est remonté de façon à noyer les racines. De petites bulles apparaissent sur les racines et de la mousse peut se former à la surface du liquide, signe de l'oxydation en cours. Le renouvellement de la solution au contact des racines est assuré en pompant plusieurs fois le liquide pendant toute la durée du traitement, qui est de l'ordre de une à deux heures selon l'état initial de l'échantillon. À la fin, les racines doivent être bien claires et transparentes. Cependant, ce blanchiment à l'eau oxygénée ne doit pas être poussé trop loin sous peine de ramollir les racines de façon irrémédiable.

La dernière étape du traitement chimique des racines pour l'observation des structures fongiques internes est la coloration spécifique des champignons qu'il s'agit de visualiser à travers les racines rendues transparentes par l'éclaircissage et le blanchiment. Le colorant utilisé est de l'encre bleue pour stylo à plume ; le pigment de ce type d'encre a en effet la propriété de se fixer préférentiellement sur les parois fongiques (composées de chitine et de callose) plutôt que sur les parois blanchies des cellules végétales (composées de cellulose et d'hémicellulose). Mais cette fixation ne peut se faire qu'en milieu acide, d'où l'utilisation de vinaigre pour neutraliser la potasse restant éventuellement du traitement d'éclaircissage. En pratique, on aspire dans la seringue un mélange de 5 ml d'encre bleue et de 100 ml de vinaigre blanc d'alcool. Après cinq minutes environ à température ambiante, la coloration est terminée et le rinçage peut s'effectuer. Le contenu de la seringue est expulsé et remplacé par de l'eau vinaigrée (quelques gouttes de vinaigre blanc pour un litre d'eau) et le piston est actionné plusieurs fois jusqu'à ce que le liquide dans la seringue soit bien clair, seules les racines étant colorées en bleu. Elles sont laissées à dégorger toute une nuit dans la même solution à température ambiante, puis rincées de nouveau plusieurs fois à l'eau vinaigrée jusqu'à ce que le liquide soit parfaitement clair. Cette opération de décoloration a pour but d'augmenter le contraste entre les cellules de la plante et celles du champignon. Pour améliorer la qualité du contraste on peut laisser l'échantillon plusieurs jours dans le liquide de décoloration (eau vinaigrée) au réfrigérateur (à environ + 4 °C), et le rincer de nouveau.

▶▶ Observation directe des structures fongiques internes

Les racines fines éclaircies, blanchies, colorées et finalement rincées comme décrit ci-dessus permettent, grâce au contraste créé par la fixation spécifique de l'encre sur les parois fongiques, de déceler par transparence, sans faire de coupes minces, les structures telles que les hyphes, les vésicules, les boucles et les arbuscules des endomycorhizes arbusculaires (planches couleur 12 à 15), les pelotons des mycorhizes orchidoïdes et éricoïdes (planches couleur 8 et 9), ainsi que les hyphes et les vésicules des pseudomycorhizes à endophytes bruns cloisonnés (planche couleur 11). Dans ce dernier cas, le champignon reste brunâtre en plus de la coloration bleue, malgré les traitements. Ces structures s'observent dans le parenchyme cortical de la racine, c'est-à-dire dans les couches externes de cellules qui sont généralement bien éclaircies et transparentes ; elles ne doivent pas être confondues avec les tissus conducteurs, faisceaux vasculaires au centre de la racine, qui prennent parfois la coloration bleue du fait de la composition particulière de leurs parois. Cependant, la présence d'un manteau, maintenant coloré en bleu foncé, masque le réseau de Hartig des ectomycorhizes (planche couleur 4), les filaments ramifiés des ecten-domycorhizes (planche couleur 5), les spires des mycorhizes arbutoïdes (planche couleur 6) ou les « doigts » des mycorhizes monotropoïdes (planche couleur 7) ; dans ces quatre derniers cas, tous ces traitements d'éclaircissage et de décoloration sont donc inutiles et seule la réalisation de coupes permet d'accéder aux structures internes de la racine (voir ci-dessous).

Lorsque les racines colorées sont immergées dans l'eau contenue dans un récipient plat, et éclairées en lumière transmise (c'est-à-dire par en dessous, à travers le fond transparent du récipient), le grossissement modéré de la loupe binoculaire permet déjà de repérer dans le cortex racinaire les zones colorées en bleu qui trahissent la présence de structures fongiques. Le recours au grossissement supérieur du microscope (x 100 à x 4 000) est indispensable pour distinguer nettement les formes de ces structures et leurs positions à l'extérieur ou à l'intérieur des cellules végétales. Il faut placer un fragment de racine de 1 à 2 cm dans une goutte d'eau entre une lame (*lame porte-objet*) et une lamelle de verre (*lamelle couvre-objet*) spéciales pour préparation microscopique, et l'écraser légèrement en tapotant très délicatement sur la lamelle (qui est très fragile) avec le capuchon en plastique d'un stylo à bille. On distingue alors très nettement les filaments intercellulaires, les vésicules, les spires ou les arbuscules des endomycorhizes arbusculaires, colorés en bleu sur le fond incolore des cellules de la plante.

▸▸ Observations sur coupe

Avec patience et entraînement, on peut obtenir à main levée des coupes transver-sales de racines fines ou d'ectomycorhizes de qualité suffisante pour observer les structures fongiques internes au microscope. Le petit fragment de racine, traité et coloré comme décrit et sortant juste du liquide (pour éviter tout dessèchement), est placé entre deux moitiés d'un petit bloc de moelle de sureau ou de polystyrène expansé à grain fin préalablement coupé en deux, de façon à ce que son extrémité affleure. L'ensemble étant serré entre le pouce et l'index de la main gauche, des tranches les plus fines possibles sont coupées à l'aide d'une lame de rasoir tenue dans la main droite. *Attention* : le bloc doit être assez long pour dépasser un peu les doigts et éviter de se couper ! L'opération étant effectuée au-dessus d'une coupelle remplie d'eau, les sections de racine qui flottent sont repêchées avec une aiguille ou un poil de pinceau, déposées dans une goutte d'eau sur une lame de microscope et recouvertes d'une lamelle couvre-objet.

L'observation au microscope des sections transversales est la seule façon d'étudier les structures fongiques internes masquées par un manteau, comme expliqué dans la section précédente. La coloration préalable est indispensable pour contraster le champignon par rapport aux tissus de la racine, comme lors de l'observation directe par transparence (voir p. 201).

➤➤ Quantification de la colonisation mycorhizienne des racines

La simple détection visuelle de la présence ou de l'absence de telle ou telle structure mycorhizienne dans un échantillon de racines doit dans certaines circonstances être complétée par une mesure objective et chiffrée (quantification) de l'extension de la colonisation fongique. C'est en particulier le cas lorsqu'on veut évaluer le statut symbiotique d'une plante ou d'une culture, comparer l'effet de différents traitements ou de différentes techniques culturales, ou vérifier l'efficacité d'un traitement d'inoculation.

La première condition d'une mesure fidèle à la réalité est la représentativité de l'échantillon, non seulement lors du prélèvement des racines au champ (voir p. 197) mais aussi lors de la constitution du sous-échantillon servant à la quantification après lavage et coloration éventuelle : le tirage des morceaux de racine doit se faire au hasard.

La méthode de quantification proprement dite dépend du type de mycorhize, en particulier de la répartition des structures symbiotiques sur les racines.

Dans le cas des types de mycorhizes qui présentent un manteau et dont le siège est les racines courtes spécialisées (ectomycorhizes, ectendomycorhizes, mycorhizes arbutoïdes et monotropoïdes), l'unité de mycorhization est la racine courte et ce sont elles qui sont dénombrées dans la totalité du sous-échantillon, en précisant chaque fois s'il s'agit d'une racine courte non mycorhizée (non ramifiée, translucide, sans manteau fongique, portant éventuellement quelques poils absorbants) ou d'une mycorhize, en distinguant éventuellement plusieurs types morphologiques selon la couleur, la texture du manteau, l'organisation du mycélium externe, etc. En pratique, l'observation se fait à la loupe binoculaire et le comptage grâce à un compteur totalisateur à touches (mécanique ou électronique) du type de ceux utilisés dans les laboratoires d'analyses médicales pour dénombrer les différents types de cellules sanguines, chaque touche correspondant à une catégorie de racine courte. Lorsque toutes les racines courtes de l'échantillon ont été passées en revue (ou un nombre fixé à l'avance, en général de l'ordre de la centaine, si l'échantillon est trop gros), on peut alors calculer le taux total de mycorhization exprimé en % (nombre de racines courtes mycorhizées par rapport au nombre total de racines courtes) ou un taux de mycorhization par un type particulier de mycorhize (nombre de racines courtes présentant ce type par rapport au nombre total de racines courtes). Dans un bloc de terre superficielle prélevé dans une forêt de chênes ou de hêtres, le taux total de mycorhization (par des ectomycorhizes, en l'occurence) est normalement compris entre 80 et 100 % selon la saison ; au-dessous de 50 %, c'est le signe certain d'un état de déséquilibre grave des arbres du fait d'un facteur environnemental adverse au niveau du sol, du climat local ou de traitements sylvicoles inadaptés.

Dans le cas des autres types de mycorhizes, qui ne présentent pas de manteau externe et chez lesquelles le champignon colonise les racines longues elles-mêmes, le taux de mycorhization (toujours exprimé en %) est théoriquement défini comme le rapport de la longueur de racines colonisées sur la longueur totale des racines observées. Cependant, comme il est impossible dans un champ de microscope ou de loupe binoculaire de mesurer des longueurs dans un paquet de racines courbes et plus ou moins emmêlées et entrecroisées, on a recours à une approche indirecte : la méthode des intersections. En pratique, 30 tronçons d'environ 1 cm de long de racines éclaircies puis colorées sont disposés dans un récipient plat et transparent (type boîte de Petri) rempli d'eau en prenant soin d'éviter les chevauchements. Ils sont observés par transparence sur un fond quadrillé de lignes perpendiculaires régulièrement espacées de façon à avoir environ 10 lignes dans la plus grande largeur du champ d'observation. Ces lignes peuvent être gravées sur le fond d'une boîte de Petri en plastique, ou bien tracées au feutre fin sur une feuille de plastique transparent placée sous la boîte avec un dispositif d'éclairage placé en dessous. On n'observe alors que les points d'intersection (mais *tous* les points d'intersection) entre les racines et les lignes, en notant chaque fois si la racine contient ou non à cet endroit là des structures fongiques révélées par la coloration spécifique des champignons : hyphes, vésicules, arbuscules, pelotons, spires, etc. Pour éviter toute confusion, il est recommandé d'explorer méthodiquement le champ, d'abord en lisant les lignes horizontales de gauche à droite et de haut en bas, puis les lignes verticales. Lorsque tout le champ a été balayé et que toutes les intersections ligne-racine ont été observées, le rapport entre le nombre d'intersections qui présentent des structures fongiques caractéristiques d'une symbiose mycorhizienne et le nombre total d'intersections, exprimé en %, donne une bonne approximation du taux de mycorhization. En effet, pour cette densité de lignes et ce nombre de tronçons de racines, le nombre d'intersections est grossièrement proportionnel à la longueur cumulée des morceaux de racine.

Dans le cas particulier des endomycorhizes arbusculaires, l'analyse peut être plus approfondie et renseigner sur l'état fonctionnel de la symbiose si, à chaque intersection, on ne note pas seulement la présence/absence de structures fongiques mais on distingue plusieurs catégories comme mycélium seul, vésicules, spires ou arbuscules ; ce sont en effet ces deux derniers types de structure qui sont le siège des échanges symbiotiques et qui sont les meilleurs indicateurs de la fonctionnalité de la mycorhize observée.

▸▸ Extraction et observation des spores de Gloméromycètes présentes dans le sol

Dans le cas des endomycorhizes arbusculaires, l'abondance et la diversité des spores formées sur le mycélium extraracinaire des Gloméromycètes symbiotiques constituent de bonnes approximations du potentiel mycorhizogène d'un sol. La technique d'extraction et d'observation présentée ici nécessite toutefois deux équipements de laboratoire qu'on ne trouve pas dans toutes les salles de travaux pratiques : une centrifugeuse et des tamis de laboratoire (en général en toile d'acier inoxydable) de mailles de différentes dimensions. Néanmoins, n'importe quel type de petite centrifugeuse de paillasse avec des tubes de quelques dizaines de millilitres de contenance peut convenir, et il possible de fabriquer soi-même des tamis à partir de toiles en fils synthétiques de type Nylon spéciales pour filtration et tamisage (appelées

« étamine » ou « toile à bluter ») en vente chez les grossistes spécialisés en matériel pour professionnels de la cuisine et de la filière agro-alimentaire.

Prélever une quantité de terre de l'ordre de 50 g (ou 100 ml) dans les dix premiers centimètres du sol étudié, à proximité immédiate des racines d'une plante. Déposer cet échantillon de terre sur un petit tamis à mailles d'environ 710 µm (micromètres ou microns), lui-même emboîté au-dessus d'un tamis à mailles de 45 µm. Le tamis supérieur retient tous les objets d'une taille supérieure à 710 µm, alors que le tamis inférieur retient toutes les particules en dessous de cette taille mais de plus de 45 µm. Ces mailles de tamis ont été choisies car elles correspondent d'une part à la gamme de taille des spores de Gloméromycètes (entre 45 et 700 µm environ), et d'autre part à des mailles généralement proposées par les fabricants de tamis et de toile à bluter.

Placer ensuite les deux tamis superposés sous un léger filet d'eau au-dessus de l'évier (ou mieux au-dessus d'une grande cuvette dont on jettera le contenu dehors, pour éviter de boucher le siphon), en écrasant légèrement la terre avec le doigt jusqu'à ce que l'eau qui s'écoule soit claire, toute l'argile et tout le limon de l'échantillon ayant été lessivés. On peut alors jeter ce qui reste sur le tamis supérieur de 710 µm (racines, petits cailloux, gros grains de sable, débris animaux et végétaux divers). La fraction qui nous intéresse a été retenue par le tamis inférieur de 45 µm ; elle comprend entre autres éléments le sable fin (de 63 à 200 µm selon la définition des matériaux granulaires en géologie) et des particules de matière organique humifiée, mais surtout elle a déjà été considérablement enrichie en spores de Gloméromycètes, dont la taille de toutes les espèces connues est comprise entre 45 et 700 µm.

L'opération suivante vise maintenant à séparer ces spores des impuretés en jouant sur les différences de densité : le sable est lourd, la matière organique morte est légère, et les spores vivantes (donc viables, les seules qui nous intéressent ici) présentent une densité intermédiaire. En utilisant une pissette d'eau, récupérer la totalité de la fraction retenue sur le tamis de 45 µm dans un petit bécher ou dans une tasse à café, en cherchant à limiter au maximum le volume d'eau. Faire tourner ce récipient quelques secondes pour que toutes les particules soient en suspension et vider rapidement et complètement la totalité du contenu dans un tube à centrifuger, en prenant soin de ne remplir ce dernier qu'à moins de la moitié. Un volume de tube commode est 50 ml mais d'autres volumes peuvent convenir, selon le modèle de centrifugeuse disponible. Laisser reposer dans un portoir pendant quelques minutes de façon à ce que la plus grande partie des particules les plus lourdes en suspension sédimentent sous la forme d'un culot au fond du tube.

En utilisant une seringue d'une contenance au moins égale à la moitié de celle du tube de centrifugeuse et dont l'aiguille est remplacée (ou prolongée) par un fin tube de plastique, déposer lentement et délicatement une solution de sucre au niveau du culot. Cette solution a été préparée au préalable avec 60 g de saccharose (sucre de cuisine blanc raffiné, peu importe qu'il soit de canne ou de betterave) pour 100 ml d'eau. Comme la solution sucrée est non seulement beaucoup plus dense que l'eau mais qu'elle présente aussi un indice de réfraction de la lumière plus élevé, on doit voir clairement une surface horizontale séparant les deux liquides. Arrêter l'introduction de solution sucrée lorsque la quantité déposée égale celle de la suspension initialement présente dans le tube, et retirer délicatement la seringue de façon à ne pas mélanger les deux phases au niveau de l'interface.

Centrifuger alors deux minutes à environ 3 000 tours par minute (quelques minutes de plus si la centrifugeuse ne peut pas atteindre cette vitesse). *Attention* : sous peine de gravement détériorer la machine, prendre toutes les précautions d'usage pour équilibrer le rotor en ajustant soigneusement le poids des tubes.

À ce stade, la plus grande partie des spores de Gloméromycètes est concentrée à l'interface entre l'eau sucrée (plus dense, bas du tube) et l'eau pure (moins dense, haut du tube). Aspirer ces spores en utilisant la même seringue équipée d'un fin tube plastique, en commençant légèrement au-dessus de l'interface, en balayant toute la section du tube, puis terminer presqu'au fond, juste au-dessus du culot de débris minéraux ; selon l'espèce ou le degré de maturité, les spores n'ont pas toutes exactement la même densité : certaines peuvent couler plus ou moins profondément dans l'eau sucrée alors que d'autres flottent à sa surface, tout en bas de la colonne d'eau pure.

Il ne reste alors qu'à vider le contenu de la seringue dans le tamis de 45 µm déjà utilisé et lavé entre temps, à rincer légèrement les spores avec un peu d'eau pour les débarrasser du sucre, et à les transvaser, en utilisant la pissette d'eau, dans un récipient bas à fond plat, type boîte de Petri. Recouvertes d'eau, les spores peuvent être observées sous la loupe binoculaire, de préférence sur un fond noir, comptées et triées en fonction de leur couleur, de leur taille et de leur forme. Pour réaliser cette manipulation délicate, utiliser dans une main une aiguille emmanchée et dans l'autre une pince aux pointes très fines, de préférence un peu souple (pince de laboratoire ou de philatéliste). La pince à épiler est déconseillée car son extrémité est large et aplatie au lieu d'être effilée.

Du point de vue quantitatif et dans le but de comparer le potentiel d'inoculum endomycorhizien dans différents sites naturels ou dans différentes conditions de culture, l'abondance des spores de Gloméromycètes dans le sol est généralement exprimée en nombre de spores pour 100 g de terre.

Une caractérisation morphologique plus détaillée des spores peut être réalisée à l'aide du microscope, après les avoir conditionnées de la façon suivante. Sur une lame de verre pour observation microscopique (lame porte-objet), déposer dans une goutte d'eau quelques spores regroupées comme étant semblables en fonction du tri sous la loupe binoculaire. Le transfert est délicat ; il peut se faire avec une pince fine et souple, mais le mieux est d'utiliser une pipette Pasteur. Ce type de pipette (aussi appelé *micropipette*), est obtenu à partir d'un tube de verre borosilicaté type Pyrex d'environ 10 à 20 cm de longueur et 5 mm de diamètre dont le milieu est chauffé dans une flamme de gaz en même temps que les deux extrémités sont tirées. Le verre s'effile jusqu'à rupture et on obtient deux micro-pipettes dont l'extrémité est très fine. Il n'est pas besoin d'aspirer pour prélever les spores : le bout de la pipette Pasteur est suffisamment fin pour que l'eau y remonte par capillarité, entraînant les spores avec elle. Ensuite, il suffit de souffler très délicatement pour déposer le tout sur la lame de verre.

Recouvrir ensuite la goutte d'eau contenant les spores avec une lamelle couvre-objet. Ce sont de petits carrés de verre très mince d'environ 1 à 2 cm de côté fournis comme accessoires pour microscopie en même temps que les lames porte-objet. Prendre soin d'abaisser la lamelle sur la goutte d'eau en faisant un angle avec la

206

lame afin d'éviter la formation de bulles d'air. Ensuite l'opération devient plus délicate : il s'agit d'écraser légèrement le tout pour provoquer l'éclatement des spores, révélant la structure de leur paroi (nombre de couches, épaisseur) et leur contenu (gouttelettes huileuses, couleur). Il est conseillé d'opérer sous la loupe binoculaire afin de contrôler le résultat de la pression exercée à l'aide de l'extrémité ronde ou émoussée d'un objet en bois ou en plastique (crayon, capuchon de stylo-bille, etc.). Éviter tout contact direct des doigts avec la surface de la lamelle car les empreintes déposées par la peau peuvent fausser l'observation au microscope.

▸▸ Deux expériences simples pour démontrer l'effet de la symbiose mycorhizienne sur la croissance des plantes

Les deux expériences en pots présentées ici révèlent deux faits fondamentaux avec toute la rigueur scientifique nécessaire à la démonstration d'une relation causale : d'une part le rôle des microorganismes du sol sur la croissance des plantes et d'autre part le fait que cet effet est accompagné de la colonisation des racines par des champignons. Elles sont particulièrement recommandées aux professeurs de l'enseignement secondaire qui souhaitent sensibiliser les élèves à l'importance de ces symbioses et les initier à la démarche expérimentale dans la compréhension du monde vivant. C'est pour cela que l'accent y est particulièrement mis sur les principes et les conditions de base de la méthode expérimentale : comparaison de traitements, variation d'un seul facteur tous les autres étant constants, mesure quantitative des résultats, répétitions permettant un traitement statistique des données.

La première de ces deux expériences porte sur les endomycorhizes arbusculaires, les plus répandues et les plus importantes en agriculture. Elle nécessite 18 pots de fleurs (3 traitements x 6 répétitions) de 5 à 8 cm de diamètre et au fond troué pour le drainage, absolument semblables, de la terre de jardin et des graines d'oignon ou de poireau (ces espèces sont choisies car elles sont très dépendantes de la symbiose, faciles à se procurer en graineterie ou en jardinerie, et de germination rapide). Pour la réalisation pratique, laver les pots à l'eau de Javel en les brossant bien pour éliminer tout microorganisme étranger à la terre utilisée ; bien les rincer et les laisser sécher. Choisir une terre de jardin assez légère et bien structurée et aérée, en évitant de prélever après une pluie (la terre doit être très bien ressuyée pour les traitements qui suivent). La tamiser à travers une grille de 5 à 10 mm de façon à enlever les éléments grossiers tels que cailloux, racines, morceaux de bois, escargots, vers de terre, gros insectes, etc. ; le volume total de la terre tamisée doit suffire à remplir les 18 pots, plus une quantité correspondant à la contenance de deux ou trois pots. Désinfecter les deux tiers du volume de la terre tamisée (contenance de 12 à 14 pots) pendant 30 mn à la vapeur à 110° C dans un autocuiseur (cocotte minute) autant de fois que nécessaire, et, à chaque fois, prendre une petite épaisseur de terre (5 cm maximum), la déposer sans la tasser sur du papier journal au fond du panier, bien au-dessus de l'eau pour ne pas mouiller la terre. Vider chaque fournée dans une même grande cuvette préalablement lavée à l'eau de Javel et bien rincée et séchée. Après total refroidissement, mélanger délicatement (avec un outil lavé à l'eau de Javel, rincé et séché) de façon à obtenir un lot homogène, et la laisser reposer au moins une semaine en la retournant chaque jour avec le même outil propre ; cette opération a pour but de permettre le « dégazage » d'éventuelles substances volatiles toxiques que le traitement par la chaleur a pu former à partir des matières organiques. Transvaser alors la moitié de cette terre désinfectée et reposée (un tiers du volume initial, soit environ la contenance de 6 à 7 pots) dans une autre cuvette propre et y mélanger la contenance d'un demi pot de la terre tamisée non désinfectée. On dispose donc maintenant de trois lots de terre qui correspondent aux trois traitements de l'expérience, le facteur contrôlé étant la communauté des organismes vivants du sol (indistinctement bactéries, champignons, microfaune, etc.) : la terre naturelle contenant tous les organismes (traitement N), la terre désinfectée dépourvue d'organismes vivants (traitement D) et la terre désinfectée réensemencée avec la terre naturelle, donc avec la réintroduction des organismes vivants (traitement D + N). À partir de cette étape, veiller à ne pas contaminer, avec les doigts ou les outils, les traitements entre eux.

Remplir six pots avec chacun trois lots de terre et étiqueter chaque pot avec le code du traitement (N, D et N + D) suivi d'un numéro de 1 à 6, correspondant aux six répétitions, dans chaque traitement. Semer alors une dizaine de graines d'oignon ou de poireau dans chaque pot, en respectant la profondeur indiquée sur le sachet, et placer les pots dans un endroit chaud, à l'abri de la pluie et des animaux mais avec le plus de lumière possible, sous un auvent exposé au sud ou derrière une fenêtre, l'idéal étant bien entendu une serre. Les pots doivent être disposés et exposés de manière rigoureusement identique face à la lumière (c'est le facteur le plus important), à une source de chaleur et aux courants d'air ; ils ne doivent pas être regroupés par traitement, mais au contraire mélangés de façon la plus aléatoire possible. Si cela est impossible du fait d'un environnement hétérogène, permuter la position des pots chaque semaine afin qu'ils bénéficient tous et tour à tour des mêmes conditions environnementales. Pour éviter toute contamination, il ne faut surtout pas les rapprocher. Ces précautions sont prises pour ne pas confondre l'effet des traitements avec celui des facteurs environnementaux. Arroser régulièrement mais modérément, et surtout avec la même quantité d'eau dans chaque pot. Cela est difficile à réaliser — et surtout impossible à contrôler — avec un arrosoir ; utiliser plutôt un petit récipient gradué pour apporter une dose fixe par pot. Lorsque les graines ont germé et que les plantules ont bien levé, les éclaircir pour ne laisser qu'un même nombre par pot. Au cours la croissance des plantes, veiller à ne pas contaminer les pots du traitement D (terre désinfectée) avec la terre des deux autres traitements qui contiennent la microflore et la microfaune de la terre d'origine.

Les plantes se récoltent lorsqu'elles ont atteint plus de 10 cm de hauteur, ce qui demande quelques semaines selon les conditions de température et d'éclairement dans lesquelles elles ont été placées. Mesurer la hauteur totale de toutes les plantes dans chaque pot et calculer la moyenne des valeurs par pot. Couper ensuite toutes les parties aériennes au ras du sol et les peser, regroupées par pot, en utilisant un pèse-lettre ; la pesée doit s'effectuer immédiatement après la coupe afin d'éviter toute perte de poids par dessèchement. Vider ensuite très délicatement le contenu de chaque pot dans une cuvette sèche ou sur un plateau, ou sur le grillage qui a servi à tamiser la terre placée au-dessus d'un récipient, et récupérer le maximum de racines. Laver, mélanger, sous-échantillonner, éclaircir et colorer ces racines comme décrit précédemment (voir p. 199) et les observer à la loupe binoculaire ou au microscope pour identifier et quantifier (voir plus haut) une éventuelle colonisation endomycorhizienne arbusculaire.

Pour chaque pot, on dispose de trois mesures : la hauteur moyenne des plantes, le poids frais total de leurs parties aériennes, et le degré de mycorhization de leurs racines exprimé en % de longueur colonisée. L'ensemble de ces données, qui constituent le résultat de l'expérience, est regroupé à titre d'exemple dans le tableau 5.

On voit d'abord que les trois variables mesurées présentent une forte variabilité entre les six pots ayant subi un même traitement, ce qui se traduit par de grandes amplitudes relatives exprimées en % de la moyenne (écart entre la valeur la plus élevée et la valeur la plus faible, divisé par la valeur moyenne et multiplié par 100). Cette méthode pour estimer la variabilité d'une série de données est grossière et moins rigoureuse que son expression statistique par la variance et l'écart type, mais elle permet d'étayer l'interprétation des résultats de l'expérience. Selon le traitement et la variable mesurée, l'amplitude relative est ici de 8 % à plus de 400 % ; une telle variabilité est normale concernant des effets biologiques complexes dus à de multiples facteurs.

La première partie du tableau montre que l'intensité de la mycorhization est élevée dans le traitement N (terre naturelle), avec une valeur moyenne de 65,5 % et une amplitude relative de 21 %. Elle est cependant beaucoup plus faible (10,5 % seulement en moyenne) dans le traitement D (terre désinfectée). On remarque que, sur les six répétitions, quatre ne présentent aucune mycorhize et que la valeur moyenne non nulle est due aux seules répétitions 2 et 4, en raison soit d'une désinfection incomplète, soit d'une contamination extérieure pendant la durée de l'expérience (apports accidentels de spores de Gloméromycètes provenant des pots des autres traitements ou de poussières atmosphériques). Une première conclusion est donc que la désinfection réduit considérablement, voire supprime complètement la formation de mycorhizes ; cela suppose que l'établissement de la symbiose est dû aux organismes présents dans le sol naturel, ce qui est confirmé par le fait que l'intensité de la mycorhization revient pratiquement au même niveau que dans le traitement N lorsque la terre désinfectée a été réensemencée avec une petite quantité de terre non désinfectée (traitement D + N).

Les deux parties suivantes du tableau montrent que la croissance des plantes est fortement réduite dans le traitement D, et tout particulièrement lorsqu'elles sont totalement dépourvues de mycorhizes (répétitions 1, 3, 5 et 6). Cela suggère que la présence de mycorhizes chez les plantes ayant poussé dans la terre naturelle serait la cause de leur plus grande vigueur, mais ne suffit pas à le prouver ; la désinfection aurait pu gêner le développement des plantes dans le traitement D, du fait de l'accumulation de substances toxiques comme effet secondaire du traitement par la chaleur. Mais le rétablissement d'une croissance normale des plantes dans le traitement réensemencé (D + N), elles aussi ayant poussé sur un sol initialement désinfecté mais présentant le même niveau de mycorhization que dans le sol naturel, contredit cette dernière hypothèse. On peut donc conclure avec certitude que c'est bien la différence de statut symbiotique qui est la cause de la différence de croissance.

Tableau 5. Exemples de résultats possibles d'une expérience en pots du type de celle décrite dans le texte.

	Traitement N	Traitement D	Traitement D + N
Intensité de la mycorhization **(% de longueur de racine colonisée)**			
Répétition 1	72	0	67
Répétition 2	58	18	52
Répétition 3	65	0	71
Répétition 4	70	45	48
Répétition 5	69	0	63
Répétition 6	59	0	70
Moyenne	65,5	10,5	61,8
Amplitude	14	45	23
Amplitude relative	21 %	428 %	37 %
Hauteur moyenne par pot (mm)			
Répétition 1	125	68	115
Répétition 2	128	81	127
Répétition 3	118	59	116
Répétition 4	121	95	131
Répétition 5	119	53	122
Répétition 6	124	67	119
Moyenne	122,5	70,5	121,7
Amplitude	10	42	16
Amplitude relative	8 %	59 %	13 %
Poids sec par pot (g)			
Répétition 1	1,8	0,5	1,5
Répétition 2	1,9	1,1	1,7
Répétition 3	1,5	0,4	1,5
Répétition 4	1,7	0,8	1,8
Répétition 5	1,6	0,3	1,6
Répétition 6	1,8	0,5	1,6
Moyenne	1,72	0,33	1,61
Amplitude	0,4	0,8	0,3
Amplitude relative	23 %	242 %	18 %

Terre désinfectée (traitement D) ; Terre naturelle (traitement N).

Enfin, si le matériel de laboratoire nécessaire (tamis, centrifugeuse) est disponible, l'interprétation de cette première expérience peut être complétée par l'extraction, l'observation et le dénombrement des spores de Gloméromycètes. Cela permet de voir à quel point la désinfection du sol a réduit son potentiel inoculant.

La deuxième expérience de démonstration proposée concerne les ectomycorhizes. Son principe est rigoureusement le même que pour la précédente et sa réalisation pratique est similaire (trois traitements N, D et D + N, six répétitions, méthodes de présentation et d'interprétation des résultats, etc.), mais elle en diffère par l'origine de la terre, la plante, la durée et la méthode de quantification du statut symbiotique. La terre doit être prélevée en forêt, dans les dix premiers centimètres d'un sol de texture à dominance sableuse ou, si argileuse, très bien structuré et aéré en surface (c'est-à-dire formant des petites mottes qui ne s'effritent pas facilement entre les doigts) ; les sols limoneux sont à éviter car peu drainants et risquant de colmater les pots. Tamiser avec soin cette terre à travers une grille de 5 à 10 mm pour éliminer les feuilles, les brindilles, les débris de bois et les racines des arbres. Après désinfection à la vapeur en autocuiseur, prolonger le dégazage pendant deux semaines au lieu d'une seule ; l'humus d'un sol forestier est davantage susceptible de donner naissance à des composés volatils toxiques du fait de sa plus forte teneur en matière organique qu'un sol de jardin. Le peuplement forestier doit être dominé par une ou plusieurs essences à ectomycorhizes : pins, épicéas, chênes, hêtres, charmes, tilleuls, etc. (voir p. 25 et 26 de la première partie la liste des familles et des genres d'arbres à ectomycorhizes). La plante choisie est le pin (peu importe l'espèce de pin) pour la facilité de conservation et de germination des graines. Il est plus difficile de se procurer des graines de pin que des graines potagères (oignon ou poireau), ce qui peut éventuellement limiter la faisabilité de cette expérience ; le pin peut être remplacé par l'épicéa, mais la croissance est encore plus lente. Semer deux ou trois graines par pot puis, lorsque les plantules ont leur couronne de feuilles cotylédonaires bien étalées, éclaircir pour ne laisser qu'une plante. Le développement des jeunes semis de pin est nettement plus lent que celui des plantes herbacées comme l'oignon ou le poireau ; avec une architecture hiérarchisée du système racinaire des plantes à ectomycorhizes (voir p. 26), les racines courtes, qui constituent seules le siège de la symbiose, sont longues à apparaître. La durée de l'expérience est beaucoup plus longue que dans le cas précédent et demande au moins trois mois au lieu de quelques semaines. Le risque de contamination du traitement D (terre désinfectée) est aussi plus important, pour deux raisons : une plus longue durée de l'expérience qui augmente la probabilité de pollution par des propagules apportées de l'extérieur, et des ascospores ou basidiospores de champignons ectomycorhiziens massivement présentes en suspension dans l'atmosphère dont on ne peut s'affranchir complètement. Il est préférable de réaliser cette expérience à plusieurs kilomètres d'un grand massif forestier, assez tôt dans l'année, et bien avant l'automne où la plupart des champignons forestiers ectomycorhiziens fructifient et émettent des spores.

Références bibliographiques

Les titres en langues étrangères sont suivis d'une traduction française en italiques et entre parenthèses. À l'intérieur de chaque rubrique thématique, les références sont classées par ordre alphabétique.

Travaux pionniers et découverte de la symbiose mycorhizienne

BARY DE A., 1879. Die Erscheinung der Symbiose (*le phénomène de symbiose*). Tübner, Strassburg.

BERNARD N., 1909. L'évolution dans la symbiose. Les orchidées et leurs champignons commensaux. Annales des sciences naturelles ; botanique, n° 9, Paris, 1-196.

BOUDIER E., 1876. Du parasitisme probable de quelques espèces du genre *Elaphomyces* et de la recherche de ces Tubéracées. Bul Soc Bot France 23:115-119.

BRUCHMANN H., 1874. Über Anlage und Wachstum der Würtzeln von *Lycopodium* und *Isoetes* (*Sur l'initiation et la croissance des racines de* Lycopodium *et d'*Isoetes). Zeitschr Naturwiss 8:522-580.

FRANK A.B., 1877. Über die biologischen Verhälnisse des Thallus einiger Krustflechten (*Sur les interactions biologiques dans les thalles de certains lichens encroûtants*). Cohn Betr Biol Pflanz 2:123-200.

FRANK A.B., 1885. Über die auf Wurzelsymbiose beruhende Ernährung gewisser Bäume durch unterirdische Pilze (*Sur la nutrition de certains arbres par l'intermédiaire de la symbiose entre les racines et des champignons souterrains*). Der Dtsch Bot Ges 3:128-145. Traduction anglaise insérée par J.M. Trappe sous le titre de *On the root-symbiosis-depending nutrition through* hypogeous fungi *of certain trees* dans les actes de la *North American Conference on* Mycorrhizae de 1985 à Jackson Hole à l'occasion du centième anniversaire de la parution de l'article de A.B. Franck.

FRANK A.B., 1892. Die Ernährung der Kiefer durch ihre Mykorhizapilze (*La nutrition du pin grâce à ses champignons mycorhiziens*). Berichte der D Bot Gesel, Bd X, Heft 9, t XXX.

GALLAUD I., 1905. Études sur les mycorhizes endotrophes. Revue générale de botanique, Éditions Le Bigot frères, 144 p.

GASPARRINI G., 1856. Ricerche sulla natura dei succiatori e la escrezione delle radici ed osservazioni morfologiche sopra taluni organi della *Lemna minor* (*Étude sur la nature des poils absorbants et des sécrétions racinaires, et observations morphologiques de certains organes de* Lemna minor). Preso Giuseppe Dura Librario-Editore, Napoli, 152p.

GIBELLI G., 1883. Nuovi studii sulla malattia del castagno detta dell'inchiostro (*Nouvelles études sur la maladie de l'encre du châtaignier*). Mem Accad Sci Ist Bologna 4:287-314.

HARTIG R., 1886. Über die symbiotischen Ersheinungen in Pflanzenleben (*Sur les phénomènes de symbiose dans la vie des plantes*). Bot Centralbl 25:350-352.

HARTIG T., 1840. Vollständige Naturgeschichte der forstlichen Culturpflanzen Deutschlands (*Histoire naturelle complète des arbres forestiers cultivés en Allemagne*). A. Förstner'sche Verlagsbuchhandlung, Berlin.

KAMIENSKI F., 1882. Les organes végétatifs de *Monotropa hypopitys* L. Mémoires de la Société nationale des sciences naturelles et mathématiques de Cherbourg, 26, p. 1-40.

MacDOUGAL D.T., 1899. Symbiotic saprotrophism (*Le saprophytisme symbiotique*). Annals of Botany 13, p. 440-443.

Mosse B., 1963. Vesicular-arbuscular mycorrhiza: an extreme form of fungal adaptation (*Les mycorhizes vésiculo-arbusculaires : une forme extrême d'adaptation fongique*). *In* : Symbiotic associations, ed. P.S. Nutman and B. Mosse. XIIIth symp. Soc. Gen. Microbiol. P 146.

Reess M., 1880. Über den Parasitismus von *Elaphomyces granulatus* (*Sur le parasitisme par* Elaphomyces granulatus). Bot Zeitung 38:729-733.

Schwendener S., 1869. Die Flechten als Parasiten der Algen (*Les lichens comme parasites des algues*). Verh Schweiz Naturforsch Ges Basel 5:527-550.

Tulasne L.-R., Tulasne, C., 1841. Observations sur le genre *Elaphomyces,* et description de quelques espèces nouvelles. Ann sci nat part bot, 16:5-9.

Vittadini C., (1842) Monographia Lycoperdinorum (*Monographie des lycoperdons*). Augustae Taurinorum, Torino, 93 p.

Ouvrages généralistes sur la symbiose mycorhizienne

Boullard B., 1968. Les mycorhizes. Monographies de botanique et biologie végétale, Éditions Masson, Paris.

Fortin J.-A., Plenchette C., Piché Y., 2008. Les mycorhizes, la nouvelle révolution verte. MultiMondes et Quae, Québec et Versailles, 131 p.

Le Tacon F., 1997. Champignons et mycorrhizes en forêt. Numéro spécial de la Revue forestière française, Éditions Engref, Nancy, 255 p.

Smith S.E., Read D.J., 2008. Mycorrhizal symbiosis (*La symbiose mycorhizienne*). Academic Press and Elsevier, London, 800 p.

Strullu D.G., Garbaye J., Perrin J., Plenchette, C., 1991. Les mycorhizes des arbres et des plantes cultivées. Technique et documentation, Lavoisier, Paris, 250 p.

Wipf D., Gianinazzi S., 2010. Les mycorrhizes : boîte à outils de la production végétale moderne. PHM-Revue horticole 521, p 12-14.

Société nationale d'horticulture de France, 2012. Alliances au pays des racines. Recueil des communications au XIVe colloque scientifique de la SNHF. Paris, 46 p.

Strullu-Derrien C., Strullu D.G., 2007. Mycorrhization of fossil and living plants. Comptes rendus Palevol 6–7, p 483–494.

Descriptions et illustrations de mycorhizes

Agerer R., Rambold G., 2004–2007. DEEMY – An Information System for Characterization and Determination of Ectomycorrhizae (*Un système d'information pour la caractérisation et la détermination des ectomycorhizes*). München, Germany. Consultation libre en ligne sur : www.deemy.de

Bonfante P., Perroto S., 1995. Stratégies of arbuscular mycorrhizal fugi when infecting host plants (*Stratégies des champignons mycorhiziens arbusculaires lorsqu'ils infectent leurs plantes hôtes*). New Phytologist 130(1), p. 3-21.

Francke H.L., 1934. Beitrage zur Kenntnis der Mykorrhiza von *Monotropa hypopitys* L. Analyse und synthèse der symbiose (*Contribution à la connaissance des mycorhizes de* Monotropa hypopitys *L.*). Flora (Jena) 129, 1-52.

Jumpponen A., Trappe J.M., 1998. Dark septate endophytes : a review of facultative biotrophic root-colonizing fungi (*Les endophytes sombres cloisonnés : une revue des champignons biotrophes facultatifs qui colonisent les racines*). New Phytologist 140(2), p 295-310.

Malençon G., 1938. Les truffes européennes. Revue mycologique n° 3, p. 1-92.

Martin J.-F., 1986. Mycorhization de *Monotropa uniflora* L. par des Russulacées. Bulletin de la société mycologique de France 102, p. 155-159.

Massicote H.-B., Melville L.-H., Molina R., Peterson R.-L., 1993. Structure and histochemistry of mycorrhizae synthesized between *Arbutus menziesii* (Ericaceae) and two Basidiomycètes, *Pisolithus tinctorius* Pisolithaceae and *Piloderma bicolor* Corticiaceae. (*Structure et histochimie des mycorhizes synthétisées entre* Arbutus menziesii *(Éricacées) et deux* Basidiomycètes, Pisolithus tinctorius *Pisolithaceae et* Piloderma bicolor *Corticiaceae*). Mycorrhiza 3, p ; 1,11.

Mikola P., 1998. Ectendomycorrhizae of conifers (*Les ectendomycorhizes des conifères*). Silva Fennica 22, p. 19-27.

Peterson R.L., Bonfante P., 1994. Comparative structure of vesicular-arbuscular mycorrhizas and ectomycorrhizas (*structure comparée des mycorhizes vésiculo-arbusculaires et des ectomycorhizes*). Plant and Soil, 159, p. 79-88.

PETERSON R.L., MASSICOTTE H.B., MELVILLE L.H., PHILLIPS F., 2006. Mycorrhizas: anatomy and cell biology (*les mycorhizes : anatomie et biologie cellulaire*). CD-ROM du *National Research Council Canada* (Ottawa).

VOHNIK M., FENDRYCH M., ALBRECHTOVA J., VOSATKA M. Anatomy and morphology of mycorrhizal symbioses (*Anatomie et morphologie des symbioses mycorhiziennes*). Institut de botanique de l'académie des Sciences de Pruhonice, République tchèque. <http://www.mykorhizy.webpark.cz/morphology.htm>Consulté le 22 juillet 2013.

WILCOX H.E., 1971. Morphology of ectendomycorrhizae in Pinus resinosa (Morphologie des ectendomycorhizes de Pinus resinosa). In: Proceedings of the 1st North American Conference on Mycorrhizae. University of Illinois and USDA Forest Service, Washington DC (USA).

Fonctionnement des mycorhizes et effets sur les plantes

AGERER R., 2000. Exploration types of ectomycorrhiza – a proposal to classify ectomycorrhizal mycelial systems according to their patterns of différentiation and putative ecological importance (*Les types d'exploration des ectomycorhizes : une proposition de classification des systèmes mycéliens ectomycorhiziens selon leur modèle de différenciation et leur importance écologique présumée*). Mycorrhiza, 11, p. 107-114.

COURTY P.-E., BUÉE M., DIEDHIOU A.-G., FREY-KLETT P., LE TACON F., RINEAU F., TURPAULT M.-P., UROZ S., GARBAYE J., 2010. The role of ectomycorrhizal communities in forest ecosystem processes: new perspectives and emerging concepts (*Le rôle des communautés d'ectomycorhizes dans le fonctionnement des écosystèmes forestiers : nouvelles perspectives et concepts émergeants*). Soil Biology & Biochemistry 42, 679-698.

DEVEAU A., GARBAYE J., FREY-KLETT P., 2008. Des bactéries à la rescousse des champignons symbiotiques. Biofutur 284, 34-36.

GARBAYE J., 1994. Les bactéries auxiliaires de la mycorhization : une nouvelle dimension de la symbiose ectomycorhizienne. Acta Botanica Gallica 141, 517-521.

MARTIN F., *ET AL.*, 2008. The genome sequence of the basidiomycete fungus *Laccaria bicolor* provides insights into the mycorrhizal symbiosis (*La séquence génomique du champignon basidiomycète* Laccaria bicolor *éclaire la symbiose mycorhizienne*). Nature 452 : 88-92.

MARTIN F., *ET AL.*, 2010. Périgord black truffle genome uncovers evolutionary origins and mechanisms of symbiosis (*Le génome de la truffe noire du Périgord éclaire l'origine évolutive et les mécanismes de la symbiose*). Nature 464 : 1033-1038.

SIMARD S.W., PERRY D.A., JONES M.D., MYROLD D.D., DURALL D.M., MOLINA R., 1997. Net transfer of carbon between ectomycorrhizal tree species in the field (*Transfert net de carbone entre arbres ectomycorhizés en forêt*). Nature 388, 579-582.

VENEAULT-FOURREY C., PLETT J., MARTIN F., 2013. Who is controlling whom within the ectomycorrhizal symbiosis : insights from genomics and functional analysis (*Qui contrôle qui dans la symbiose ectomycorhizienne ? apports de la génomique et de l'analyse fonctionnelle*). *In* : Molecular Microbial Ecology of the Rhizosphere (*Ecologie moléculaire microbienne de la rhizosphère*) édité par F.J. de Bruijn. Wiley-Blackwell (Volume 1, Chap 47. pages 501-512).

Écologie de la symbiose mycorhizienne

AZCÓN-AGUILAR C., BAREA J.M., GIANINAZZI S., GIANINAZZI-PEARSON V., (EDITORS), 2009. Mycorrhizas: functional processes and ecological impact (*Les mycorhizes : processus fonctionnels et impact écologique*). Springer Verlag, Berlin-Heidelberg.

BUÉE M., COURTY P.-E., LE TACON F., GARBAYE J., 2006. Écosystèmes forestiers : diversité et fonction des champignons. Biofutur 268, p. 42-45.

BUÉE M., MAURICE J.-P., MARÇAIS B., DUPOUEY J.-L., GARBAYE J., LE TACON F., 2005. Effets des interventions sylvicoles sur les champignons sylvestres. Forêt-entreprise 164, p. 26-32.

EGERTON-WARBURTON L., QUEREJETA J.I., ALLEN M., 2007. Common mycorrhizal networks provide a potential pathway for the transfer of hydraulically lifted water between plants (*les réseaux mycorhiziens offrent un passage entre plantes pour l'eau remontée du sol profond*). Journal of Experimental Botany 58(6), 1473-1483.

ELLENBERG H., 1988. Vegetation ecology of central Europe (*Écologie végétale de l'Europe centrale*). Cambridge University Press, London.

GARBAYE J., 2004. Pourquoi une si grande diversité de champignons associés aux racines des arbres forestiers ? Rendez-vous techniques n° 5, p. 4-9.

VAN DER HEIJDEN M.G.A., SANDERS I.R., 2002. Mycorrhizal Ecology (*Écologie des mycorhizes*). Springer, Berlin-Heidelberg, 469 p.

Applications pratiques des connaissances sur les mycorhizes

BÂ A., DUPONNOIS R., DIABATÉ M., DREYFUS B., 2011. Les champignons ectomycorhiziens des arbres forestiers en Afrique de l'Ouest. Collection Didactiques, Éditions IRD, Marseille, 252 p.

DELL B., MALAJCZUK N., 1997. L'inoculation des eucalyptus introduits en Asie avec des champignons ectomycorhiziens australiens en vue d'augmenter la productivité des plantations. Revue forestière française 49, 174-184.

DELL B., MALAJCZUK N., DUNSTAN W.A., 2002. Persistence of some Australian *Pisolithus* species introduced into eucalypt plantations in China (*Persistance de quelques espèces australiennes de* Pisolithus *introduites dans des plantations d'eucalyptus en Chine*). Forest Ecology and Management 169(3), 271-281.

FERNÁNDEZ F., DELL'AMICO J.M., ANGOA M.V., DE LA PROVIDENCIA I.E., 2011. Use of a liquid inoculum of the arbuscular mycorrhizal fungi *Glomus hoi* in rice plants cultivated in a saline Gleysol: A new alternative to inoculate (*Utilisation d'un inoculant liquide du champignon endomycorhizien arbusculaire* Glomus hoi *sur une culture de riz dans un sol de type Gley salin : une méthode d'inoculation alternative*). Journal of Plant Breeding and Crop Science Vol. 3(2). p. 24-33.

FORTIN J.-A., BÉCARD G., DECLERCK S., DALPÉ Y., ST-ARNAUD M., COUGHLAN A.-P., PICHÉ Y., 2002. Arbuscular mycorrhiza on root organ culture (*Les mycorhizes arbusculaires dans les cultures d'organes racinaires*). Canadian Journal of Botany 80, p. 1-20.

FORTIN J.-A., ST-ARNAUD M., HAMEL C., CHAVARIE C., JOLICOEUR M., 1996. Aseptic in vitro endomycorrhizal mass spore production (*production de masse de spores de champignons endomycorhiziens en conditions aseptiques* in vitro). US patent 5, 554, 530.

GARBAYE J., 1988. Les plantations forestières tropicales : un champ d'application privilégié pour la mycorhization contrôlée. Bois et forêts des tropiques n° 216, p. 23-34.

GARBAYE J., 1998. Des champignons au service de la forêt : la symbiose ectomycorhizienne et ses applications à la sylviculture. Bulletin trimestriel de la Société forestière de Franche-Comté et des provinces de l'Est tome 48 n° 3, p. 133-140.

GARBAYE J., CHURIN J.-L., 2009. Des champignons auxiliaires du sylviculteur. Biofutur n° 298, p. 43-46.

GARBAYE J., CHURIN J.-L., BOUCHARD D., LE TACON F., 2004. Amélioration de la croissance des plantations de chênes par mycorhization contrôlée : bilan de 12 essais dans le Nord-Est de la France. Revue forestière française 56 (4), p. 287-296.

GARBAYE J., LOHOU C., LAURENT P., CHURIN J.-L., 2000. Controlled mycorrhization of urban trees (*Mycorhization contrôlée des arbres urbains*). Mitteilungen aus der Biologischen Bundesanstalt für Land- und Forstwirtschaft (Berlin-Dahlem) 370, p. 249-252.

GIANINAZZI S., SCHÜEPP H., BAREA J.M., HASELWANDTER K., (EDITORS), 2002. Mycorrhizal technology in Agriculture : from genes to byproducts (*La technologie des mycorhizes en agriculture : des gènes aux produits dérivés*). Birkhäuser, Basel, 311 p.

HETRICK B.A.D., WILSON G.W.T., COX T.S., 1993. Mycorrhizal dependence of modern wheat cultivars and ancestors: a synthesis (*Dépendance mycorhizienne des variétés modernes de blé et de leurs ancêtres ; une synthèse*). Revue canadienne de botanique 71 (3), 512-518.

LE TACON F., BOUCHARD D., CHURIN J.-L., GARBAYE J., 2005. Mycorhization contrôlée du Douglas et du chêne. Forêt-entreprise n° 164, p. 33-37.

LE TACON F., GARBAYE J., BOUCHARD D., CHEVALIER G., OLIVIER J.-M., GUINBERTEAU J., POITOU N., FROCHOT H., 1988. Field results from ectomycorrhizal inoculation in France (*Résultats au champ de l'inoculation ectomycorhizienne en France*). Canadian Workshop on Mycorrhizae in Forestry. Lalonde and Piché éd. Université Laval (Québec), p. 51-74.

MARX D.H., 1975. Mycorrhizas and establishment of trees on strip-mined land (*Les mycorhizes et l'établissement des arbres après l'exploitation de mines à ciel ouvert*). Ohio Journal of Science 75, p. 288-297.

MARX D.H., 1980. Ectomycorrhizal fungus inoculation: a tool for improving forestation practices (*L'inoculation des champignons ectomycorhiziens : un outil pour améliorer les techniques de boisement*). Tropical Mycorrhiza Research, Mikota éd. Clarendon Press (Oxford), p. 13-71.

MARX D.H., ARTMAN J.D., 1979. *Pisolithus tinctorius* ectomycorrhizae improve survival and growth of pine seedlings on acid coal spoils in Kentucky and Virginia (*Les ectomycorhizes de* Pisolithus tinctorius *améliorent la survie et la croissance des semis de pin sur les déblais acides d'une mine de charbon*). Reclamation Revue 2, p. 23-31.

MARX D.H., BRYAN W.C., CORDELL C.E., 1977. Survival and growth of pine seedlings with *Pisolithus ectomycorrhizae* after two years on reforestation sites in North Carolina and Florida (*Survie et croissance de semis de pins mycorhizés par* Pisolithus *trois ans après la plantation dans des sites de boisement en Caroline du Nord et en Floride*). Forest Science 23, p. 263-273.

MARX D.H., CORDELL C.E., FRANCE R.C., 1986. Effects of triadimefon on growth and ectomycorrhizal development of loblolly and slash pine in nurseries (*Effets du triadimefon sur la croissance et la mycorhization du pin à encens et du pin d'Elliott dans les pépinières*). Phytopathology 76, p. 824-831.

MARX D.H., CORDELL C.E., CLARK A., 1988. Eight-year performance of loblolly pine with *Pisolithus* ectomycorrhizae on a good quality forest site (*Performance après huit ans du pin à encens mycorhizé par* Pisolithus *sur un site forestier de bonne qualité*). Southern Journal of Applied Forestry 12(4), p. 275-280.

MILOU C., 2009. Mycorhizes : un axe de recherche pour réduire l'apport d'engrais. Cultivar, 2 p.

MOSER M., 1956. Die Bedeutung der Mykorrhiza für Aufforstungen in Hochlagen (*L'importance des mycorhizes pour les reboisements en altitude*). Forstwissenschaftliches Centralblatt 75 (1-2), p. 8-18.

MOSER M., 1958. Die künstliche Mykorrhizaimpfung an Forstpflanzen (*L'inoculation mycorhizienne artificielle des plants forestiers*). Forstwissenschaftliches Centralblatt 77(1-2), p. 32-40 et 273-278.

MOUSSU C., EYSSARTIER G., RONDET J., 2012. Dossier les champignons en forêt, *In :* Forêts de France 556, p. 18-33.

OEHL F., SIEVERDING E., MÄDER P., DUBOIS D., INEICHEN K.T., WIEMKEN A., 2004. Impact of long-term conventional and organic farming on the diversity of arbuscular mycorrhizal fungi (*impacts comparés de l'agriculture conventionnelle et de l'agriculture biologique sur la diversité des endomycorhizes arbusculaires*). Oecologia 138(4), p. 574-583.

PLENCHETTE C, FORTIN J.-A., FURLAN V., 1983. Growth response of several plant species in a soil of moderate P fertility. I. Mycorrhizal dependency Under field conditions (*Croissance de plusieurs espèces végétales dans un sol de fertilité modérée en phosphore. I. Dépendance mycorhizienne au champ*). Plant and Soil 70, 199-209.

RICARD J.-M., 2003. La truffe - guide technique de trufficulture. Éditions CTIFL, 268 p.

MACHADO, H., SANTOS-SILVA, C., ZIMMERLIN, A., BORDERIE, T., SEEGERS, N., PONTOIS, V., RIGOU, L., ARLANDE, G., RONDET, J., GUINBERTEAU, J., PEYRE, B. 2011. Diagnostics mycosylvicoles à l'échelle Massif, pp. 150-179 in La Mycosylviculture, Jean Rondet et Fernando Martinez Peña (coord.), 257 p. (en ligne sur http://hdl.handle.net/10174/4059).

SIEVERDING E., 1991. Vesicular-arbuscular mycorrhiza management in tropical agrosystems (*Gestion des mycorhizes vésiculo-arbusculaires dans les agrosystèmes tropicaux*). Technical Cooperation, Eschborn, Germany.

THOMPSON J.-P., 1994. Inoculation with vesicular-arbuscular mycorrhizal fungi from cropped soil overcomes long-fallow disorder of linseed (*Linum usitatissimum* L.) by improving P and Zn uptake (*L'inoculation avec des champignons mycorhiziens arbusculaires provenant de sols cultivés surmonte les difficultés de croissance du lin (*Linum usitatissimum*) après jachère*). Soil Biology and Biochemistry 26(9), 1133-1143.

XU D., DELL B., MALAJCZUK N., GONG M., 2001. Effects of P fertilisation and ectomycorrhizal fungal inoculation on early growth of Eucalypt plantations in southern China (*Effets de la fertilisation phosphatée et de l'inoculation ectomycorhizienne sur la croissance initiale des plantations d'eucalyptus en Chine du sud*). Plant and Soil 233(1), 47-57.

Glossaire indexé

Abies : genre d'arbre résineux de la famille des Pinacées. 175, 243.

Acacia : nom français des arbres du genre *Acacia*. 21, 26, 66, 126, 151, 152.

Acacia : genre d'arbre de la sous-famille des Mimosoïdées dans la grande famille des Fabacées (légumineuses). 21, 26, 66, 126, 151, 152.

Acarien : petit arthropode de la classe des Arachnides, dont un grand nombre vit dans le sol. 106.

Acéracées : famille d'arbres forestiers. 26.

Achlorophyllienne : plante dépourvue de chlorophylle, donc incapable de photosynthèse et obtenant son carbone à partir d'autres plantes (parasitisme) ou de champignons (mycohétérotrophie). 56, 104, 229, 230, 233, 236, 237, 243, 245, 247.

Acide abscissique : hormone végétale ou régulateur de croissance. 87.

Acide aminé : molécule azotée constituant les protéines. 30, 74, 75, 80, 82, 84, 91, 106, 184, 192, 237.

Acide organique : molécule acide à base de carbone. 75, 81, 87, 100, 106, 117, 118, 169.

Acidolyse : mécanisme d'altération des minéraux qui fait intervenir les ions H^+ (protons). 81.

Actinobactérie : bactérie filamenteuse. 107, 109, 219, 224, 226, 228, 230.

Actinorhize : nodosité racinaire formée par des Actinobactéries fixatrices d'azote. 107.

ADN : acide désoxyribonucléique, support du code génétique. 130, 186, 188-193, 221.

Adventice : plante dont la niche écologique de prédilection est constituée par les champs cultivés (synonyme de mauvaise herbe). 98, 99.

Aéroponie : méthode de culture hors sol où les racines pendent dans un brouillard nutritif. 140.

Afforestation : ensemble de techniques capables de créer une forêt artificielle. 153.

Agaricomycètes : classe de champignons basidiomycètes. 128, 129.

Agaricus : genre d'Agaricomycète. 174.

Aglaeophyton : genre de plante fossile du Dévonien. 50.

Agrégat : petite motte de terre, élément de la structure du sol. 74, 76, 91, 95, 199, 220.

Agriculture biologique : ensemble des itinéraires techniques agricoles visant à bannir l'emploi d'engrais chimiques et de pesticides de synthèse dans le but de protéger la santé humaine et les équilibres écosystémiques. 136, 166, 168, 170, 171, 217.

Agrobacterium : genre de bactérie parasite des racines des plantes. 109, 113, 140, 141.

Agroforesterie : pratique agricole combinant les arbres et les cultures annuelles. 126, 152.

AIA : acide indole 3-acétique, hormone végétale (ou régulateur de croissance). 87, 88.

Alcaloïde : classe de molécules organiques azotées basiques, très abondantes comme métabolites secondaires chez les végétaux. 113.

Alginate : substance visqueuse ou gélatineuse (selon le contexte moléculaire) extraite d'algues marines et utilisée dans les industries agro-alimentaires. 145, 146, 155.

Allélopathie : mécanisme d'éviction d'une plante par une autre par sécrétion de substances toxiques. 23, 100.

Alnicola : genre de champignon basidiomycète ectomycorhizien spécifique des arbres du genre *Alnus*. 53.

Alnus : genre d'arbre de la famille des Bétulacées. 53, 107, 221.

Alpova : genre de champignon basidiomycète ectomycorhizien spécifique des arbres du genre *Alnus*. 53.

Altération : processus de désagrégation et de solubilisation des minéraux constitutifs des roches sous l'action de l'eau et des organismes du sol. 80-83, 159-191.

Altruisme : comportement d'un être vivant qui favorise autant ses voisins que lui-même. 94.

Amanite : nom français du genre de champignon basidiomycète ectomycorhizien *Amanita*. 14, 28, 91, 185.

Amborellales : ordre primitif de plantes angiospermes. 60.

Amendement : pratique agronomique qui consiste à améliorer les propriétés physiques et chimiques d'un sol en l'enrichissant en certains matériaux. 92, 148, 161, 169, 174.

Amensalisme : interaction biologique dans laquelle une espèce réduit ou annule le développement d'une autre. 23.

Amidon : sucre complexe insoluble qui sert de réserve en carbone chez les plantes. 13, 239.

Amine : molécule organique azotée basique. 82.

Ammonium : une des formes inorganiques de l'azote combiné dans le sol (ion $NH4^+$). 80, 82, 84, 91, 93, 108, 168, 238.

Anastomose : connexion entre deux éléments biologiques linéaires (racine, tige, hyphe mycélien, etc.) à la base de la constitution d'un réseau. 14, 50.

Angiosperme : plante à fleur dont les graines sont contenues dans un fruit. 10, 17, 31, 34, 53, 57, 58, 60, 105, 108, 220, 229, 230.

Anoxie : condition de privation d'oxygène. 163.

Anthocèrote : plante primitive sans fleurs, proche des hépatiques. 51.

Anthocyane : pigment végétal hydrosoluble qui donne la couleur des fleurs. 171.

Antibiotique : substance organique inhibant la prolifération des microorganismes. 113, 140, 185.

Antioxydant : molécule organique réductrice contrecarrant les effets toxiques des radicaux oxydants sous-produits de l'activité métabolique. 171, 222.

Apatite : minéral contenant beaucoup de phosphore. 80, 83, 169.

Apoplasmique : entre les cellules d'un tissu. 77, 78.

Appressorium : renflement formé par un hyphe fongique lorsqu'il se prépare à traverser la paroi d'une cellule végétale. 48.

Aquaporine : protéine membranaire spécialisée dans le transport de l'eau. 84.

Arabette : nom français *d'Arabidopsis*. 98, 183, 186.

Arabidopsis : genre de plante de la famille des Brassicacées qui est devenue l'espèce modèle dominante dans les recherches en physiologie végétale. 183, 186.

Arbousier : nom français d'*Arbutus*. 9, 34, 35, 116.

Arbuscule : structure en forme d'arbre formée par le champignon symbiotique à l'intérieur d'une cellule végétale dans le cas des endomycorhizes à Gloméromycètes. 44, 48-51, 57, 59, 66, 67, 71, 72, 75, 83, 84-89, 140-149, 187, 189, 201, 202, 204.

Arbutus : genre d'arbre de la famille des Éricacées. 34, 35, 214.

Archéosporacées : famille de champignons gloméromycètes. 220.

Arctostaphylos : genre d'arbuste de la famille des Éricacées. 34, 35.

Armillaire : nom français du genre *Armillaria*. 39, 128.

Armillaria : genre de champignon basidiomycète. 39, 128.

ARN : acide ribonucléique, transcrit de l'ADN et portant l'information nécessaire à la traduction en protéines. 188-193, 216, 236, 240, 243, 246.

Arolle : l'un des noms français de *Pinus cembra*. 53, 156, 239.

Arum : genre de plante monocotylédone de la famille des Aracées. 44, 47-49, 187, 230.

Ascomycète : champignon chez lequel les spores sexuées (ascospores) se forment à l'intérieur de cellules spécialisées appelées asques. 10, 15, 16, 21, 27-29, 33-35, 39, 40, 42, 43, 45, 47, 51, 52, 54-57, 66, 76, 80, 82, 83, 85, 87, 89, 90, 92, 100, 110-112, 115, 117, 119, 128-131, 136, 137, 139, 142, 144, 147, 148, 158, 174, 178, 187.

Ascospore : spore des champignons ascomycètes. 16, 28, 139, 143, 177-179, 211.

Asparagale : ordre de plantes monocotylédones. 37, 60.

Aspergillus : genre de champignon formant des moisissures. 112.

Asque : cellules spécialisées contenant les spores chez les champignons ascomycètes. 16, 41, 178.

Astéracée : famille de plantes dicotylédones. 60, 98.

Astérale : ordre de plantes dicotylédones. 60.

Aulne (ou Aune) : nom français du genre d'arbre *Alnus*. 25, 45, 53, 107, 126, 151.

Australie : continent de l'hémisphère sud présentant un très grand nombre d'espèces endémiques ayant suivi des trajectoires évolutives originales du fait d'un long isolement géographique. 26, 40, 101, 115, 116, 126, 143, 151, 152, 172, 177, 216.

Autotrophe : se dit d'un organisme capable d'assimiler seul le carbone atmosphérique. 104, 105, 165, 221, 223.

Auxine : hormone végétale (ou facteur de croissance). 87, 88, 156, 221.

Axénique : protégé des contaminations microbiennes. 140, 141.

Azalée : nom français de certains rhododendrons (genre de plante de la famille des Éricacées) très utilisés en horticulture ornementale. 117, 164.

Azolla : genre de petite fougère aquatique flottante tropicale vivant en symbiose avec des Cyanobactéries fixatrices d'azote atmosphérique. 108, 221.

BAM : bactérie auxiliaire de la mycorhization. 109.

Bande de Caspary : épaississement hydrophobe des parois radiales des cellules de l'endoderme racinaire. 77, 78.

Baside : cellule sur laquelle se forment les spores des champignons basidiomycètes. 16, 41.

Basidiomycètes : champignons chez lesquels les spores (basidiospores) se forment à l'extérieur de cellules spécialisées appelées basides. 10, 15, 16, 21, 27, 28, 33, 35, 37-40, 43, 45-47, 51, 52, 55, 57, 66, 80, 82, 83, 85, 87, 89, 103-105, 110-112, 119, 128-131, 136, 137, 139, 142, 144, 147, 148, 150, 158, 165, 174, 179, 187, 214, 215.

Basidiospore : spore de Basidiomycètes. 16, 28, 139, 142-144, 151, 211.

Bénomyl : produit fongicide. 147-148.

Bernard (Noël) 1874-1911 : botaniste français. 9, 38, 43, 105, 149, 213.

Bétaïne : substance conférant la résistance au froid ou au manque d'eau à certaines cellules végétales. 66.

Betula : genre d'arbre de la famille des Bétulacées. 25, 34, 121, 125.

Bétulacées : famille d'arbres forestiers feuillus des régions froides et tempérées. 25, 53, 60, 64, 99, 107, 125.

Bioinformatique : branche récente des sciences biologiques qui consiste à utiliser les ressources de l'informatique pour exploiter le flot de données générées par la biologie moléculaire. 191, 192.

Biologie moléculaire : étude des mécanismes du vivant sous l'angle de la structure et de la diversité des acides nucléiques et des protéines, et des interactions entre elles. 12, 110, 188-191.

Biome : grand type de communauté d'êtres vivants et de conditions de sol et de climat associés, à l'échelle de la terre entière. 41, 114-120, 122, 124, 126, 127, 130, 151.

Biotrophe : se dit d'un organisme qui vit obligatoirement en association très intime avec un autre organisme. 128, 130.

Blanchiment : opération de laboratoire qui consiste à décolorer les tissus végétaux afin de pouvoir observer les structures internes. 200, 201.

Bleuet : nom donné au Québec à des arbustes cultivés de la famille des Éricacées qui donnent des fruits ressemblant à de grosses myrtilles, et appartenant au même genre *Vaccinium* que la myrtille européenne. 164.

BLO (*Bacteria-Like Organelles*: organelles semblables à des bactéries) : endobactéries symbiotiques à l'intérieur de certains champignons gloméromycètes. 46.

Boîte de Petri : récipient plat et transparent utilisé en laboratoire pour cultiver les microorganismes en conditions aseptiques et inventé par le bactériologiste allemand Julius Richard Petri (1852-1921). 144, 184, 185, 187, 199, 204, 206, 217.

Bolet : nom français du genre *Boletus*. 28, 29, 52-54, 73, 76, 89-91, 129, 137, 153, 156, 157, 176.

Boletus : genre de champignon basidiomycète ectomycorhizien. 28, 29, 52, 76, 89, 174, 176, 188.

Boudier (Jean-Louis Émile), 1828-1920 : pharmacien et mycologue français. 9, 213.

Bouleau : nom français du genre d'arbre *Betula*. 25, 34, 53, 94, 107, 121, 125, 157.

Bouturage : mode de multiplication végétative des plantes dans lequel des racines adventives régénèrent sur un tronçon de tige. 151, 158, 161.

Bouture : tronçon de tige destiné à régénérer des racines afin de propager la plante mère. 139, 146, 161.

Brachystegia : genre d'arbre tropical de la famille des Fabacées. 116.

Brassicacées : famille de plantes dicotylédones qui compte beaucoup d'espèces cultivées (choux, radis, navets, moutarde, etc.). 60, 98, 101, 135, 161, 173, 196.

Brassicales : ordre de plantes dicotylédones auquel appartient la famille des Brassicacées. 60.

Bruyère : nom français du genre *Erica* (famille des Éricacées). 12, 40, 100, 101, 116, 117, 161, 164.

Bryophyte : Groupe de plantes primitives qui comptent les hépatiques et les mousses. 10, 51, 57, 130.

Burkholderia : genre de bactérie. 46.

Burmanniacées : famille de plantes monocotylédones voisines des orchidées. 56, 103, 105.

Caatinga : type de formation végétale sèche du Brésil. 116.

Cadmium : métal lourd très toxique, abondant dans les sols de certains anciens sites industriels pollués. 85, 173.

Calcium : l'un des éléments minéraux majeurs nécessaires à la nutrition des plantes, avec l'azote, le phosphore, le potassium et le magnésium. 80, 81, 84, 155, 169, 193.

Callose : sucre complexe entrant dans la composition de la paroi cellulaire des champignons. 15, 201.

Calluna : genre de petit arbrisseau de la famille des Éricacées. 40, 100, 121.

Callune : nom français de *Calluna.* 40, 100, 101, 117, 120, 121.

Canneberge : nom français d'*Oxycoccos* spp., plante des tourbières de la famille des Éricacées produisant des petits fruits rouges (*Cranberries* en Amérique du Nord). 40.

Cantharellus : genre de champignon basidiomycète ectomycorhizien, dont les sporocarpes comestibles (en français : chanterelle, girolle ou jaunotte) font l'objet d'un marché mondial. 28, 52, 174, 176.

Carbonifère : ère des temps géologiques qui s'étend d'environ – 360 à – 290 millions d'années avant le temps présent. 10, 44, 51, 111, 130.

Carotenoïde : pigment végétal antioxydant soluble dans les lipides. 171.

Carpinus : genre d'arbre forestier feuillu de la famille des Bétulacées de la zone tempérée. 53, 163.

Caryophyllale : ordre végétal de Dicotylédones. 60.

Casuarina : genre d'arbre du continent australien de la famille des Casuarinacées, formant des *actinorhizes* (voir ce terme), ou nodosités symbiotiques fixatrices d'azote. 26, 107, 126, 151.

Casuarinacées : famille d'arbres endémiques d'Australie et de Papouasie-Nouvelle-Guinée. 26, 60, 99, 101, 107, 126.

Ceanothus : genre d'arbuste de la famille des Rhamnacées, très utilisé en horticulture ornementale, qui forme des *actinorhizes* (voir ce terme), nodosités symbiotiques fixatrices d'azote. 108.

Cellule auxiliaire : sorte de petite spore portée par le mycélium extraracinaire de certains champignons gloméromycètes formant des endomycorhizes arbusculaires. 48, 50.

Cellulose : l'un des sucres complexes entrant dans la composition de la paroi des cellules végétales. 22, 33, 38, 67, 83, 111, 128, 129, 201.

Cenococcum : genre de champignon ascomycète ectomycorhizien. 29, 30, 35, 75, 76, 90-92, 137, 138, 145-187.

Cèpe : nom français collectif des quatre « bolets nobles » comestibles (*Boletus edulis, B. pinophilus, B. aestivalis, B. aereus*) qui font l'objet d'un marché mondial. 14, 16, 52, 174-176.

Cépée : arbre formé de plusieurs tiges sur la même souche, issues de rejet à la suite d'une coupe à ras (recépage). 157.

Cephalanthera : genre d'orchidée terrestre des forêts tempérées. 104.

Cératobasidiacées : famille de champignons basidiomycètes. 39.

Cerrado : type de forêt tropicale semi-décidue du centre du Brésil. 116.

Césalpinioïdées : sous-famille des Fabacées (légumineuses), anciennement ayant rang de famille (Césalpiniacées). 116.

Chalara : genre de champignon ascomycète dont une espèce (*C. fraxinea*) est responsable de la maladie du frêne appelée chalarose. 125.

Chalarose : maladie émergente du frêne européen (*Fraxinus Excelsior*) due au champignon *Chalara fraxinea*. 125.

Chanterelle : nom français d'un champignon ectomycorhizien comestible du genre *Cantharellus* (aussi appelé girolle ou jaunotte) 28, 52, 174, 176.

Chaparral : sorte de maquis broussailleux des zones tropicales sèches et de climat « type méditerranéen » en Amérique. 116.

Charme : nom français d'un arbre du genre *Carpinus*. 11, 25, 26, 53, 54, 157, 163, 211.

Chaulage : pratique agronomique qui consiste à corriger l'acidité d'un sol par un apport de chaux ou de calcaire. 92, 175.

Chêne : nom français générique des arbres du genre *Quercus*. 11, 25, 26, 52-54, 68, 94, 104, 116, 121, 142, 153, 157, 163, 174-177, 187, 203, 211, 216.

Chénopodiacées : famille de plantes dicotylédones, généralement dépourvues de mycorhizes. 60, 98, 101, 135, 161.

Chitinase : enzyme dégradant la chitine de la paroi des arthropodes et des champignons. 82-90.

Chitine : sucre complexe azoté conférant la rigidité aux parois des champignons et des arthropodes. 15, 32, 46, 82-84, 201.

Chlorophylle : molécule responsable de la couleur verte des végétaux et de leur capacité à assimiler le carbone de l'atmosphère par photosynthèse. 11, 21, 35, 36, 39, 55, 102-104.

Chloroplaste : organite propre à la cellule végétale, qui contient la chlorophylle et est le siège de la photosynthèse. 21, 22.

Cistacées : famille de plantes dicotylédones. 26, 60, 178.

Ciste : nom français des plantes du genre Cistus. 56, 179.

Cistus : genre de plante de la famille des Cistacées. 179.

Classification linnéenne : classification morphologique des êtres vivants proposée par le naturaliste suédois Carl von Linné au XVIIIe siècle. 59.

Classification phylogénétique : classification moderne des êtres vivants basée sur la phylogénie selon des critères génomiques. 59.

Clone : ensemble d'individus issus par multiplication végétative d'une même espèce, possèdant un patrimoine génétique identique et qui sont de fait des copies conformes d'un seul et même individu. 158.

Cœnocytique : se dit d'un organisme formé d'une seule cellule géante contenant de nombreux noyaux. 46.

Coiffe : à l'extrémité en croissance d'une racine, tissu éphémère formé à l'avant du méristème et protégeant ce dernier lors de la pénétration dans le sol. 18, 19, 27, 224, 241.

Collembole : petit insecte aptère (sans ailes) vivant dans le sol. 106-107.

Commensalisme : mode de vie de deux espèces qui partagent une même ressource nutritive sans se nuire mutuellement. 23, 42, 111.

Communauté : ensemble des espèces en équilibre dans une même niche écologique. 29, 42, 45, 53, 55, 69, 89-93, 95, 98-101, 106, 107, 110, 114, 142, 150, 154, 158, 163, 166, 170, 171, 175, 180, 181, 189, 191, 208, 215.

Compétition : type d'interaction entre deux espèces où une ressource insuffisante limite le développement des deux espèces. 17, 23, 42, 65, 68, 83, 90, 95, 100, 112, 154.

Complémentarité fonctionnelle : effet de la diversité des aptitudes fonctionnelles des différentes espèces d'une communauté qui fait qu'un plus grand nombre de fonctions écosystémiques sont effectuées par la communauté plutôt que par chaque espèce isolée. 91.

Complexant : composé chimique soluble capable de se lier à un métal et rendre ce dernier mobile. 47, 87, 169.

Complexe argilo-humique : association des argiles et de la matière organique qui assure la cohésion des agrégats du sol. 118.

Complexolyse : mécanisme d'altération des minéraux du sol qui fait intervenir des molécules organiques complexantes. 81.

Composées : ancien nom de l'actuelle famille végétale des Astéracées. 98.

Conidie : spore asexuée assurant la dispersion végétative de certains champignons. 14, 139.

Conifère : arbre forestier de la division des Gymnospermes, appelés communément résineux. 10, 17, 31, 33, 36, 37, 52, 53, 69, 100, 115, 120, 149, 153, 180.

Convolvulacées : famille de plantes dicotylédones. 102.

Coopération : type d'interaction dans lequel deux espèces munies de capacités complémentaires sont bénéfiques l'une pour l'autre lors de l'exploitation d'une ressource nutritive. 42, 91, 168.

Coprin : nom français du genre fongique *Coprinus*. 39.

Corallorhiza : genre d'orchidée forestière terrestre de la zone tempérée. 103.

Cordaïte : groupe de gymnospermes fossiles du Carbonifère et du Permien. 10, 44.

Cordon : nom donné aux faisceaux d'hyphes de grande longueur émis dans le sol par certains champignons ectomycorhiziens. 30, 32, 57, 58, 75, 76, 91, 107, 145, 151, 199.

Coriaria : genre de plante de la famille des Coriariacées, typique des maquis méditerranéens. 108.

Coriariacées : famille de plantes ligneuses dicotylédones formant des actinorhizes avec des Actinobactéries du genre *Frankia*. 108.

Coralloïde : aspect d'une ectomycorhize ayant subi des divisions répétées et ressemblant à une masse de corail. 27.

Cortex : tissu externe compris entre le cylindre central et l'épiderme (ou rhizoderme) dans la structure primaire d'une jeune racine fine. Le cortex est le siège de tous les types de symbiose racinaire. 18-20, 25, 31, 33, 34, 37, 43, 44, 48-50, 58, 59, 65, 66, 71, 77, 179, 202.

Cortinaire : nom français du genre fongique *Cortinarius*. 28, 39, 53, 91, 137.

Corylus : genre d'arbre et d'arbuste de la zone tempérée (noisetiers). 163.

Coulemelle : nom français du champignon basidiomycète comestibe *Macrolepiota procera*. 111.

Crucifères : ancien nom de la famille végétale des Brassicacées. 98, 186.

Cryptogame : ancienne appellation des champignons, assimilés à tort à des végétaux. 9.

CTIFL : comité interprofessionnel des fruits et légumes. 177, 217.

Cuivre : oligoélément important dans la croissance des végétaux. 79, 80.

Cultures hors sol : technique de production végétale intensive où les racines des plantes se développent dans des milieux solides, liquides ou même gazeux artificiels. 145, 146, 160, 162.

Cuscute : plante grimpante dépourvue de chlorophylle et parasite des cultures. 102, 103.

Cuticule : pellicule cireuse hydrophobe (imperméable à l'eau) qui recouvre tous les organes aériens des plantes terrestres et limite la déperdition d'eau par évaporation. 17, 18, 82, 97.

Cyanobactérie : (anciennement appelée algue bleue), bactérie fixatrice d'azote atmosphérique. 22-108.

Cycadophytes : embranchement des Gymnospermes contenant les Cycadales (*Cycas, Zamia, Macrozamia*), plantes formant des nodosités racinaires à Cyanobactéries qui fixent l'azote atmosphérique. 60.

Cylindre central : partie centrale d'une racine qui contient les tissus conducteurs. 18, 19, 31, 40, 71-77.

Cypéracées : famille de plantes monocotylédones généralement dépourvues de mycorhizes. 60, 98, 99, 101, 115.

Cytokinine : type d'hormone végétale (régulateur de croissance). 87.

Cytoplasme : contenu d'une cellule vivante, enfermé dans une membrane cytoplasmique. 13, 14, 35, 41.

Darwin (Charles), 1809-1882 : naturaliste anglais, auteur de la théorie du rôle de la sélection naturelle dans l'évolution du monde vivant. 188.

De Bary (Anton), (1831-1888) : biologiste allemand, promoteur du concept de symbiose. 12.

Décomposition : ensemble des processus physiques, chimiques et biologiques par lesquels la matière organique morte retourne à l'état d'éléments simples. 29, 39, 47, 91, 96, 112, 117, 119-121.

Dépendance mycorhizienne : pour une espèce de plante, degré de réponse (en terme de survie ou d'accumulation de biomasse) à la symbiose par rapport à un témoin artificiellement privé d'associés fongiques. 69, 70, 135, 166, 169, 216, 217.

Descomyces : genre de champignon basidiomycète de la famille des Cortinariacées, dont certains sont des symbiotes ectomycorhiziens spécifiques des eucalyptus. 152.

Désinfection : traitement physique (haute température, irradiation) ou chimique (fumigants) qui vise à débarrasser un matériau ou un objet de tout microorganisme vivant. 11, 145, 146, 154, 160, 164, 209, 211.

Détoxication : toute voie métabolique qui débarrasse la cellule vivante de molécules toxiques exogènes ou endogènes. 86, 87.

Dévonien : période géologique de l'ère primaire écoulée entre environ -410 et -360 millions d'années avant le temps présent. 10, 44, 50.

Dialogue moléculaire : échange de molécules signal entre deux organismes. 48, 65, 67, 109.

Dicarya : grand groupe de champignons, formé des Basidiomycètes et des Ascomycètes, caractérisés par deux noyaux haploïdes individualisés dans une cellule diploïde. 15, 16, 28, 65, 66, 128.

Dictyosome (du grec diktyon « corps en forme de filet » : organite cellulaire élément de l'appareil de Golgi, où s'effectuent des réactions clés du métabolisme. 35.

Dikaryomycètes : synonyme de Dicarya. 28, 128.

Dionaea : genre de plante carnivore, c'est-à-dire qui obtient de l'azote en piégeant et en digérant des insectes. 117.

Dionée : nom français du genre de plante carnivore *Dionaea*. 117.

Dioxyde de carbone : aussi appelé gaz carbonique, de formule chimique CO_2. 70, 73, 123, 124, 127.

Diploïde : se dit d'une cellule ou d'un organisme contenant deux copies, sous forme de molécules d'ADN, de son patrimoine génétique. 27, 28.

Dipterocarpacées : famille de plantes dicotylédones, grands arbres à ectomycorhizes surtout présents dans les forêts tropicales humides d'Asie du Sud-Est. 26, 60, 116.

Diversité fonctionnelle : dans une communauté d'êtres vivants, étendue des modes d'interaction avec le milieu et entre les espèces. 39, 80, 90.

Diversité spécifique : gamme de toutes les espèces constituant une communauté d'êtres vivants. 30.

DMRC (dépendance mycorhizienne relative au champ) : DMRC = (M − NM)/M, avec, dans des conditions expérimentales standard, M la croissance de la plante normalement mycorhizée et NM la croissance de la plante artificiellement privée de mycorhizes. 135.

Doigt : nom donné par analogie de forme aux pénétrations fongiques intracellulaires chez les mycorhizes monotropoïdes. 36, 37, 57, 59, 202.

Douglas : nom français de *Pseudotsuga menziesii*, grand arbre résineux originaire de la côte Ouest de l'Amérique du Nord et qui est maintenant la première essence de reboisement en France. 33, 93, 94, 100, 109, 143, 148, 153-156, 175, 187, 216.

Drosera : genre de plante carnivore, c'est-à-dire qui obtient de l'azote en piégeant et en digérant des insectes. 117.

Droséracées : famille de plantes dicotylédones carnivores, c'est-à-dire qui obtient de l'azote en piégeant et en digérant des insectes. 117.

Dryas : genre de petite plante de haute montagne de la famille des Rosacées. 109.

Éclaircissement ou Éclaircissage : traitement chimique que l'on fait subir à un organe végétal (en particulier des racines) afin de le rendre transparent et de pouvoir en observer les structures internes. 201, 202.

Écorégion : synonyme de biome (voir cette entrée). 114.

Écosystème : ensemble écologique fonctionnel formé par des conditions climatiques et géologiques locales et l'ensemble des êtres vivants qui l'habitent. 12, 37, 45, 55, 74, 85, 92, 95, 105, 111, 113, 119, 125-127, 152, 170, 175, 182, 188, 215.

Ectendomycorhize : type de mycorhize présentant à la fois un manteau fongique recouvrant la racine, un réseau de Hartig et des pénétrations du mycélium à l'intérieur des cellules du cortex de la racine. 33-36, 39, 57, 58, 76, 198, 199, 202.

Ectomycorhize : type de mycorhize présentant un manteau et un réseau de Hartig, mais pas de pénétration du mycélium à l'intérieur des cellules du cortex de la racine. 10, 25-37, 39, 40, 43, 45, 47, 52-55, 57, 58, 60, 62, 64-69, 71, 73, 75, 76, 80, 83, 84, 86, 88-94, 101-104, 107-109, 111-113, 115, 116, 119-121, 125-127, 130, 133, 137-139, 142-144, 147-154, 156-158, 161-164, 173, 179-181, 185, 187-189, 198, 199, 202, 203, 211, 214, 215, 217.

Ectotrophe : se dit des plantes à ectomycorhizes. 25.

Elaeagnus : genre d'arbre et d'arbuste dicotylédone de la famille des Élaeagnacées qui forment des nodosités racinaires fixatrices d'azote atmosphérique avec des Actinobactéries du genre *Frankia*. 108.

Elaphomyces (du grec *myces* et *elaphos*, « champignon des cerfs», d'ailleurs appelé truffe de cerf en français) : genre de champignons ascomycètes ectomycorhiziens formant des sporocarpes souterrains comme les vraies truffes. 9, 29, 213, 214.

Éléments nutritifs : tous les éléments chimiques présents dans le sol et dans l'atmosphère sous différentes formes et nécessaires à la vie des plantes et des animaux : carbone, azote, phosphore, potassium, calcium, magnésium, fer, cuivre, zinc, etc. 14, 17, 18, 22, 23, 29, 32, 41, 46, 47, 51, 64, 68, 74, 78, 80-82, 84, 88, 91, 93, 94, 97, 106, 107, 112, 122, 126, 133, 134, 157, 164, 167, 193.

Empetroïdées : sous-famille des Éricacées, plantes à mycorhizes éricoïdes. 40, 60, 115.

Empetrum : genre de plante à mycorhizes éricoïdes appartenant à la sous-famille des Empetroïdées. 40.

Endobactérie : bactéries vivant de façon symbiotique et stable à l'intérieur des cellules de certaines espèces de plantes, de champignons ou d'animaux. 106, 110.

Endoderme : dans la structure primaire d'une racine, l'endoderme est une couche de cellules formant la limite entre le cortex (qui héberge les champignons symbiotiques mycorhiziens) et le cylindre central (qui contient les vaisseaux conducteurs de la sève). 18, 31, 77, 78.

Endomycorhize : type de mycorhize caractérisée par la pénétration du champignon symbiotique à l'intérieur des cellules du cortex racinaire, où il forme des structures développant une grande surface d'échanges. 15, 26, 38, 39, 42-45, 47, 49-51, 54, 55, 57, 60, 62, 64, 66, 68, 69, 71, 73, 75-77, 79, 80, 82, 84, 86-89, 92-96, 99, 101, 103, 107, 110-112, 115-117, 119, 120, 122, 124-128, 130, 133, 135, 139, 141, 149, 151, 152, 158, 161, 162, 164, 169, 170, 173, 184-188, 191, 198, 199, 201-204, 207, 214, 215, 217.

Endomycorhize arbusculaire : type d'endomycorhize due aux champignons de la classe des Gloméromycètes. 26, 51. Voir Endomycorhize.

Endophyte : se dit de tout microorganisme vivant normalement à l'intérieur d'une plante, que ce soit entre ou à l'intérieur des cellules. 22, 41-43, 55, 57, 115, 201, 214.

Endotrophe : se dit des plantes à endomycorhizes. 44, 213.

Engrais : produit minéral à base d'azote, de phosphore, de potassium, de calcium, de soufre et de magnésium combinés épandu dans les champs cultivés pour assurer la nutrition des plantes. 92, 97, 122, 125, 135, 136, 147, 148, 152, 158, 160, 162, 165-172, 217.

Enzyme : protéine permettant ou accélérant une réaction biochimique, par activité catalytique spécifique. 30, 33, 41, 43, 47, 67, 72, 73, 79, 81-84, 86, 90, 91, 108, 109, 111, 112, 117, 119, 128, 129, 138.

Épacridoïdées : sous-famille des Éricacées endémiques de l'hémisphère sud (essentiellement Australie). 40, 115.

Éphédracées : famille de plantes Gymnospermes. 17.

Épicéa : nom français du genre d'arbre conifère *Picea*. 25, 26, 32-34, 37, 52, 54, 100, 101, 121, 125, 137, 148, 153, 175, 221.

Épipactis : nom français des orchidées du genre *Epipactis*. 39, 104.

Epipactis : genre d'orchidée forestière terrestre de la zone tempérée. 39, 104.

Épiphyte : se dit de toute plante qui vit sur une autre (en général sur un arbre). 39, 165.

Epipogium : genre d'orchidée forestière terrestre de la zone tempérée. 103.

Épipogon : nom français des orchidées du genre *Epipogium*. 103.

Ergostérol : substance lipidique spécifique de la membrane cellulaire des champignons. 32.

Erica : genre de plante de la famille des Éricacées. 40.

Éricacées : famille de plantes dicotylédones caractérisées par des mycorhizes éricoïdes. 34, 35, 40, 41, 45, 57, 60, 82, 100-105, 115, 117, 161, 164, 165, 173, 214.

Éricales : ordre de plantes dicolylédones incluant la famille des Éricacées. 34, 52, 60.

Éricoïdées : sous famille des Éricacées. 34, 40, 60, 115.

Espèce modèle : espèce de plante ou de champignon choisie par consensus entre les laboratoires de recherche du monde entier comme modèle prioritaire des recherches sur la symbiose mycorhizienne. 186.

Éthylène : hormone végétale gazeuse (régulateur de croissance). 87.

Eucalyptus : nom français du genre d'arbre *Eucalyptus* (famille des Myrtacées), dont il existe environ 600 espèces endémiques en Australie et en Papouasie-Nouvelle-Guinée. 26, 45, 101, 143, 148, 151, 152, 158, 173, 187, 216, 217.

Euphorbiacées : famille de plantes dicotylédones dont certaines sont des arbres à ectomycorhizes. 26, 60, 116.

Eutrophisation : enrichissement accidentel en azote et/ou phosphore d'un sol, d'une eau ou d'un écosystème qui conduit à un déséquilibre des fonctions écosystémiques. 125.

Exsiccata : échantillons séchés de plante ou de champignon, tels qu'on les conserve dans les herbiers. 186.

Exsudat : substance organique soluble exsudée par les racines ou leur *mycélia* associé. 58, 77, 95, 106, 113, 17.

Extrêmophile : se dit d'un organisme capable de survivre et de se reproduire dans des conditions environnementales extrêmes, et *a priori* hostiles à la vie. 173.

Fabacées : grande famille de plantes (aussi appelées légumineuses) caractérisées par des nodosités racinaires bactériennes fixatrices d'azote atmosphérique. 21, 22, 66, 93, 99, 107, 108, 116, 125, 126, 150, 152.

Facteur Nod : molécule produite par les bactéries symbiotiques fixatrices d'azote et qui déclenche le processus de nodulation chez la plante cible légumineuse. 66.

Fagacées : grande famille d'arbres forestiers feuillus de la zone tempérée. 25, 60, 115, 148, 228.

Fagus : genre d'arbre de la famille des Fagacées. 121.

Fer : élément nutritif en grande quantité dans le sol mais difficilement mobilisable par les plantes et les microorganismes. 80-83.

Fertilisation : traitement agronomique des sols par apport d'engrais visant à améliorer la nutrition minérale des végétaux cultivés. 69, 92, 97, 113, 140, 147, 152, 154, 155, 159, 160, 166-168, 172, 175, 217.

Filao : arbre de la famille des Casuarinacées (*casuarina equisetifolia*) originaire d'Australie et très planté dans les régions méditerranéennes et tropicales sèches du monde entier. 26, 107, 126.

Firmicute : bactérie Gram positive sporulante. 109, 110.

Fixation d'azote : mécanisme biochimique par lequel certaines bactéries réduisent l'azote atmosphérique moléculaire (N_2) en ion ammonium (NH_4^+), introduisant ainsi cet élément dans les cycles biogéochimiques. 22.

Flavonoïde : type de molécules organiques issues du métabolisme secondaire des plantes jouant un rôle dans les interactions avec les microorganismes. 66.

Fluorescence : phénomène physique qui fait que certaines molécules soumises à un rayonnement lumineux d'une certaine longueur d'onde réémettent dans une autre longueur d'onde. 193.

Fluorochrome : substance fluorescente utilisée comme marqueur en imagerie biologique. 193.

Fongicide : substance toxique pour les champignons utilisée dans la lutte contre les maladies fongiques des plantes. 147, 148, 154.

Fonte de semis : ensemble de maladies dues à plusieurs agents fongiques qui entraînent la mort des jeunes plantules dans les cultures. 147.

Forêt boréale : type de forêt, dominée par les essences résineuses sociales, qui occupe les hautes latitudes de l'hémisphère nord. 103, 112, 115, 116, 125.

Forêt tempérée : type de forêt mixte, à essences feuillues et résineuses sociales, qui occupe les latitudes moyennes à climat tempéré. 12, 89, 92, 94, 95, 104, 116.

Forêt tropicale : type de forêt de la zone intertropicale caractérisé par une très grande diversité d'essences feuillues en mélange. 12, 26, 93, 95, 99, 103, 115-117, 151, 226, 247.

Fougère ou Filicophytes : plante cryptogame (c'est-à-dire sans fleurs ni fruits ni graines) occupant des milieux humides. 10, 17, 44, 51, 108, 154, 155.

Frank (Albert Bernhard), 1839-1900 : botaniste allemand, inventeur du concept et du terme de mycorhize. 9, 11, 12, 25, 43, 133, 149, 176, 213.

Frankia : genre d'actinobactérie (bactéries filamenteuses) fixatrice d'azote atmosphérique et qui forme des nodosités racinaires (actinorhizes) avec certaines plantes. 107.

Frêne : nom français du genre d'arbre *Fraxinus.* 121, 125.

Fructose : sucre simple à six atomes de carbone. 72, 73, 228.

Fumigant : produit volatil biocide (c'est-à-dire tuant tous les organismes vivants) utilisé pour se débarrasser des agents pathogènes qui infestent les sols agricoles et les substrats horticoles. 146.

Fusarium : genre de champignon ascomycète comportant de nombreuses espèces pathogènes des plantes cultivées. 77, 113, 147, 156.

Gallaud (Ernest-Isidore) : botaniste français du début du XXe siècle, pionnier de la description des endomycorhizes arbusculaires. 9, 44, 47, 213.

Garrigue : formation végétale buissonnante typique des régions méditerranéennes sèches sur sols calcaires. 92, 116, 117, 176.

Gasparrini (Guglielmo), 1804-1866 : botaniste italien. 9, 213.

Gaz carbonique : forme combinée du carbone dans l'atmosphère (dioxyde de carbone : CO_2) 21, 74, 106, 112, 123.

Gemmule : tissu qui préfigure la tige et son bourgeon terminal dans un embryon de plante. 17.

Gène : portion de la séquence de nucléotides sur l'ADN d'une cellule qui code pour la synthèse d'une protéine. 14, 15, 50, 59, 66, 88, 112, 128-130, 138, 140, 188-191, 193, 216.

Génome : ensemble de l'information génétique (gènes) portée par l'ADN d'une cellule. 12, 46, 67, 111, 128-130, 138, 161, 186, 187, 189-191, 215.

Génomique : science qui étudie les génomes des êtres vivants. 88, 128, 138, 158, 187, 189-191, 195, 215.

Gentianacées : famille de plantes dicotylédones dont certaines espèces sont achlorophylliennes et mycohétérotrophes. 56, 103, 105.

Geosiphon : genre de champignon gloméromycète qui ne forme pas d'endomycorhizes arbusculaires avec les plantes mais dont certaines cellules contiennent des Cyanobactéries fixatrices d'azote. 130.

Géotropisme : mécanisme physiologique par lequel un organe végétal s'oriente par rapport au champ de gravité terrestre. 17-18.

GFP (*Green Fluorescent Protein*) : protéine issue d'une méduse qui sert comme marqueur fluorescent en imagerie biologique. 191.

Gibbérelline : hormone végétale (régulateur de croissance). 87.

Gibelli (Giuseppe), 1821-1898 : botaniste italien. 11, 12, 25, 213.

Gigaspora : genre de champignon gloméromycète endomycorhizien arbusculaire. 48, 50, 137, 187.

Girolle : l'un des noms français du champignon ectomycorhizien comestible *Cantharellus cibarius* (chanterelle, jaunotte). 52, 174, 176.

Glomaline : glycoprotéine sécrétée en abondance par les champignons gloméromycètes et qui joue un grand rôle dans la formation et la stabilité de la structure du sol. 47, 50, 77, 96, 127.

Gloméromycètes : champignons à mycélium siphonné et cœnocytique qui vivent en symbiose avec les racines des plantes en formant des endomycorhizes arbusculaires. 10, 15, 16, 42-52, 55-57, 65, 66, 69, 73, 77, 80, 83, 85, 86, 88, 89, 93, 95, 99, 103, 110-113, 118, 127, 128, 130, 131, 136-139, 141, 148, 162, 166, 167, 170, 171, 184-187, 204-206, 209, 211.

Glomus : genre de champignon gloméromycète. 46, 67, 86, 113, 137, 187, 190, 216.

Glucosamine : sucre azoté à la base de la macromolécule de chitine. 82.

Glucose : sucre simple à six atomes de carbone, central dans la plupart des voies métaboliques. 72, 73, 77, 165.

Glycogène : sucre complexe insoluble servant de réserve en carbone chez les animaux et les champignons. 13, 73.

Glycoprotéine : molécule composite formée d'une protéine associée à un ou plusieurs sucres. 47, 77, 96, 127.

Gnétacées : famille de plantes gnétophytes. 17, 26, 53, 116.

Gnétophyte : division du règne végétal intermédiare entre les Angiospermes et les Gymnospermes. 60.

Gnetum : genre de Gnétacée. 53.

Gomphide : nom français du genre de champignon basidiomycète ectomycorhizien *Gomphidius*. 53.

Gomphidius : genre de champignon basidiomycète ectomycorhizien spécifique des arbres du genre *Pinus*. 53.

Gouet : nom français de la plante *Arum maculatum* (aussi appelé *arum* tacheté, famille des Aracées). 44.

Graines poussière : type de graines extrêmement petites et ne contenant qu'un embryon sans réserve, qui est une caractéristique de certaines plantes achlorophylliennes mycohétérotrophes. 37, 105, 165.

Graminées : ancien nom de la famille végétale des Poacées. 22, 70, 124, 155, 185.

Gravitropisme : synonyme de géotropisme. 88.

Groupe d'appariement : chez les champignons ascomycètes et basidiomycètes, groupe de compatibilité sexuelle qui s'ajoute au simple sexe pour déterminer les possibilités de reproduction entre deux individus. 178.

Gunnera : genre de plante de la famille des Gunneracées. 108.

Gunneracées : famille de plantes dicotylédones dont certains tissus hébergent des Cyanobactéries fixatrices d'azote. 108.

Gymnospermes : division de plantes à graines qui diffèrent des Angiospermes car les graines ne sont pas enfermées dans un fruit. 10, 17, 31, 33, 34, 44, 53, 57, 60, 108, 149.

HAP (hydrocarbures aromatiques polycycliques) : substances organiques naturelles ou surtout engendrées par les activités industrielles, extrêmement toxiques. 85, 86.

Haploïde : se dit d'un organisme ou d'une cellule qui ne contient qu'une seule copie de l'information génétique propre à l'espèce. 27, 28, 46.

Hartig (Robert), 1839-1901 : botaniste allemand. 11.

Hartig (Theodor, père du précédent), 1805-1880 : botaniste allemand. 9, 11, 31;

Hebeloma : genre de champignon basidiomycète ectomycorhizien. 28-30, 35, 67, 68, 75, 89, 137, 145, 148, 153, 154, 187, 190.

Hébélome : nom français des champignons du genre *Hebeloma*. 28, 29, 91.

Hélianthème : nom français des plantes du genre *Helianthemum*. 56, 179.

Helianthemum : genre de plante de la famille des Hélianthémacées, formant des ectomycorhizes. 179.

Hémicellulase : famille d'enzymes hydrolytiques dégradant les hémicelluloses de la paroi des cellules végétales. 83, 112, 230.

Hépatique : groupe de plantes primitives de l'embranchement des Bryophytes. 10, 17, 51.

Herbacée : se dit d'une plante qui ne forme pas de tige ligneuse (donc pas de bois). 19, 34, 42, 47, 48, 68-70, 93, 94, 101, 125, 126, 187, 211.

Herbicide : substance, généralement synthétique, utilisée pour détruire les mauvaises herbes adventices des cultures. 100, 147.

Herbier : collection classée et répertoriée d'échantillons séchés de plantes ou de champignons. 183, 186.

Hétérotrophe : se dit d'un organisme qui ne peut acquérir le carbone que par la consommation de matière organique déjà synthétisée par d'autres êtres vivants. 72, 128.

Hêtre : nom français des arbres feuillus du genre *Fagus*. 25, 26, 52, 54, 68, 121, 148, 157, 175, 203, 211.

Hiltner (Lorenz), 1862-1923 : microbiologiste et agronome bavarois, inventeur du concept de rhizosphère. 106.

Hippophae (en français argousier) : genre d'arbuste de la famille des Éléagnacées qui forme des nodosités racinaires fixatrices d'azote avec des Actinobactéries du genre *Frankia*. 108.

Humus : couche supérieure des sols forestiers caractérisée par l'accumulation de matière organique et d'une litière de feuilles mortes. 17, 23, 85, 89, 91, 98, 101, 115-117, 119-122, 124, 125, 127, 138, 142, 148, 150, 164, 177, 180, 211.

Hydnangium : genre de champignon ectomycorhizien basidiomycète qui forme des sporocarpes souterrains comme les truffes. 152.

Hydrocharitacées : famille de plantes dicotylédones aquatiques. 96.

Hydrolase : enzyme hydrolytique. 111.

Hydrophile : qui attire l'eau, et facilement mouillable. 75, 76, 91, 95.

Hydrophobe : qui repousse l'eau, et ne se mouille que difficilement. 17, 47, 75, 91, 95, 96, 127.

Hydroponie : technique de culture des plantes dans laquelle le sol ou le substrat solide est remplacé par une solution nutritive dans laquelle baignent les racines. 140.

Hymenoscyphus : genre de champignon ascomycète formant des mycorhizes éricoïdes. 40.

Hyphe : filament mycélien de champignon. 14, 15, 30-34, 36, 38, 43, 44, 46-48, 50, 66, 67, 73, 75-77, 85, 86, 91, 95, 107, 110, 130, 144, 179, 201, 204.

Hypogée : souterrain. 29.

In vitro : condition de culture artificielle en laboratoire, dans des récipients de verre ou de plastique transparent et généralement en conditions aseptiques. 86, 140, 141, 144, 161, 165, 184, 185, 187, 216.

Inoculant : tout produit commercial contenant sous une forme viable un microorganisme que l'on souhaite introduire dans un système de culture. 48, 114, 137-147, 150, 152-157, 159, 162-164, 166, 183, 186, 187, 211, 216.

Inoculation : introduction d'un microorganisme dans un système de culture. 34, 133, 138, 139, 143, 145, 147, 151, 152, 154, 159, 162-166, 168, 169, 171, 176, 181, 203, 216, 217.

Inoculum : synonyme d'inoculant. 138, 141, 159, 167, 169, 185, 206, 216.

Inocybe : genre de champignon basidiomycète ectomycorhizien. 89.

Inocybe : nom français des champignons du genre *Inocybe.* 39, 184.

Inra : Institut national de la recherche agronomique. 153-155, 163, 176, 177, 183.

Insecticide : substance (généralement de synthèse) utilisée en agriculture pour lutter contre les insectes ravageurs. 147, 191.

Interactome : ensemble des interactions entre molécules et entre voies métaboliques à l'œuvre dans le fonctionnement d'une cellule vivante. 192.

Intercalant : composé chimique se fixant à l'ADN, et de ce fait perturbant la transcription de l'information génétique d'une cellule. Les intercalants sont utilisés pour générer des mutants aléatoires, mais sont aussi très dangereux car cancérigènes. 190.

Interface : lieu de contact et d'échanges dans un organe mixte symbiotique comme une mycorhize. 18, 31, 32, 37, 58, 59, 73-75, 83, 84, 86, 206.

Invertase : enzyme hydrolytique scindant le saccharose en ses deux sucres simples constitutifs, le glucose et le fructose. 72, 73.

Isolat : individu microbien unique, ou lignée génétiquement homogène de cet individu maintenue en culture pure en laboratoire, provenant d'un isolement réalisé dans la nature. 133, 136, 145.

Isotopes : différentes formes, de masse atomique légèrement différentes, d'un même élément chimique. 79, 94-103, 194.

Jardin botanique : conservatoire ou collection de plantes vivantes servant de base aux recherches en botanique. 183.

Jardin mycorhizien : parcelle cultivée avec des plantes de statut mycorhizien connu dont le sol et les racines servent d'inoculant pour d'autres cultures. 159.

Jet stream : courant atmosphérique de grande vitesse à haute altitude qui contribue au transport de propagules (bactéries, spores de champignons, graines-poussière de plantes) et favorise la dissémination des espèces au niveau mondial. 28.

Joncacées : famille de plantes monocotylédones comprenant les joncs (genre *Juncus*), généralement non mycorhizées. 60, 98, 101.

Juglandacées : famille d'arbres comprenant les noyers (genres *Juglans, Carya*). 26, 60, 232.

Kamienski (Franciszek), 1851-1912 : mycologue polonais. 9, 36, 213.

Koch (Robert), 1843-1910 : bactériologiste allemand. 183.

Laccaire : nom français du genre fongique *Laccaria.* 29, 109, 110.

Laccaria : genre de champignon basidiomycète ectomycorhizien. 29, 35, 67, 68, 75, 89, 109, 110, 129, 137, 145, 148, 152-156, 187, 190, 215.

Laccase : enzyme oxydative dégradant les substances polyphénoliques (lignine, tanins), secrétée par beaucoup de champignons décomposeurs et ectomycorhiziens. 90, 91.

Lactaire : nom français du genre de champignon basidiomycète ectomycorhizien *Lactarius.* 27, 28, 30, 52-54, 67, 71, 76, 90, 91, 174, 176, 184.

Lactarius : genre de champignon basidiomycète ectomycorhizien. 28, 30, 35, 52, 75, 76, 90, 137, 174, 176, 188.

Lande : formation végétale basse carctéristique des sol acides en climat froid, dominée par des plantes à mycorhizes éricoïdes comme la callune ou les bruyères. 40, 82, 83, 100, 115, 116, 124, 155.

Larix : genre d'arbre résineux à aiguilles caduques. 33, 53, 121.

Latex : liquide laiteux contenu dans certains tissus spécialisés des plantes et des champignons. 30, 52.

Lathrées : plante sans chlorophylle de la famille des Orobanchacées qui vit en parasite direct sur les racines des arbres. 102-103.

Laticifère : cellule spécialisée végétale ou fongique contenant du latex. 30.

Leccinum : genre de champignon basidiomycète ectomycorhizien. 28, 29, 53, 76.

Lectine : protéine s'attachant spécifiquement à certains sucres et jouant un rôle dans la reconnaissance et dans l'accrochage spécifique entre organismes. 67.

Légumineuse : nom générique des plantes de la grande famille des Fabacées, caractérisée par des fleurs papilionacées, des fruits en forme de gousse et des nodosités racinaires symbiotiques avec des bactéries fixatrices d'azote atmosphérique. 21, 66, 79, 93, 101, 107, 135, 152, 168, 186.

Lentinula : genre de champignon saprotrophe comestible très cultivé en Asie sous le nom japonais de shiitaké (littéralement : champignon des chênes). 174.

Lenzite : nom français des champignons du genre *Lenzites*. 111.

Lenzites : genre de champignon basidiomycète lignivore responsable d'une pourriture brune. 111

Léotiales : ordre de champignons ascomycètes à mycélium brun. 42.

Lepidodendron : genre de grand végétal fossile, ancêtre des lycopodes actuels, ayant vécu pendant l'ère primaire du Dévonien au Carbonifère et qui a contribué à l'accumulation des gisements de houille. 51.

Lepista : genre de champignon basidiomycète saprotrophe responsable d'une pourriture blanche dans les litières forestières. 111.

Leptodontidum : genre de champignon ascomycète de l'ordre des Léotiales, impliqués dans la formation de pseudomycorhizes. 42.

Lichen : organisme composite formé d'un champignon dont le tissu filamenteux abrite des algues photosynthétiques symbiotiques. 10, 12, 17, 21, 22, 43, 75, 76, 213, 214.

Ligneux : se dit d'un tissu ou d'un végétal entier qui contient du bois. 161, 179.

Lignine : polymère phénolique végétal assurant la cohésion des fibres cellulosiques dans les tissus ligneux. 83, 86, 111, 112, 118, 128, 129, 200.

Ligno-cellulosique : qui contient à la fois de la lignine et de la cellulose, comme le bois et de nombreux tissus végétaux. 38, 83.

Limodore : nom français du genre d'orchidée *Limodorum*. 103.

Limodorum : genre d'orchidée forestière terrestre des forêts tempérées, achlorophyllienne et mycohétérotrophe. 103.

Linné (Carl von), 1707-1778 : naturaliste suédois. 59.

Lipide : type de molécules biologiques (huiles, graisses, cires, matières grasses). 32, 48, 73.

Litière : couche de feuilles mortes caractéristique de la surface d'un sol forestier. 89, 103, 111, 112, 115-117, 119-122, 142, 179.

Loupe binoculaire : instrument de laboratoire (aussi appelé stéréomicroscope) qui permet d'observer des échantillons en grossissement moyen avec les deux yeux. 197, 199, 202-204, 206, 207, 209.

Luzerne : nom français d'un genre de plante légumineuse cultivée. 66, 103, 186.

Lycoperdon : genre de champignon basidiomycète saprotrophe (vesse de loup). 39, 214.

Lycopode : végétal cryptogame primitif proche de la fougère. 17, 51.

Lyse : processus de démantèlement d'un édifice moléculaire ou d'une structure cellulaire. 38, 81.

Macrolepiota : genre de champignon basidiomycète saprotrophe. 111.

Macroélément : appelé aussi élément majeur : élément principal constituant la matière vivante : carbone, azote, calcium, phosphore, etc. 80.

Macrozamia : genre de plante de l'ordre des Cycadales. 108.

Magnésium : l'un des macroéléments nécessaires à la nutrition des plantes et des champignons. 80, 81, 84.

Magnoliophytes : grande division du règne végétal qui regroupe toutes les plantes à fleurs. 60.

Maïs : plante cultivée de la famille des Poacées (anciennement graminées). 70, 167.

Malençon (Georges), 1889-1984 : botaniste et mycologue français. 142, 214.

Manteau : tissu fongique caractéristique des ectomycorhizes, constitué d'une couche épaisse d'hyphes enchevêtrés qui gainent complètement la racine courte. 9, 25, 30-34, 36, 43, 57, 58, 73, 76, 84, 86, 91, 107, 108, 113, 152, 173, 181, 199, 202-204.

Maquis : formation végétale typique des régions à climat méditerranéen, dominée par des ligneux à feuilles persistantes. 34, 40, 82, 83, 94, 99, 116, 117.

Marasme : nom français des champignons du genre *Marasmius*. 39.

Marasmius : genre de champignon basidiomycète saprotrophe. 181.

Marqueur ADN : motif particulier de l'ADN génomique qui permet de reconnaître ou de retrouver une espèce ou un gène. 55, 92.

Marqueur isotopique : isotope d'un élément introduit artificiellement dans un système biologique dans le but de tracer un flux. 93.

Marx (Donald) : 1934, chercheur américain contemporain, pionnier de la mycorhization contrôlée des pépinières et des plantations forestières. 136, 157, 216, 217.

Matorral : formation végétale arbustive des régions sèches d'Amérique centrale. 116.

Matsutaké : champignon basidiomycète ectomycorhizien comestible de très haute valeur marchande au Japon (littéralement : champignon du pin). 174, 176, 179-182.

Mèche : type d'organisation du mycélium extraracinaire de certains champignons ectomycorhiziens. 30, 32, 57, 58, 75, 91, 199.

Medicago : genre de plante légumineuse cultivée (luzerne). 66, 186.

Mélèze : nom français des arbres résineux du genre *Larix*. 25, 26, 33, 34, 37, 53, 121, 148.

Membrane : fine enveloppe de toute cellule vivante, au travers de laquelle s'effectuent les échanges de matière avec le milieu environnant. 13, 32-34, 38, 41, 48, 59, 66, 73, 79, 83, 84.

Mercure : métal lourd toxique, polluant industriel. 85, 233, 234.

Méristème : chez les végétaux, massif de cellules indifférenciées situé à l'extrémité en croissance d'une tige ou d'une racine et qui donne naissance à tous les organes au fur et à mesure de l'allongement. 18, 19, 161, 165.

Mérule : champignon basidiomycète du genre *Serpula* responsable d'une pourriture brune du bois. 111.

Méta-analyse : méthode statistique de traitement de données numériques permettant d'exploiter simultanément les résultats provenant d'expériences différentes. 195.

Métabolisme : ensemble des réactions biochimiques qui concourent à la construction, au maintien et au fonctionnement des structures cellulaires. 21, 22, 35, 68, 73, 79, 84, 88, 128, 225.

Métagénomique : branche de la biologie qui étudie l'ensemble des gènes d'une communauté d'espèces. 191.

Métasymbiose : symbiose entre plus de deux individus. 108.

Métatranscriptomique : branche de la biologie qui étudie le transcriptome (ensemble des gènes actifs) d'une communauté d'espèces. 191.

Métaux lourds : éléments métalliques tels que le plomb, le cadmium, le mercure, l'aluminium, le zinc, le cuivre, etc., dont certains sont nécessaires aux processus vitaux à faible dose (oligoéléments), mais tous très toxiques à forte dose. Les métaux lourds sont des polluants industriels majeurs. 85-87, 157, 172, 173.

Méthane : gaz combustible de formule CH_4 issu de la décomposition de la matière organique en conditions d'anaérobie (absence d'oxygène). C'est le gaz naturel fossile et le grisou des mines de charbon. 124.

Microagrégat : élément de base de la structure d'un sol, formé de particules microscopiques de minéraux et de matières organiques agrégées. 95.

Microbionte : partenaire le plus petit d'une symbiose. 22.

Microbouturage : méthode de propagation végétative des plantes reposant sur la régénération de plantes entières à partir de petits fragments d'organes ou de tissus (voir aussi *micropropagation*). 161.

Microélément appelé aussi **oligoélément** : élément nutritif indispensable en très petite quantité, comme le cuivre ou le zinc pour les plantes. 79, 80, 171.

Microfaune : ensemble des très petits animaux (à peine visibles à l'œil nu) très nombreux dans le sol et qui sont les acteurs principaux du premier stade de la décomposition des matières organiques par fragmentation. (collemboles, acariens, nématodes etc.). 106, 107, 208.

Micropropagation : voir *microbouturage*. 141, 161.

Mil (ou millet) : plusieurs espèces de céréales surtout cultivées dans les régions sèches d'Afrique et d'Asie. 152.

Mimosacées : ancien nom des Mimosoïdées. 21, 26, 116.

Mimosoïdées : sous-famille de la grande famille des Fabacées (légumineuses). Le genre *Acacia* appartient aux Mimosoïdées, ainsi que les sensitives (*Mimosa* spp.). 152.

Minéraux : corps solides cristallins, souvent très peu solubles dans l'eau, constitutifs des roches et composés d'une grande diversité d'éléments chimiques. 21, 74, 78, 80-83, 109, 134, 148, 159, 169.

Mitochondrie : organite cellulaire siège du métabolisme respiratoire. Les mitochondries sont d'anciennes bactéries internalisées par endosymbiose il y a très longtemps dans les cellules animales, fongiques et végétales. 16, 21, 22.

Moder : type d'humus des sols acides. 119, 121, 125.

Moisissure : catégorie de champignons saprotrophes (le plus souvent des Ascomycètes) décomposeurs de matière organique. 9, 16, 112, 161.

Mollicute : catégorie de bactéries vivant souvent comme pathogène ou en endosymbiose avec des plantes, des animaux ou des champignons. 110.

Molybdène : métal lourd, oligoélément. 80.

Monocaryotique : se dit d'un organisme qui ne possède qu'un noyau par cellule. 28, 144.

Monotrope : nom français du genre de plante *Monotropa*. 9, 11, 35-37, 102-103.

Monotropoïdées : sous-famille de la grande famille des Éricacées. 35, 40, 55, 60.

Mor : type d'humus des sols très acides. 117-121, 124, 125, 127, 164.

Moser (Meinhard), 1924-2002 : botaniste et mycologue autrichien pionnier de la mycorhization contrôlée des plantations de pins en haute montagne. 156, 217.

Mosse (Barbara), 1919-2010 : chercheuse anglaise, pionnière dans l'étude des endomycorhizes arbusculaires. 44, 214.

Mousse : plante primitive de l'embranchement des Bryophytes. 10, 17, 51, 145, 201.

Mucor : genre de champignon de l'ordre des Mucorales, agent de moisissures. 112.

Mull : type d'humus des sols riches et peu acides. 117, 119-122, 125, 127.

Mutagène : se dit de tout agent chimique ou physique qui perturbe la structure de l'ADN et entraîne par conséquent une mutation en perturbant l'information génétique. 190.

Mutant : individu — ou sa lignée — affecté par une mutation. 50, 183, 190, 191, 194.

Mutation : modification irréversible de l'information génétique contenue dans l'ADN d'une cellule. 50, 54, 88, 130, 188-191.

Mutualisme : type d'interaction positive entre deux organismes qui coopèrent pour exploiter une ressource plutôt que d'être en concurrence. 11, 42, 235.

Mycélium : ensemble des filaments constituant le corps d'un champignon. 15, 16, 28, 29, 31-34, 36, 38, 41, 44, 46-50, 53, 57, 58, 66, 69, 72-77, 81, 85, 86, 90-92, 95, 104, 106, 107, 109, 110, 112, 115, 127, 133, 139, 140, 144, 145, 147, 162, 173, 176, 178, 180, 184, 185, 189, 199, 203, 204.

Mycène : genre de champignon basidiomycète saprotrophe. 39.

Mycohétérotrophie : mode de vie de certaines plantes sans chlorophylle qui se procurent le carbone par l'intermédiaire de champignons associés à leurs racines. 35, 39, 92, 104, 105.

Mycophycobiose : symbiose entre certaines algues marines de l'estran et des champignons. 21.

Mycoplasme : type de mollicute (voir ce terme) parasite des plantes et des animaux. 110.

Mycorhization contrôlée : ensemble des techniques qui visent à tirer parti des connaissances sur les mycorhizes pour améliorer le rendement des productions végétales. 114, 133, 136-139, 144, 146, 148-150, 152-158, 160, 161, 163, 164, 166, 167, 173, 185, 216.

Mycorhize : organe composite formé par l'association symbiotique entre une racine et un champignon. Dans tout le livre.

Mycorhize arbutoïde : type de mycorhize spécifique des plantes Éricacées des sous-familles des Éricoïdées et Pyroloïdées. 34-36, 43, 57, 58, 60, 62, 76, 104, 116, 179, 199, 202-203.

Mycorhize monotropoïde : type de mycorhize spécifique des plantes de la sous-famille des Monotropoïdées dans la grande famille des Éricacées. 35-37, 40, 57-60, 76, 103, 179, 199, 202, 203.

Mycorhize orchidoïde : type de mycorhize spécifique des plantes de la famille des Orchidacées (orchidées). 37-41, 43, 45, 56, 57, 60, 62, 71, 89, 103, 104, 165, 188, 201.

Mycorhizien : se dit d'un végétal ou d'un champignon qui contracte avec l'autre règne une symbiose au niveau des racines de la plante. Dans tout le livre.

Mycorhizosphère : volume de sol modifié par la présence d'une mycorhize. 110.

Mycosylviculture : ensemble des pratiques sylvicoles visant à augmenter la production de champignons sylvestres comestibles. 174, 176, 181, 217.

Mycothalle : organes symbiotiques autres que des racines vraies (rhizomes, écailles, thalles lamellaires), contenant des structures fongiques analogues aux endomycorhizes arbusculaires actuelles, que l'on trouve chez les Hépatiques actuelles et dans certains fossiles de plantes de l'ère primaire. 22-51.

Myrica : genre de plante de la famille des Myricacées qui forme des actinorhizes (voir ce terme) ou nodosités symbiotiques fixatrices d'azote. 108, 117.

Myricacées : famille de plantes ligneuses formant des nodosités racinaires avec une bactérie fixatrice d'azote du genre *Frankia*. 99, 108, 117.

Myrtacées : famille de plantes contenant notamment le genre *Eucalyptus*. 26, 60, 64, 87, 115, 148, 150, 151, 158.

Myrtille : nom français de la plante *Vaccinium myrtilus*, famille des Éricacées, sous-famille des Vaccinioïdées. 40, 101, 164.

Nématode : ver microscopique vivant dans le sol, parasite des racines des plantes ou des champignons. 106, 113, 180.

Neottia : genre d'orchidée achlorophyllienne et mycohétérotrophe. 103, 105.

Néottie : nom français de *Neottia*. 103, 105.

Niche écologique : portion de l'environnement aux conditions homogènes qui constitue l'habitat optimum pour une espèce donnée. 23, 72, 88, 96, 108, 138, 157.

Nickel : élément métallique lourd et toxique. 85, 87.

Nitrate (NO$_3^-$) : une des formes combinées minérale de l'azote, facilement assimilable par les racines des plantes. 80, 82, 91, 93, 108, 117-119, 125, 128, 152, 168, 171.

Nitratophile : se dit des espèces de plantes spécialisées dans la colonisation des sols riches en nitrate. 125.

Nodosité : organe globuleux formé sur les racines de certaines plantes par la symbiose avec des bactéries fixatrices d'azote atmosphérique. 21, 22, 66, 93, 101, 107, 108, 116, 126, 152, 168.

Noduline : type de protéine synthétisée par la racine d'une plante en réponse à la colonisation symbiotique par des bactéries fixatrices d'azote atmosphérique. 66.

Noisetier : nom français du genre de plante ligneuse *Corylus* (famille des Bétulacées). 9, 11, 26, 54, 157, 161, 163.

Noyau : organite cellulaire contenant l'essentiel de l'ADN qui porte l'information génétique de la cellule. 13, 15, 16, 27, 28, 46, 48, 128, 130, 188.

Nucléotide : molécule élémentaire constitutive de l'ADN et de l'ARN. 79.

Nyctaginacées : famille d'arbres et d'arbustes tropicaux. 53.

Nymphéacées : famille de plantes aquatiques de l'ordre des Nymphéales (nénuphars, lotus et nymphéas). 96.

Nymphéales : ordre de plantes aquatiques. 60.

OGM : organisme génétiquement modifié. 191.

Oidiodendron : genre de champignon ascomycète formant des mycorhizes éricoïdes. 40.

Oléacées : famille de plantes ligneuses (frênes, oliviers, jasmins, troènes, etc.). 26.

Oligoélément : synonyme de microélément. 79, 80, 171.

Oomycète : organisme filamenteux ressemblant à un champignon mais plus proche des algues brunes. Les genres *Phytophthora* et *Pythium* causent des maladies aux plantes. 113, 126.

Orchidacées : famille de plantes monocotylédones caractérisées par des mycorhizes orchidoïdes. 37, 60, 102, 103, 105, 165.

Orchidées : nom français des Orchidacées. 12, 37, 40, 45, 56, 57, 71, 102-105, 161, 165, 213.

Ordovicien : période géologique de l'ère primaire qui s'étend de – 510 à – 440 millions d'années avant le temps présent. 10, 130.

Organisme modèle : espèce d'animal, de plante ou de champignon choisie par consensus entre les chercheurs en biologie pour sa facilité d'étude et afin de pouvoir mutualiser les connaissances. 67, 113, 133, 183, 186-188.

Organite : petits organes microscopiques internes d'une cellule. 16, 21, 27, 35, 46.

Orobanchacées : famille de plantes achlorophylliennes, parasites directs sur les racines d'autres plantes. 102, 105.

Orobanche (en français orobanche) : genre de plante parasite de la famille des Orobanchacées pouvant causer de graves dégâts dans les cultures. 102, 103.

Orthilia : genre de plante de la famille des Éricacées, voisine de la pirole. 34.

Orthophosphate : forme combinée du phosphore (PO_4^{3-}) soluble et assimilable par les plantes et les champignons. 79, 83, 84, 168, 169.

Osmoprotectant : substance protégeant les cellules contre le déssèchement. 75.

Oxycoccos : genre de plante de la famille des Éricacées, formant des mycorhizes éricoïdes et cultivée pour ses fruits (en français : canneberge ; en anglais : *cranberries*). 40.

Oxydase : catégorie d'enzymes agissant par des réactions d'oxydation. 83, 86, 90, 111, 112, 117.

Pampa : formation végétale herbeuse des régions tempérées de l'Amérique du Sud. 115.

Parasite : organisme qui vit aux dépens d'un autre auquel il est étroitement associé. 9, 11, 15, 20, 36, 40, 42, 43, 54, 65, 67, 72, 97, 101-103, 105, 109, 113, 128, 180, 214.

Parasitisme : mode de vie des parasites. 9, 11, 20, 23, 39, 42, 65, 69, 103, 110, 111, 213, 214.

Paris : genre de plante herbacée qui a donné son nom à un type d'endomycorhizes arbusculaires : type *Paris*. 44, 47-49, 187.

Parisette : nom français des plantes du genre *Paris*. 44.

Paroi : enveloppe épaisse et rigide, accolée à l'extérieur de la membrane cytoplasmique, qui enveloppe les cellules fongiques et végétales (mais pas les cellules animales). 13, 15, 25, 32-34, 36-38, 41, 43, 44, 46, 48-50, 59, 65-67, 73, 76-78, 82-84, 109, 110, 128, 200-202, 207.

Pathogène : organisme parasite provoquant une maladie chez l'organisme parasité. 31, 38, 42, 54, 65-67, 77, 97, 106, 113, 114, 125, 140-142, 145, 150, 156, 160-162, 164, 166, 183.

Paxille : nom français du genre fongique *Paxillus*. 112.

Paxillus : genre de champignon basidiomycète ectomycorhizien. 30, 67, 76, 107, 112, 137, 145-148, 154, 164, 187, 190, 237.

Pectine : sucre complexe, composant de la paroi cellulaire des végétaux avec la cellulose et l'hémicellulose. 33, 111.

Peg : mot anglais signifiant cheville, ou patère, utilisé en botanique pour désigner les protubérances intracellulaires du champignon chez les mycorhizes monotropoïdes (traduit en français par doigt dans ce livre). 36.

Peloton : nom donné aux amas de mycélium qui remplissent les cellules corticales de la racine chez les mycorhizes éricoïdes et orchidoïdes. 38, 41, 44, 51, 57, 59, 67, 71, 72, 75, 83, 201, 204.

Penicillium : genre de champignon agent de moisissures. 112.

Pépinière : lieu où l'on cultive des semis d'arbres forestiers destinés aux boisements par plantation. 28, 33, 34, 137, 143, 145-157, 160-165, 176, 180, 181, 217.

Peptide : molécule biologique formée de l'assemblage de quelques acides aminés. À partir d'un certain nombre d'acides aminés, on parle de protéine. 82, 106.

Péricycle : assise cellulaire interne (l'assise externe étant l'endoderme) du cylindre central qui renferme les tissus conducteurs au centre de la structure primaire d'une racine. 18.

Permafrost : zone profonde gelée en permanence dans les sols de la zone arctique. 124.

Peroxydase : catégorie d'enzymes faisant intervenir du peroxyde d'hydrogène (H_2O_2, aussi appelé eau oxygénée) dans son action sur ses substrats. 83, 86, 111, 112.

Pesticide : substance (le plus souvent de synthèse) utilisée pour détruire les ennemis des cultures (insectes ravageurs, champignons et bactéries pathogènes, mauvaises herbes). 85, 86, 136, 147, 158, 165, 170, 171.

Pétrosaviacées : famille de plantes tropicales achlorophylliennes et mycohétérotrophes. 103, 105.

Peuplier : nom français des arbres du genre *Populus*. 26, 45, 53, 67, 101, 121, 148, 151, 158, 173, 187.

Pezizales : ordre de champignons ascomycètes produisant des sporophores en forme de petite coupe. 42, 129.

Pézize : nom français générique de nombreux champignons de l'ordre des Pézizales produisant des sporophores macroscopiques en forme de coupe. 40.

Pezizella : ancien nom générique des champignons ascomycètes qui forment des mycorhizes éricoïdes. 40.

PGPR : *Plant Growth Promoting Rhizobacteria* (bactéries de la rhizosphère facilitant la croissance des plantes). 109.

Phanerochaete : genre de champignon basidiomycète saprotrophe, responsable d'une pourriture blanche du bois. 129.

Phéromone : substance chimique émise en très faible quantité qui sert de communication entre individus d'une même espèce. 29.

Phialocephala : genre de champignon ascomycète pouvant former des mycorhizes éricoïdes avec les Éricacées et des pseudomycorhizes avec d'autres plantes. 42, 238.

Phialophora : genre de champignon ascomycète pouvant former des mycorhizes éricoïdes avec les Éricacées et des pseudomycorhizes avec d'autres plantes. 40, 42.

Phloème : type de tissu conducteur des plantes spécialisé dans le transport de la sève élaborée depuis les feuilles jusqu'aux racines. 18, 72.

Phosphatase : type d'enzyme permettant la mobilisation de l'orthophosphate à partir de molécules organiques phosphatées complexes. 83-85, 91.

Phosphate naturel : roche contenant de hautes concentrations de phosphore, essentiellement sous forme de phosphate tricalcique ($Ca_3(PO_4)_2$) insoluble. 169, 170, 217.

Phosphate tricalcique : forme insoluble du phosphore combiné ($Ca_3(PO_4)_2$), inassimilable directement par les plantes et les champignons. 169.

Phospholipide : type de lipide (matière grasse) combiné à du phosphore. 83.

Phosphore : élément chimique (P) indispensable à la vie. 29, 47, 68, 69, 79, 80, 83, 84, 90, 91, 93, 107, 108, 112, 117-119, 135, 138, 147, 152, 159, 167-172, 194, 217.

Photosynthèse : processus par lequel, dans les feuilles des végétaux verts, et en présence de chlorophylle et d'énergie lumineuse, le carbone de l'atmosphère se combine à l'eau pour former des sucres. 13, 18, 21, 22, 35, 36, 39, 69, 70, 72-74, 82, 92-94, 97, 102-104, 106, 108, 124, 127.

Phototropisme : orientation d'un organe végétal sous l'effet de la lumière. 88.

Phylogénétique : se dit de tout système de classification des êtres vivants basé sur leurs relations de parenté par rapport à des ancêtres communs. 34, 51, 59, 60, 62, 65, 105, 128, 130.

Phytate : type de molécule organique complexe contenant du phosphore. 83.

Phytophthora : genre d'oomycète pathogène des plantes. 113, 126.

Phytohormone (synomyme d'hormone végétale, ou facteur de croissance) : type de substance transmettant des messages entre les organes d'une plante. 87.

Phytoremédiation : dépollution des sols faisant intervenir la culture de plantes particulières. 86, 172, 173.

Picoa : genre de champignon ascomycète ectomycorhizien dont les sporocarpes comestibles sont recherchés sous le nom de truffe du désert. 178.

Pied bleu : champignon basidiomycète saprotrophe (*Lepista nuda,* responsable d'une pourriture blanche des litières forestières) dont les sporocarpes sont comestibles. 111.

Pieris : genre de plante ornementale de la famille des Éricacées. 117, 164.

Piloderma : genre de champignon basidiomycète ectomycorhizien. 35, 137, 214.

Pin : nom français des arbres conifères à ectomycorhizes du genre *Pinus.* 9, 11, 12, 25-27, 33, 34, 36, 37, 52-54, 88, 100, 116, 121, 125, 142, 143, 148-151, 153, 156, 157, 161, 163, 176, 180, 181, 187, 211, 213, 217.

Pin cembro ou cembrot (*Pinus cembra*) : aussi appelé arolle, espèce de pin à cinq aiguilles, endémique dans les hautes montagnes européennes. 53, 156, 157.

Pinacées : famille de plantes Gymnospermes qui compte beaucoup d'arbres forestiers sociaux à ectomycorhizes des zones boréales et tempérées : pins, sapins, épicéas, mélèzes, etc.). 25, 31, 37, 52, 57, 60, 67, 115, 125, 148, 187.

Pinophytes (ou Coniférophytes) : division des Gymnospermes qui comprend les essences forestières dites résineuses (pins, sapins, cyprès, thuyas, araucarias, ifs, genévriers, etc.). 60.

Pinus : genre d'arbre conifère de la famille des Pinacées. 11, 27, 33, 52, 53, 88, 100, 121, 125, 143, 149, 156, 157, 180, 214, 215.

Piriformospora : genre de champignon basidiomycète formant des pseudomycorhizes. 42, 129.

Pirole : nom français (aussi orthographié pyrole) des plantes du genre *Pyrola.* 34, 35.

Pisolithe : nom français des champignons du genre *Pisolithus.* 143, 146, 151, 152, 157.

Pisolithus : genre de champignon basidiomycète ectomycorhizien utilisé en mycorhization contrôlée des plantations forestières. 35, 87, 137, 143, 148, 150-152, 157, 187, 214, 216, 217.

Pisonia : genre d'arbre tropical de la famille des Nyctaginacées. 53.

Plantation : technique de régénération des forêts où les semis d'arbres sont d'abord cultivés en pépinière puis transplantés en forêt. 90, 100, 101, 125, 126, 136, 137, 142, 143, 146, 148-159, 162-164, 173-176, 178-181, 216, 217.

Plantation urbaine : plantation d'arbres en ville dans un but essentiellement ornemental. 163.

Plante carnivore : plante adaptée aux milieux très pauvres en azote qui compense la rareté de cet élément indispensable en piégeant et en digérant des petits animaux, essentiellement des insectes. 41, 117.

Plaste : type d'organite cellulaire provenant de l'internalisation très ancienne de Cyanobactéries endosymbiotiques, spécialisées dans la photosynthèse (chloroplastes) ou dans le stockage d'amidon (amyloplastes). 21, 22, 35.

Plasticité fonctionnelle : capacité d'un individu à s'adapter rapidement à des changements environnementaux en modifiant son mode d'interaction avec le milieu. 91.

Plectenchyme : type de tissu fongique formé par un enchevêtrement d'hyphes. 30.

Pleurote : nom français d'un champignon comestible du genre *Pleurotus*. 111, 174.

Pleurotus : genre de champignon basidiomycète saprotrophe responsable d'une pourriture blanche du bois. Certains sont cultivés pour leurs sporocarpes comestibles. 111, 174.

Plomb : métal lourd toxique. 85.

Poacées (anciennement Graminées) : grande famille végétale comprenant les herbes, les bambous, les céréales et les roseaux. 22, 93, 96.

Poales : ordre végétal comprenant les Poacées, les joncs, les carex, les papyrus, etc. 60.

Poil absorbant : excroissance allongée de certaines cellules de l'épiderme (ou rhizoderme) des racines de certaines plantes qui augmente la surface d'échange avec le sol et facilite le transfert réciproque. 17, 19, 48, 78, 98, 135, 203, 213.

Poil : type d'd'ornementation du manteau des ectomycorhizes formées par certains champignons. 30.

Polluant : se dit de tout composé chimique (la plupart du temps synthétique ou issu des activités industrielles) qui présente un danger lorsqu'il est accidentellement introduit dans l'environnement. 85-87, 136, 154, 169, 172.

Polygalacées : famille de plantes dicotylédones. 103, 105.

Polygonacées : famille de plantes dicotylédones, généralement non mycorhizées. 26, 60, 98, 101, 161.

Polyphénol : famille de molécules organiques complexes contenant des noyaux aromatiques (cycle de six atomes de carbone), particulièrement abondantes et diversifiées chez les végétaux. 31, 66, 83, 86, 90, 91, 100, 111, 112, 117, 118, 200.

Polyphénol oxydase : famille d'enzymes du type oxydase décomposant les polyphénols par oxydation. 83, 86, 90, 112, 117.

Polyphosphate : composé phosphaté insoluble d'origine biologique constitué d'une chaîne de nombreuses molécules d'orthophosphate. 79, 84, 85.

Pontédériacées : famille de plantes aquatiques monocotylédones. 96.

Populiculture : type de sylviculture spécialisée dans la production de bois de peuplier. 158.

Poria : genre de champignon basidiomycète saprotrophe ou ectomycorhizien. 35.

Porosité : pour le sol sec, proportion du volume total constitué par des vides (pores). La porosité est essentielle à la vie dans le sol car elle contient l'eau et l'air nécessaires à tous les organismes (bactéries, champignons, microfaune, racines fines) et permet les déplacements, la multiplication et la croissance de ces derniers. 77, 95, 118.

Posidonie : type de plante monocotylédone aquatique marine. 96, 240.

Post-génomique : branche de la biologie moléculaire qui étudie les mécanismes en aval de la transcription des gènes en ARN : synthèse, maturation et conformation des protéines, interactions entre ADN et protéines, etc. 189.

Postia : genre de champignon basidiomycète saprotrophe responsable d'une pourriture brune. 129.

Postulat de Koch : démarche logique et expérimentale permettant de démontrer le caractère pathogène ou symbiotique d'un microorganisme (du nom de Robert Koch, 1843-1910, microbiologiste allemand qui a formulé cette démarche). 183.

Potassium : élément chimique (K) indispensable à la vie et particulièrement abondant chez les plantes. 80, 84, 167, 200.

Potentiel d'inoculum : capacité d'un sol à assurer la mycorhization des plantes qui y poussent du fait des propagules de champignons mycorhiziens qu'il contient. Peut se mesurer expérimentalement par des tests en pots avec une gamme de dilution de la terre étudiée dans la même terre stérilisée. 159, 167, 169, 206.

Potentiel hydrique : pour un sol, mesure physique (valeur négative, exprimée en unité de pression) de la force avec laquelle le sol retient l'eau. 74, 75, 83.

Pourriture blanche : mode de décomposition des matières végétales lignocellulosiques par certains champignons qui dégradent d'abord la lignine et les substances phénoliques, puis ensuite seulement la cellulose et les hémicelluloses. 111, 112, 129.

Pourriture brune : mode de décomposition des matières végétales lignocellulosiques par certains champignons qui dégradent la cellulose et les hémicelluloses mais pas la lignine ni les substances phénoliques. 111, 129.

Pourriture molle : type de pourriture brune où le bois attaqué devient très friable. 111.

Prairie : type de formation végétale herbeuse des régions continentales tempérées. 12, 47, 55, 92, 93, 95, 99, 100, 115, 117, 124, 127.

Prêle : type de plante sans graines (comme les fougères) ayant peu évolué depuis les premières plantes terrestres du début de l'ère primaire. 10, 17, 44, 75.

Propagule : toute partie détachée d'un être vivant pouvant être transportée à distance et assurer la dissémination de l'espèce par multiplication végétative ou reproduction sexuée (exemples : graines ou boutures pour les plantes, spores, conidies ou sclérotes pour les champignons). 28, 135, 138-142, 145, 147, 158, 160, 162, 163, 167, 211.

Protéacées : famille de plantes dicotylédones propres à l'hémisphère sud. 60, 98, 99, 116.

Protéales : ordre de plantes auquel appartient la famille des Protéacées. 60.

Protéase : enzyme hydrolytique fractionnant les protéines en leurs acides aminés constitutifs. 30, 82, 85, 90, 91, 117, 138.

Protéine : molécule biologique formée d'une longue chaîne d'acides aminés repliée et enroulée sur elle-même selon des configurations complexes très diverses. 30, 38, 47, 66-68, 72, 77, 79, 80, 82-84, 90, 96, 117, 119, 127, 128, 152, 168, 188-193.

Protéobactéries : grand groupe de bactéries à paroi Gram négative. 109, 110.

Protéomique : branche de la biologie qui étudie les protéines et leur rôle dans les systèmes vivants. 127, 128, 192.

Prothalle : forme très réduite de la partie haploïde (gamétophyte) du cycle de vie des plantes sans graines comme les prêles et les fougères. 51.

Protocole de Kyoto : accord international sur la gestion des émissions de gaz à effet de serre. 127.

Protocorme : chez les orchidées, petit massif cellulaire embryonnaire issu de la germination de la graine dépourvue de réserves et qui nécessite la présence d'un champignon symbiotique compatible pour pouvoir se développer entièrement en plante. 38, 39, 71, 165.

Pseudomonas : genre de bactérie commun dans le sol. 109, 110, 113.

Pseudomycorhize : type d'association entre une racine et un champignon endophyte qui présente certains caractères morphologiques propres aux mycorhizes mais dont les preuves du caractère symbiotique n'ont pas été apportées expérimentalement. 41, 42, 55, 57, 115, 128, 201.

Pseudoparenchyme : tissu fongique dense et compact où les hyphes prennent la forme de cellules courtes, rappellant un parenchyme végétal. 30.

Pseudotsuga : genre de grand arbre résineux de la famille des Pinacées, originaire de l'ouest de l'Amérique du Nord. 25, 33, 100, 109, 121, 143, 153, 175.

Ptéridophyte (ou fougère) : comme la prêle, type de plante sans graines ayant peu évolué depuis les premières plantes terrestres du début de l'ère primaire. 10, 17.

Puits de carbone : tout site, écosystème, biome ou portion de la biosphère présentant un bilan négatif dans le bilan du cycle de cet élément à l'échelle du globe. 127.

Pyrola : genre de plante de la grande famille des Éricacées qui partage des champignons symbiotiques avec des arbres. 34, 35, 104.

Pyrole (aussi orthographié pirole) : nom français du genre *Pyrola*. 34, 104, 105.

Pyroloïdées : sous-famille des Éricacées à laquelle appartient le genre *Pyrola*. 34, 40, 60.

Quercus : genre d'arbre à ectomycorhizes de la famille des Fagacées. 54, 104, 121, 153, 163.

Racines courtes : chez les espèces végétales à ectomycorhizes, petites racines latérales spécialisées à croissance déterminée, dépourvues de coiffe et à durée de vie limitée, qui sont le siège de la symbiose. 27, 33, 45, 58, 71, 76, 199, 203, 211.

Racines longues : chez les espèces végétales à ectomycorhizes, axes racinaires à élongation terminale et qui portent des racines courtes transformées en mycorhizes. 27, 45, 204.

Racines protéoïdes : chez certains groupes de végétaux, racines très fines, groupées en touffes, particulièrement efficaces pour exploiter les ressources du sol. 98.

Radicaux libres : petits fragments moléculaires contenant de l'oxygène, sous-produits du métabolisme et à courte durée de vie dans la cellule, mais extrêmement toxiques et nécessitant des voies biochimiques spécifiques pour les neutraliser. 171.

Radicule : petit massif cellulaire préfigurant la racine dans l'embryon végétal. 17.

Radiculites : genre de plante fossile du groupe éteint des Cordaïtes (Gymnospermes ancestrales) qui vivait au Carbonifère il y a entre 360 et 290 millions d'années. 44.

Radioisotope : isotope radioactif. 104.

Raisin d'ours : nom français du genre de plante Éricacées *Arctostaphyllos*. 34, 35.

Reconnaissance : processus résultant d'un « dialogue moléculaire » (échange de signaux chimiques) entre deux organismes, développant ainsi une relation biotique du type parasitisme ou symbiose. 48, 65-67, 69, 71, 113.

Reforestation : restauration d'un état boisé, en général par plantation d'arbres. 153, 217.

Régulateur de croissance : synonyme de phytohormone ou hormone végétale. 88.

Réseau de Hartig : chez les ectomycorhizes, mycélium hyper-ramifié qui entoure certaines cellules du cortex racinaire et assure une grande surface d'échanges entre les deux partenaires de la symbiose. 11, 31-34, 36, 57-59, 67, 71, 72, 75, 77, 79, 83, 110, 179, 181, 202.

Réseau mycélien : mycélium formant des anastomoses entre hyphes et colonisant un grand volume de sol. 14, 32, 77, 85, 92, 93, 95, 99, 107.

Réseau mycorhizien : réseau mycélien constitué par les champignons symbiotiques du sol et qui connecte plusieurs plantes entre elles et redistribue l'eau et les éléments nutritifs dans la communauté végétale. 14, 16, 32, 38, 39, 46, 50, 75, 77, 85, 92-95, 107, 110, 122, 215.

Résineux (ou conifères) : essences forestières appartenant aux Gymnospermes. 31, 148, 150.

Respiration : processus métabolique qui a lieu dans les mitochondries et qui génère l'énergie nécessaire au fonctionnement cellulaire par oxydation d'un substrat carboné du type sucre. 73, 103, 106.

Révolution verte : mutation de l'agriculture au XXe siècle qui a grandement augmenté les rendements en combinant l'amélioration génétique, les engrais chimiques et les pesticides. 94, 99, 168, 170, 172, 214.

Rhamnacées : famille de plantes ligneuses dicotylédones dont certaines présentent des nodosités racinaires formées par des bactéries fixatrices d'azote atmosphérique. 108.

Rhizobactérie : bactéries spécifiques de la rhizosphère. 109.

Rhizobiacées : famille de rhizobactéries fixatrices d'azote dont beaucoup forment avec les légumineuses (plantes de la famille des Fabacées) des nodosités racinaires fixatrices d'azote. 66, 107, 108.

Rhizobium : genre de Rhizobiacées. 66, 109.

Rhizoctonia : genre de champignon basidiomycète comprenant des espèces pathogènes des plantes et des espèces formant des mycorhizes orchidoïdes avec les orchidées. 38, 113.

Rhizoderme (synonyme : épiderme racinaire) : couche de cellules à la surface d'une racine présentant une structure primaire. 19, 31.

Rhizoïde : extensions cellulaires à la surface inférieure d'une mousse, d'une hépatique ou du prothalle d'une prêle ou d'une fougère, assurant le contact et l'attachement au substrat. 51.

Rhizome : tige souterraine rampante. 19, 38, 51, 70, 96.

Rhizomorphe : cordon mycélien à structure complexe très différenciée et assurant efficacement la conduction de l'eau chez certaines ectomycorhizes de type d'exploration à longue distance. 32, 33, 53, 57, 58, 75, 76, 91, 199.

Rhizophagus irregularis : espèce de champignon gloméromycète formant des endomycorhizes arbusculaires (ancien nom : *Glomus intraradices*). 46, 86, 113, 187.

Rhizopogon : genre de champignon basidiomycète ectomycorhizien formant des sporocarpes souterrains globuleux truffoïdes. 29, 30, 35, 76, 91, 100, 137, 143, 146, 148, 153, 187.

Rhizoscyphus : genre de champignon ascomycète formant des mycorhizes éricoïdes. 40.

Rhizosphère : volume de sol affecté par l'activité racinaire. 86, 106, 109-114, 168, 169, 172, 215.

Rhododendron : genre de plante de la famille des Éricacées, souvent cultivé pour son aspect décoratif. 40, 117, 161, 164.

Ribosome : organite cellulaire où sont synthétisées les protéines. 35.

Richesse : nombre d'espèces présentes dans une communauté biologique. 47, 89, 95, 158.

Rock phosphate (littéralement : phosphate de roche) : terme anglais commercial pour désigner les phosphates naturels utilisés comme engrais. 169.

Rosacées : grande famille de plantes dicotylédones (exemples : fraisier, rosier, ronce, cerisier, pommier, etc.). 26, 108.

Rossolis : nom français du genre de plante carnivore des tourbières *Drosera*. 117.

Rudérale : se dit d'une espèce végétale qui colonise facilement les sols perturbés et peut se comporter en mauvaise herbe (ou adventice) dans les champs cultivés. 98, 99, 163, 186, 187.

Russula : genre de champignon basidiomycète ectomycorhizien. 28, 29, 37, 52, 75, 87.

Russule : nom français des champignons du genre *Russula*. 28, 29, 39, 53, 73, 91, 137, 184.

Saccharose : sucre double formé de glucose et de fructose (sucre de table). 72, 73, 205.

Sahel : zone sèche de l'Afrique comprise entre le désert du Sahara au nord et les savanes et les forêts équatoriales au sud. 126, 152.

Salicacées : Famille de plantes ligneuses dicotylédones. 26, 60, 64, 125, 148, 158, 187.

Salix : genre de Salicacées. 158, 187.

Sapin : nom français du genre *Abies* (arbre résineux de la famille des Pinacées). 25, 26, 37, 52, 54, 109, 148, 153.

Saprotrophe (synonyme : saprophyte) : se dit d'un organisme qui obtient le carbone dont il a besoin en décomposant de la matière organique morte (bois, feuilles, cadavres, etc.). 15, 23, 39, 40, 103, 105, 106, 111, 112, 128-131, 165, 174, 181, 184.

Sarcodes : genre de plante achlorophyllienne et mycohétérotrophe de la famille des Monotropacées. 36.

Saule : nom français du genre *Salix*. 26, 45, 101, 148, 151, 154, 157, 158, 173, 187.

Savane : formation végétale typique des régions tropicales à saison sèche marquée, dominée par de très grandes herbes et parcourue par de grands mammifères herbivores. 115-117, 126.

Schwendener (Simon), 1829-1919 : biologiste allemand. 12, 214.

Scleroderma : genre de champignon basidiomycète ectomycorhizien. 28, 52, 53, 76, 137, 143, 151, 152, 187.

Scléroderme : nom français du genre *Scleroderma*. 28, 52, 53, 91, 143, 146, 151.

Sclérote : propagule végétative fongique formée d'une boulette compacte de mycélium et résistante à la sécheresse. 14, 28, 29, 139, 145.

Scrophulariacées : famille de plantes dicotylédones dont certaines, avec ou sans chlorophylle, sont des parasites directs obligatoires ou facultatifs sur les racines de certaines plantes vertes. 102.

Scutellospora : genre de champignon gloméromycète. 48, 50.

Sebacina : genre de champignon basidiomycète formant des ectomycorhizes et des mycorhizes orchidoïdes. 40.

Sébacinacées : famille à laquelle appartient le genre *Sebacina* et dont la plupart des espèces semblent former des ectomycorhizes ou des mycorhizes orchidoïdes. 39, 43.

Sélaginelle : plante primitive sans graines, comme les fougères, les lycopodes et les prêles. 51.

Sélection : processus naturel (théorie darwinienne de l'évolution par sélection naturelle) ou artificiel (amélioration génétique et création variétale) par lequel une *pression de sélection* exercée sur l'environnement d'une population ou d'une communauté favorise sélectivement certains individus ou certaines lignées. 5, 88, 97, 99, 113, 136-140, 144, 147, 149, 151, 153, 155-159, 165, 169, 171, 172, 174, 188, 191.

Séquençage : procédé technique qui vise à décrire la séquence d'un fragment d'ADN ou d'ARN, ou d'un génome entier ; il s'agit alors de « lire » plusieurs millions de nucléotides. 14, 15, 128, 129, 189, 190, 191.

Séquence : ordre dans lequel apparaissent les quatre nucléotides (notés A,T,C et G) qui constituent le code génétique sur une molécule d'ADN et sont en quelque sorte les « lettres » qui composent les « mots » que seraient les gènes. 23, 46, 128, 130, 158, 187, 189-193, 195, 215.

Séquestration : réaction chimique qui aboutit à rendre insoluble, et donc inaccessible pour les plantes et les champignons, certains éléments nutritifs du sol. On dit aussi parfois « rétrogradation », par exemple dans le cas du phosphore en agriculture. 86, 126, 127.

Séquestration du carbone : mécanisme très recherché dans le cadre de la tentative de réduction des gaz à effet de serre dans l'atmosphère terrestre, par exemple en jouant sur certains puits de carbone comme l'accumulation de bois et d'humus par les forêts. 126.

Serpula : genre de champignon basidiomycète saprotrophe responsable d'une pourriture brune du bois (voir aussi mérule). 111, 129.

Sève : liquide circulant dans les tissus conducteurs des tiges et des racines d'une plante et transportant les éléments nutritifs. On distingue la sève brute montante qui transporte l'eau et les sels minéraux du sol vers les feuilles, et la sève élaborée descendante qui porte vers les racines les sucres photosynthétisés dans les feuilles. 17, 19, 72, 74, 76, 77, 102.

Sexualité : mécanisme par lequel deux individus mettent en commun leurs informations génétiques et produisent un nouvel individu porteur d'une information génétique différente. 46.

Shiitake : champignon basidiomycète saprotrophe très cultivé en Extrême-Orient pour ses sporocarpes comestibles (littéralement en japonais : champignon du chêne). 174.

Shiro : masse souterraine de mycélium typique du champignon *Tricholoma matsutake*, le matsutaké des Japonais (littéralement : champignon du pin) est très recherché pour ses qualités gastronomiques. 180, 181.

Sidérophore : molécule spécifique de l'organisme (bactérie, champignon ou plus rarement plante) qui la produit et ayant la propriété de complexer le fer. Les sidérophores jouent un grand rôle dans le cycle biologique de cet élément. 81.

Signal : modification biochimique dans un tissu ou dans un organe d'une plante et qui retentit sur le fonctionnement d'un autre tissu ou d'un autre organe. 48, 66, 67, 109.

Silurien : période géologique de l'ère primaire d'environ – 440 à – 410 millions d'années, avant le temps présent. 10, 130.

Siphonné : se dit d'un mycélium en forme de tuyau, dont les cloisons cellulaires transversales sont absentes. 46, 85.

Solarisation : technique de désinfection du sol par la chaleur dans les pays chauds, qui consiste à l'aide d'un film plastique transparent à recréer l'effet de la chaleur d'une serre. 146.

Sorgho : céréale tropicale. 70.

Souche : lignée multipliée végétativement. En laboratoire, on cultive des souches de bactéries et de champignons reproduites à l'identique par repiquages successifs. Le terme d'*isolat* est aussi employé. 34, 86, 87, 109, 113, 136-138, 140-144, 149, 151, 152, 154-157, 162, 164, 169, 185.

Soufre : élément chimique (S) indispensable à la vie. 80, 171, 193.

Spécificité : caractère propre à quelqu'un ou à quelque chose et qui ne correspond qu'à une catégorie restreinte d'objets. Par exemple, le champignon ectomycorhizien *Suillus plorans* est spécifique des pins à cinq feuilles, puisqu'il ne s'associe symbiotiquement qu'avec ce groupe d'espèces d'arbres. 32, 34, 36, 37, 39, 42, 52-55, 65-67, 75, 81, 84, 85, 88, 89, 92, 93, 96, 100, 109, 110, 113, 128, 143, 150, 152, 165, 178, 185, 190.

Sphaerosporella : genre de champignon ascomycète formant des pseudomycorhizes avec certaines plantes. 42.

Sphagnum : genre de mousse dont l'accumulation constitue la tourbe. 145.

Sphaigne : nom français du genre *Sphagnum*. 51.

Spire : par analogie de forme, structure fongique à l'intérieur des cellules racinaires dans les endomycorhizes arbusculaires de type *Paris*. 44, 45, 48-51, 57, 59, 71, 72, 75, 84, 187, 202, 204.

Spore : cellules très petites et très résistantes, capables de germination dans des conditions favorables, émises par les champignons qui assurent leur dissémination. Selon les espèces, il y a des spores sexuées (basidiospores, ascospores) et des spores asexuées ou végétatives (conidiospores). 14, 16, 27-29, 32, 41, 43-48, 50, 55, 66, 69, 73, 98, 99, 105, 110, 113, 139, 140, 142-146, 150-152, 157-159, 167, 176, 177, 181, 184, 185, 187, 193, 204-207, 209, 211, 216.

Sporocarpe : chez les champignons, organe de forme caractéristique de l'espèce et souvent charnu qui porte les spores contribuant à la reproduction sexuée (ascospores ou basidiospores). 27-30, 40, 52, 53, 58, 85, 90, 110, 137, 138, 143, 144, 150, 154, 156, 157, 174, 175, 177, 179, 181, 185.

Sporophore : synonyme de sporocarpe. 27, 138, 185.

Stabilité structurale du sol : solidité des agrégats (mottes de terre) qui conditionne la porosité et les propriétés physiques du sol. La stabilité structurale se quantifie de façon objective par des mesures de laboratoire. 76, 77.

Stéréomicroscope (synonyme de loupe binoculaire) : sorte de microscope à faible grossissement mais avec deux objectifs et deux oculaires, permettant de percevoir le relief de l'objet observé. 199.

Stomate : orifice à la surface des feuilles permettant les échanges gazeux. Les stomates s'ouvrent et se ferment en réponse aux changements microclimatiques. 74.

Striga : plante parasite des cultures en Afrique, de la famille des Scrophulariacées. 102, 103.

Strigolactone : hormone végétale (facteur de croissance) aussi impliquée dans les interactions entre les plantes et les Gloméromycètes dans les premiers stades de la formation des endomycorhizes arbusculaires. 66.

Structure primaire : pour la tige ou la racine d'une plante, la structure primaire caractérise le stade juvénile, avant la lignification et la croissance éventuelle en diamètre de l'organe. 18-20, 71.

Structure secondaire : pour la tige ou la racine d'une plante, la structure secondaire succède à la structure primaire et permet la lignification et la croissance éventuelle en diamètre de l'organe. 20.

Styphelioïdées : sous-famille de plantes dans la grande famille des Éricacées. 60.

Succession primaire : différentes étapes de la colonisation d'un sol dénudé par la végétation. 101, 102.

Succession secondaire : différentes étapes du retour d'une communauté végétale à son équilibre après une perturbation. 101.

Succinate déshydrogénase : enzyme du métabolisme respiratoire localisée dans les mitochondries. 84.

Sucepin : nom français de la plante achlorophyllienne mycohétérotrophe *Monotropa hypopitys*. 36.

Suillus : genre de champignon basidiomycète ectomycorhizien de la famille des Boletacées. 28-30, 52, 53, 76, 100, 137, 156, 176, 187.

Superphosphate : engrais phosphaté soluble obtenu par traitement du phosphate naturel par de l'acide sulfurique. 169.

Sylviculture : ensemble des techniques d'aménagement et de gestion des forêts dans le but de maximiser la production de bois. 70, 125, 135, 148, 149, 153, 156-158, 162, 163, 174, 175, 216, 217.

Symbiose : association intime, durable et à bénéfice mutuel entre deux organismes d'espèces différentes. 5, 6, 10, 12, 14-16, 19-23, 25-28, 31-35, 37-45, 47, 48, 50-57, 59, 60, 64-73, 77,

82, 84, 86-89, 93-112, 114-117, 122, 124, 126-131, 133-137, 139, 141, 148, 149, 151, 154, 155, 158-161, 164, 165, 167, 169-173, 176, 182, 183, 185, 186, 188, 192, 194, 195, 197, 204, 207, 209, 211, 213-216.

Symplasmique : se dit des déplacements de matière dans un tissu qui ont lieu dans les cellules, impliquant la traversée des parois et des membranes. 77, 78.

Systémique : qui affecte un organisme dans toutes ses parties. 43, 147, 148.

Tabouret : petite plante du genre *Thlaspi.* 173.

Taïga : forêt de conifères avec sous-bois d'Éricacées, caractéristique de la zone boréale. 26, 115, 124.

Taillis : type de sylviculture consistant à recéper (c'est-à-dire couper à ras du sol) les arbres environ tous les dix ou vingt ans, et de compter sur les rejets de souche pour régénérer le peuplement. Le taillis est très approprié pour produire du bois de feu (biomasse-énergie) ou du bois d'industrie (fibres). 157-159, 173, 175, 187.

Tanin : substance phénolique accumulée dans pratiquement tous les tissus végétaux. 31, 65, 67, 83, 200.

TCR : Taillis à courte rotation. 158.

Terfès (aussi orthographié terfesse ou terfez) : nom français des champignons du genre *Terfezia.* 178, 179.

Terfezia : genre de champignon ascomycète ectomycorhizien (truffe du désert). 56, 178.

Terpénoïde : famille de substances organiques très diverses chez les végétaux. 113.

Terre de bruyère : nom donné en horticulture aux humus forestiers de type Mor, utilisés pour cultiver les plantes de la famille des Éricacées. 117, 164.

Terreau : tout mélange de terre, plus ou moins riche en humus, utilisé en horticulture. 141, 145, 160, 161.

Thelephora : genre de champignon basidiomycète ectomycorhizien. 35, 75, 137, 148, 154, 155, 164.

Théléphore : nom français du genre *Thelephora.* 39, 154.

Thlaspi : genre de plante de la famille des Brassicacées, très tolérante à la pollution des sols par les métaux lourds. 173.

Thuja : genre d'arbre forestier résineux à endomycorhizes arbusculaires de la famille des Cupressacées. 94.

Thuya : nom français du genre *Thuja.* 94.

Tilia : genre d'arbre forestier feuillu à ectomycorhizes de la famille des Tiliacées. 121, 162, 163.

Tiliacées : famille de plantes dicotylédones comportant beaucoup d'arbres forestiers à ecto-mycorhizes. 26, 60.

Tilleul : nom français du genre *Tilia.* 26, 54, 68, 121, 162, 163, 211.

Tirmania : genre de champignon ascomycète ectomycorhizien (truffe du désert). 178.

Tomentella : genre de champignon basidiomycète ectomycorhizien. 53, 90, 91, 137, 164.

Tomentelle : nom français du genre *Tomentella.* 27, 39, 71, 90, 91.

Tomentellopsis : genre de champignon basidiomycète ectomycorhizien. 137.

Toundra : formation végétale rase dominée par des Éricacées, typique des sols tourbeux à permafrost de la zone arctique. 40, 82, 115-117, 124.

Tourbe : sol purement organique formé par l'accumulation de mousses mortes du type sphaigne. 34, 115, 124, 127, 141, 145, 146, 155, 160, 164.

Tourbière : zone de sol tourbeux en cours d'accumulation, imbibé d'eau. 40, 41, 45, 51, 53, 82, 100, 116, 124, 145.

Traçage : méthode d'étude des mouvements d'un élément chimique dans un organisme ou dans un écosystème par introduction et suivi d'un isotope de cet élément. 35, 189, 194.

Traitement stérilisant (ou stérilisation) : tout traitement chimique ou thermique afin de débarrasser un matériau ou un objet de tout microorganisme vivant. 11, 145, 160, 184.

Tramète : nom français du genre *Trametes*. 39, 111.

Trametes : genre de champignon basidiomycète saprotrophe responsable d'une pourriture blanche du bois. 111.

Transcriptome : ensemble des ARN présents dans une cellule ou un tissu à un moment donné, correspondant aux gènes (ADN) alors activés et transcrits. 190, 191.

Transcriptomique : branche de la biologie moléculaire qui utilise l'analyse des transcriptomes pour comprendre des processus physiologiques. 191.

Transgénique : se dit d'une lignée d'organismes différents de l'espèce initiale du fait d'une manipulation génétique par transfert de gènes entre espèces. 97, 191.

Transporteur : protéine de la membrane cellulaire qui contrôle spécifiquement le passage de molécules. 72, 84, 138.

Tréhalose ; type de sucre double formé de deux molécules de glucose, caractéristique de beaucoup de champignons et jouant un rôle osmoprotecteur. 73, 75, 110.

Triadimefon : fongicide systémique actif contre les Basidiomycètes. 148, 217.

Tricharina : genre de champignon ascomycète formant des ectendomycorhizes. 34.

Tricholoma : genre de champignon basidiomycète ectomycorhizien. 35, 37, 137, 174, 176, 179, 180.

Tricholome : nom français du genre *Tricholoma*. 37, 179, 180, 185.

Tristaniopsis : genre de plante ligneuse ectomycorhizienne de la famille des Myrtacées, endémique en Nouvelle-Calédonie et dont certaines espèces sont hyperaccumulatrices de nickel. 87.

Triuridacées : famille de plantes monocotylédones des forêts tropicales, achlorophylliennes et mycohétérotrophes. 103, 105.

Truffe : nom français du genre *Tuber*, le plus souvent désignant plus précisément les sporocarpes comestibles à très haute valeur gastronomique et marchande de ces champignons. 14, 28, 29, 39, 54, 73, 90, 110, 137, 142-144, 174, 176-181, 214, 215, 217.

Trufficulture : production de truffes par le moyen de plantations d'arbres hôtes au préalable artificiellement mycorhizés en pépinière par l'espèce de *Tuber* désirée. 176, 178, 179, 181, 217.

TTCR : taillis à très courte rotation. 158.

Tuber : genre de champignon ascomycète ectomycorhizien produisant des sporocarpes comestibles. 28, 29, 39, 54, 67, 75, 90, 110, 129, 142, 174, 187, 190.

Tubéracées : famille de champignons ascomycètes ectomycorhiziens à laquelle appartient le genre *Tuber*. 178, 213.

Tubercule : organe souterrain d'une plante formé d'une partie de tige renflée contenant des réserves. 19, 70, 134, 139.

Tulasne (Charles), 1816-1884) : mycologue français. 9, 214.

Tulasne (Louis-René, frère du précédent), 1815-1885 : mycologue français. 9, 214.

Tulasnellacées : famille de champignons basidiomycètes formant des mycorhizes orchidoïdes. 39.

Type d'exploration : morphologie du mycélium extraracinaire des ectomycorhizes qui conditionne le mode de pénétration dans le sol et d'exploitation des ressources. 91.

Typhacées : famille de plantes aquatiques monocotylédones (massettes ou quenouilles). 96.

USDA : *United States Department of Agriculture* (ministère fédéral de l'Agriculture des États-Unis). 157, 215.

Vaccinium : genre de plante de la famille des Éricacées. 40, 164.

Vacuole : organite cellulaire constitué d'une inclusion liquide, entourée d'une membrane, dans le cytoplasme. 13, 15, 79, 84, 85.

Van Leeuwenhoek (Antoni), 1632-1723 : naturaliste hollandais pionnier de la microscopie. 193.

Van Tiegen (Philippe Édouard Léon), 1839-1914 : botaniste français. 9.

Vapeur : la vapeur d'eau est utilisée pour désinfecter les sols de pépinière ou pour stériliser les objets ou les substrats en laboratoire dans des autoclaves. 146, 154, 160, 184, 207, 211.

Vermiculite : minéral en feuillets de la famille des micas. 141, 145, 146, 155.

Ver de terre : composante de la faune du sol essentielle pour assurer l'incorporation de la matière organique et la stabilité de la structure du sol. 47, 146, 166, 198, 207.

Vésicule : chez les endomycorhizes arbusculaires, renflement globuleux formé par le champignon symbiotique à l'intérieur de certaines cellules du cortex racinaire. 48, 50, 51, 57, 66, 71, 73, 139, 140, 201, 202, 204.

Vitroplant : petites plantes obtenues par microbouturage ou micropropagation *in vitro*. 161, 162.

Vittadini (Carlo), 1800-1865 : mycologue italien. 9, 214.

Wilcoxina : genre de champignon ascomycète formant des ectendomycorhizes. 34, 39.

Xénobiotique : se dit de toute substance synthétisée par l'homme mais n'existant pas dans la nature. 85, 170, 248.

Xerocomus : genre de champignon basidiomycète ectomycorhizien de la famille des Boletacées. 28-30, 76.

Xylème : type de tissu conducteur des plantes spécialisé dans le transport de la sève brute depuis les racines jusqu'aux feuilles. 18, 74, 77, 78.

Zamia : genre de Gymnosperme primitive de l'ordre des Cycadales (comme les Cycas), à nodosités racinaires formées par des Cyanobactéries fixatrices d'azote atmosphérique. 108.

Zinc : métal lourd nécessaire à la vie, mais en très petite quantité (oligoélément). 78, 80, 173.

Zone de déplétion : pour un élément nutritif donné, volume de sol autour d'une racine dans lequel tout cet élément a été absorbé par la racine. Le volume de la zone de déplétion dépend de la mobilité de l'élément considéré. 79, 106.

Zostéracées : famille de plantes monocotylédones aquatiques marines. 96.

Zostère : genre d'herbe marine de la famille des Zostéracées. 96.

Zygomycètes : l'une des grande divisions du règne fongique, comme les Ascomycètes et les Basidiomycètes. 111, 112.

Crédit photos

Planche 12 (en haut à droite ; en bas),
planche 13, planche 15 (en haut à gauche)

Yolande Dalpé du Ministère de l'Agriculture et de l'Agroalimentaire,
Gouvernement du Canada

© Sa Majesté la Reine du chef du Canada, représentée
par le ministre de l'Agriculture et de l'Agroalimentaire du Canada

Formaté typographiquement par DESK (53) :
02 43 01 22 11 – desk@desk53.com.fr
Dépôt légal : octobre 2013
Imprimé pour vous par Books on Demand (Allemagne)

www.ingramcontent.com/pod-product-compliance
Lightning Source LLC
LaVergne TN
LVHW020945200726
843508LV00004B/1364

9782759219636